3D

3ds Max 从入门到精通

H.D.百科联盟 编著

化学工业出版社
·北京·

内 容 简 介

本书以实操为导向，用通俗的语言、图文并茂的形式，全面系统地讲解了 3ds Max 的基本操作方法与核心应用功能。

全书遵循由浅入深、从基础知识到案例进阶的学习原则，对 3ds Max 入门知识、基本操作、样条线建模、几何体建模、复合对象建模、修改器建模、网格建模、多边形建模、渲染技术、材质技术、贴图技术、灯光技术、摄影机技术等内容进行了逐一讲解，最后介绍了一个完整案例的制作过程，起到温故知新、学以致用的作用。

本书内容丰富实用，操作讲解细致，配套实例素材及源文件，非常适合三维设计师、3ds Max 初学者及爱好者自学使用，也可用作高等院校及培训机构相关专业的教材及参考书。

图书在版编目（CIP）数据

3ds Max 从入门到精通 / H.D. 百科联盟编著 . 北京 : 化学工业出版社, 2024. 11. -- ISBN 978-7-122-46531-3

Ⅰ. TP391.414

中国国家版本馆 CIP 数据核字第 2024N1C360 号

责任编辑：要利娜　　装帧设计：张　辉

责任校对：王鹏飞

出版发行：化学工业出版社（北京市东城区青年湖南街 13 号　邮政编码 100011）

印　　装：北京宝隆世纪印刷有限公司

787mm×1092mm　1/16　印张 14　字数 372 千字　2025 年 1 月北京第 1 版第 1 次印刷

购书咨询：010-64518888　　售后服务：010-64518899

网　　址：http://www.cip.com.cn

凡购买本书，如有缺损质量问题，本社销售中心负责调换。

定　　价：99.00 元

前言

1. 为什么要学习 3ds Max

3ds Max 是一款三维建模、动画制作和渲染软件，搭载 Arnold、V Ray、Lray 和 mentalray 等主流渲染器即可创建出精彩的场景世界和惊人的视觉效果。作为运用在 CG 产业的主要软件，其发展非常迅速。由于具有渲染真实感强、易学易用、工作灵活、效率极高等众多优点，被广泛应用于广告、影视、工业设计、建筑设计、三维动画、游戏场景、工程可视化等领域。

学习 3ds Max 具有如下好处：

- 3ds Max 入门门槛低，且市场的缺口很大，前景非常好。
- 3ds Max 具有非常高的性价比，它提供的强大功能远远超过了自身低廉的价格，对硬件系统的要求相对来说也较低。

2. 选择本书理由

本书采用基础知识 + 案例实战的编写模式，内容循序渐进，从实战应用中激发学习兴趣。

（1）本书是 3ds Max 零基础的启蒙之书

很多人不知道如何入门 3ds Max，如何学习模型的创建，如何模拟出逼真的材质质感以及如何模拟出贴合实际的光源效果，也有很多人只局限于简单的模仿，特别是在实际应用时，制作出的效果与精美、逼真总是有些差距。鉴于此，我们组织一线教师和设计师共同编写了此书，旨在通过本书的实例讲解以及专家指点，给读者带来一定的启发。

（2）本书覆盖 3ds Max 和 VRay 渲染器的相关内容

本书对 3ds Max 和 VRay 渲染器进行了全方位讲解，书中囊括了三维设计常用的应用知识点，简洁明了、简单易学，从而保证读者能够学以致用，并在本书的引导之下更快地入门。

（3）理论实战紧密结合，彻底摆脱纸上谈兵

本书包含大量案例，所有案例都经过了精心的设计。读者在学习本书的时候可以通过案例更好、更快地理解知识和掌握应用，同时这些案例也可以在实际工作中直接引用。

3. 本书的读者对象

- 从事三维设计的工作人员
- 高等院校相关专业的师生
- 培训班中学习三维制作的学员
- 对三维设计有着浓厚兴趣的爱好者
- 零基础想转行到三维设计的人员
- 有空闲时间想掌握更多技能的办公室人员

4. 本书包含哪些内容

本书是一本介绍 3ds Max 和 VRay 渲染技术的实用图书，全书可分为三个组成部分，其中：

第 1 ~ 5 章主要是对 3ds Max 建模知识的讲解，从 3ds Max 基础知识讲起，全面介绍了软件入门、基础操作与设置、基础模型与高级模型的创建技巧等知识。

第 6 ~ 10 章主要介绍 3ds Max 结合 VRay 渲染器的应用，内容涵盖了渲染参数的设置、常用材质的制作、贴图的应用、场景灯光的模拟、摄影机的搭建等。

第 11 章是一个综合案例，综合运用 3ds Max 和 VRay 渲染器，介绍了一个客厅场景效果的制作。通过对整个项目的学习，既可巩固前面所学的各种知识，也可将所学理论运用到实际设计工作中。

笔者在写作的过程中始终秉承严谨细致的态度，精益求精，但由于时间与精力有限，疏漏之处在所难免，望广大读者批评指正。

编著者

目录

Contents

Contents

第 1 章
3ds Max 轻松入门

3ds Max 集三维建模、动画制作和渲染为一体，为设计者提供了强大的造型建模技术及更好的材质渲染功能。与其他建模软件相比，3ds Max 的操作更加简单，更易上手。本章将对 3ds Max 的应用领域、工作界面、视口设置以及绘图环境的设置等知识进行讲解。通过对本章的学习，用户可以初步认识 3ds Max 并掌握基础设置知识。

1.1 初识 3ds Max

3ds Max 是 Autodesk 公司开发的一款三维建模、动画渲染和制作软件，如今已经成为很多行业的必备软件。3ds Max 建模功能强大，可以创造宏大的游戏世界，布置精彩绝伦的场景以实现设计可视化，并打造身临其境的虚拟现实体验。在角色动画方面具备很强的优势。另外，丰富的插件也是其一大亮点，可以说是最容易上手的 3D 软件。和其他相关软件配合流畅，做出来的效果非常逼真。

1.1.1 3ds Max 的应用领域

3ds Max 的更新速度超乎人们的想象，几乎每年都准时推出一个新的版本。版本越高，功能就越强大，其宗旨是使设计者在更短的时间内创作出更高质量的 3D 作品。因此被广泛应用于游戏开发、动画制作、产品设计、建筑设计、室内设计等领域。

（1）建筑室内外设计

3ds Max 在建筑室内外设计领域有着悠久的应用历史，可以快速方便地制作出逼真的室内外效果图、建筑表现图及建筑动画等，立体展示建筑特点，多个角度展示设计效果、透视装潢亮点，十分便捷。如图 1-1、图 1-2 所示分别为建筑设计效果和室内设计效果。

图 1-1

图 1-2

（2）游戏开发

网络游戏是三维动画技术最具发展潜力的应用领域，3ds Max 可用于游戏中虚拟场景和角色模型的建立，并可以设置角色在场景中的各种复杂运动。随着设计与娱乐行业对交互性内容的强烈需求，当前许多电脑游戏中加入了大量的三维动画，细腻的画面、宏伟的场景和逼真的造型，使游戏的欣赏性和真实性大大增加，使得 3D 游戏的玩家愈来愈多，3D 游戏的市场也不断壮大。如图 1-3 所示为游戏中的一个场景。

图 1-3

（3）动漫制作

动画片的设计与制作是 3ds Max 的另一个重要应用领域，随着动漫产业的兴起，三维电脑动画正在逐步取代二维传统手绘动画，逐渐成为主流，3ds Max 则是制作三维电脑动画片的首选软件。继《玩具总动员》后，全球掀起了一股三维动画片的热潮，如图 1-4、图 1-5 所示为动画片《哆啦 A 梦》和《疯狂动物城》中的画面。

图 1-4

图 1-5

（4）产品设计

传统的产品设计注重产品的功能设计，而现在随着消费者对产品的审美要求的提升，产品设计的造型设计越来越受到重视。3ds Max 为模型赋予不同的材质，再加上强大灯光和渲染功能，可以使对象的质感更加逼真。如图 1-6、图 1-7 所示为利用 3ds Max 制作的手机和电动车效果。

图 1-6

图 1-7

1.1.2 效果制作流程

使用 3ds Max 进行效果创作是一个严谨、复杂的过程，在不同的应用领域，其制作流程也有一定的区别。但是 3ds Max 本身的各部分功能有着明显差异，且存在着先后顺序，对于初学者来说，明确软件各部分功能的先后顺序，对于学习该软件具有重要的指导意义。3ds Max 的主要流程包括建模、制作材质、布置灯光、创建摄影机、渲染场景和后期合成。

（1）建模

建模是制作作品的基础，制作精细的模型会使场景更为逼真，如图 1-1 所示。3ds Max 提供了多种建模方式，可以从基本几何体开始，也可以从二维图形转换为三维模型开始，甚至可以通过将对象转换为可编辑对象进行建模。

（2）制作材质

材质就如同模型的外衣，再精致的模型，如果没有赋予合适的材质，都无法表现出逼真的效果。3ds Max 为用户提供了许多材质类型，可以很好地表现出各种材质的纹理、反射、折射等效果。

（3）布置灯光

灯光是 3ds Max 模拟光照效果的重要手段，可以说是场景的灵魂所在。在 3ds Max 中，既可以创建普通的灯光，也可以创建基于物理计算的光度学灯光、天光或日光等真实世界的照明系统。

（4）创建摄影机

一个场景中可以设置多个摄影机和多角度出图。摄影机视口与透视视口的最大区别就是透视视口可以任意旋转缩放，便于编辑，而摄影机视口是角度固定的视口，利于渲染，二者可以随意切换。

（5）渲染场景

场景制作完毕后，并不代表作品已经产生，用户需要通过渲染操作将作品输出为图像文件。渲染设置决定了所输出的图像质量高低和大小，在该过程中也可以为场景添加颜色或者环境效果，或者对光线的明暗对比进行微调。

（6）后期合成

后期合成是效果制作的最后一个环节，利用二维图像编辑软件对渲染效果图进行修饰处理，例如修正一些瑕疵、调整画面的明暗度等。

1.2 3ds Max 的工作界面

3ds Max 安装完毕后，双击快捷方式即可启动程序。3ds Max 的工作界面非常有序，包含标题栏、菜单栏、主工具栏、命令面板、视图区、动画控制栏、视图导航栏、状态和提示栏等几个部分，如图 1-8 所示。

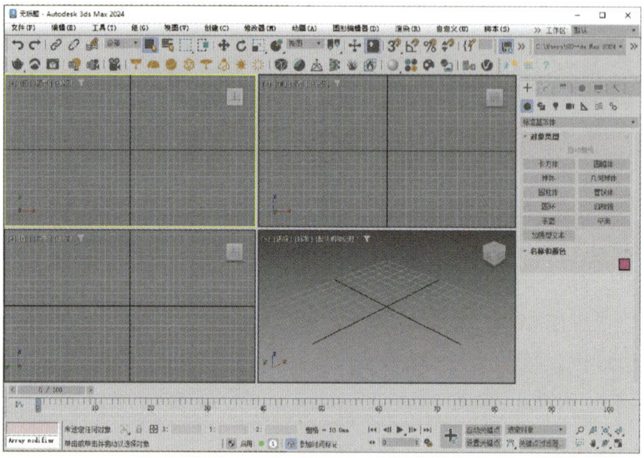

图 1-8

知识链接

在安装 3ds Max 后，在桌面上会出现相应的图标，但有时双击该图标启动 3ds Max 后，会发现打开的工作界面是英文版的，此时不要认为是安装 3ds Max 出现了错误。因为在安装 3ds Max 后，默认自动生成的是英文版。想使用中文版工作界面也非常简单，只需要执行“开始 > 所有程序 >Autodesk>Autodesk 3ds Max>3ds Max-Simplified Chinese”命令。

1.2.1 菜单栏

菜单栏为用户提供了几乎所有 3ds Max 操作命令，共包含如下主要菜单项。如果安装了 VRay 渲染器，会显示出与 VRay 相关的选项，如图 1-9 所示。

图 1-9

- 文件：用于对文件的打开、保存、导入与导出以及摘要信息、文件属性等命令的应用。
- 编辑：用于对对象的拷贝、删除、选定、临时保存等功能。
- 工具：包括常用的各种制作工具。

- 组：用于将多个物体组为一个组，或分解一个组为多个物体。
- 视图：用于对视图进行操作，但对对象不起作用。
- 创建：创建物体、灯光、相机等。
- 修改器：编辑修改物体或动画的命令。
- 动画：用来控制动画。
- 图形编辑器：用于创建和编辑视图。
- 渲染：通过某种算法，体现场景的灯光、材质和贴图等效果。
- 自定义：方便用户按照自己的爱好设置工作界面。3ds Max 2020 的工具栏和菜单栏、命令面板可以被放置在任意的位置。
- 脚本：有关编程，将编好的程序放入 3ds Max 中运行。
- Civil View：供土木工程师和交通运输基础设施规划人员使用的可视化工具。
- Substance：用于创建和处理纹理、材质和 3D 模型的插件工具。
- V-Ray：用于 V-Ray 渲染器的相关设置。
- 工作区：用于调整工作界面显示的相关设置。
- 帮助：关于软件的帮助文件，包括在线帮助、插件信息等。

知识链接

当打开某一个菜单时，若菜单中有些命令名称旁边有“…”号，即表示单击该命令将弹出一个对话框。若菜单中的命令名称右侧有一个小三角形，即表示该命令后还有其他的命令，单击它可以弹出一个级联菜单。若菜单中命令名称的一侧显示为字母，该字母即为该命令的快捷键，有些时候需与键盘上的功能键配合使用。

1.2.2 主工具栏

主工具栏集合了 3ds Max 中比较常用的工具，可以将其理解为快捷工具栏，如图 1-10 所示。熟练掌握主工具栏，会使得 3ds Max 操作更顺手、更快捷。

图 1-10

- 撤销：单击“撤销”按钮可撤销上一次操作或多次操作。
- 恢复：单击“恢复”按钮可将上一次撤销的操作进行重做。
- 选择并链接：通过将两个对象链接为子对象和父对象，定义它们之间的层次关系。
- 取消链接选择：移除所选对象及其父对象之间的层次关系。
- 绑定到空间扭曲：用于将当前选择附加到空间扭曲，通常结合粒子系统使用。
- 选择过滤器 全部：限制选择对象的类型和组合，其中包括 10 种选项。
- 选择对象：只能对场景中的物体进行选择使用，而无法对物体进行操作。
- 按名称选择：从场景内容列表中根据类型和名称选择对象。
- 选择区域：包括矩形、椭圆和自由边选择框三种。默认为矩形，按住鼠标左键拖动来进行选择。
- 窗口 / 交叉：设置选择物体时的选择类型方式。

- 选择并移动：用户可以对选择的物体进行旋转操作。
- 选择并旋转：单击旋转工具后，用户可以对选择的物体进行移动操作。
- 选择并均匀缩放：用户可以对选择的物体进行等比例的缩放操作。
- 选择并放置：将对象准确地定位到另一个对象的曲面上，随时可以使用，不仅限于在创建对象时。
- 参考坐标系 视图 ：指定用于变换的坐标系，包括 10 种选项。
- 使用轴点中心：选择多个物体时可以通过此命令来设定轴中心点坐标的类型。
- 选择并操纵：通过拖动视口操纵器，编辑某些对象、修改器和控制器的参数。
- 键盘快捷键覆盖切换：在只使用“主用户界面”快捷键和同时使用主快捷键和组快捷键之间进行切换。
- 捕捉开关：可以使用户在操作时进行捕捉创建或修改，可切换 2D 和 2.5D。
- 角度捕捉切换：确定多数功能的增量旋转，设置的增量围绕指定轴旋转。
- 百分比捕捉切换：通过指定百分比增加对象的缩放。
- 微调器捕捉切换：设置 3ds Max 2020 中所有微调器的单个单击所有增加减少的值。
- 管理选择集 创建选择集 ：无模式对话框。通过该对话框可以直接从视口创建命名选择集或选择要添加到选择集的对象。
- 镜像：可以对选择的物体进行镜像操作，如复制、关联复制等。
- 对齐：方便用户对物体进行对齐操作。
- 切换“场景资源管理器”：切换“场景资源管理器”面板。
- 切换层资源管理器：对场景中的物体可以使用此工具分类，即将物体放在不同的层中进行操作，以便用户管理。
- 显示功能区：切换显示功能区。
- 曲线编辑器：打开用于以功能曲线形式处理动画数据的窗口。
- 图解视图：基于节点的场景图，设置场景中元素的显示方式等。
- 材质编辑器：打开材质编辑器，可以对物体进行材质的创建和编辑。
- 渲染设置：打开“渲染设置”面板，用于设置渲染参数。
- 渲染帧窗口：打开渲染窗口，可以选择区域或特殊区域进行渲染，也可以对渲染图像进行保存操作。
- 渲染产品：渲染激活视口中的场景对象。
- 自动备份切换：自动备份模型文件。
- 设置活动项目：设置当前文件项目的路径。

1.2.3 命令面板

命令面板位于工作视窗的右侧，是 3ds Max 最基本的面板，用户创建模型、修改参数等操作都需要使用到该面板。命令面板由 6 个面板组成，分别是“创建”面板、“修改”面板、“层次命令”面板、“运动命令”面板、“显示命令”面板和“实用程序”面板，通过这些面板可访问绝大部分的建模和编辑命令，如图 1-11 所示。

- “创建”面板：该面板提供创建对象的命令，包括几何形、图形、灯光、摄像机、辅助对象、空间扭曲、系统，这是在 3ds Max 中构建新场景的第一步。
- “修改”面板：该面板用于修改对象的参数和特征属性。
- “层次命令”面板：用于调解相互连接物体的层级关系。
- “运动命令”面板：该面板用于设置各个对象的运动方式和轨迹以及高级动画设置。

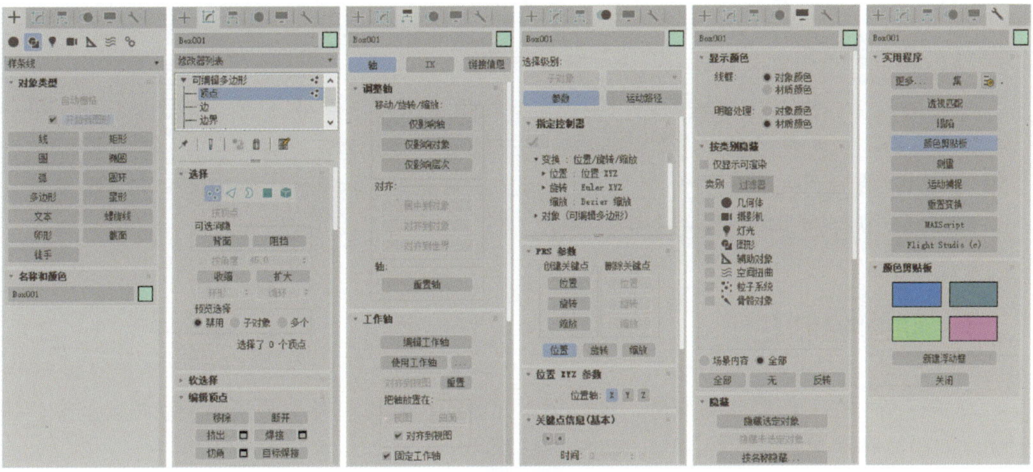

图 1-11

➤“显示命令”面板：通过显示命令面板可以访问场景中控制对象显示方式的工具。可以隐藏和取消隐藏、冻结和解冻对象改变其显示特性、加速视口显示及简化建模步骤。

➤“实用程序”面板：通过该面板可以访问各种 3ds Max 小型程序，并可以编辑各个插件，它是 3ds Max 系统与用户之间对话的桥梁。

1.2.4 视图区

视图区是 3ds Max 的主要工作区域，通常称之为视口或者视图。默认情况下被分割为 4 个相等的视口，每个视口的左上角都有一个标签，启动 3ds Max 后默认的 4 个视口的标签是 Top（顶视口）、Front（前视口）、Left（左视口）和 Perspective（透视视口），如图 1-12 所示。

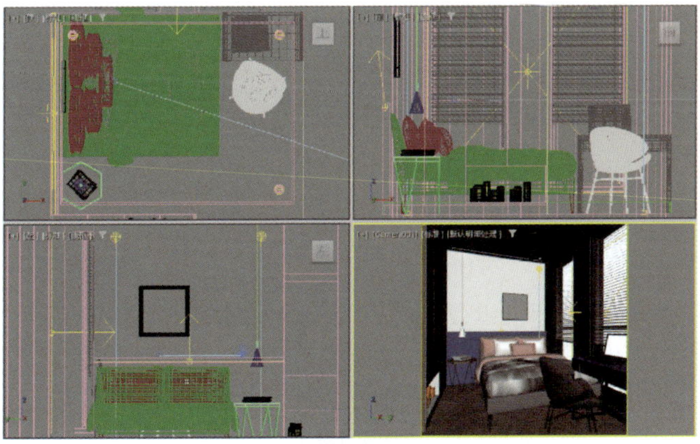

图 1-12

每个视口都包含垂直和水平的线，这些线组成了 3ds Max 的主栅格。主栅格包含黑色垂直线和黑色水平线，这两条线在三维空间的中心相交，交点的坐标是 X=0、Y=0 和 Z=0。其余栅格都为灰色显示。

顶视口、前视口和左视口显示的场景没有透视效果，这就意味着在这些视口中同一方向的栅格线总是平行的，不能相交。透视口类似于人的眼睛和摄像机观察时看到的效果，视口中的栅格线是可以相交的。

注意事项

激活视图后视图边框呈黄色，用户可以在其中进行创建或编辑模型操作，在视图中单击鼠标左键和右键都可以激活视图。单击鼠标右键或者在视图的空白处单击鼠标左键都可以正确激活视图，需要注意的是使用鼠标左键激活视图时，有可能会因为失误而选择物体，从而错误执行另一个命令操作。

1.2.5 动画控制栏

动画控制栏在工作界面的底部，主要用于在制作动画时进行动画记录、动画帧选择、控制动画的播放和动画时间的控制等，如图 1-13 所示。

图 1-13

由图可知，动画控制栏由自动关键点、设置关键点、选定对象、关键点过滤器、控制动画显示区和“时间配置”按钮 6 大部分组成。

- 自动关键点：打开该按钮后，时间帧将显示为红色，在不同的时间上移动或编辑图形即可设置动画。
- 设置关键点：控制在合适的时间创建关键帧。
- 关键点过滤器：在“设置关键点过滤器”对话框中，可以对关键帧进行过滤，只有当某个复选框被选择后，有关该选项的参数才可以被定义为关键帧。
- 控制动画显示区：控制动画的显示，其中包含转到开头、关键点模式切换、上一帧、播放动画、下一帧、转到结尾、设置关键帧位置等，在该区域单击指定按钮，即可执行相应的操作。
- 时间配置：单击该按钮，即可打开时间配置对话框，在其中可以设置动画的时间显示类型、帧速度、播放模式、动画时间和关键点字符等。

1.2.6 视图导航栏

视图导航栏主要用于控制视图的大小和方位，通过导航栏内相应的按钮，可以更改视图中物体的显示状态。视图导航栏由缩放、缩放所有视图、最大化显示选定对象、所有视图最大化显示选定对象、视野、穿行、环绕子对象、最大化视口切换 8 个按钮组成，视图导航栏会根据当前视图的类型进行相应的更改，如图 1-14 所示。

图 1-14

- 缩放：当在“透视图”或“正交”视口中进行拖动时，使用“缩放”可调整视口放大值。

- 缩放所有视图：在 4 个视图中任意一个窗口中按住鼠标左键拖动可以看 4 个视图同时缩放。
- 最大化显示选定对象：在编辑时可能会有很多物体，当用户要对单个物体进行观察操作时，可以使此命令最大化显示。
- 所有视图最大化显示选定对象：选择物体后单击，可以看到 4 个视图同时放大化显示的效果。
- 视野：调整视口中可见场景数量和透视张量。
- 穿行：沿着平行于视口的方向移动摄像机。
- 环绕子对象：使用视口中心作为旋转的中心。如果对象靠近视口边缘，则可能会旋转出视口。
- 最大化视口切换：可在其正常大小和全屏大小之间进行切换。

1.2.7 状态和提示栏

状态和提示栏位于工作界面的左下角，主要提示当前选择的物体数目、激活的命令、坐标位置和当前栅格的单位等，如图 1-15 所示。

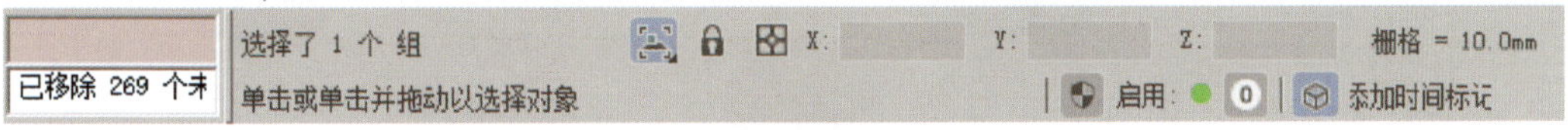

图 1-15

1.3 视口设置

在 3ds Max 中进行的大部分工作都是在视口中单击和拖拽，因此，有一个便于观察和操作的视口非常重要。许多用户发现，默认的视口布局可以满足他们的大部分需要，但是有时还需要对视口的布局、大小或者显示方式做些改动，这些都可以在“视口配置”对话框中进行设置。用户可以通过以下方式打开“视口配置”对话框。

- 执行“视图 > 视口配置”命令。
- 在视口左上角单击“+”号展开列表，选择“配置视口”命令。
- 在视口左上角单击“视图质量”导航按钮展开列表，选择“视口全局设置”命令。
- 在视口右上角右键单击 ViewCube 图标，在弹出的快捷菜单中选择“配置”命令。

1.3.1 视口布局

3ds Max 默认有 4 个视口，对于日常操作来说是比较合适的。如果用户希望使用其他类型的布局方式，可以通过“视口配置”对话框的“布局”选项卡进行设置，在该面板中包含 14 种视图布局类型，如图 1-16 所示。

1.3.2 视觉样式

为了方便建模人员的各种操作和观察，3ds Max 提供了 9 种视觉样式。在视口左上角单击视觉样式即可打开下拉列表，如图 1-17 所示。

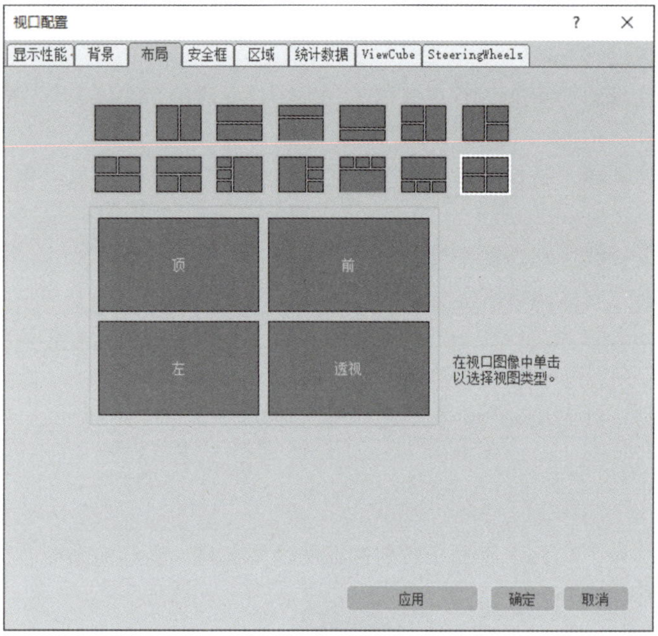

图 1-16

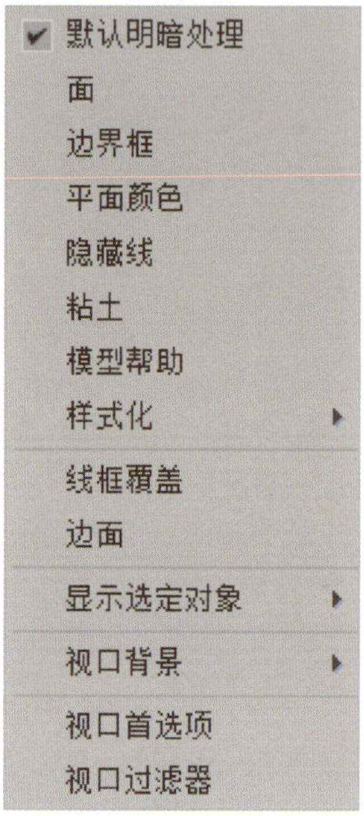

图 1-17

- 默认明暗处理：使用 Phong 明暗处理对几何体进行平滑明暗处理。
- 面：将几何体显示为面状。
- 边界框：仅显示每个对象边界框的边。
- 平面颜色：使用原始颜色对几何体进行明暗处理，忽略照明。
- 隐藏线：隐藏法线指向远离视口的面和顶点，以及被邻近对象遮挡的对象的任意部分，会出现阴影效果。
- 粘土：将几何体显示为均匀的赤土色。
- 样式化：将整个视口显示为特殊的样式效果，包括石墨、彩色铅笔、墨水、彩色墨水、亚克力、彩色蜡笔、技术 7 种。
- 线框覆盖：将几何体显示为线框。
- 边面：在默认明暗处理或者面的基础上显示边。默认为禁用。

1.3.3 视口安全框

安全框就是视图中的安全线，显示安全框是为了控制渲染输出视图的纵横比，表明哪些模型在渲染范围内，哪些模型超出了渲染范围。

单击摄影机视口左上角的视图导航按钮，从打开的列表中选择“显示安全框”选项，即可开启视口安全框，如图 1-18、图 1-19 所示。

默认情况下视口中仅显示活动区域，用户也可以通过“视口配置”对话框设置显示动作安全区、标题安全区、用户安全区，如图 1-20 所示。

- 活动区域：该区域将被渲染，而不考虑视口的纵横比或尺寸。
- 动作安全区：在该区域内包含渲染动作是安全的。
- 标题安全区：在该区域中包含标题或其他信息是安全的。
- 用户安全区：显示可用于任何自定义要求的附加安全框。

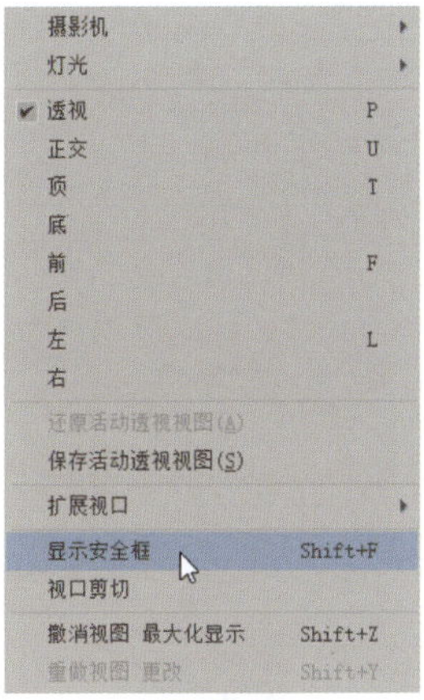

图 1-18

图 1-19

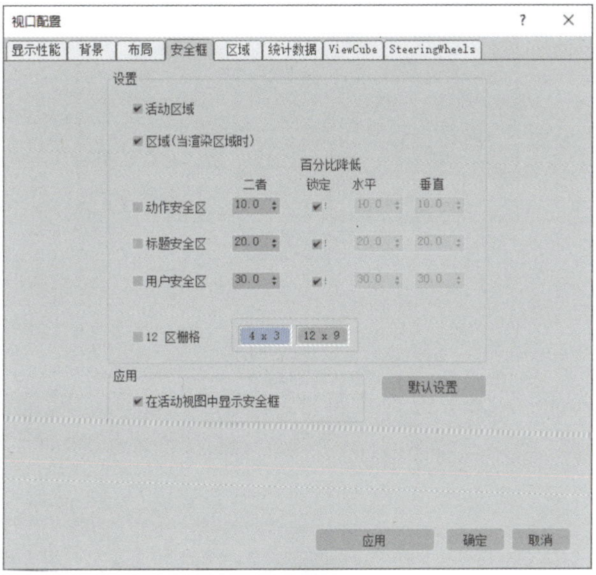

图 1-20

1.4 设置绘图环境

在开始建模之前，需要进行一些准备工作，使绘图环境符合自己的工作习惯，如设置场景单位、快捷键、自动备份等。

1.4.1 单位设置

系统单位是连接 3ds Max 三维世界与物理世界的关键。在导入外部模型时，如果二者设置的单位不同，可能会出现比例失调的情况，所以在创建和导入模型之前都需要进行单位设置。

执行“自定义 > 单位设置”命令，打开“单位设置”对话框。在该对话框中可以建立单位显示的方式，通过它可以在通用单位和标准单位（英尺和英寸、公制）间进行选择，如图 1-21 所示。

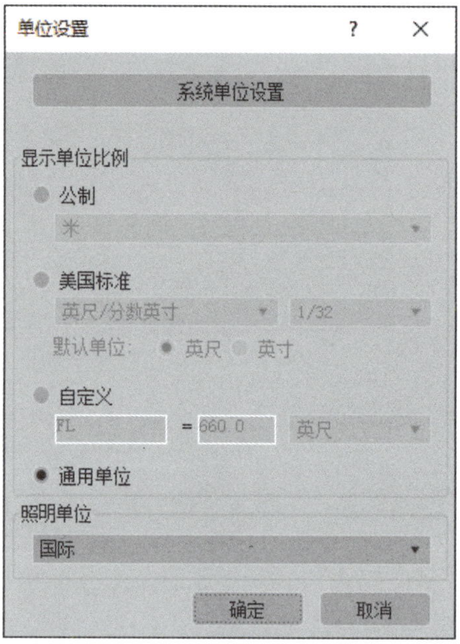

图 1-21

知识链接

3ds Max 默认的系统单位为“英寸”，用户在使用之前最好将其设置为与 AutoCAD 默认单位一致的“毫米”，避免导入文件后出现比例失调。

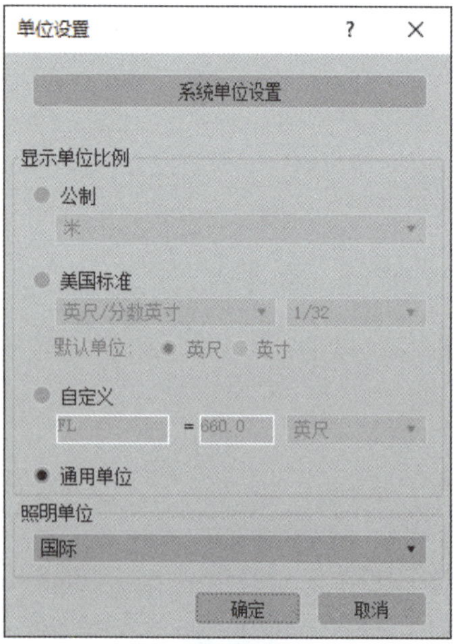

图 1-22

上手实操：设置系统单位

在使用 3ds Max 进行模型的创建操作之前，先设置合适的系统单位，具体操作步骤介绍如下。

Step01：启动 3ds Max 应用程序，执行“自定义 > 单位设置”命令，打开“单位设置”对话框，如图 1-22 所示。

Step02：单击“系统单位设置”按钮，打开“系统单位设置”对话框，设置系统单位为“毫米”，如图 1-23 所示。单击“确定”按钮关闭对话框。

Step03：返回“单位设置”对话框，选择显示单位为“公制”，再设置单位为“毫米”，如图 1-24 所示。单击“确定”按钮关闭对话框，至此完成本案例的操作。

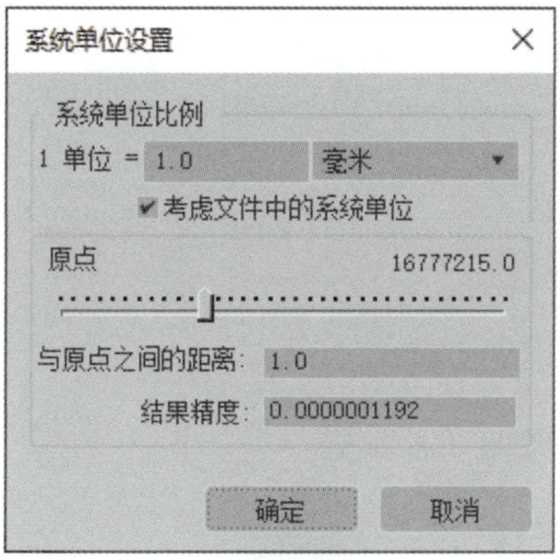

图 1-23

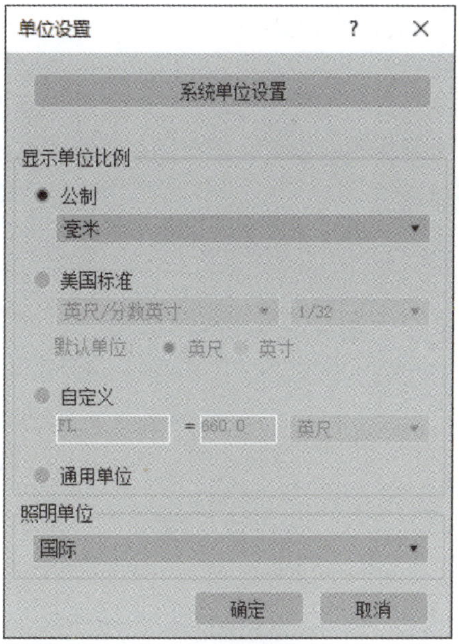

图 1-24

1.4.2 快捷键设置

利用快捷键创建模型可以大大提高工作效率，节省寻找菜单命令或者工具的时间。为了避免快捷键和外部软件的冲突，用户可以自定义设置快捷键。

在“热键编辑器”对话框中可设置快捷键，如图 1-25 所示。用户可执行“自定义 > 热键编辑器”命令，打开该对话框。

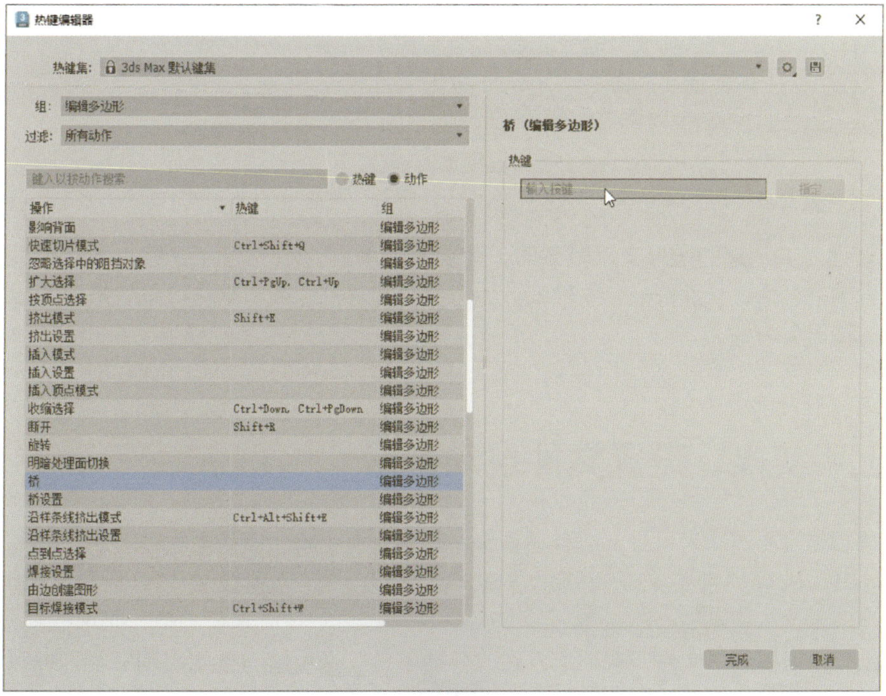

图 1-25

1.4.3 文件自动备份

在 3ds Max 的使用过程中，经常会遇到卡机、软件崩溃或者断电等突发状况，如果费了很大工夫制作场景却未保存文件，就需要重头来过。为了应对上述情况，可以在“首选项设置”对话框的“文件”选项卡中启用“自动备份”功能，如图 1-26 所示。

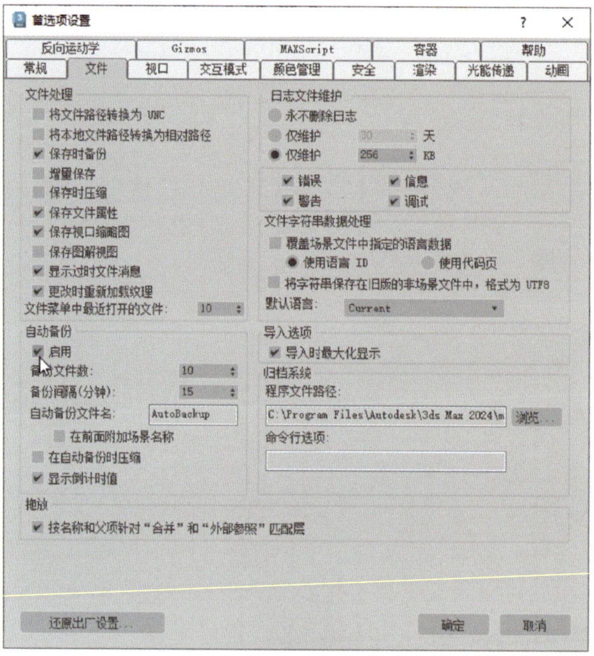

图 1-26

用户可通过以下方式打开“首选项设置”对话框。

- 执行“自定义 > 首选项”命令。
- 执行“文件 > 首选项”命令。

注意事项

在插入或创建的图形文件较大时，计算机的屏幕显示性能会变差，系统的保存速度也会越来越慢，从而影响工作效率。为了提高计算机性能，用户可以将备份间隔保存时间设置得久一些。

上手实操：设置文件自动备份

下面根据自身需求来设置文件自动备份，具体操作步骤介绍如下。

Step01: 执行“自定义 > 首选项”命令，打开“首选项设置”对话框，如图 1-27 所示。

Step02: 切换到“文件”选项卡，在“自动备份”选项组勾选“启用”复选框，开启自动备份，设置 Autobak 文件数和备份间隔时间，如图 1-28 所示。

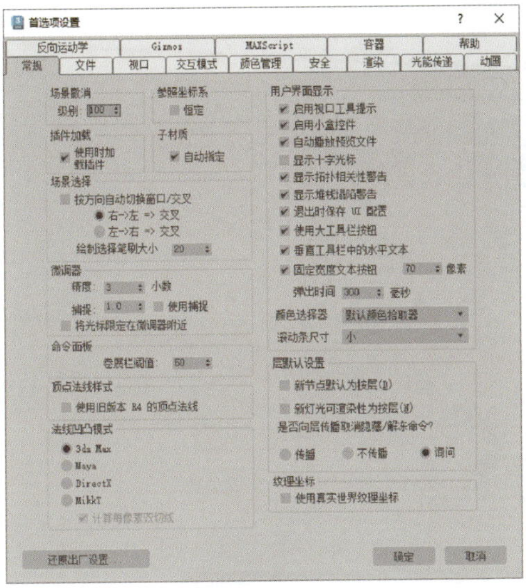

图 1-27

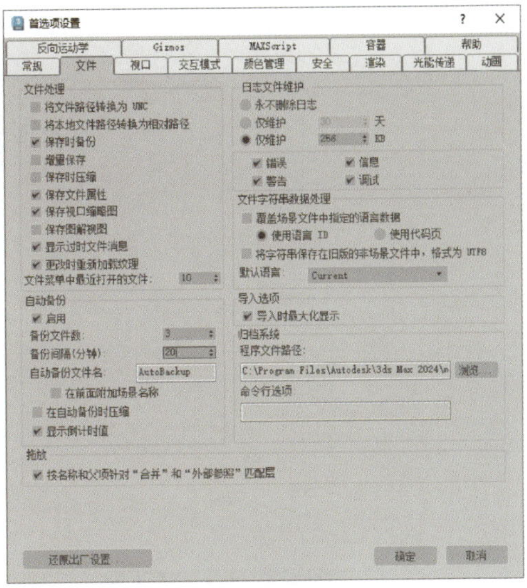

图 1-28

备份间隔时间可根据用户的电脑配置而定，如果电脑配置较高，软件运行流畅，可以适当设置较短的间隔时间；如果电脑配置不高，操作较大场景时比较卡顿，则需要设置较长的间隔时间。

综合实战：自定义视口

本案例介绍视口的显示设置，以便于更好地使用软件和观察场景，具体操作步骤介绍如下。

Step01：启动 3ds Max 应用程序，打开素材场景模型，默认显示效果如图 1-29 所示。

Step02：在摄影机视图单击视图导航按钮，在展开的列表中选择“显示安全框”选项，启用安全框，当前的视图区效果如图 1-30 所示。

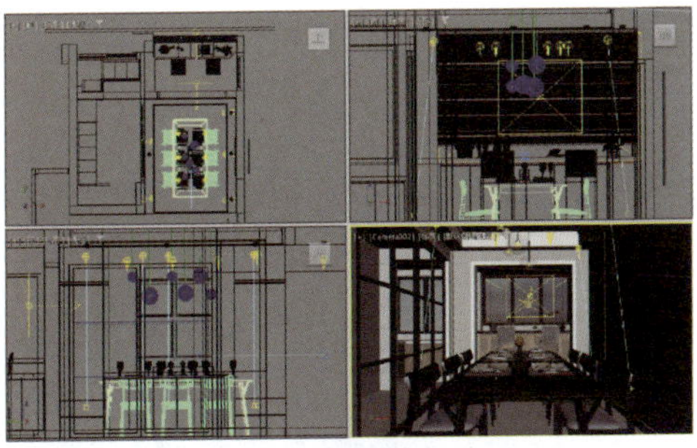

图 1-29

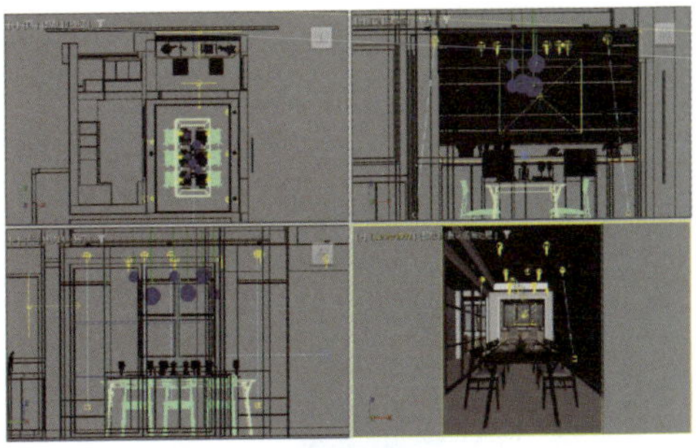

图 1-30

Step03：执行“视图 > 视口配置”命令，打开“视口配置”对话框，切换到“布局”选项卡，选择左二右一的视图布局类型，如图 1-31 所示。

Step04：单击“应用”按钮，可以看到视图区的布局发生了变化，如图 1-32 所示。如果确定使用该布局类型，单击“确定”按钮即可；如果要使用其他布局类型，可以继续选择。

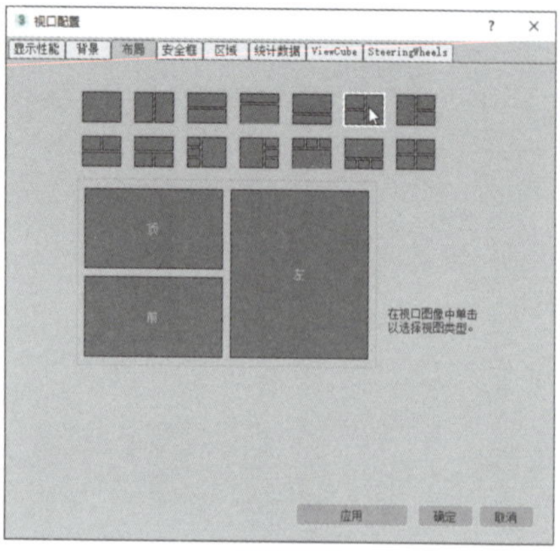

图 1-31

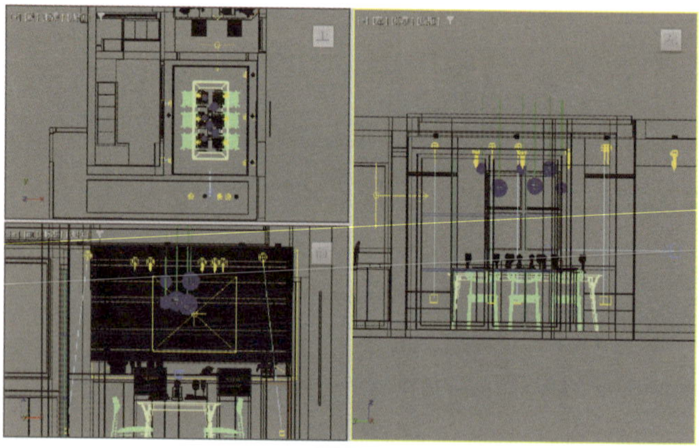

图 1-32

Step05：在右侧视口的左上角单击视图导航按钮，设置该视口为摄影机视图，并显示安全框，如图 1-33 所示。

Step06：再单击视觉样式导航按钮，设置该视口的视觉样式为“默认明暗处理”，如图 1-34 所示。至此完成本案例的操作。

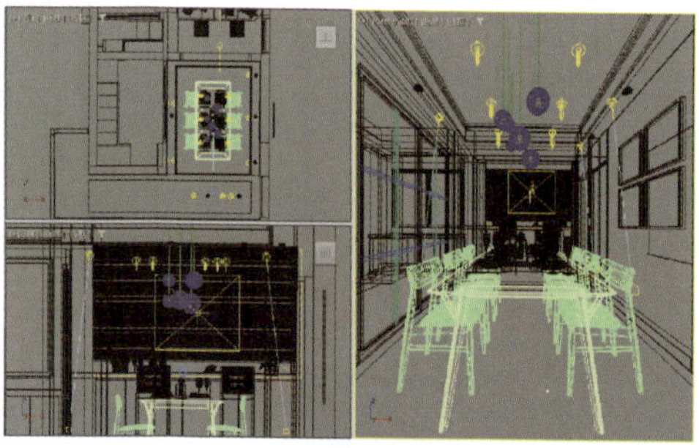

图 1-33

图 1-34

第 2 章
3ds Max 基本操作

任何应用程序的基本操作的学习都是非常重要的一个环节，对于初学者来说，掌握 3ds Max 的基本操作是进一步学习的基础。本章介绍了 3ds Max 图形文件的管理操作以及图形对象的选择、变换、克隆、镜像、阵列等编辑操作，熟练运用这些命令能够大大提高工作效率。

2.1 管理场景文件

3ds Max 提供了关于场景及文件的基本操作命令，包括新建、重置、打开、保存、导入、归档等。

2.1.1 新建场景

启动 3ds Max 后，系统会自动打开一个新的场景，用户也可以在任何时候创建一个新的场景。执行“文件 > 新建”命令，在其级联菜单中将出现 2 种新建方式，如图 2-1 所示。

- 新建全部：选择该新建方式会在新建场景时清除所有的对象并不保留当前的系统设置。
- 从模板新建：用新场景刷新 3d Max，并根据需要选择是否保留旧场景。

按 Ctrl+N 组合键同样可以新建场景，系统会弹出提示对话框，用户需确认是否保有当前场景内容，如图 2-2 所示。

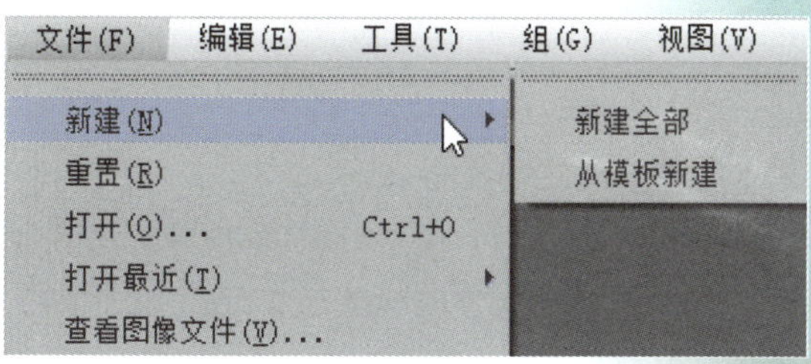

图 2-1

图 2-2

2.1.2 重置场景

用户如果要重新设置界面，可以使用“重置”命令，该命令会清除所有数据并重置 3ds Max 设置（包括视口配置、捕捉设置、材质编辑器、背景图像等），还可以还原启动默认设置，并移除当前会话期间所做的任何自定义设置。使用“重置”命令与退出并重新启动 3ds Max 的效果相同。执行“文件 > 重置”命令，系统会弹出提示框，如图 2-3 所示。

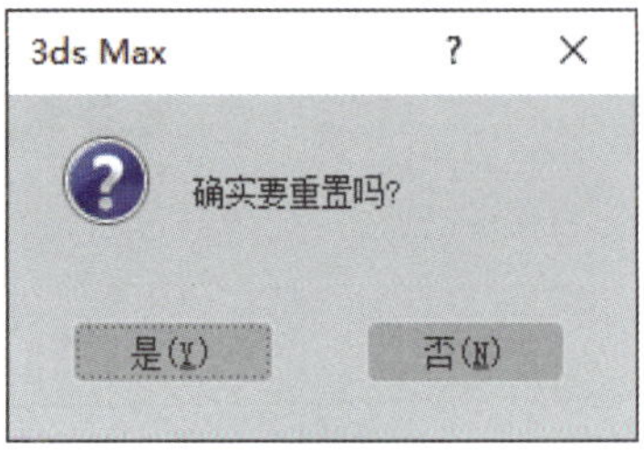

图 2-3

2.1.3 打开文件

如果需要打开一个已保存的场景文件，可以使用“打开”命令。执行“文件 > 打开”命令，或者按 Ctrl+O 组合键，会打开“打开文件”对话框，从路径中选择需要打开的文件即可，如图 2-4 所示。

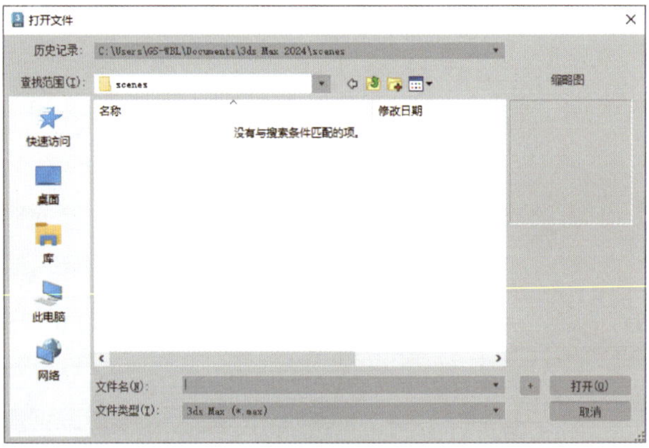

图 2-4

知识链接

如果要打开最近使用过的文件，可以执行“文件 > 打开最近”命令，在其级联菜单中会显示最近打开过的场景文件，默认为 10 个。

2.1.4 保存文件

场景发生改变后，需要使用“保存”命令将其保存。

（1）保存当前场景

执行“文件 > 保存”命令，或者按 Ctrl+S 组合键，首次进行保存操作，系统会弹出“文件另存为”对话框，用户可以设置场景文件的名称和存储路径，如图 2-5 所示。

（2）保存指定对象

如果要将场景中的某个对象单独保存为一个场景文件，需要先选择该对象，执行“文件 > 保存选定对象”命令即可。

（3）另存为场景文件

“另存为”命令可以将一个场景重新保存为一个新的场景文件。

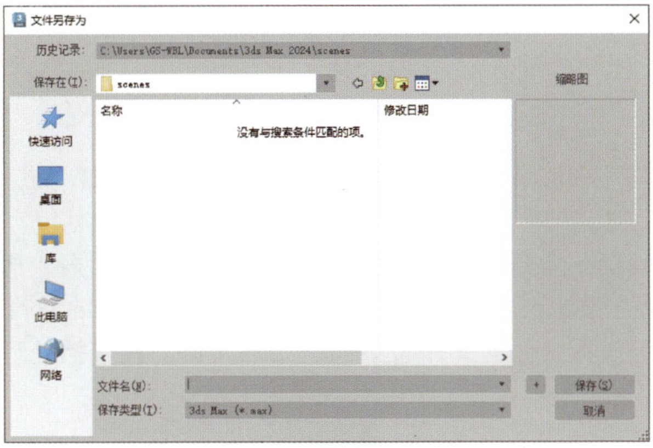

图 2-5

2.1.5　合并文件

“合并”命令可以将另一个场景中的一个或多个对象导入至当前的场景中。

执行“文件 > 导入 > 合并”命令，打开“合并文件”对话框，如图 2-6 所示。选择要导入的文件后单击“打开”按钮，会弹出“合并”对话框，在该对话框中可以选择要合并的对象，如图 2-7 所示。

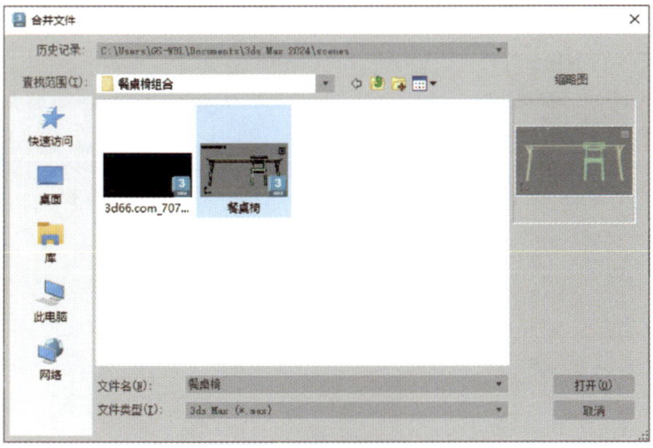

图 2-6

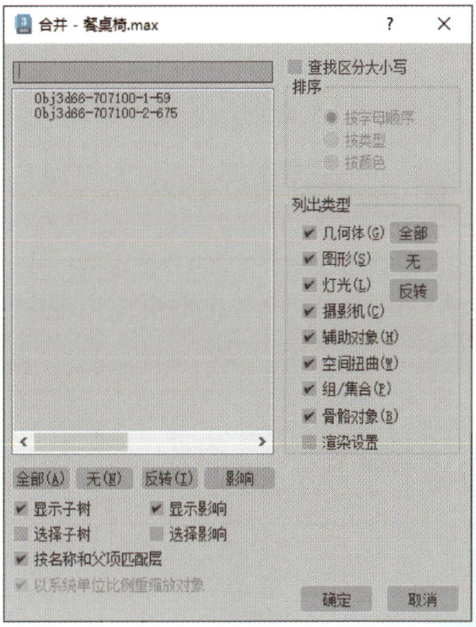

图 2-7

“合并”对话框中常用选项含义介绍如下。

- 对象列表：显示合并文件中的对象列表。群组对象以 [ ] 显示。“全部”表示全部选择，“无”表示不选择，“反转”表示反向选择，“影响”表示突出显示选定对象的影响。
- 显示子树：表示对已经进行层次链接的对象以缩进格式显示。
- 选择子树：表示将其下级的层级对象一并选择。
- 显示影响：选择列表窗口中的某项时，其所有影响显示为蓝色。
- 选择影响：选择列表窗口中的某项时，突出显示其所有影响。

➤ 列出类型：控制何种类型的对象在列表中显示。

2.1.6 归档文件

“归档”命令用于将当前编辑的场景（包括关联的位图和路径）进行归集并生成压缩文件或 TXT 格式文件存盘。

执行“文件 > 归档”命令，系统会弹出“文件归档”对话框，用户可在该对话框中设置归档路径及名称，如图 2-8 所示。单击“保存”按钮，3ds Max 会自动查找场景中参照的文件，并在可执行文件的文件夹中创建归档文件。在归档处理期间，将显示日志窗口。

图 2-8

上手实操：导入 CAD 图形

下面将绘制好的 CAD 图形文件导入到 3ds Max 中，具体操作步骤介绍如下。

Step01： 启动 3ds Max 应用程序，设置系统单位和显示单位都为“毫米”，如图 2-9 所示。

Step02： 执行“文件 > 导入”命令，打开“选择要导入的文件”对话框，如图 2-10 所示。

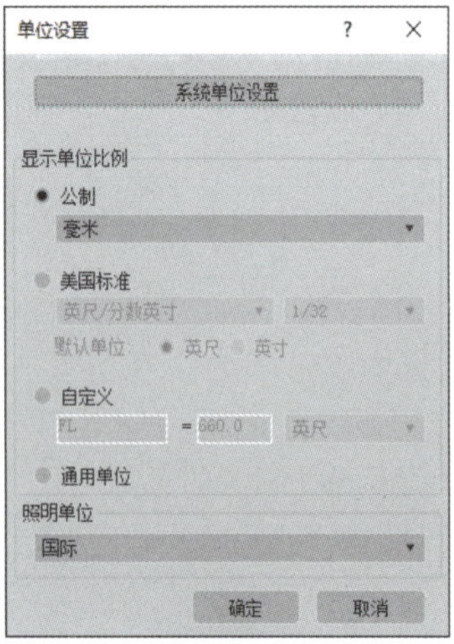

图 2-9

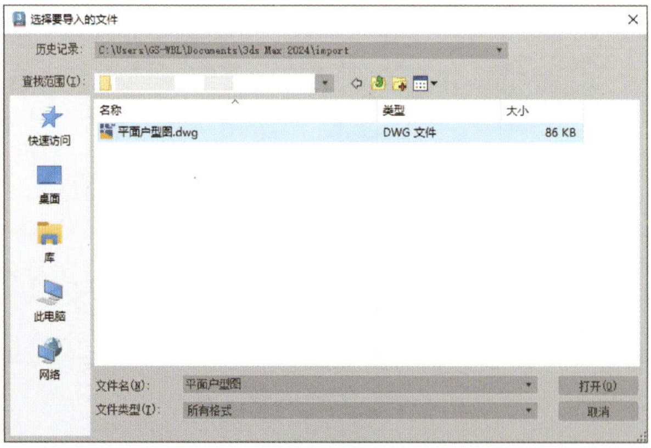

图 2-10

Step03： 单击“打开”按钮，接着会打开“AutoCAD DWG/DXF 选项”对话框，如图 2-11 所示。在“模型大小”选项组可以看到传入的文件单位为“毫米”，如果导入的 CAD 文件单位与 3ds Max 不符，则需要勾选“重缩放”复选框。

Step04： 单击“确定”按钮即可将 CAD 图形导入到当前场景，如图 2-12 所示。至此完成本案例的操作。

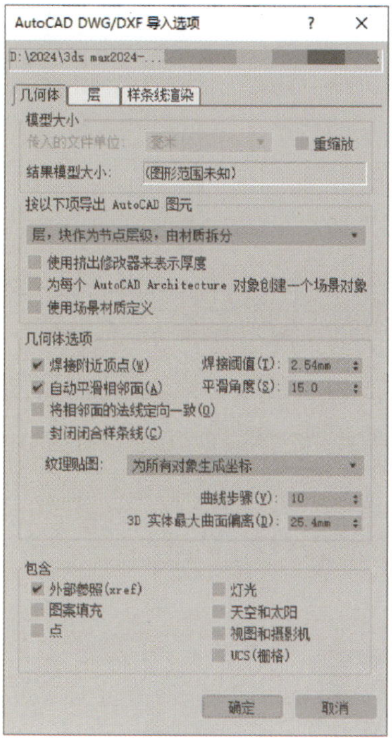

图 2-11

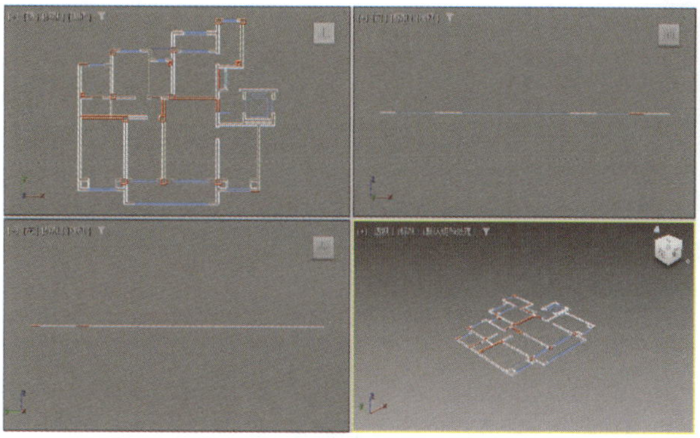

图 2-12

上手实操：将创建好的场景归档

下面为创建好的场景制作压缩文件，具体操作步骤介绍如下。

Step01： 打开制作好的素材场景模型，如图 2-13 所示。

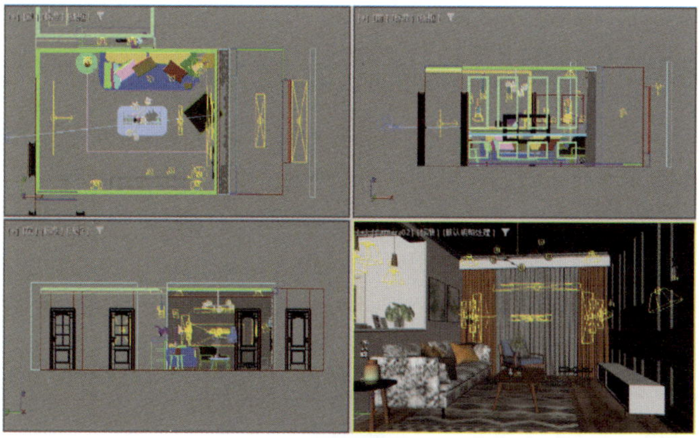

图 2-13

Step02：执行“文件 > 归档”命令，打开“文件归档”对话框，指定文件存储路径，再输入文件名，如图 2-14 所示。

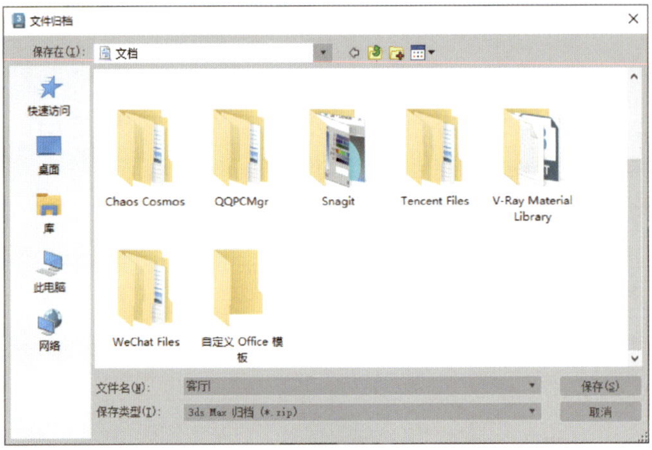

图 2-14

Step03：单击“确定”按钮，系统会弹出一个命令行程序，会将场景中所有的贴图、光域网和模型等进行归类，如图 2-15 所示。

Step04：归类完毕后，命令行程序会自动关闭，在指定路径会看到创建好的压缩文件，如图 2-16 所示。

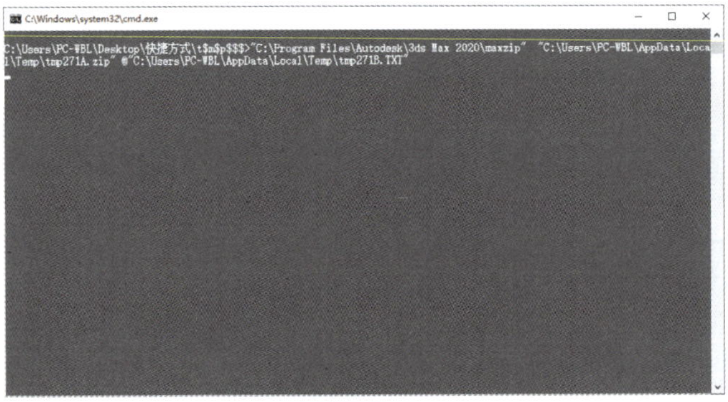

图 2-15

图 2-16

进阶案例：合并模型至当前场景

下面将一个客厅场景中的灯光文件合并至卧室场景，具体操作步骤介绍如下。

Step01：打开制作好的素材场景模型，渲染场景，效果如图 2-17 所示。

Step02：执行“文件 > 导入 > 合并”命令，打开“合并文件”对话框，从本地磁盘文件夹选择“装饰画”模型文件，如图 2-18 所示。

Step03：单击“打开”按钮，接着会打开“合并”对话框，在左侧列表中选择要合并的对象，如图 2-19 所示。

Step04：单击“确定”按钮即可将对象合并到当前场景，对象的位置与源文件的坐标位置一致，如图 2-20 示。

图 2-17

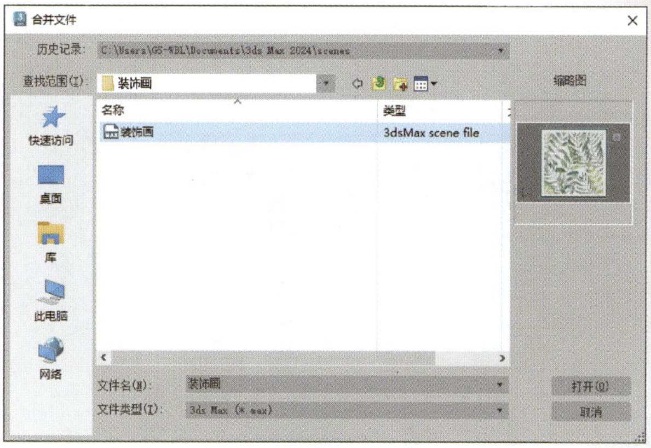

图 2-18

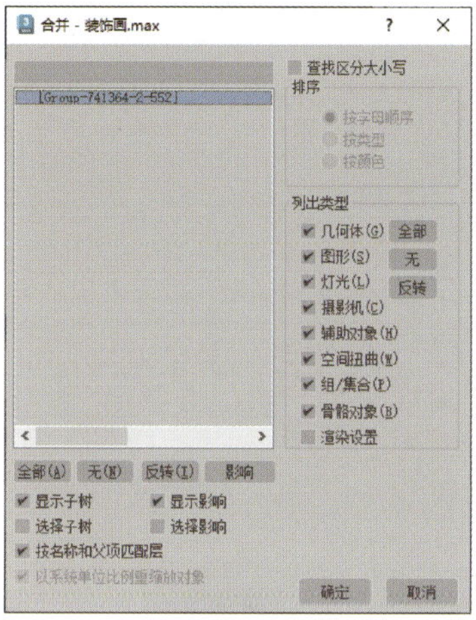

图 2-19

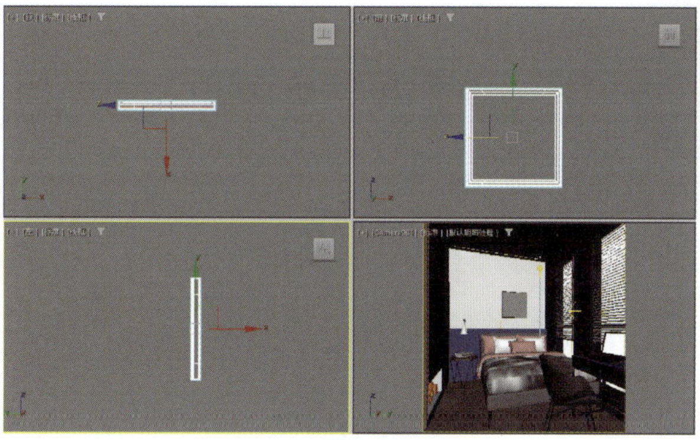

图 2-20

Step05： 激活“选择并移动”工具，移动对象的位置，再调整位置及比例，如图 2-21 所示。

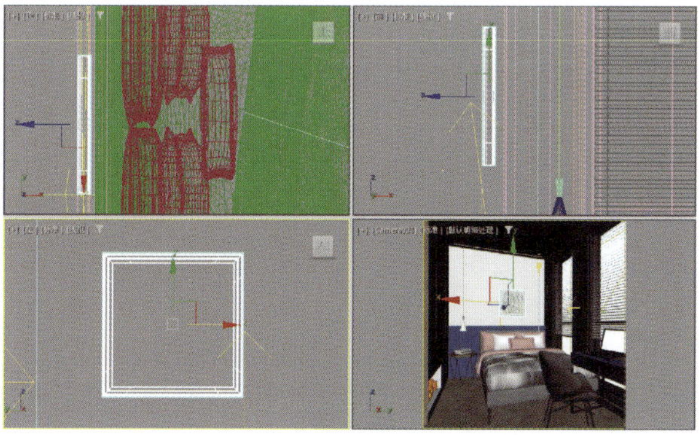

图 2-21

Step06： 照此操作方法再合并吊灯、落地灯模型到场景中，调整其位置及比例，如图 2-22 所示。至此完成本案例的操作。

Step07：渲染场景后效果如图 2-23 所示。（渲染等操作将会在后面章节进行详细介绍）

图 2-22

图 2-23

2.2 图形对象的基本操作

在场景的创建过程中常会需要对图形对象进行一些基本操作，包括对象的选择、变换、捕捉、对齐、镜像、阵列、隐藏、冻结等。

2.2.1 选择对象

在对一个或一组对象进行编辑之前，首先要选择该对象。快速并准确地选择对象，是熟练运用 3ds Max 的关键。3ds Max 的选择操作非常灵活，用户可以通过单击、框选、筛选等操作进行选择。

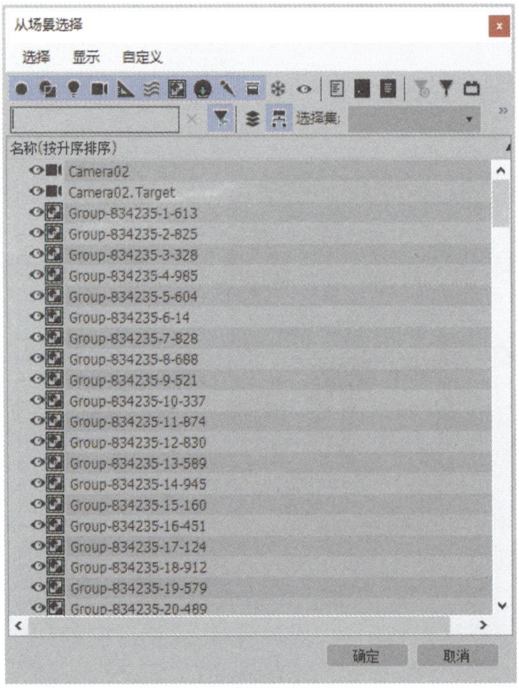

图 2-24

2.2.1.1 选择按钮

选择对象的工具主要有“选择对象”和“按名称选择”两种，前者可以直接框选或单击选择一个或多个对象，后者则可以通过对象名称进行选择。

（1）单击选择对象

激活“选择对象”按钮后，可以单击选择对象，被选中的对象以高亮显示。按住 Ctrl 键的同时单击对象，可以增选对象；按住 Shift 键的同时单击对象，可以增选对象或减选对象。

（2）按名称选择

单击“按名称选择”按钮可以打开“从场景选择”对话框，如图 2-24 所示。

用户可以在下方对象列表中双击对象名称进行选择，也可以在输入框中输入对象名称进行选择。

2.2.1.2 区域选择

区域选择的形状包括矩形选区、圆形选区、围栏选区、套索选区、绘制选择区域、窗口及交叉几种。执行“编辑 > 选择区域”命令，在其级联菜单中可以选择需要的选择方式。

（1）矩形选区

矩形区域选择是 3ds Max 系统默认的选择方式，在该模式下可以使用鼠标拖出一个矩形框来进行选择，如图 2-25 所示。

（2）圆形选区

圆形区域选择是以视图上的一点为圆心拖出一个圆形区域，释放鼠标后，区域内的物体会被选中，如图 2-26 所示。

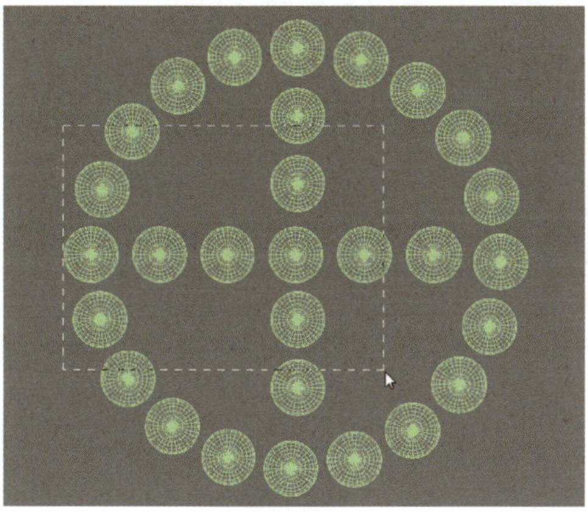

图 2-25

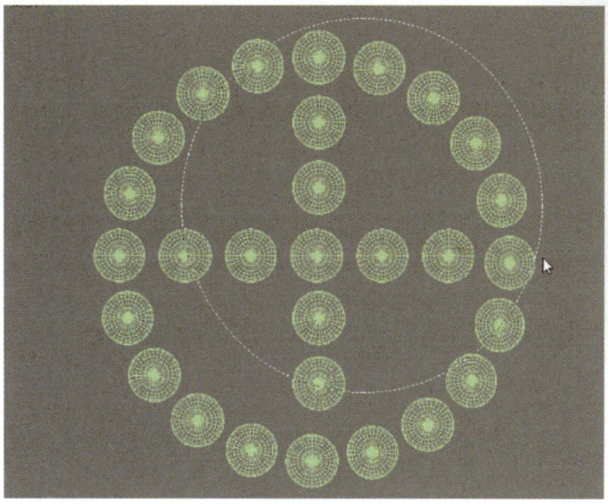

图 2-26

（3）围栏选区

围栏区域选择可以在视图上画出任意多边形，当鼠标依次单击并回到起点再次单击后，多边形区域内的物体将会被选中，如图 2-27 所示。

（4）套索选区

套索区域选择类似于矩形区域选择的方法，按住并拖动鼠标，可以绘制出非常特殊的形状区域，如图 2-28 所示。

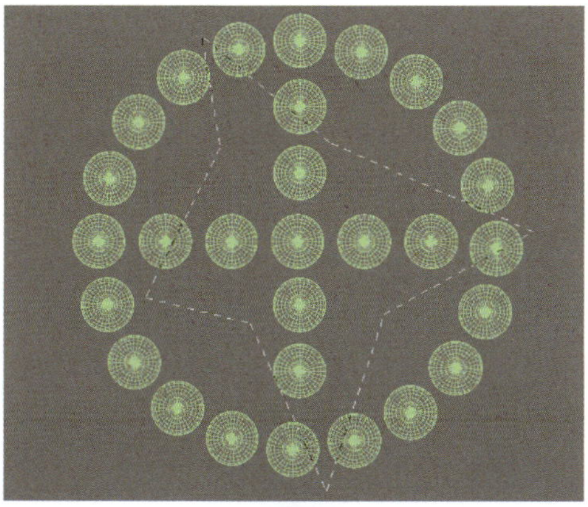

图 2-27

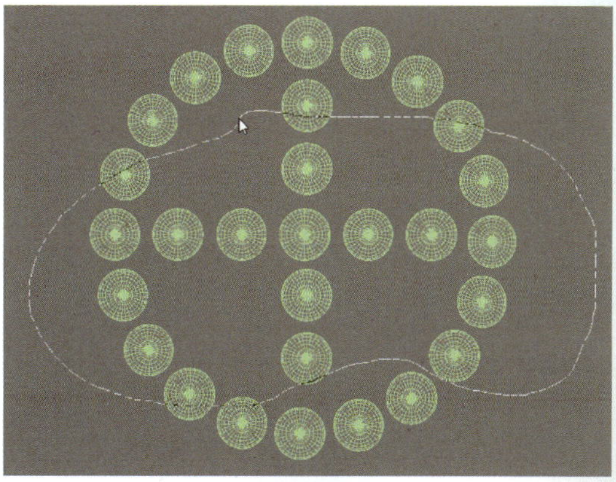

图 2-28

（5）绘制选择区域

绘制选择区域可以在视图上连续性地选择物体，在视图上按住并移动鼠标时，鼠标指针上会出现一个圆形标记，移动鼠标，被圆形标记经过的物体都会被选择，如图 2-29 所示。

2.2.1.3 过滤选择

“选择过滤器”中将对象分为全部、几何体、图形、灯光、摄影机、辅助对象、扭曲等 12 个类型，如图 2-30 所示。利用“选择过滤器”可以对对象的选择进行范围限定，屏蔽其他对象而只显示限定类型的对象以便于选择。当场景比较复杂，且需要对某一类对象进行操作时，可以使用“选择过滤器”。

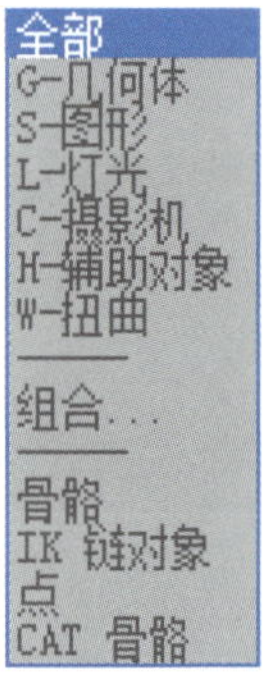

图 2-29

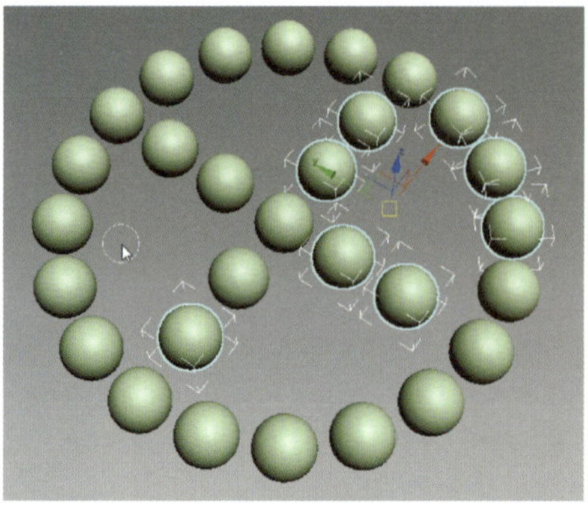

图 2-30

2.2.2 变换对象

变换对象是指将对象重新定位，包括改变对象的位置、旋转角度或者变换对象的比例等。用户可以选择对象，然后使用主工具栏中的各种变换按钮来进行变换操作。

（1）选择并移动

“选择并移动”工具可以选择对象并对其进行移动操作。单击工具栏中的“选择并移动”按钮，在视图中选择需要移动的对象，即可沿轴或沿平面自由移动对象，如图 2-31 所示。

图 2-31

（2）选择并缩放

“选择并缩放”工具可以选择对象并对其进行缩放操作，如图 2-32 所示。在工具栏中包括 3 种缩放工具，分别为“选择并均匀缩放”“选择并非均匀缩放”“选择并挤压”。

选择并均匀缩放：在三个轴上对对象进行等比例缩放变换，缩放结果只改变对象的体积而不改变对象的形状。

选择并非均匀缩放：可将对象在指定的坐标轴或坐标平面内进行缩放，缩放结果是对象的体积和形状都发生改变。

选择并挤压：可将对象在指定的坐标轴上做挤压变形，缩放结果改变对象的形状而不改变对象的体积。

（3）选择并旋转

“选择并旋转”工具可将选择对象绕定义的坐标轴进行旋转，如图 2-33 所示。

图 2-32

图 2-33

（4）使用“变换输入”工具框

为了精确地变换对象的位置，可以执行“编辑 > 变换输入”命令，打开“变换输入”工具框，在该对话框中可以输入用于精确变换的数字坐标或偏移量，如图 2-34 所示。

该对话框是非模态的，允许根据需要选定新对象或在各种变换工具之间切换。如果激活“选择并移动”工具，则会打开“移动变换输入”工具框，如图 2-35 所示；如果激活“移动并缩放”工具，则会打开“缩放变换输入”工具框，如图 2-36 所示；如果激活“移动并旋转”工具，则会打开“旋转变换输入”工具框，如图 2-37 所示。

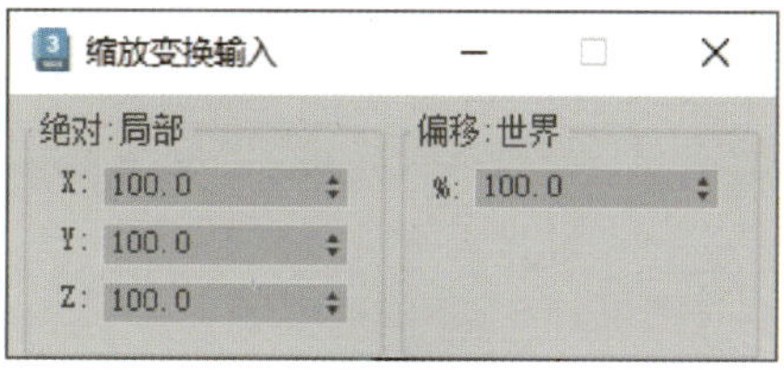

图 2-34

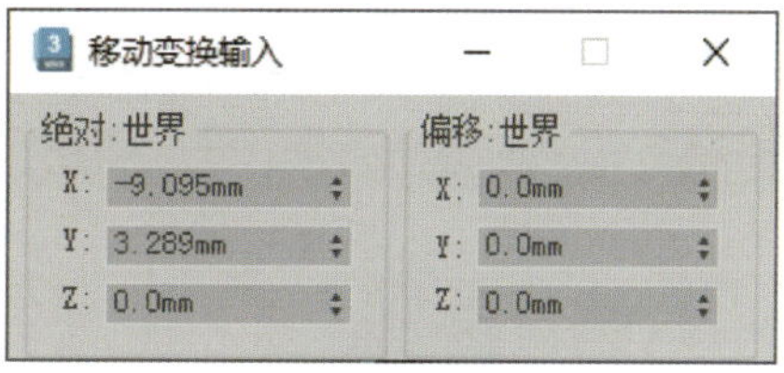

图 2-35

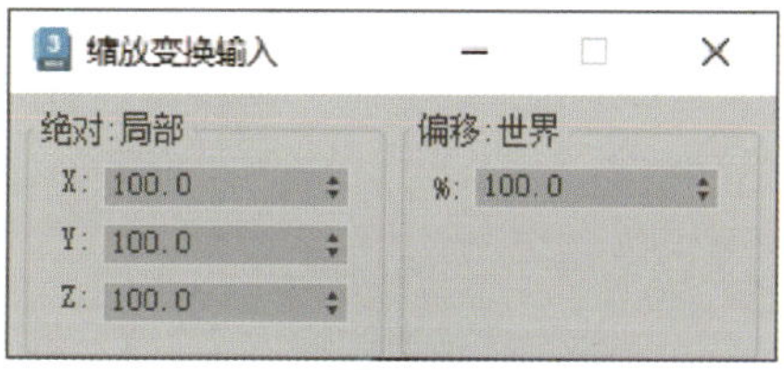

图 2-36

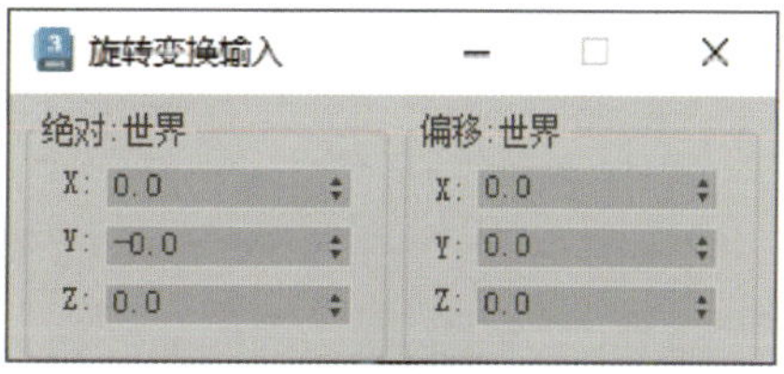

图 2-37

2.2.3 克隆对象

复制对象也就是创建对象的副本，是建模过程中经常会使用的操作，其通用术语为克隆，3ds Max 提供了多种克隆方式。

- 选择对象后，执行“编辑 > 克隆”命令，如图 2-38 所示。
- 选择对象后，按 Ctrl+V 组合键。
- 按住 Shift 键的同时使用移动、旋转或缩放工具，如图 2-39 所示。

克隆方式包括复制、实例、参考三种，各选项含义介绍如下。

- 复制：创建一个与原始对象完全无关的克隆对象。修改一个对象时，不会对另一个对象产生影响。
- 实例：创建与原始对象完全可交互的克隆对象。修改实例对象时，原始对象也会发生相同的改变。

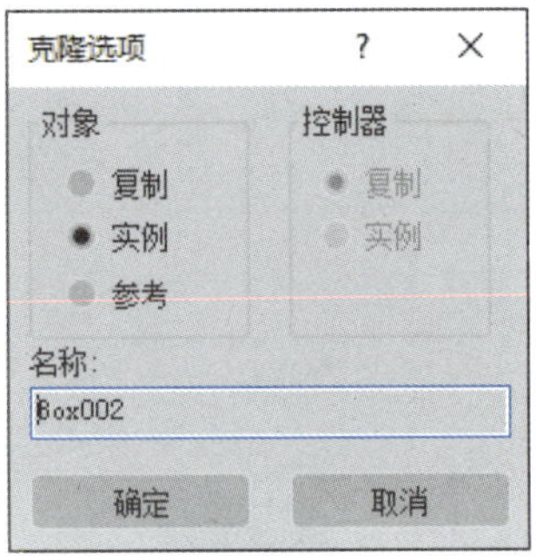

图 2-38

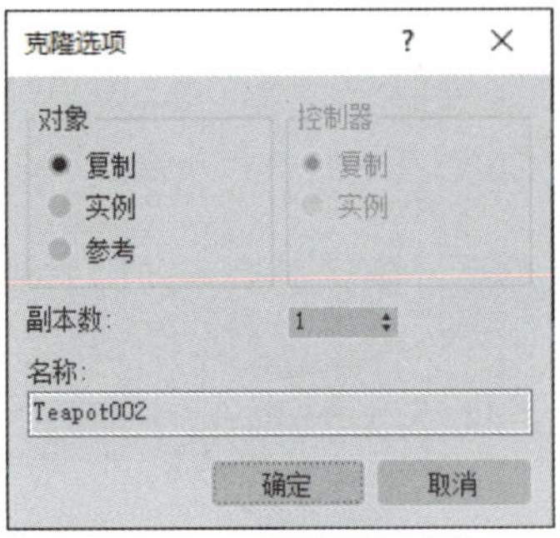

图 2-39

- 参考：克隆对象时，创建与原始对象有关的克隆对象。参考对象之前更改对该对象应用的修改器的参数时，将会更改这两个对象。但是，新修改器可以应用参考对象之一。因此，它只会影响应用该修改器的对象。
- 副本数：用于设置复制对象的数量。

知识链接

使用“克隆”命令和使用变换命令打开的“克隆选项”对话框基本相同，只是使用变换命令打开的“克隆选项”对话框多出一个“副本数”选项，用于设置复制的数量。

2.2.4 镜像对象

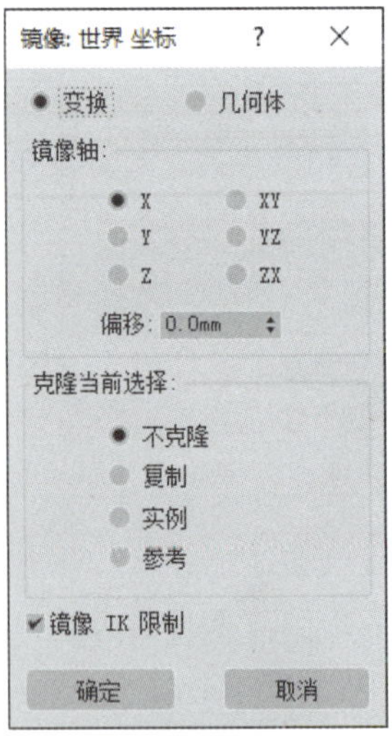

图 2-40

“镜像”命令可将当前选择的对象按指定的坐标轴进行移动镜像或复制镜像，快速地生成具有对称性质的另一半。

选择对象，在主工具栏上单击“镜像”按钮将会打开“镜像”对话框，如图 2-40 所示。在开启的对话框中设置镜像参数，然后单击“确定”按钮即可完成镜像操作。

- “镜像轴”选项组：表示镜像轴选择为 X、Y、Z、XY、YZ 和 ZX。选择其一可指定镜像的方向。这些选项等同于“轴约束”工具栏上的选项按钮。其中偏移选项用于指定镜像对象轴点距原始对象轴点之间的距离。
- “克隆当前选择”选项组：用于确定由“镜像”功能创建的副本的类型。默认设置为“不克隆”。
- 镜像 IK 限制：当围绕一个轴镜像几何体时，会导致镜像 IK 约束（与几何体一起镜像）。如果不希望 IK 约束受“镜像”命令的影响，可禁用此选项。

2.2.5 阵列对象

“阵列”命令可以以当前选择对象为参考，进行一系列复制操作。在视图中选择一个对象，然后执行“工具 > 阵列”命令，系统会弹出“阵列”对话框，如图 2-41 所示。在该对话框中用户可指定阵列尺寸、偏移量、对象类型以及变换数量等。

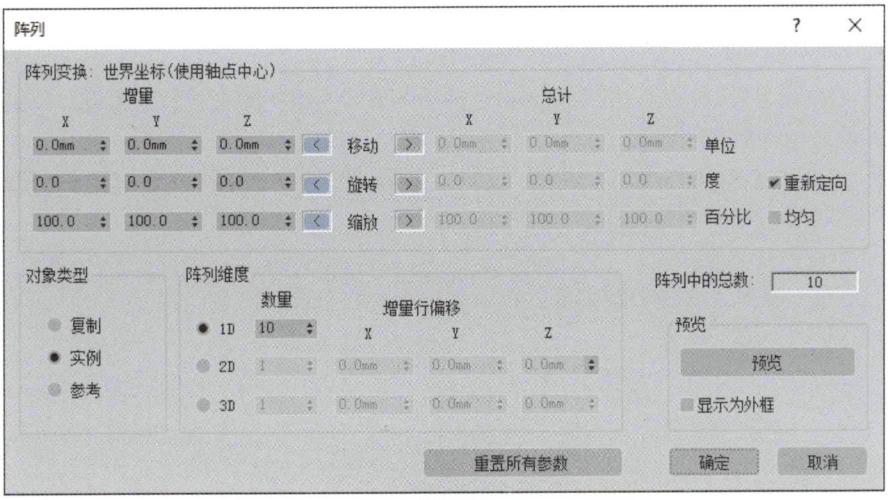

图 2-41

- 增量：用于设置阵列物体在各个坐标轴上的移动距离、旋转角度以及缩放程度。
- 总计：用于设置阵列物体在各个坐标轴上的移动距离、旋转角度和缩放程度的总量。
- 重新定向：选择该复选框，阵列对象围绕世界坐标轴旋转时也将围绕自身坐标轴旋转。
- 对象类型：用于设置阵列复制物体的副本类型。
- 阵列维度：用于设置阵列复制的维数。

2.2.6 对齐对象

“对齐”命令可以用来精确地将一个对象和另一个对象按照指定的坐标轴进行对齐操作。在视图中选择要对齐的对象，然后在工具栏中单击“对齐”按钮，系统会弹出“对齐当前选择”对话框，如图 2-42 所示。在该对话框中用户可对对齐位置、方向进行设置。

- 对齐位置：用于设置位置对齐方式。
- 当前对象 / 目标对象：分别用于当前对象和目标对象的设置。
- 对齐方向：用于特殊指定方向对齐依据的轴向，右侧括号中显示的是当前使用的坐标系统。
- 匹配比例：用于将目标对象的缩放比例沿指定的坐标轴向施加到当前对象上。

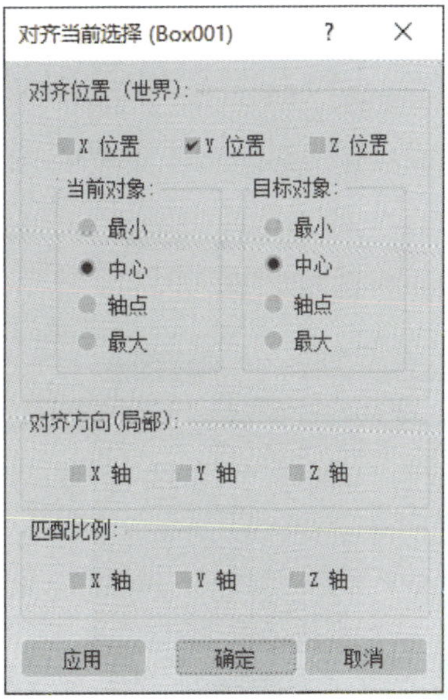

图 2-42

2.2.7 捕捉对象

捕捉操作能够更好地在二维空间中锁定需要的位置，以便进行选择、创建及编辑修改等操作。

2.2.7.1 捕捉工具

与捕捉操作相关的工具按钮包括捕捉开关、角度捕捉、百分比捕捉、微调器捕捉切换。

（1）捕捉开关

这 3 个按钮代表了 3 种捕捉模式，提供捕捉处于活动状态位置的 3D 空间的控制范围。

从捕捉对话框中有很多捕捉类型可用，可以用于激活不同的捕捉类型。

（2）角度捕捉

用于切换确定多数功能的增量旋转，包括标准旋转变换。随着旋转对象或对象组，对象以设置的增量围绕指定轴旋转。

（3）百分比捕捉

用于切换通过指定的百分比增加对象的缩放。

（4）微调器捕捉

用于设置 3ds Max 中所有微调器的单个单击所增加或减少的值。

2.2.7.2 捕捉设置

当用户需要对场景中的模型进行踩点或者取样坐标时，捕捉工具就显得非常重要。右键单击“捕捉开关”按钮，会打开“栅格和捕捉设置捕”对话框，该对话框的设置可以帮助用户精确快速地帮助用户找到顶点、边或面。

- “捕捉”选项卡：该选项卡中包含了许多捕捉的可选对象，用户可以根据需要对捕捉的对象进行设置，如图 2-43 所示。
- “选项”选项卡：该选项卡中包含一些主要用于设置捕捉的通用参数，如捕捉半径、角度、百分比等，如图 2-44 所示。

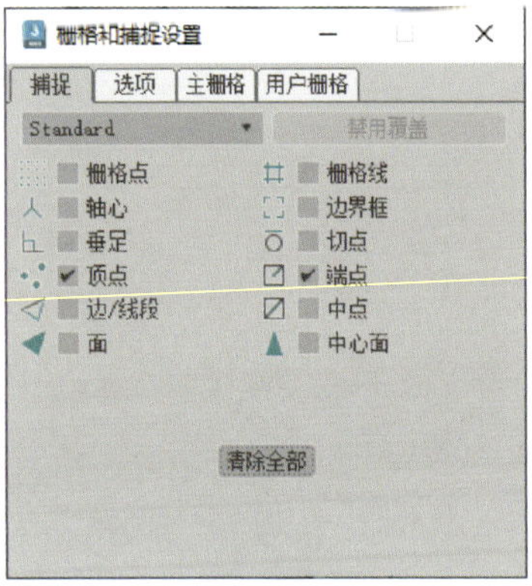

图 2-43

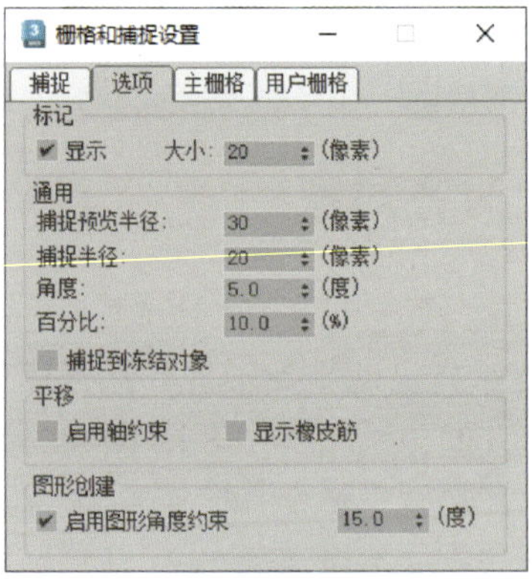

图 2-44

2.2.8 隐藏 / 冻结对象

在视图中选择所要操作的对象，单击鼠标右键，在打开的快捷菜单中将显示隐藏选定对象、全部取消隐藏、冻结当前选项等。

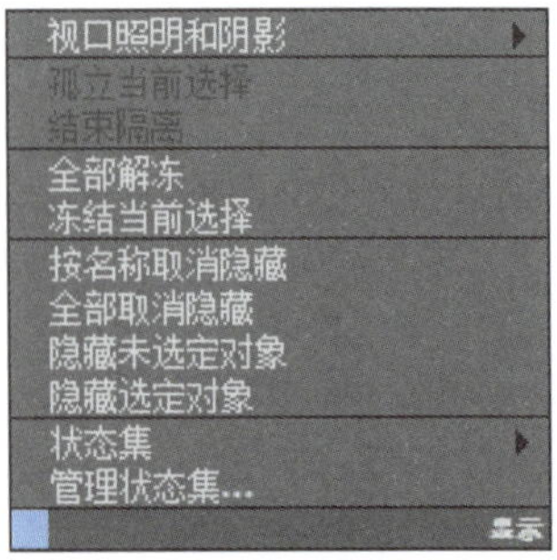

图 2-45

（1）隐藏与取消隐藏

在建模过程中，为了便于操作，常常将部分物体暂时隐藏，以提高界面的操作速度，在需要的时候再将其显示。

在视口中选择需要隐藏的对象并单击鼠标右键，如图 2-45 所示，在弹出的快捷菜单中选择“隐藏选定对象”或“隐藏未选定对象”命令，将实现隐藏操作。当不需要隐藏对象时，同样在视口中单击鼠标右键，在弹出的快捷菜单中选择“全部取消隐藏”或“按名称取消隐藏”命令，场景的对象将不再被隐藏。

（2）冻结与解冻

在建模过程中为了便于操作，避免场景中对象的误操作，常常将部分物体暂时冻结，在需要的时候再将其解冻。

在视口中选择需要冻结的对象并单击鼠标右键，在弹出的快捷菜单中选择“冻结当前选择”命令，将实现冻结操作。当不需要冻结对象时，同样在视口中单击鼠标右键，在弹出的快捷菜单中选择“全部解冻”命令，场景的对象将不再被冻结。

2.2.9 对象成组

成组操作可将两个或多个对象组合成一个分组对象，并且可以将其视为场景中的单个对象，单击组中任一对象即可选择整个组对象。在“组”菜单中提供了管理组的一系列命令，包括“组”“打开”“按递归方式打开”“关闭”“解组”“炸开”“分离”“附加”8个命令。

- 组：可将对象或组的选择集组成为一个组。
- 解组：可将当前组分离为其组件对象或组。
- 打开：可暂时对组进行解组，并访问组内的对象。
- 按递归方式打开：可以暂时取消分组所有级别的组，并访问组中任何级别的对象。
- 关闭：可重新组合打开的组。
- 附加：可使选定对象成为现有组的一部分。
- 分离：可从对象的组中分离选定对象。
- 炸开：可解组组中的所有对象。它与“解组”命令不同，后者只解组一个层级。

知识链接

当创建组时，组中的所有成员物体都被链接到一个不可见的哑物体上，此时组中物体使用哑物体的轴点和本地变换坐标系。当用户对组物体施加修改命令后，修改命令将会应用于组中的每一个物体。

上手实操：直接选择场景中的全部灯光

下面将利用选择过滤器选择场景中的全部灯光，具体操作步骤介绍如下。

Step01：打开素材场景模型，并最大化显示顶视图，如图2-46所示。

Step02：在主工具栏单击“选择过滤器”，在展开的列表中选择“L-灯光”选项，如图2-47所示。

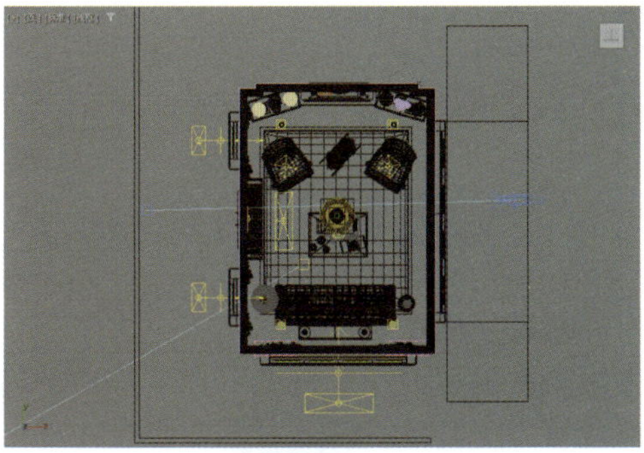

图2-46

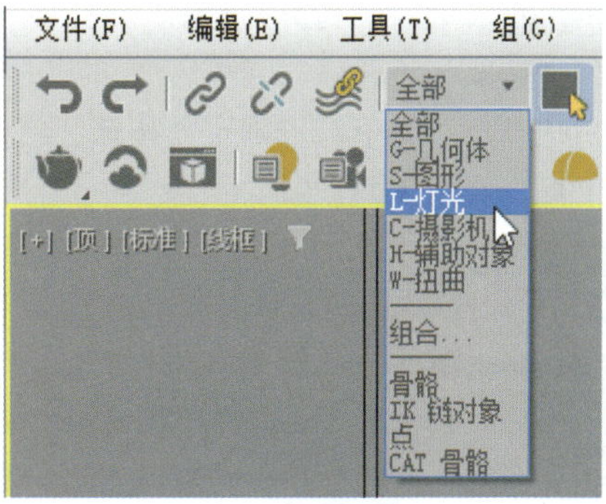

图2-47

Step03： 按 Ctrl+A 组合键，即可选中场景中所有的灯光对象，如图 2-48 所示。

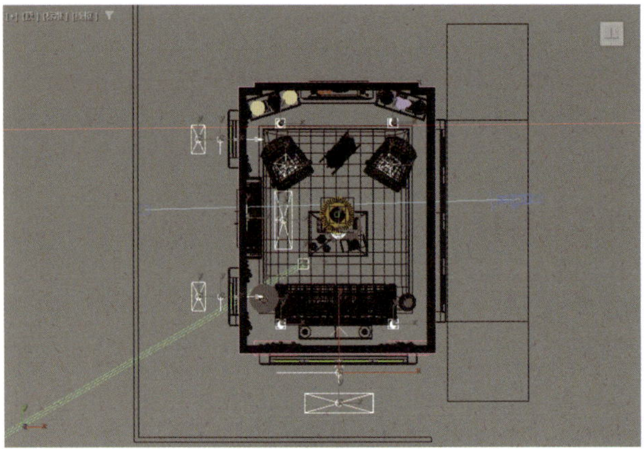

图 2-48

综合实战：布置书房场景

下面将为书架场景导入书籍等模型，并对模型进行移动、复制等操作，以完善场景，具体操作步骤介绍如下。

Step01： 打开素材文件，渲染场景，效果如图 2-49 所示。

Step02： 执行“文件 > 导入 > 合并”命令，打开“合并文件”对话框，从本地磁盘文件夹选择“书籍”模型文件，如图 2-50 所示。

图 2-49

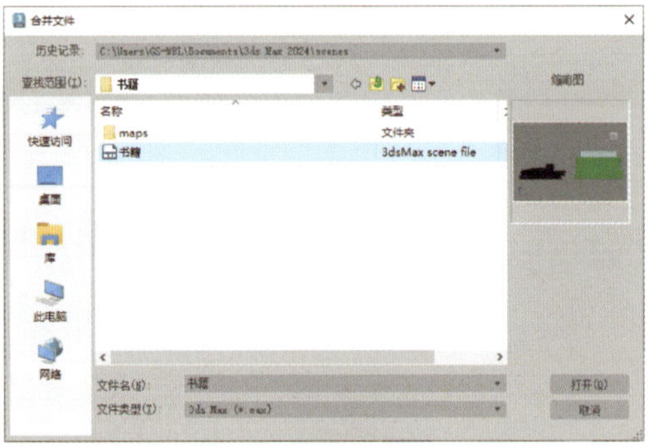

图 2-50

Step03： 单击“打开”按钮，打开“合并”对话框，从列表中选择要导入的对象，如图 2-51 所示。

Step04： 然后单击“确定”按钮，将模型合并到场景，激活“选择并移动”工具，调整对象位置，如图 2-52 所示。

Step05： 按住 Ctrl 键加选室内的书架模型和书桌模型，按 Alt+Q 组合键孤立对象，如图 2-53 所示。

Step06： 激活“选择并移动”工具，调整模型位置，如图 2-54 所示。

Step07： 最大化显示前视图，选择书架上的书籍模型，按住 Shift 键向上移动，在弹出的“克隆选项”对话框中保持默认参数，以“复制”方式克隆对象，如图 2-55 所示。

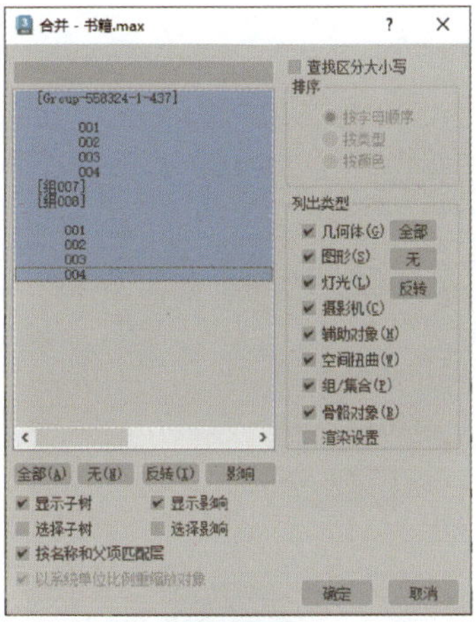

图 2-51

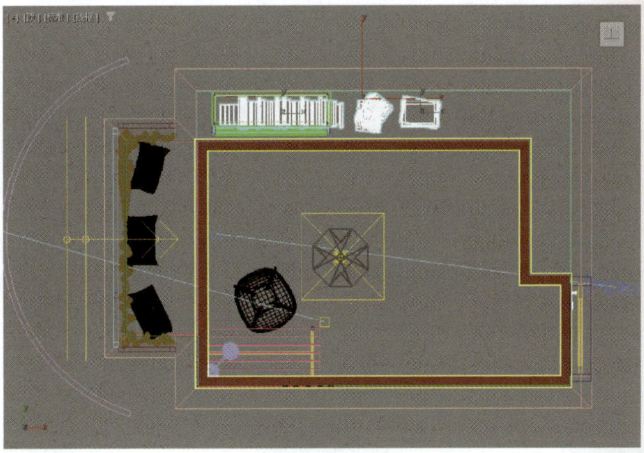

图 2-52

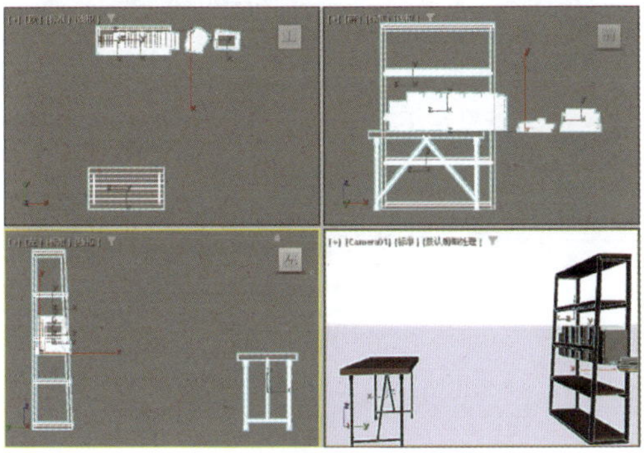

图 2-53

图 2-54

Step08：再复制底层的书籍模型，向上复制，如图 2-56 所示。

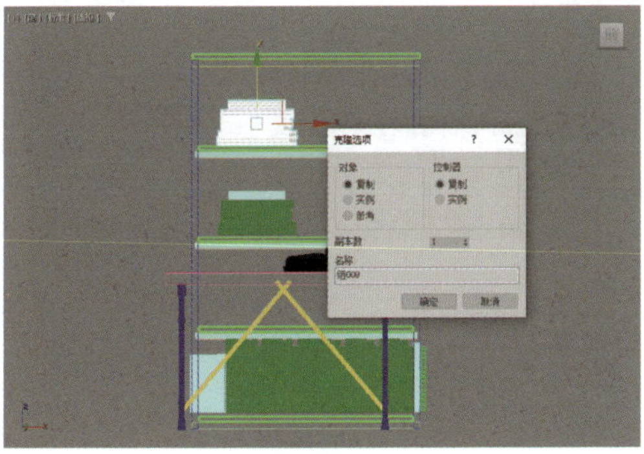

图 2-55

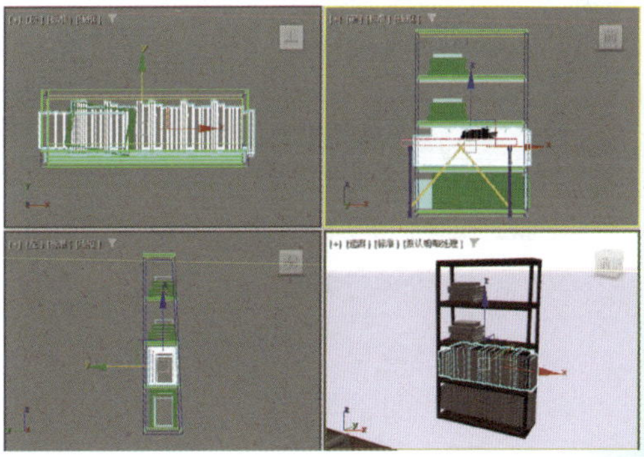

图 2-56

Step09：选择下方两层的书籍模型，执行“组 > 打开”命令，打开两个模型组，如图 2-57 所示。

Step10：选择性删除组中的对象，如图 2-58 所示。

Step11：调整书籍位置，再执行“组 > 关闭”命令，如图 2-59 所示。

Step12：照此方法再调整上方两层的书籍模型，如图 2-60 所示。

Step13：执行“文件 > 导入 > 合并”命令，打开“合并文件”对话框，从本地磁盘文件夹选择“装饰物”模型文件，导入并调整装饰物的位置和比例，如图 2-61 所示。

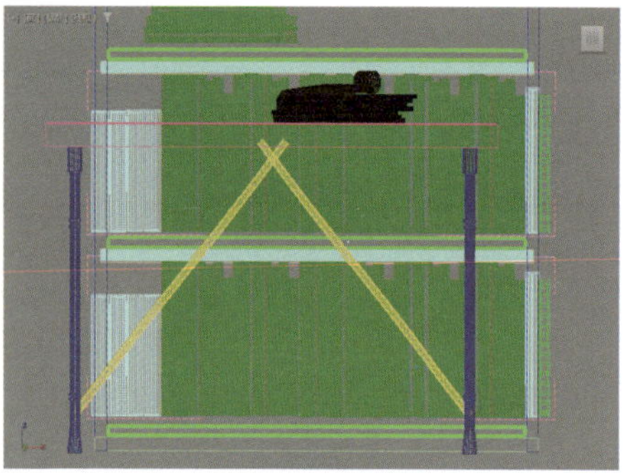

图 2-57

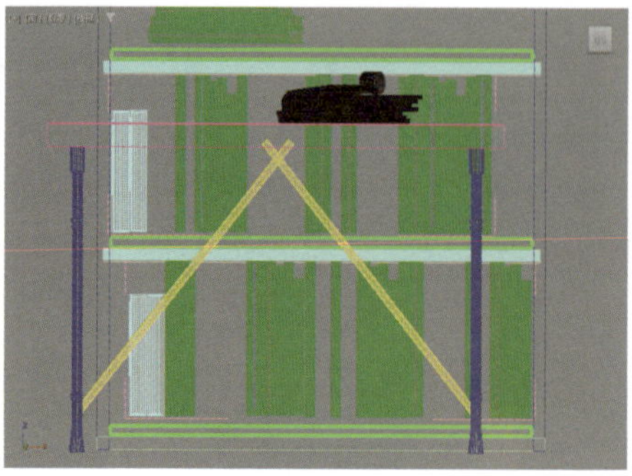

图 2-58

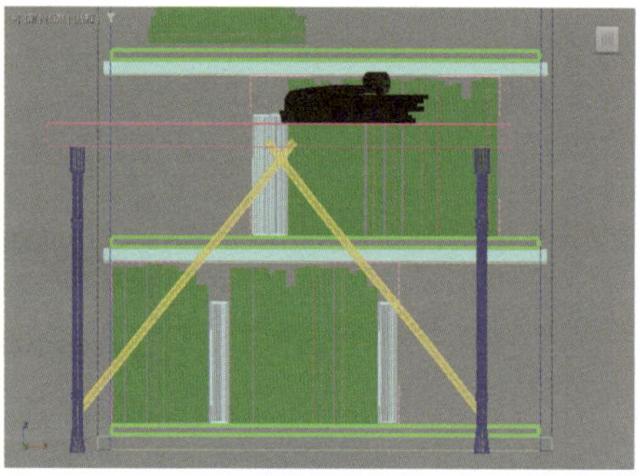

图 2-59

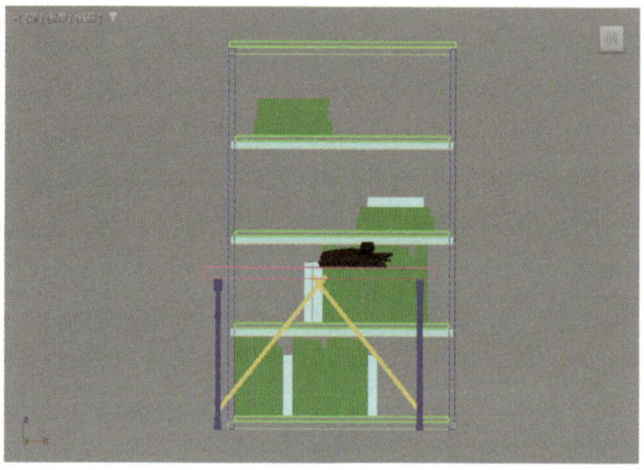

图 2-60

Step14： 单击鼠标右键，选择“全部取消隐藏”命令，显示所有对象，如图 2-62 所示。

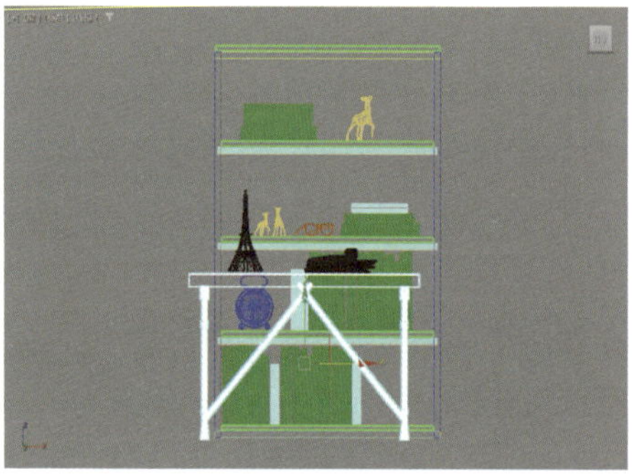

图 2-61

图 2-62

Step15： 继续导入绿植模型到当前场景，再调整位置，如图 2-63 所示。

Step16： 经过渲染后，场景效果如图 2-64 所示。

图 2-63

图 2-64

第 3 章 基础建模

为了方便用户的建模工作，3ds Max 提供了常用的基础模型资源，可以快速在场景中创建出简单规则的形体，如长方体、球体、圆柱体等。基础建模是三维设计的第一步，是三维世界的核心和基础。没有一个好的基础，一切好的效果都难以呈现。

通过对本章内容的学习，读者可以了解基本的建模方法与技巧，为后面章节的知识学习做好进一步的铺垫。

3.1 样条线建模

二维图形是由一条或多条样条线组成的，而样条线又是由顶点和线段组成的，在设计中运用线的点、线段以及线的空间位置不同而得到不同的模拟效果，最终得到设计效果。

3.1.1 样条线

3ds Max 中提供了 13 种样条线类型，如线、矩形、圆、椭圆、弧、圆环等，在“创建”命令面板的“图形”面板选择“样条线”选项，即可看到该面板中的工具按钮，如图 3-1 所示。

图 3-1

知识链接

样条线的应用非常广泛，其建模速度相当快，选择相应的样条线工具后，在视图中拖拽光标就可以绘制出相应的样条线。用户也可以导入 AI 矢量图形来生成三维物体。

（1）线

线是建模中最常用的一种样条线，其使用方法非常灵活，形状也不受约束，可以封闭也可以不封闭，拐角处可以是尖锐也可以是圆滑的。

线的顶点有 3 种类型，分别是“角点”“平滑”和 Bezier（贝赛尔）。由“角点”所定义的点形成的线是严格的折线，由“平滑”所定义的节点形成的线可以是圆滑相接的曲线，由 Bezier 所定义的节点形成的线是依照 Bezier 算法得出的曲线，可以通过移动点的切线控制柄来调节经过该点的曲线形状。

在“样条线”面板中单击“线”按钮，在视图区中依次单击鼠标即可创建折角的样条线，若继续拖动一段距离后再松开便形成圆滑的弯角，如图 3-2 所示。线在“修改”面板中没有携带尺寸参数，因此从“创建”面板切换到“修改”面板时，它会自动转换为可编辑样条线，用户可以利用顶点、线段和样条线子层级进行编辑，如图 3-3 所示。

图 3-2

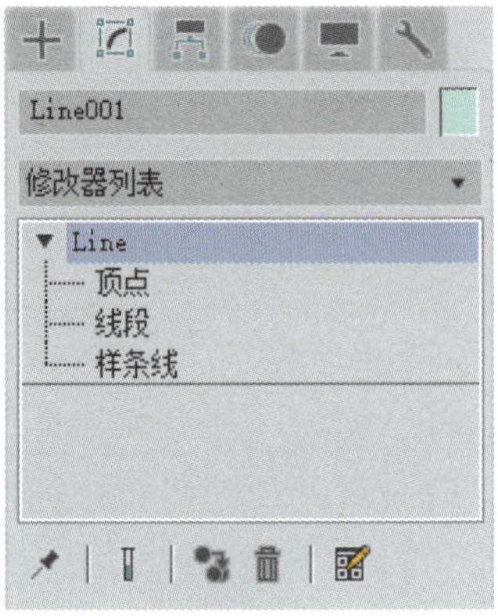

图 3-3

注意事项

在样条线的种类中，还包含其他的图形形状，它们与线的区别就是用户无法直接进入子层级修改其顶点、线段以及样条线。

（2）矩形

“矩形”工具可以创建出方形、长方形、圆角矩形，常用于创建室内外简单形状的拉伸造型，如窗户、书架等。在“样条线”面板中单击“矩形”按钮，拖动鼠标即可创建矩形，如图 3-4 所示。如果需要修改矩形，可以在“修改”面板的“参数”卷展栏中设置其长度、宽度或角半径，如图 3-5 所示。

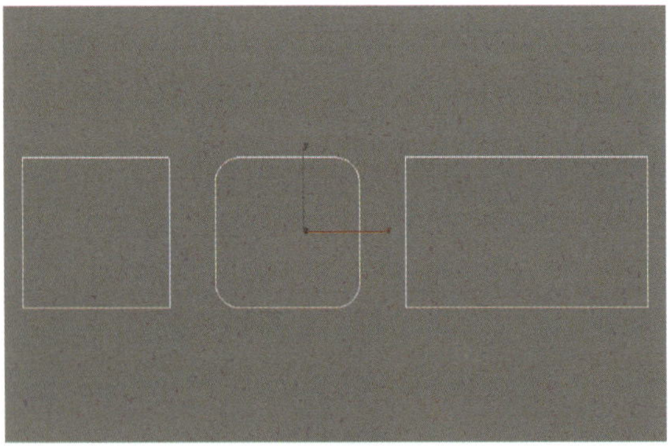

图 3-4

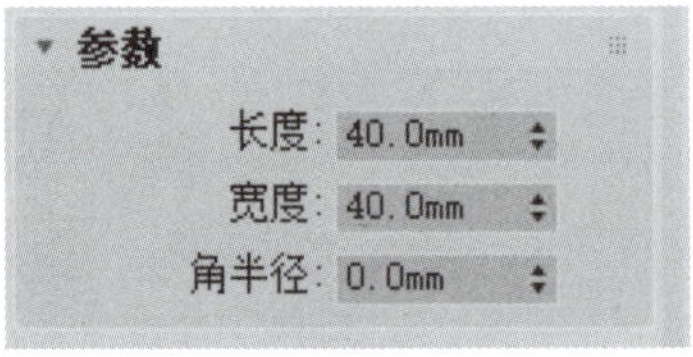

图 3-5

- 长度：设置矩形的长度。
- 宽度：设置矩形的宽度。
- 角半径：设置角半径的大小。

（3）圆

“圆”工具常用于创建以圆形为基础的变形对象。在“样条线”面板中单击“圆”按钮，拖动鼠标即可创建圆形，如图 3-6 所示。如果需要修改其尺寸，可以在“修改”面板的“参数”卷展栏设置半径值，如图 3-7 所示。

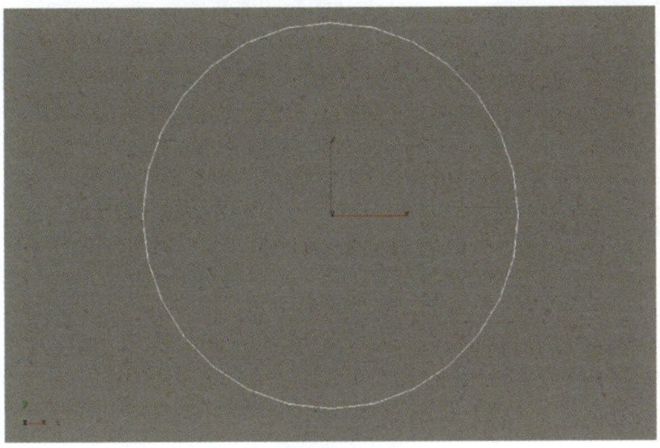

图 3-6

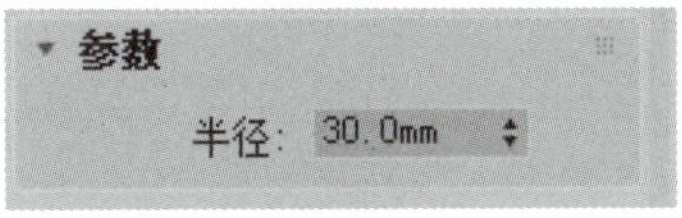

图 3-7

（4）椭圆

使用“椭圆”工具可以创建出椭圆形、圆形以及双层轮廓的样条线，如图 3-8 所示。与圆形工具不同的是，椭圆有两个半径参数，当两个半径数值相同时，椭圆就会变成圆形，如果需要修改其尺寸，在“修改”面板的“参数”卷展栏中设置其长宽半径或轮廓、厚度，如图 3-9 所示。

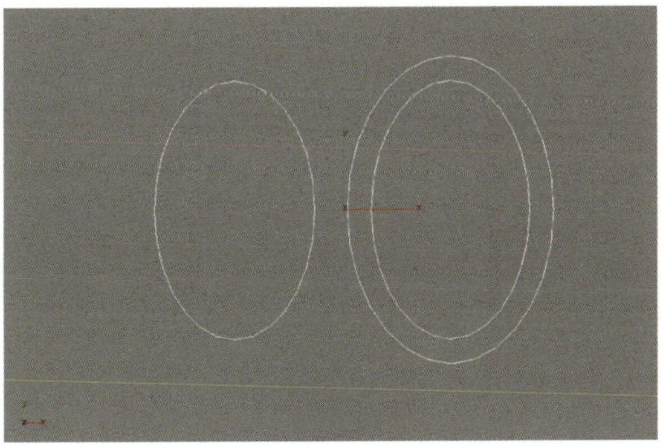

图 3-8

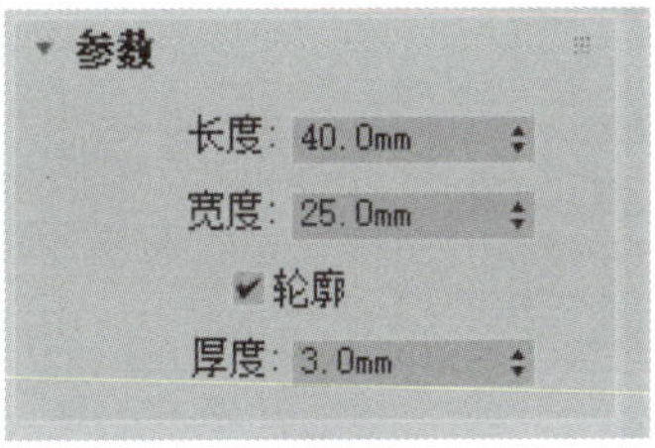

图 3-9

知识拓展

使用 3ds Max 创建对象时，在不同的视口创建的物体的轴是不一样的，这样在对物体进行操作时会产生细小的区别。

（5）弧

使用“弧”工具可以创建出由四个顶点组成的打开或闭合的部分圆形。在“样条线”面板中单击“弧”按钮，拖动鼠标即可创建弧形，如图 3-10 所示。通过“参数”卷展栏可以设置弧形的半径、起始角度、打开或闭合等，如图 3-11 所示。

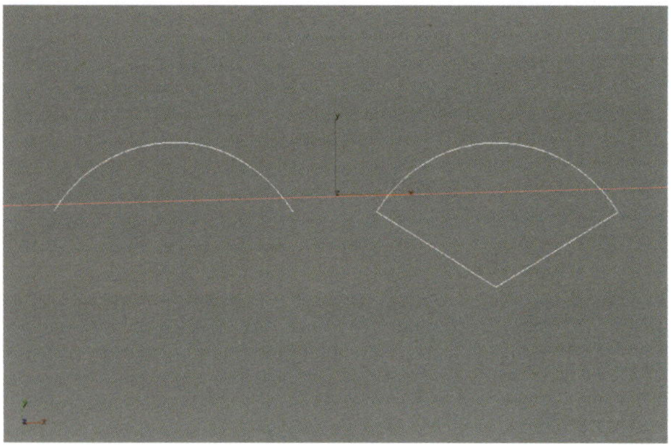

图 3-10

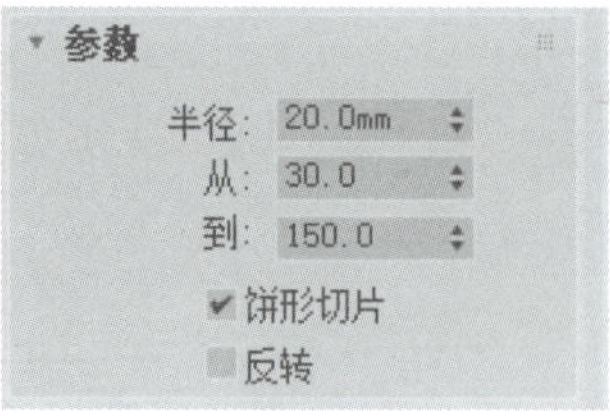

图 3-11

- 半径：设置弧形的半径。
- 从：设置弧形样条线的起始角度。
- 到：设置弧形样条线的终止角度。
- 饼形切片：勾选该复选框，创建的弧形样条线会更改成封闭的扇形。
- 反转：勾选该复选框，即可反转弧形，生成弧形所属圆周另一半的弧形。

（6）圆环

使用“圆环”工具可以利用两个同心圆创建封闭的形状，每个圆都由四个顶点组成，如图 3-12 所示。通过“参数”卷展栏可以修改圆环的两个半径值，如图 3-13 所示。

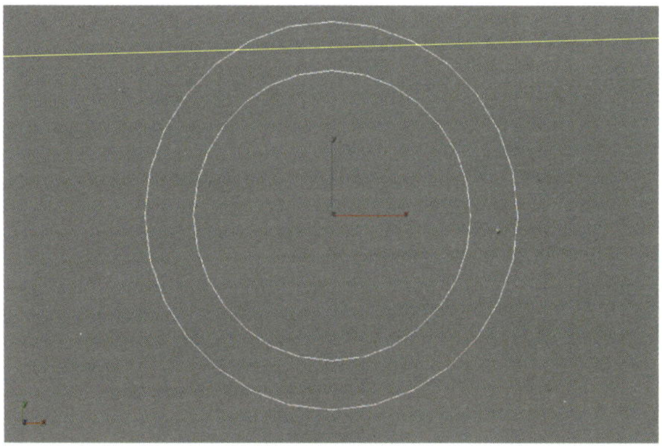

图 3-12

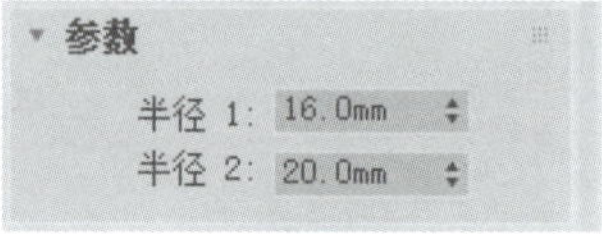

图 3-13

（7）多边形

使用“多边形”工具可以创建具有任意面数或顶点数的闭合平面或圆形样条线，如图 3-14 所示。通过“参数”卷展栏可以修改多边形的半径、边数、角半径等参数，如图 3-15 所示。

- 半径：设置多边形半径的大小。
- 内接和外接：内接是指多边形的中心点到角点之间的距离为多边形的半径，外接是指多边形的中心点到圆的切点之间的距离为多边形的半径。
- 边数：设置多边形边数。数值范围为 3 ～ 100，默认边数为 6。
- 角半径：设置圆角半径大小。
- 圆形：勾选该复选按钮，多边形即可变成圆形。

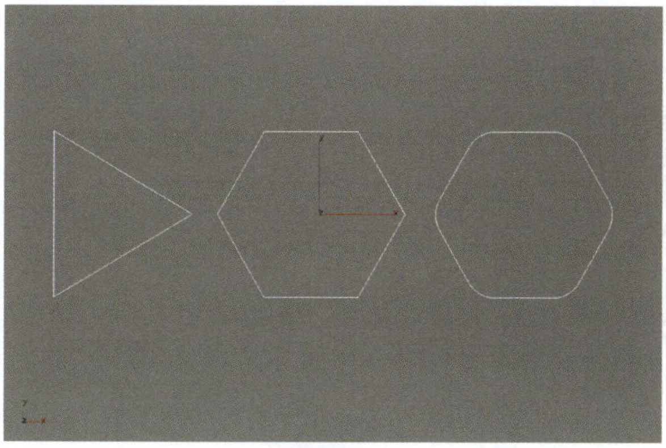

图 3-14

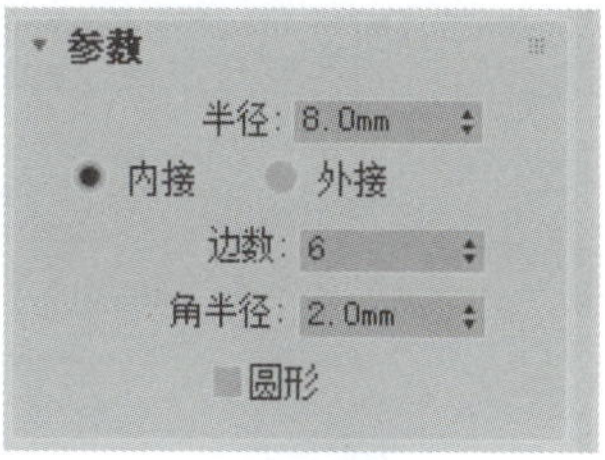

图 3-15

（8）星形

使用“星形”工具可以创建具有很多点的闭合星形样条线，如图 3-16 所示。通过“参数”卷展栏可以设置星形的两个半径、点数量、扭曲、圆角半径等参数，如图 3-17 所示。

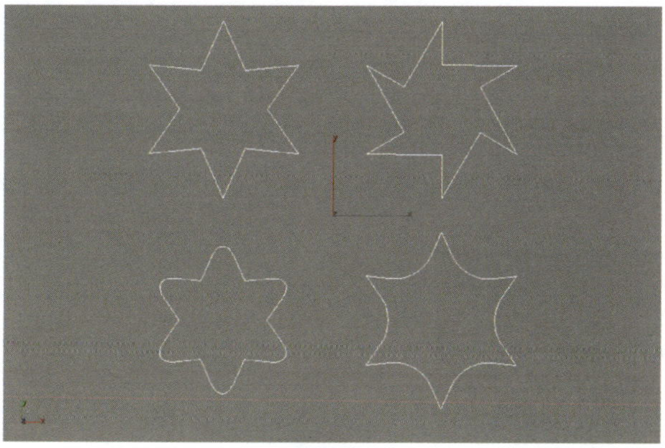

图 3-16

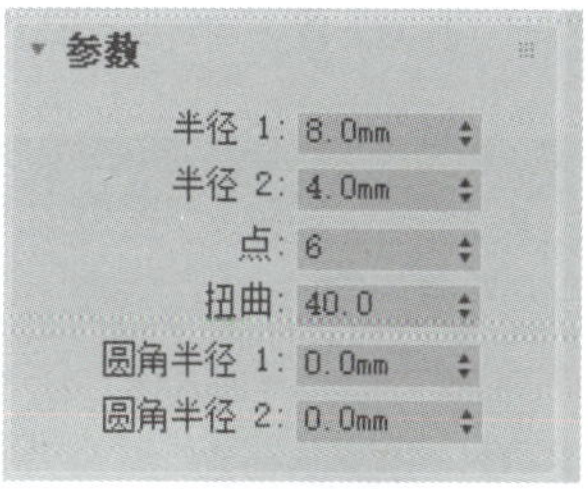

图 3-17

- 半径 1 和半径 2：设置星形的内、外半径。
- 点：设置星形的顶点数目，默认情况下，创建星形的点数目为 6。数值范围为 3 ～ 100。
- 扭曲：设置星形的扭曲程度。
- 圆角半径 1 和圆角半径 2：设置星形内、外圆环上的圆角半径大小。

知识拓展

在创建星形半径 2 时，向内拖动，可将第一个半径作为星形的顶点，或者向外拖动，将第二个半径作为星形的顶点。

（9）文本

使用“文本”工具可以创建文本图形的样条线，如图 3-18 所示。在“参数”卷展栏中可以设置文本的字体、样式、位置、大小、间距等参数，如图 3-19 所示。

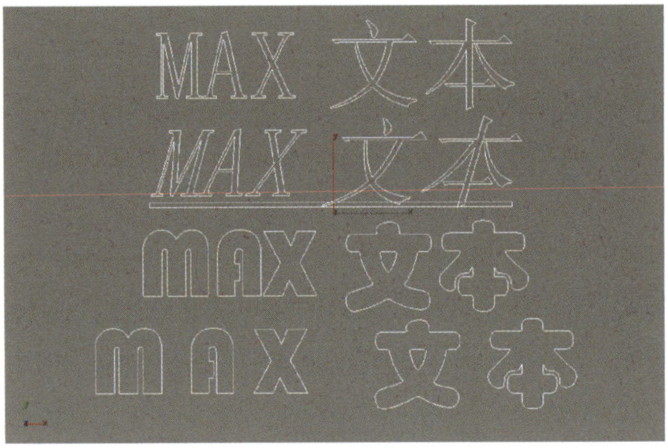

图 3-18

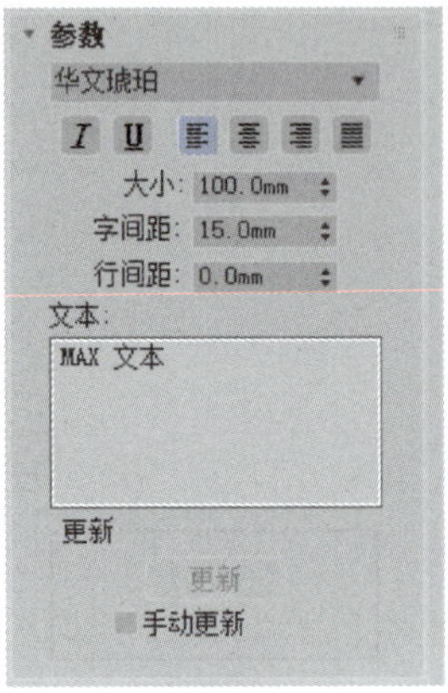

图 3-19

注意事项

在创建较为复杂的场景时，为模型起一个标志性的名称，会为接下来的操作带来很大的便利。

（10）螺旋线

使用“螺旋线”工具可以创建开口的平面或 3D 螺旋线，如图 3-20 所示。在“参数”卷展栏中可以设置其半径、高度、圈数、偏移等参数，如图 3-21 所示。

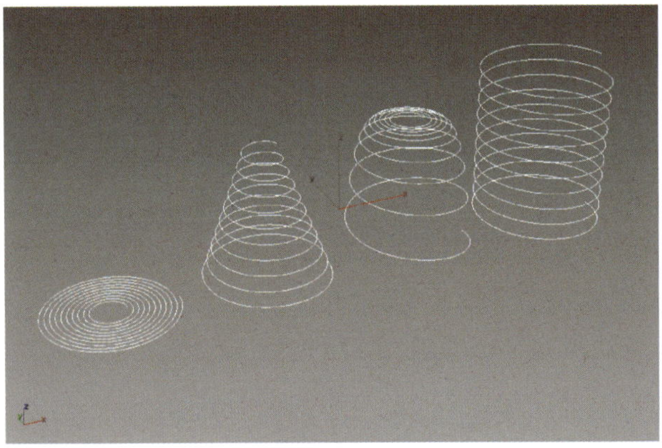

图 3-20

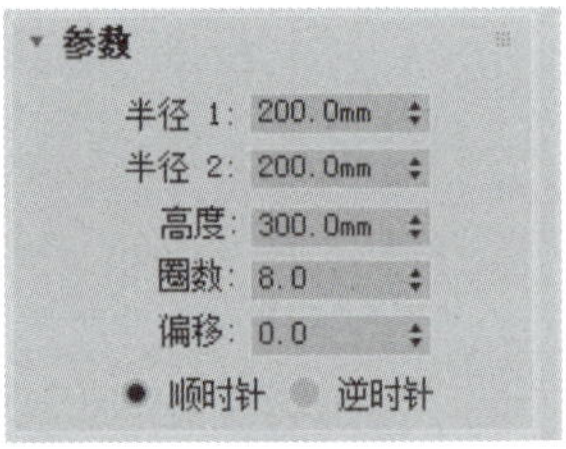

图 3-21

- 半径 1 和半径 2：设置螺旋线的半径。
- 高度：设置螺旋线起始圆环和结束圆环之间的高度。
- 圈数：设置螺旋线的圈数。
- 偏移：设置螺旋线段偏移距离。
- 顺时针和逆时针：设置螺旋线的旋转方向。

（11）卵形

使用“卵形”工具可以创建鸡蛋形状的同心图形，如图 3-22 所示。在“参数”卷展栏中可以设置其长宽、厚度、角度等参数，如图 3-23 所示。

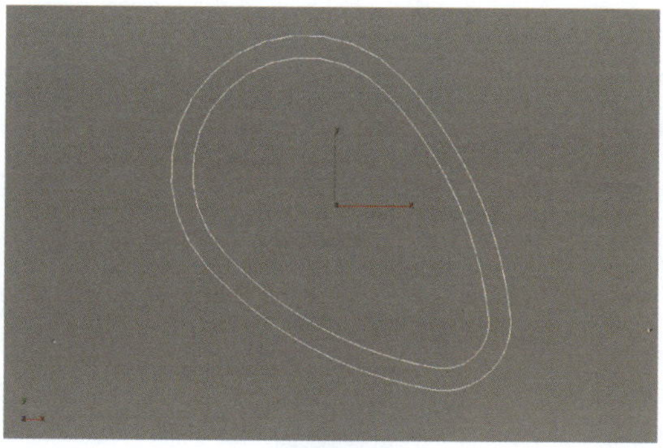

图 3-22

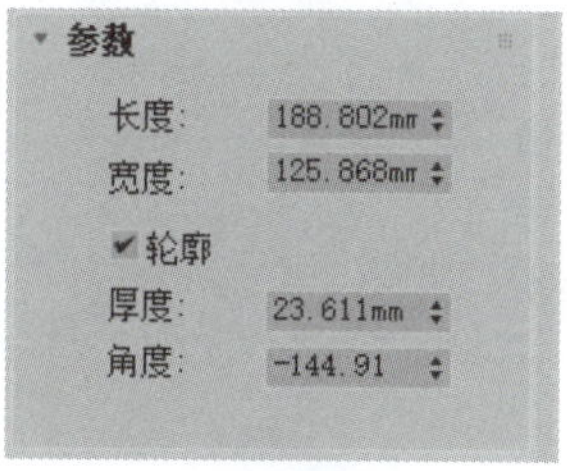

图 3-23

（12）截面

“截面”工具是一种特殊的样条线，可以通过几何体对象基于横截面切片生成图形，如图 3-24 所示。其参数面板主要用于设置截面大小、截面范围等参数，如图 3-25 所示。

图 3-24

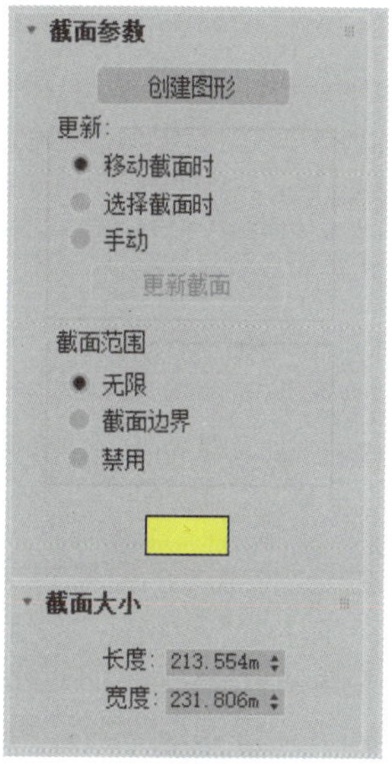

图 3-25

（13）徒手

徒手画线是 3ds Max 2020 及以上版本特有的功能，利用“徒手”工具可以使用手绘板或鼠标直接绘制曲线，可用于描绘地图。

3.1.2 可编辑样条线

虽然 3ds Max 提供了很多种二维图形，但是也不能完全满足创建复杂模型的需求，因此需要对样条线的形状进行修改。直接绘制的样条线都是参数化对象，如果需要对创建的样条线的节点、线段等进行修改，首先需要转换成可编辑样条线，才可以进行编辑操作。

选择样条线并单击鼠标右键，在弹出的菜单中选择“转换为 > 转换为可编辑样条线”选项，即可将其转换为可编辑样条线，如图 3-26 所示。在修改器堆栈栏中可以选择编辑样条线方式，如图 3-27 所示。

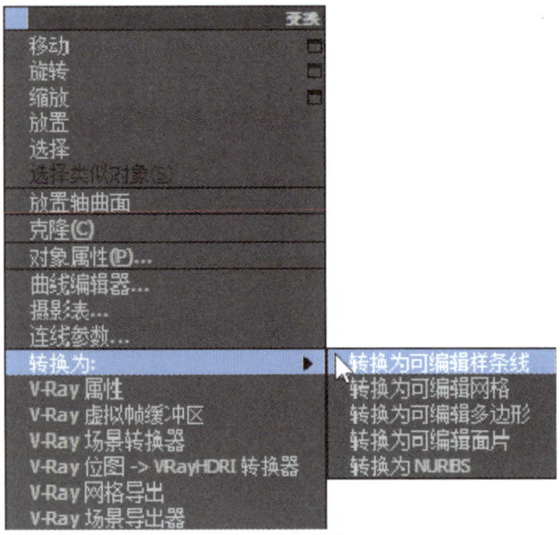

图 3-26

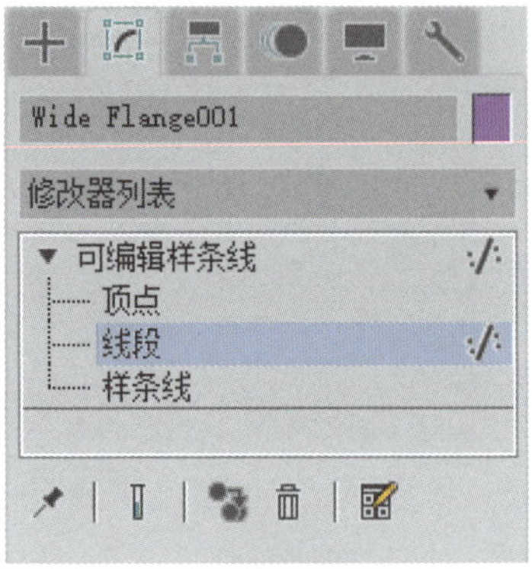

图 3-27

知识链接

在将样条线转换为可编辑样条线前，样条线具有创建参数（“参数”卷展栏），转换为可编辑样条线以后，“修改”面板的修改器堆栈中的 Text 就变成了“可编辑样条线”选项，并且没有了“参数”卷展栏，但增加了“选择”“软选择”和“几何体”3个卷展栏。

（1）“顶点”子对象

在激活“顶点”子对象后，在“几何体”卷展栏中会激活许多修改顶点子对象的选项，如图 3-28 所示。下面介绍卷展栏中常用选项的含义。

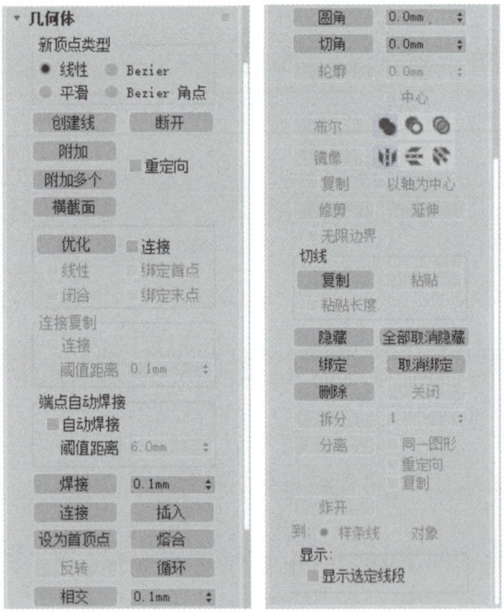

图 3-28

- 创建线：将更多样条线添加到所选样条线。
- 断开：将一个顶点断开成两个。
- 附加：将场景中的其他样条线附加到所选样条线上。
- 附加多个：单击该按钮可以打开“附加多个”对话框，可以从中选择所有要附加的样条线。
- 横截面：在横截面形状外创建样条线框架。
- 优化：单击该按钮，在样条线上可以创建多个顶点。
- 焊接：将断开的点焊接起来。“连接”和“焊接”的作用是一样的，只不过“连接”必须是重合的两点。
- 插入：可以插入点或线。
- 熔合：将两点重合，但还是两个点。
- 圆角：给直角一个圆滑度。
- 切角：设置样条线切角。

隐藏：把选中的点隐藏起来，但其仍然存在。“取消隐藏”则是把隐藏的点都显示出来。

删除：删除选定的样条线顶点。

（2）“线段”子对象

激活“线段”子对象后，在命令面板的下方将会出现编辑线段的各选项，如图 3-29 所示。

连接：启用该选项时，通过连接新顶点创建一个新的样条线子对象。

自动焊接：启用该选项后，会自动焊接在与同一条样条线的另一个端点的阈值距离内放置和移动的端点顶点。

插入：插入一个或多个顶点，以创建其他线段。

隐藏：隐藏指定的样条线。

全部取消隐藏：取消隐藏选项。

删除：删除指定的样条线段。

拆分：通过添加由微调器指定的顶点数来细分所选线段。

分离：将指定的线段与样条线分离。

（3）“样条线”子对象

激活“样条线”子对象，在命令面板的下方也会相应地显示编辑“样条线”子对象的各选项，如图 3-30 所示。

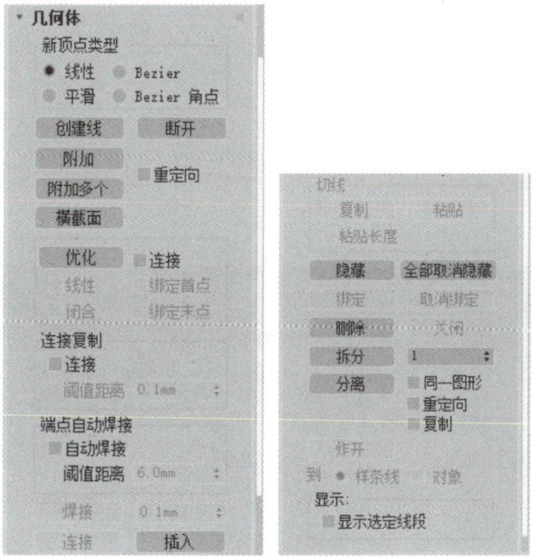

图 3-29

图 3-30

反转：反转所选样条线的方向。

轮廓：在轮廓列表框中输入轮廓值即可创建样条线轮廓。

布尔：单击相应的“布尔值”按钮，然后再执行布尔运算，即可显示布尔后的状态。

镜像：单击相应的镜像方式，然后再执行镜像命令，即可镜像样条线，勾选下方的“复制”复选框，可以执行复制并镜像样条线命令，勾选“以轴为中心”复选框，可以设置镜像中心方式。

修剪：单击该按钮，即可添加修剪样条线的顶点。

▸ 延伸：将添加的修改顶点，进行延伸操作。

▸ 分离：将所选的样条线复制到新的样条线对象，并从当前所选的样条线中删除复制的样条线。

▸ 炸开：通过将每个线段转化为一个独立的样条线或对象来分裂任何所选样条线。

上手实操：制作星形项链模型

下面利用线和星形制作一个简单的项链模型，具体操作步骤介绍如下。

Step01： 在“样条线”创建面板单击“星形”按钮，在顶视图绘制一个星形，并调整半径、点、圆角半径参数，如图 3-31、图 3-32 所示。

图 3-31

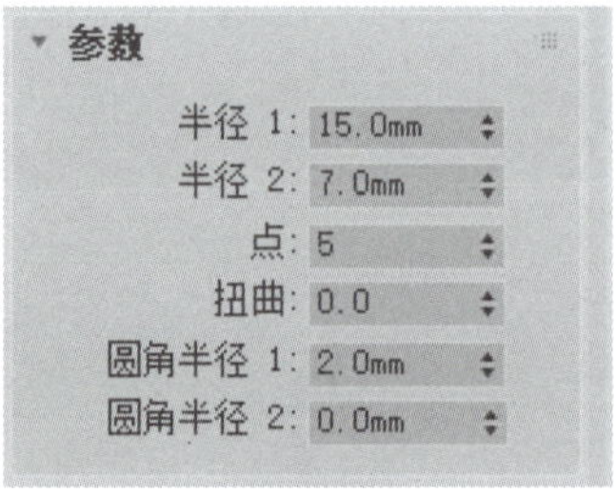

图 3-32

Step02： 展开“渲染”卷展栏，勾选“在渲染中启用”和“在视口中启用”复选框，并设置径向厚度和边数，如图 3-33 所示。

Step03： 设置后的模型如图 3-34 所示。

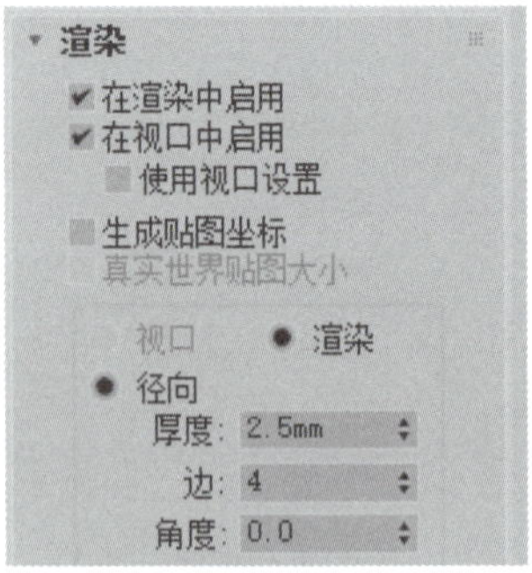

图 3-33

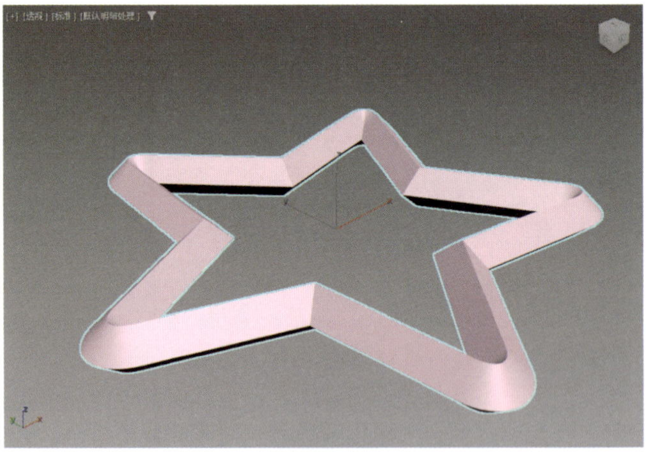

图 3-34

Step04： 单击“线”按钮，取消勾选“在渲染中启用”和“在视口中启用”复选框，在顶视图绘制一条样条线，如图 3-35 所示。

Step05： 激活“顶点”子层级，选择全部顶点，单击鼠标右键，在弹出的快捷菜单中选择“平滑”选项，如图 3-36 所示。

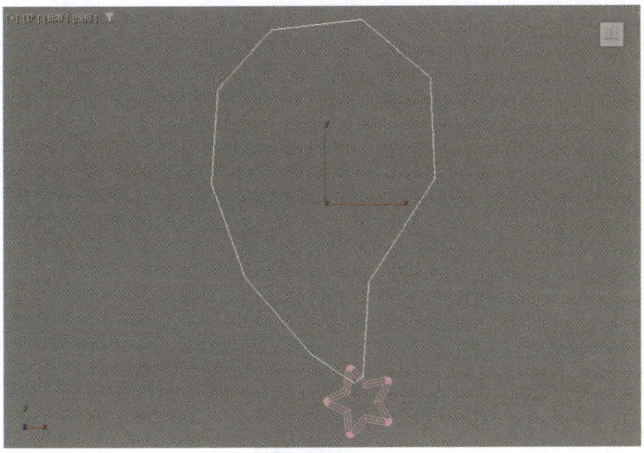

图 3-35

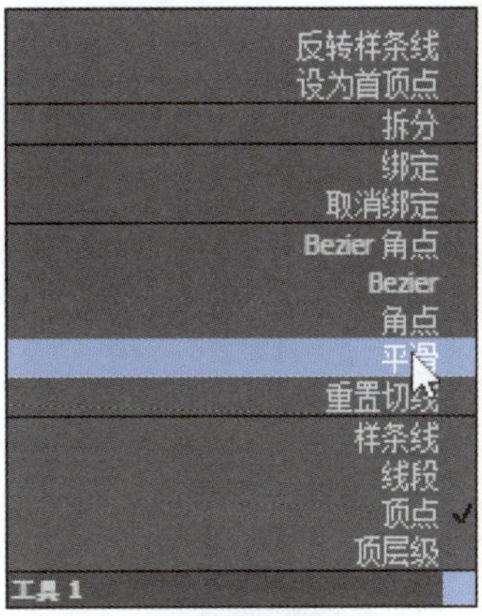

图 3-36

Step06： 将样条线设置成平滑效果，如图 3-37 所示。

Step07： 激活“选择并移动”工具，选择星形下方的顶点，沿 y 轴调整位置，如图 3-38 所示。

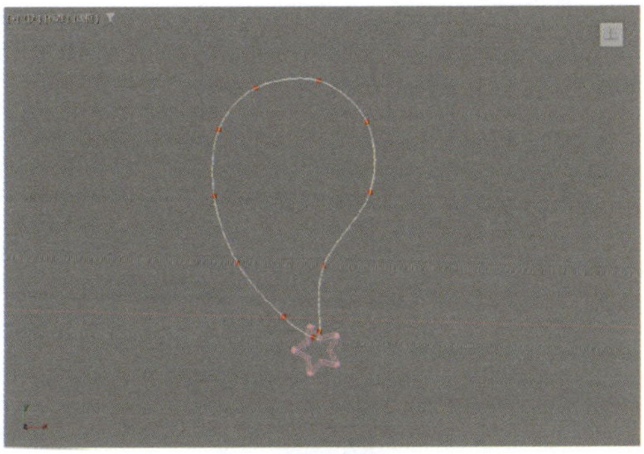

图 3-37

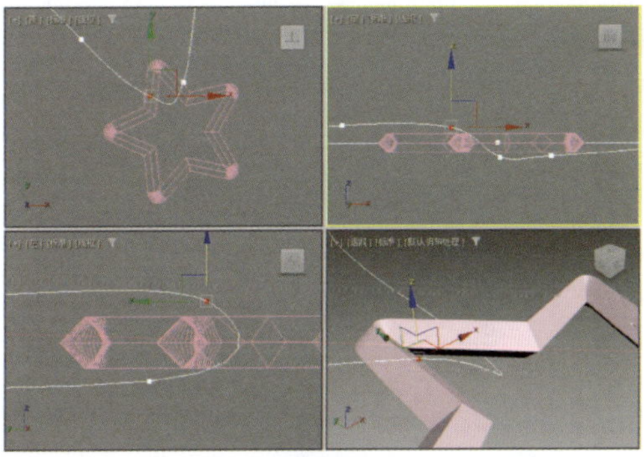

图 3-38

Step08： 展开样条线的“渲染”卷展栏，勾选“在渲染中启用”和“在视口中启用”复选框，设置新的径向厚度和边数，如图 3-39 所示。

Step09： 设置后的模型如图 3-40 所示。

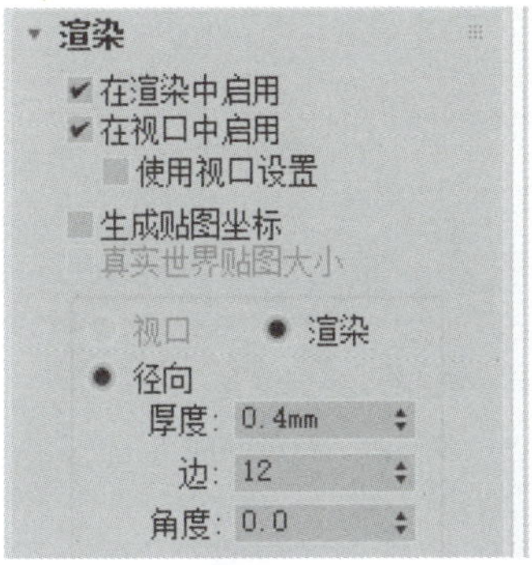

图 3-39

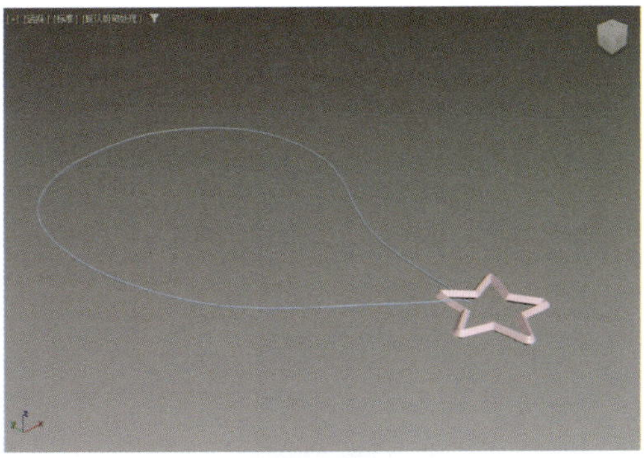

图 3-40

3.2 几何体建模

3ds Max 提供了标准基本体和扩展基本体两种常用的几何体资源，可以快速在场景中创建出简单规则的形体。几何体是构造三维模型的基础，既可以单独建模，也可以进一步编辑、修改形成新的模型，它在建模过程中的作用就相当于建筑所用的砖瓦、砂石等原材料。

3.2.1 标准基本体

标准基本体是现实世界中最常见的几何体，是创建复杂模型的基础，包括长方体、圆锥体、球体、几何球体、圆柱体、管状体、圆环、四棱锥、茶壶、平面、加强型文本共 11 种。在“创建”面板的“标准基本体”命令面板可以选择需要的命令按钮，如图 3-41 所示。

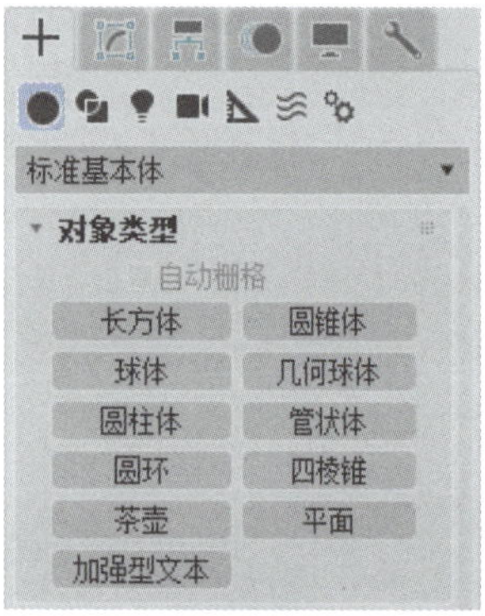

图 3-41

（1）长方体

长方体是基础建模应用最广泛的几何体之一。现实中与长方体接近的物体很多，用户可以直接使用长方体创建出很多模型，如桌子、墙体等。

在“标准基本体”命令面板中单击“长方体”按钮，拖动鼠标创建出长方体，如图 3-42 所示。如果需要修改长方体，可以在“修改”面板的“参数”卷展栏中设置其尺寸、分段数等参数，如图 3-43 所示。

注意事项

在创建较为复杂的场景时，为模型起一个富有标志性的名称，会为接下来的操作带来很大的便利。

图 3-42

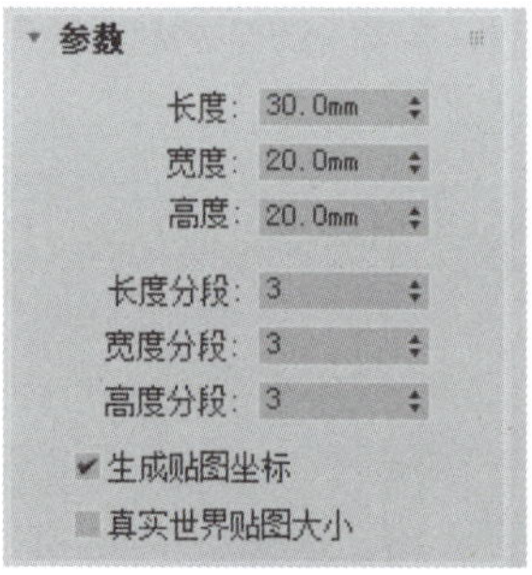

图 3-43

如果想要创建正立方体，可以在“创建方法”卷展栏中选择“立方体”选项，直接在视口中拖动鼠标进行创建。

知识链接

创建基础模型后，单击鼠标右键即可选择模型。例如，创建模型之前激活的是“选择并移动”工具，那么创建模型并单击鼠标后系统会自动激活“选择并移动”工具。

（2）圆锥体

圆锥体可以用于创建天台、底座等。在“标准基本体”命令面板中单击“圆锥体”按钮，拖动鼠标创建出圆锥体，如图 3-44 所示。如需修改圆锥体，可以在“修改”面板的“参数”卷展栏中设置其半径、高度、分段、切片等参数，如图 3-45 所示。

图 3-44

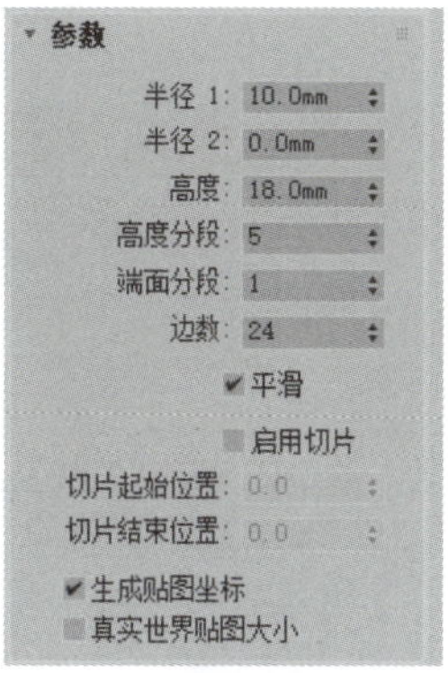

图 3-45

注意事项

在创建带有轴向的物体时，在不同的视口创建对象，其轴是不一样的，在对物体进行操作时会产生细小的区别。

（3）球体

无论是建筑建模还是工业建模，球体结构都是必不可少的一种造型。在“标准基本体”命令面板中单击“球体”按钮，拖动鼠标创建出球体，如图 3-46 所示。如需修改球体，可以在“修改”面板的“参数”卷展栏中设置半径、分段、半球、切片等参数，如图 3-47 所示。

注意事项

三维对象的细腻程度与物体的分段数有着密切的关系。分段数越多，物体表面就越光滑；分段数越少，物体表面就越粗糙。

（4）几何球体

几何球体是由三角形面拼接而成的，它们不像球体那样可以控制切片局部的大小。几何球体的形状与球体的形状很接近，学习了球体的创建后，几何球体的创建与设置就不难理解了，其模型效果和参数设置面板如图 3-48、图 3-49 所示。

图 3-46

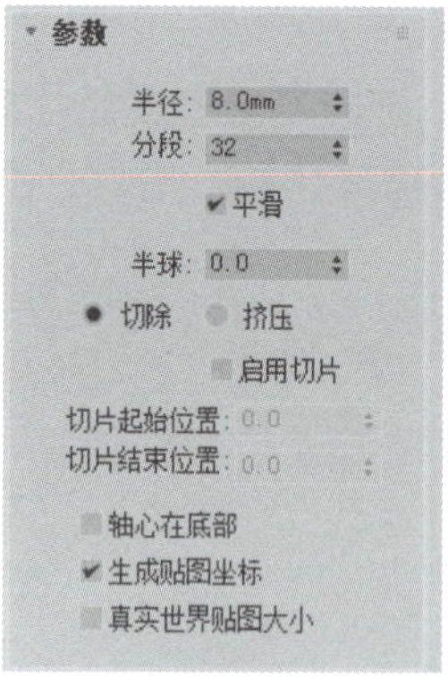

图 3-47

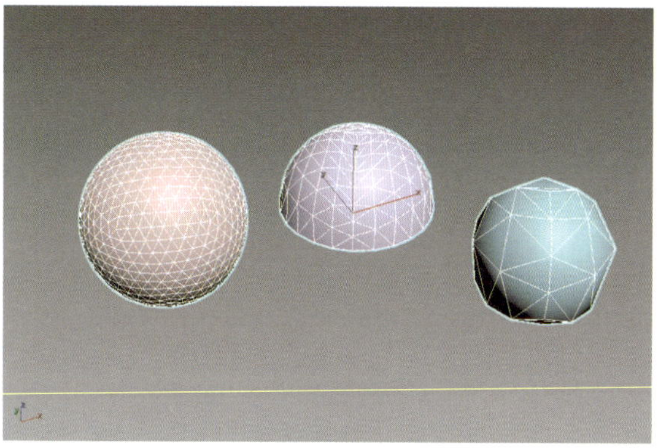

图 3-48

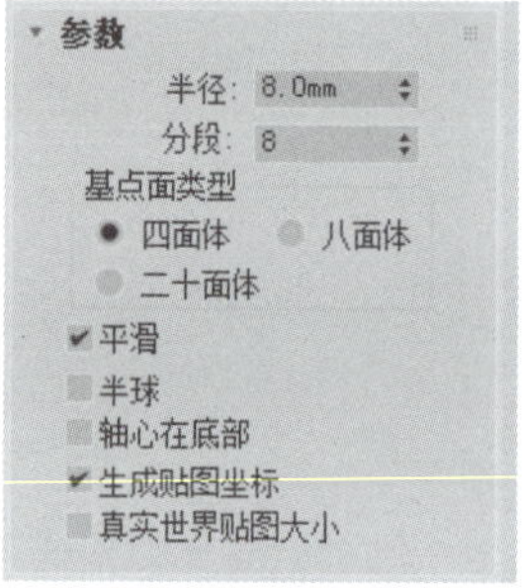

图 3-49

（5）圆柱体

圆柱体在生活中也很常见，可以用于创建玻璃杯、桌腿等模型。在制作圆柱体构成的物体时，可以将其转换为可编辑多边形，再进行细节的调整。

在“标准基本体”命令面板单击“圆柱体”按钮，拖动鼠标创建出圆柱体，如图 3-50 所示。如需修改圆柱体，可以在其“修改”面板的“参数”卷展栏设置半径、高度、分段、切片等参数，如图 3-51 所示。

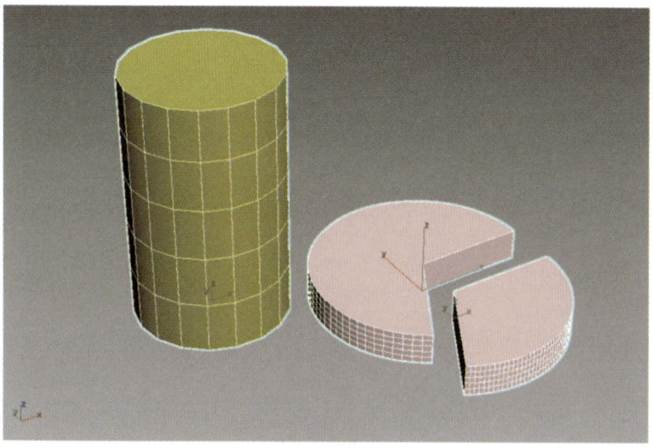

图 3-50

图 3-51

注意事项

仔细观察每个物体的基本属性，熟悉每个物体基本属性更改以后所产生的变化，这样有助于以后的建模操作，能够很好地提高工作效率。

（6）管状体

管状体的外形与圆柱体相似，主要用于管道之类模型的制作。在“标准基本体”命令面板中单击“管状体”按钮，拖动鼠标创建出管状体，如图 3-52 所示。如需修改管状体，可以在其“修改”面板的“参数”卷展栏设置半径、高度、分段、切片等参数，如图 3-53 所示。

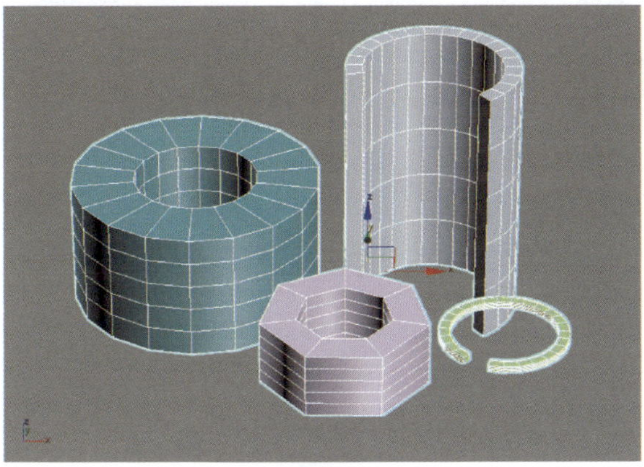

图 3-52

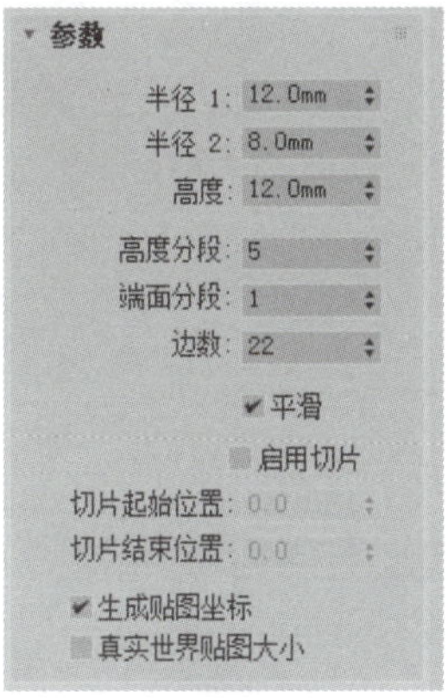

图 3-53

（7）圆环

圆环可以用于创建环形或具有环形横截面的环状物体。在“标准基本体”命令面板中单击“圆环”按钮，拖动鼠标创建出圆环，如图 3-54 所示。如需修改圆环参数，可以在其“修改”面板的“参数”卷展栏中设置半径、旋转、扭曲、分段、边数、平滑、切片等参数，如图 3-55 所示。

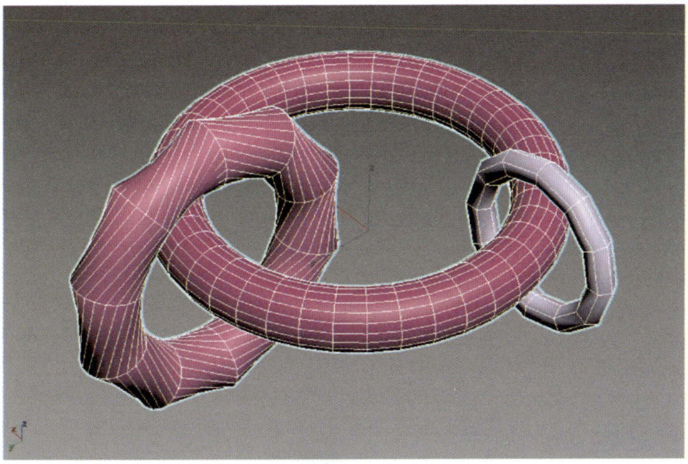

图 3-54

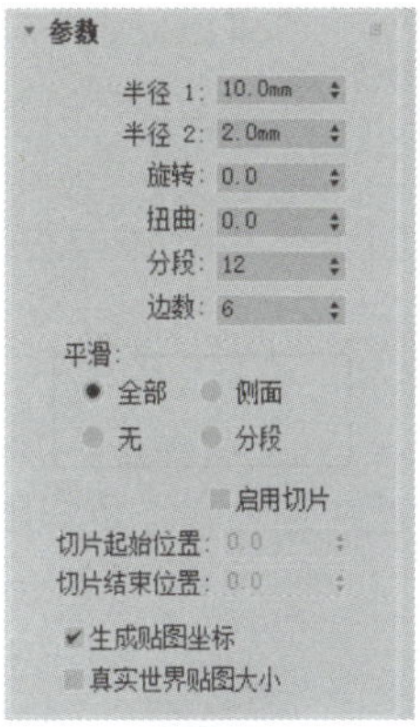

图 3-55

（8）四棱锥

四棱锥的地面是正方形或矩形，侧面是三角形，其形状类似圆锥体，创建方法类似圆柱体，参数设置类似长方体，如图 3-56、图 3-57 所示。

图 3-56

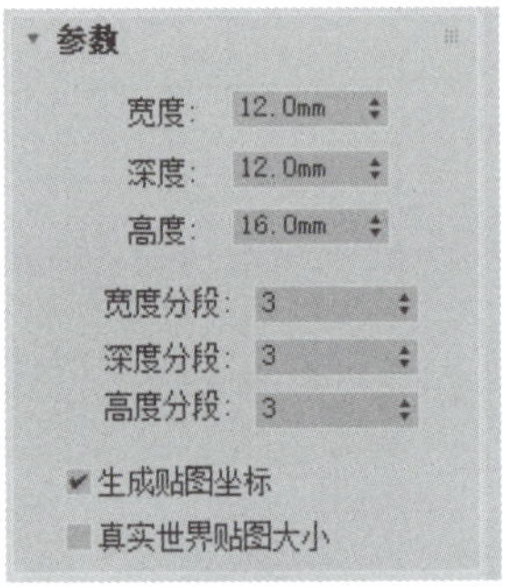

图 3-57

（9）茶壶

茶壶是室内场景中经常使用到的一个物体，使用“茶壶”工具可以方便快捷地创建出一个精度较低的茶壶模型，如图 3-58 所示。在“参数”卷展栏中可以控制茶壶半径及茶壶部件的显示与隐藏，如图 3-59 所示。

图 3-58

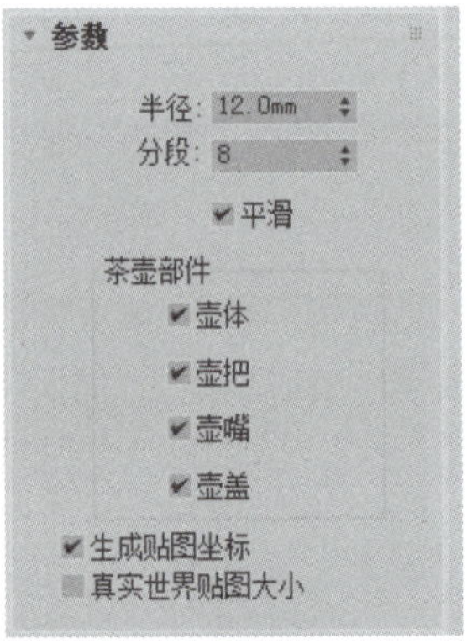

图 3-59

（10）平面

平面在建模过程中的使用频率也非常高，常用于创建墙面和地面等。

（11）加强型文本

加强型文本提供了内置文本对象，可以创建样条线轮廓或实心、挤出、倒角类型的几何体，通过“参数”卷展栏和“几何体”卷展栏的设置可以创建不同的字体样式和特殊效果，如图 3-60、图 3-61 所示。

图 3-60

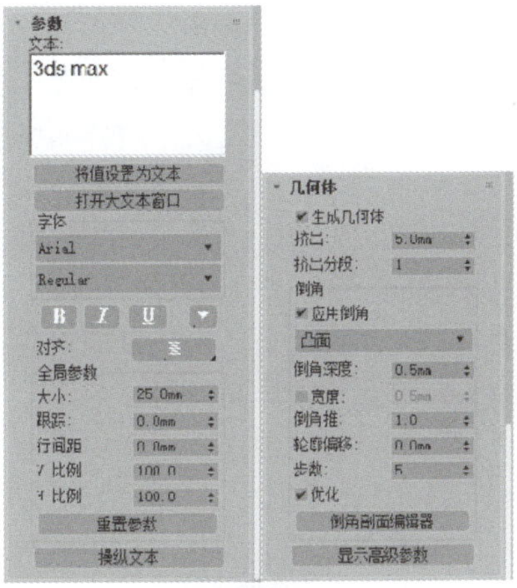

图 3-61

3.2.2　扩展基本体

扩展基本体是基于标准基本体的一种扩展物，共有 13 种，分别是异面体、环形结、切角长方体、切角圆柱体、油罐、胶囊、纺锤、L-Ext、球棱柱、C-Ext、环形波、软管、棱柱，在“创建”面板的“扩展基本体”命令面板中可以看到这些命令按钮，如图 3-62 所示。本小节仅对实际工作中比较常用的一些扩展基本体进行介绍。

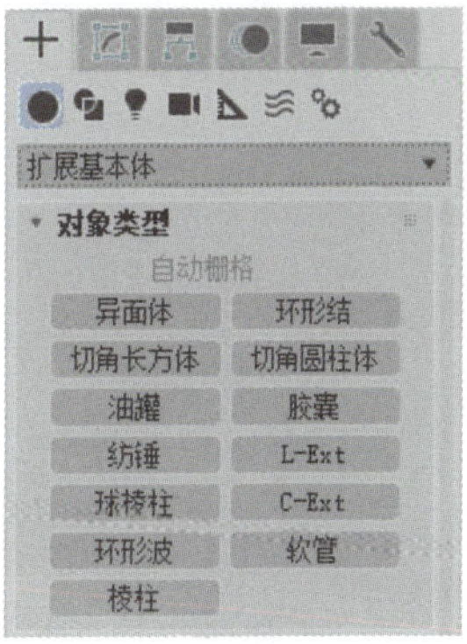

图 3-62

（1）异面体

异面体是一种很典型的三维实体，由多个边面组合而成，可以调节异面体边面的状态，也可以调整实体面的数量从而改变其形状。用户可以用它来制作珠宝吊坠、珠帘等。

在“扩展基本体”命令面板中单击“异面体”按钮，拖动鼠标创建出异面体，如图 3-63 所示。如果需要修改其外观和尺寸，可以在“修改”面板的“参数”卷展栏中进行设置，如图 3-64 所示。

图 3-63

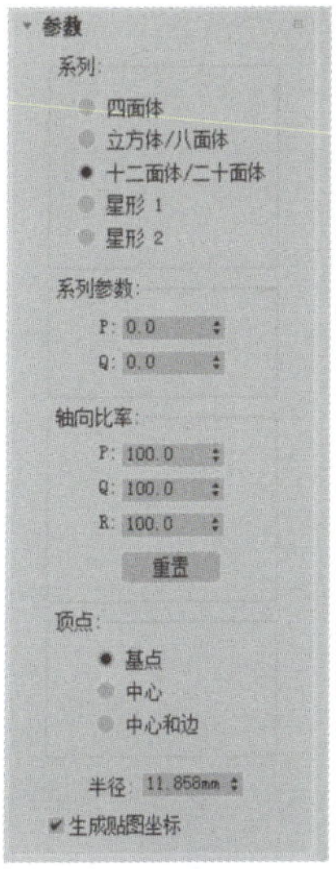

图 3-64

下面具体介绍“参数”卷展栏中各选项组的含义。

- 系列：该选项组包含四面体、立方体/八面体、十二面体/二十面体、星形1、星形2五个选项，主要用来定义创建异面体的形状和边面的数量。
- 系列参数：系列参数中的P和Q两个参数控制异面体的顶点和轴线双重变换关系，两者之和不可以大于1。
- 轴向比率：轴向比率中的P、Q、R三个参数分别为其中一个面的轴线，设置相应的参数可以使其面进行凸出或者凹陷。
- 顶点：设置异面体的顶点。
- 半径：设置创建异面体的半径大小。

（2）切角长方体

切角长方体是长方体的扩展物体，可以快速创建出自带圆角效果的长方体，在创建模型时应用十分广泛，常被用于创建带有圆角的长方体结构，如沙发、鼠标垫等。

在“扩展基本体”命令面板中单击“切角长方体”按钮，拖动鼠标创建出切角长方体，如图3-65所示。如果需要修改其外观和尺寸，可以在“修改”面板的“参数”卷展栏中进行设置，如图3-66所示。

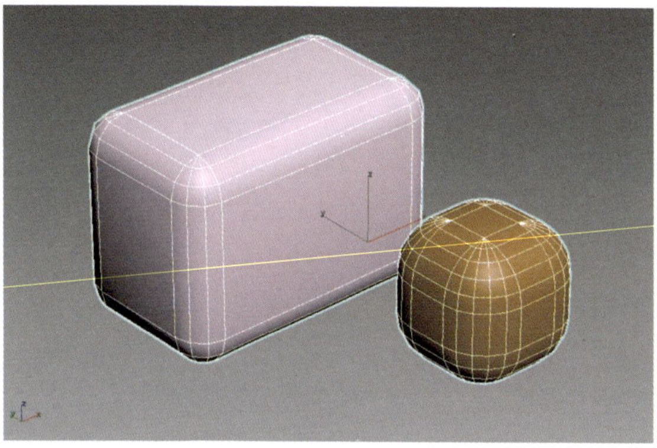

图3-65

图3-66

下面介绍切角长方体“参数”卷展栏中常用选项的含义。

- 长度、宽度、高度：设置切角长方体长度、宽度和高度值。
- 圆角：设置切角长方体的圆角半径。值越大，圆角半径越明显。
- 长度分段、宽度分段、高度分段、圆角分段：设置切角长方体分别在长度、宽度、高度和圆角上的分段数目。

（3）切角圆柱体

切角圆柱体是圆柱体的扩展物体，可以快速创建出带有圆角效果的圆柱体，如易拉罐、茶几等。在“扩展基本体”命令面板中单击“切角圆柱体”按钮，拖动鼠标即可创建出切角圆柱体，如图3-67所示。如果需要修改其外观和尺寸，可以在“修改”面板的“参数”卷展栏中进行设置，如图3-68所示。

下面具体介绍“参数”卷展栏中各选项的含义。

- 半径：设置切角圆柱体的底面或顶面的半径大小。
- 高度：设置切角圆柱体的高度。
- 圆角：设置切角圆柱体的圆角半径大小。
- 高度分段、圆角分段、端面分段：设置切角圆柱体高度、圆角和端面的分段数目。
- 边数：设置切角圆柱体边数，数值越大，圆柱体越平滑。

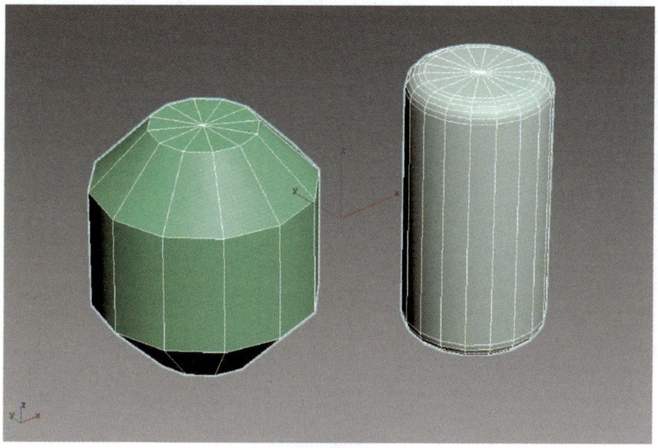

图 3-67

图 3-68

- 平滑：勾选“平滑”复选框，即可在将创建的切角圆柱体在渲染中进行平滑处理。
- 启动切片：勾选其复选框，将激活“切片起始位置”和“切片结束位置”列表框，在其中可以设置切片的角度。

（4）其他扩展基本体

油罐、胶囊、纺锤是特殊效果的圆柱体，而软管对象则是一个能连接两个对象的弹性对象，因而能反映这两个对象的运动，如图 3-69 所示。

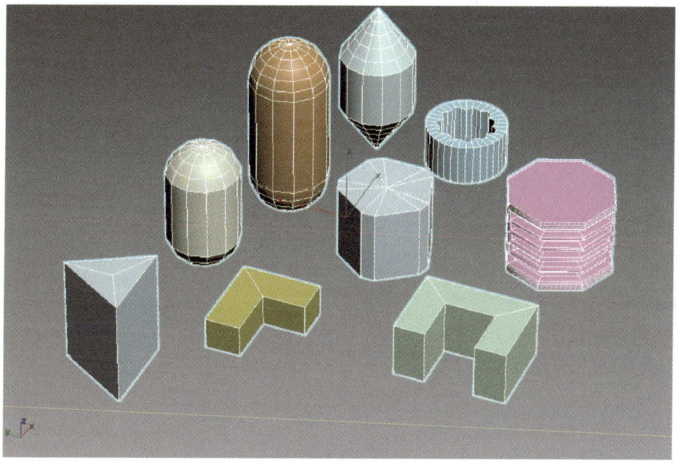

图 3-69

进阶案例：制作铁艺茶几模型

下面利用切角圆柱体、圆环和样条线制作一个铁艺茶几模型，具体操作步骤介绍如下。

Step01：在“样条线”创建面板单击“圆”命令，在顶视图绘制一个半径为 160mm 的圆，并在“插值”卷展栏中设置“步数”为 20，如图 3-70、图 3-71 所示。

Step02：激活“选择并移动”工具，按 Ctrl+V 组合键，打开“克隆选项”对话框，选择“复制”方式克隆对象，如图 3-72 所示。

Step03：切换到前视图，右键单击“选择并移动”工具，打开“移动变换输入”工具框，在“偏移：屏幕”选项组输入 Y 数值为 -400，如图 3-73 所示。

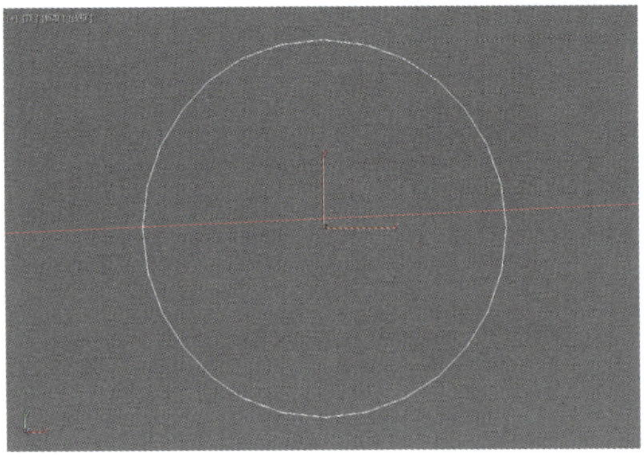

图 3-70

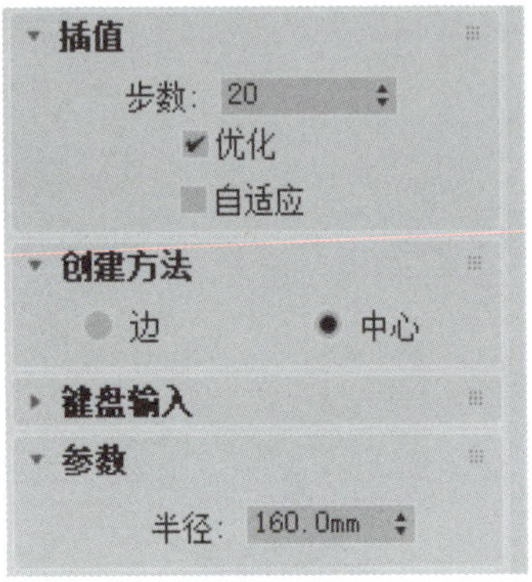

图 3-71

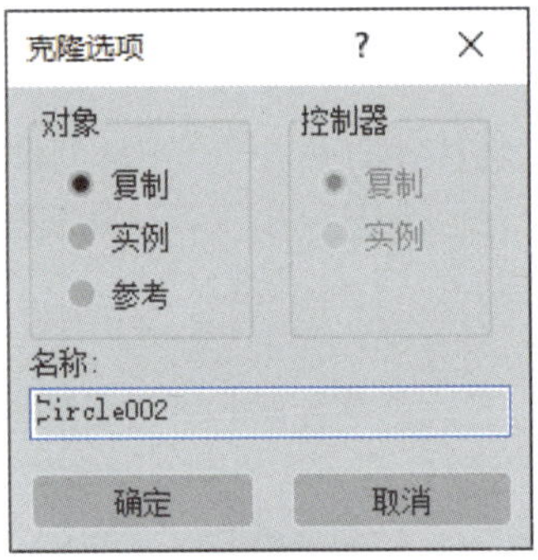

图 3-72

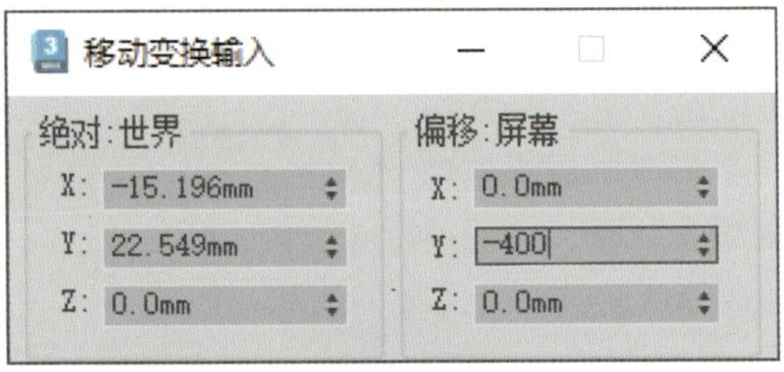

图 3-73

Step04： 按回车键即可沿 Y 轴向下移动对象，如图 3-74 所示。

Step05： 按照同样的操作方法将上下两个圆分别向内进行复制并移动操作，移动距离为 50mm，如图 3-75 所示。

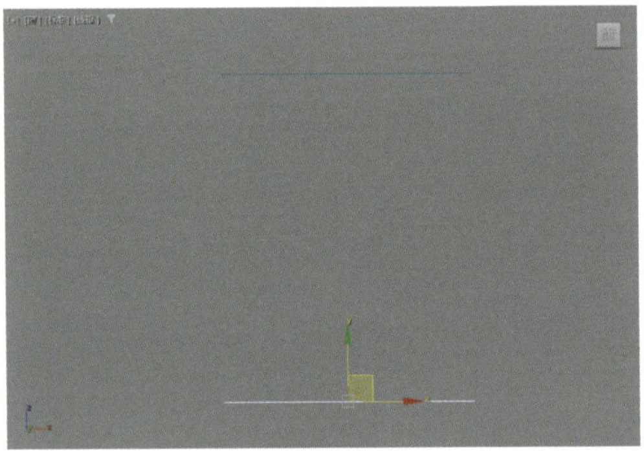

图 3-74

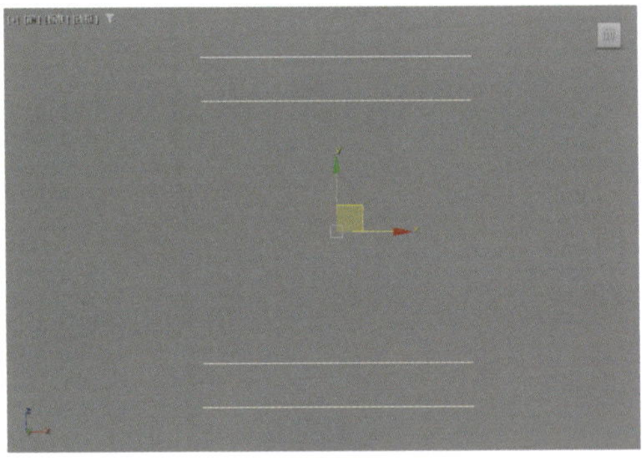

图 3-75

Step06： 重新设置四个圆的半径，从上往下依次为 140mm、80mm、130mm、160mm，如图 3-76 所示。

Step07： 单击“线”命令，在前视图绘制一条样条线，如图 3-77 所示。

Step08： 激活“顶点”子层级，选择除端点以外的所有顶点，如图 3-78 所示。

Step09： 单击鼠标右键，在弹出的菜单中选择“平滑”选项，如图 3-79 所示。

Step10： 再调整顶点位置，使样条线轮廓变得流畅，如图 3-80 所示。

Step11： 在“渲染”卷展栏中勾选“在渲染中启用”和“在视口中启用”复选框，设置径向厚度为 4mm，再为四个圆设置同样的渲染参数，在透视视口中可以看到模型效果，如图 3-81 所示。

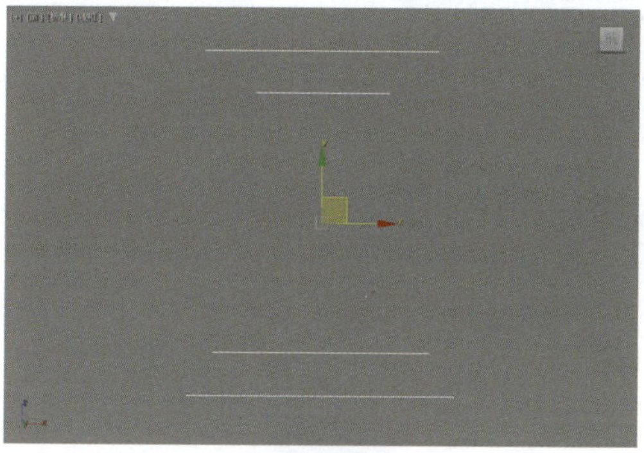

图 3-76

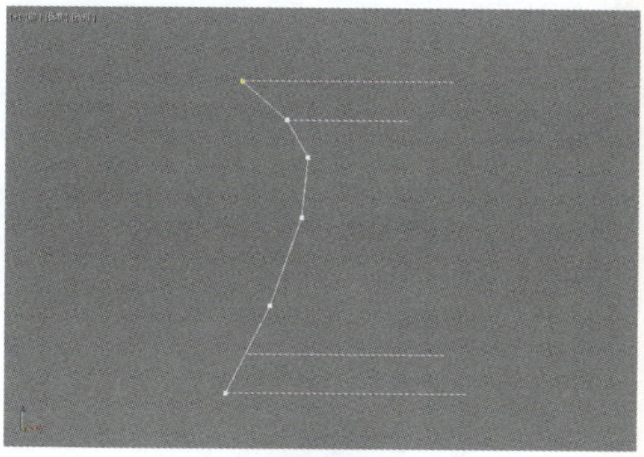

图 3-77

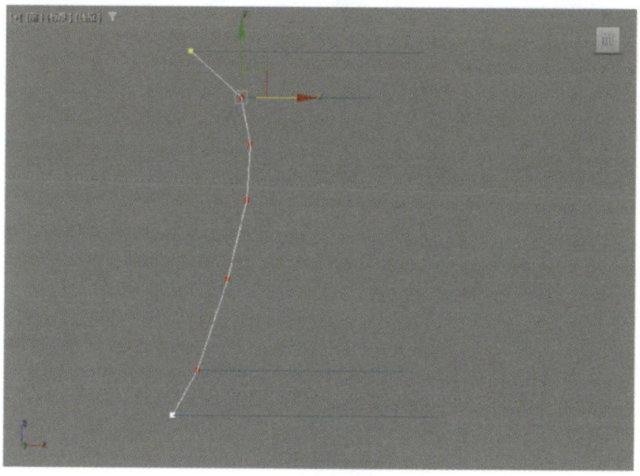

图 3-78

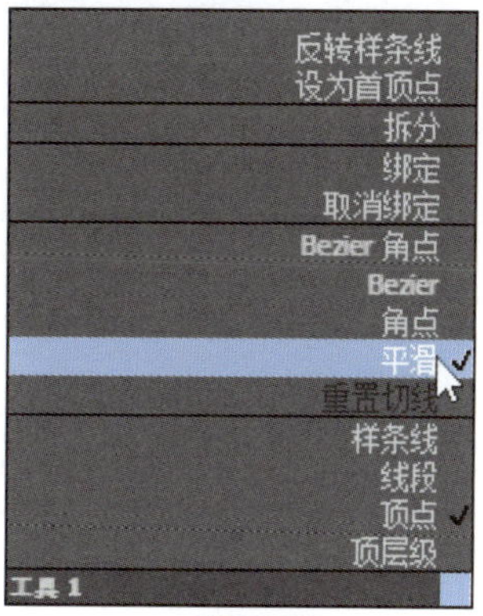

图 3-79

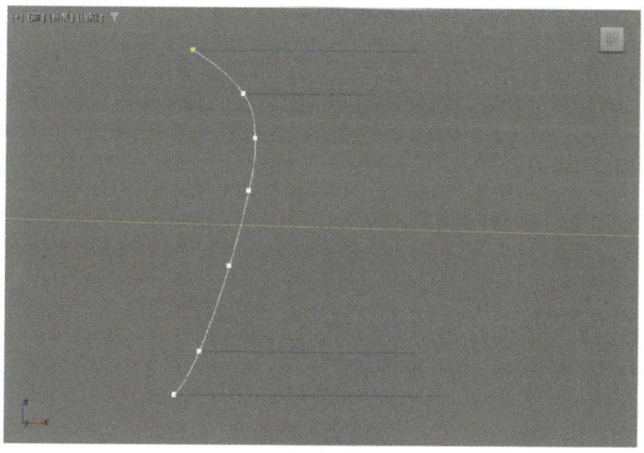

图 3-80

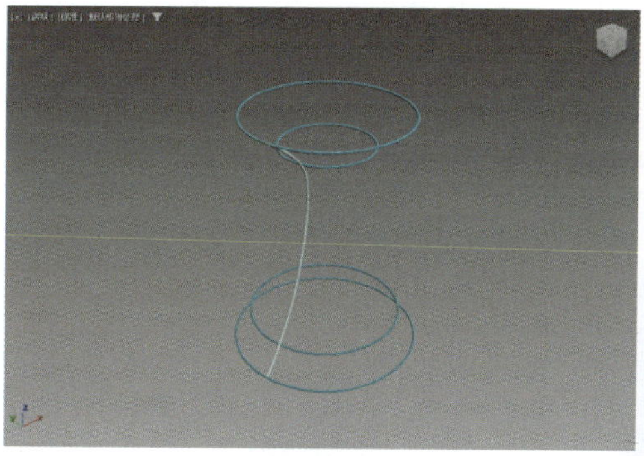

图 3-81

Step12： 切换到顶视图，选择样条线，在主工具栏中选择“使用变换坐标中心”按钮，此时可以看到坐标轴位于圆心，如图 3-82 所示。

Step13： 执行“工具 > 阵列”命令，打开“阵列”对话框，在“阵列变换”选项组单击“旋转”按钮，设置 Z 轴为 360°，在“阵列维度”选项组设置 1D“数量”为 80，如图 3-83 所示。

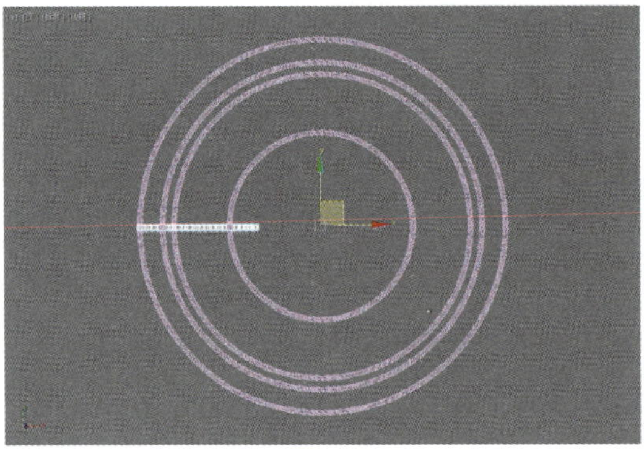

图 3-82

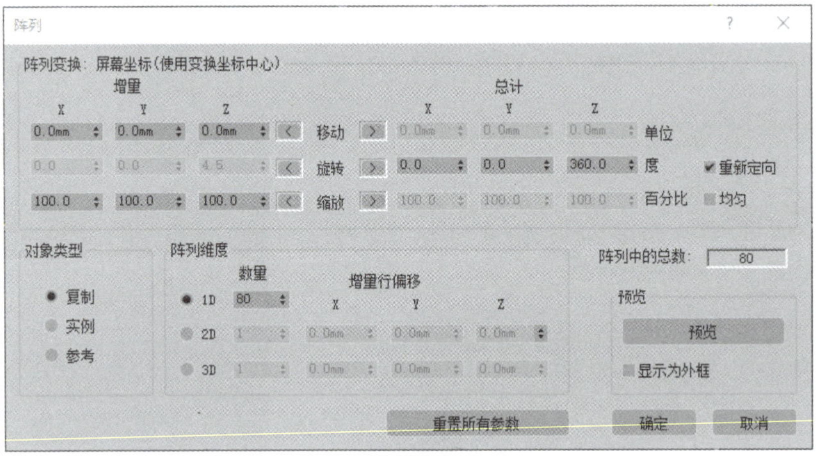

图 3-83

Step14： 单击“预览”按钮可以预览阵列效果，然后单击“确定”按钮即可完成阵列操作，模型效果如图 3-84 所示。

Step15： 最后在“扩展基本体”创建面板单击“切角圆柱体”命令，创建一个半径为 300mm、高度为 10mm、圆角为 5mm 的切角圆柱体，再设置圆角分段、边数等参数，如图 3-85 所示。

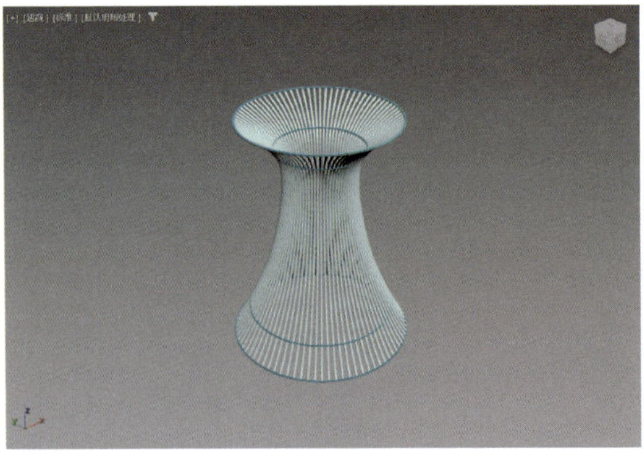

图 3-84

图 3-85

Step16： 调整对象位置，完成铁艺茶几模型的创建，如图 3-86 所示。

图 3-86

综合实战：制作桥梁模型

下面将利用本章所学的知识制作一个桥梁模型，由于实际尺寸太大，会影响 3ds Max 的运行，在制作的时候会按 1 ∶ 10 的比例缩放尺寸，具体操作步骤介绍如下。

（1）制作桥面部分

Step01：在“标准基本体”创建面板单击“长方体”命令，创建一个长 30000mm、宽 2500mm、高 250mm 的长方体作为桥面，如图 3-87 所示。

Step02：继续创建一个长 30000mm、宽 250mm、高 700mm 的长方体作为主梁，如图 3-88 所示。

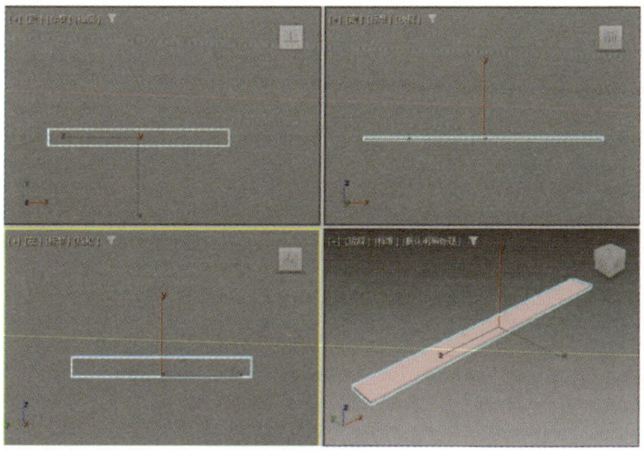

图 3-87

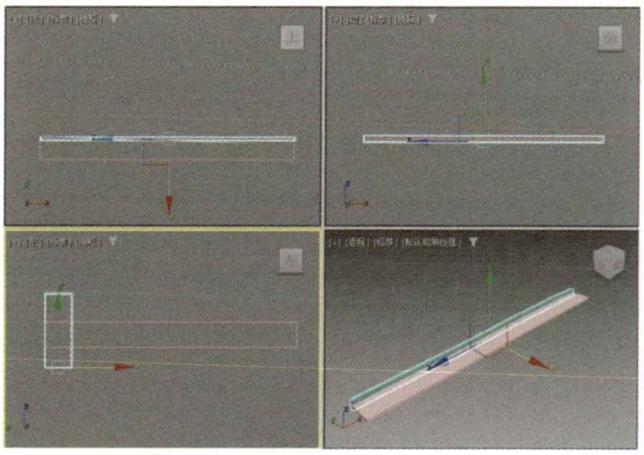

图 3-88

Step03：在左视图中按住 Shift 键向右移动，“实例”复制对象，并调整位置，如图 3-89 所示。

Step04：创建一个长 3600mm、宽 520mm、高 250mm 的长方体作为支座，调整对象位置，如图 3-90 所示。

Step05：“实例”克隆多个支座，并调整位置，间距为 3000mm，如图 3-91 所示。

Step06：继续复制主梁对象，重新调整宽度为 10mm、高度为 120mm，调整位置并复制到另一侧，作为护栏，如图 3-92 所示。

Step07：单击“长方体”命令，创建一个长 30000mm、宽 200mm、高 50mm 的长方体作为隔离带的基础，如图 3-93 所示。

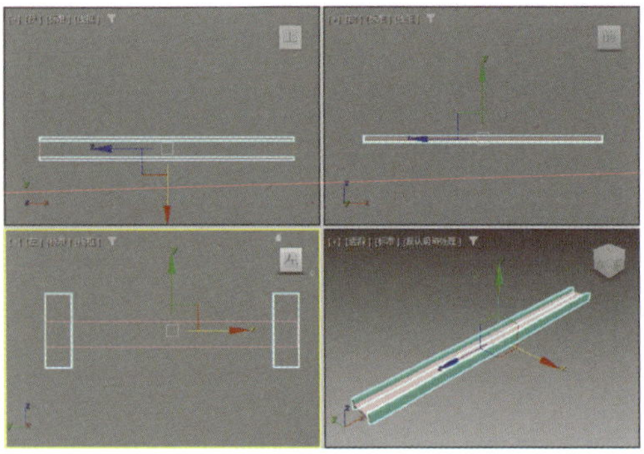

图 3-89

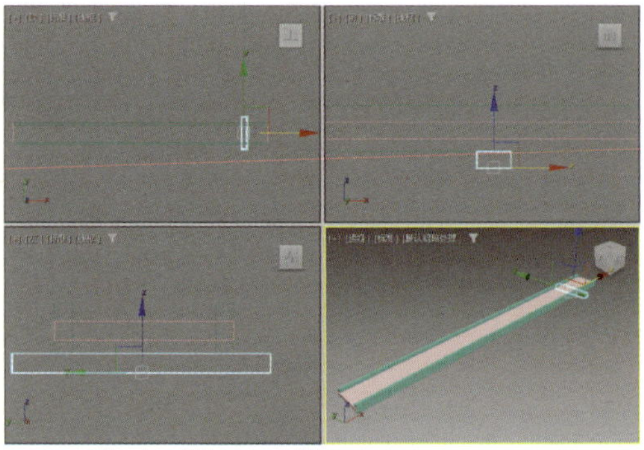

图 3-90

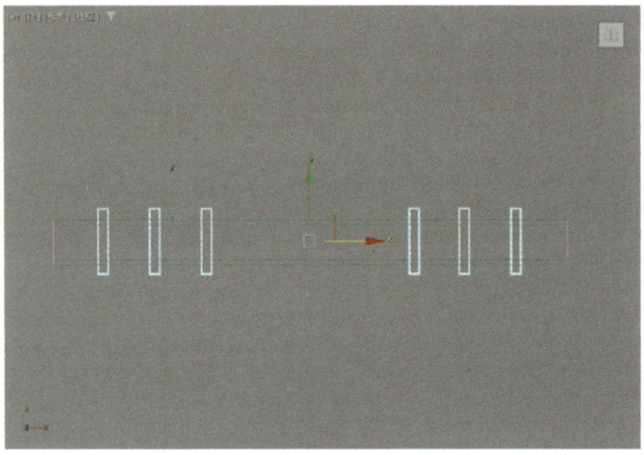

图 3-91

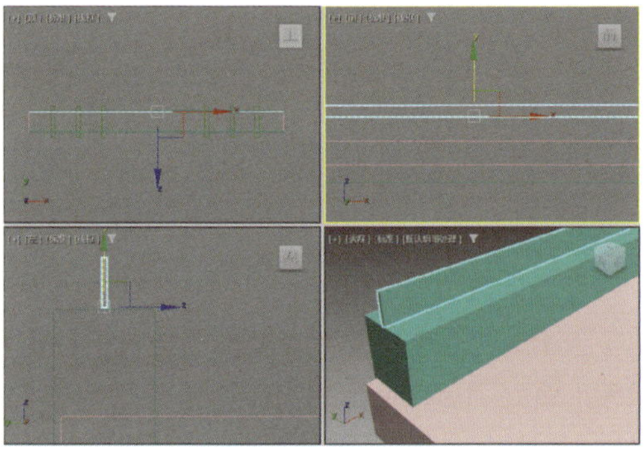

图 3-92

Step08：复制护栏模型，重新调整高度为 80mm，将其移动到隔离带上方，如图 3-94 所示。

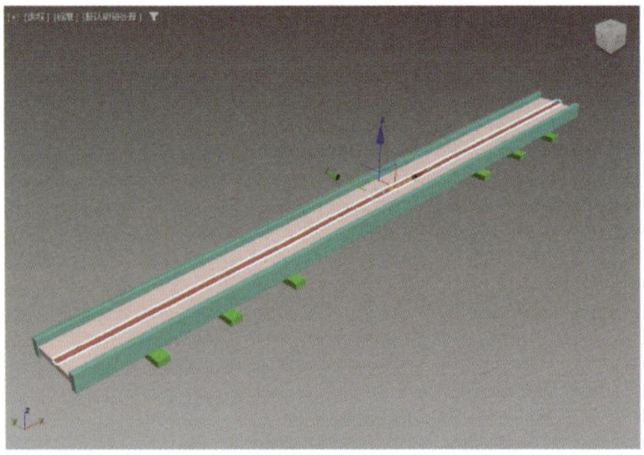

图 3-93

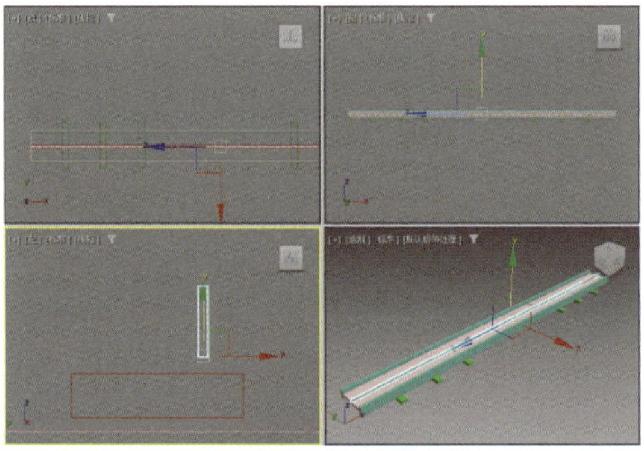

图 3-94

Step09：创建一个长 50mm、宽 50mm、高 120mm 的长方体作为护栏墩柱，如图 3-95 所示。

Step10：切换到顶视图，执行“工具 > 阵列”命令，打开“阵列”对话框，单击“移动”右侧的按钮 > ，设置 X 轴为 30000，再设置阵列数量为 75，如图 3-96 所示。

Step11：单击“预览”按钮可以预览阵列效果，单击“确定”按钮即可完成阵列操作，如图 3-97 所示。

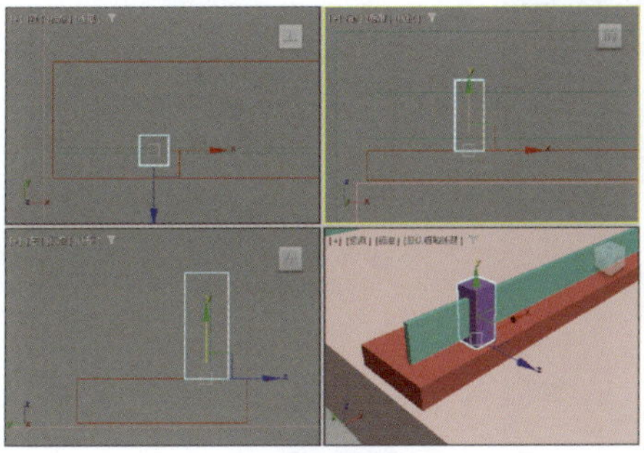

图 3-95

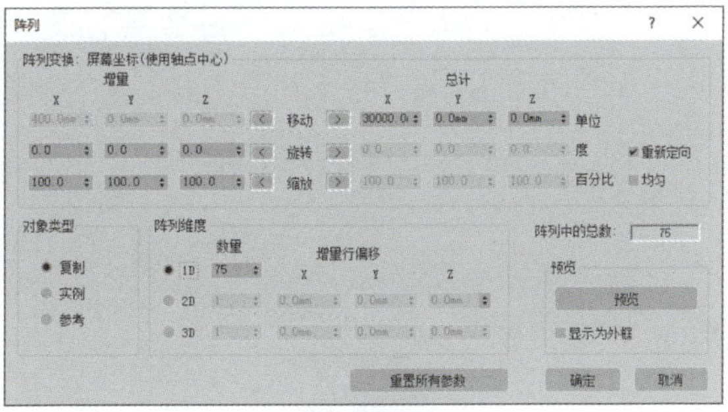

图 3-96

图 3-97

（2）制作悬吊部分

Step01： 在“样条线”创建面板单击“弧”命令，在前视图绘制一条弧线，设置其半径、步数等参数，如图 3-98、图 3-99 所示。

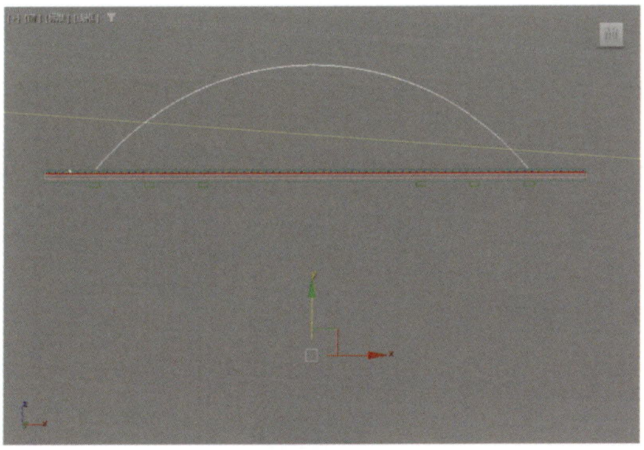

图 3-98

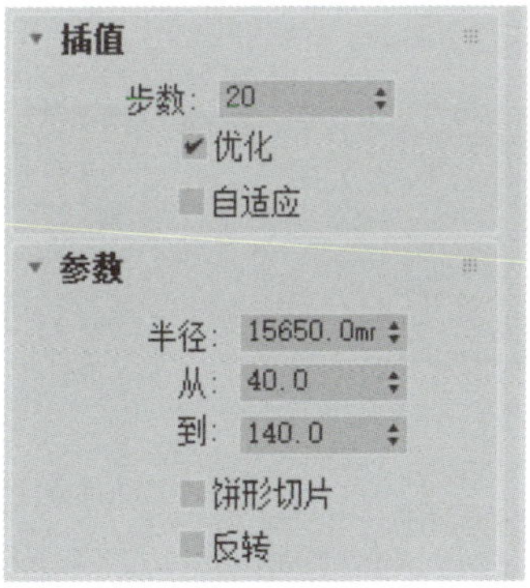

图 3-99

Step02： 展开“渲染”卷展栏，勾选“在渲染中启用”和“在视口中启用”复选框，再设置矩形参数，效果如图 3-100、图 3-101 所示。

Step03： 创建长 200mm、宽 200mm、高 1200mm 的长方体并进行复制，调整长方体和弧的位置，如图 3-102 所示。

Step04： 复制对象，并调整高度，如图 3-103 所示。

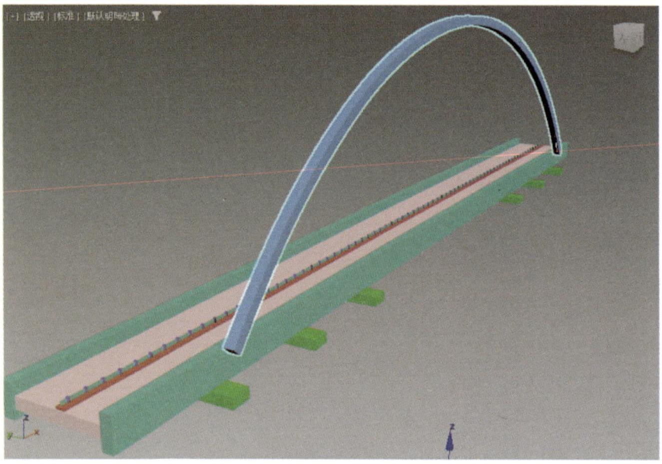

图 3-100

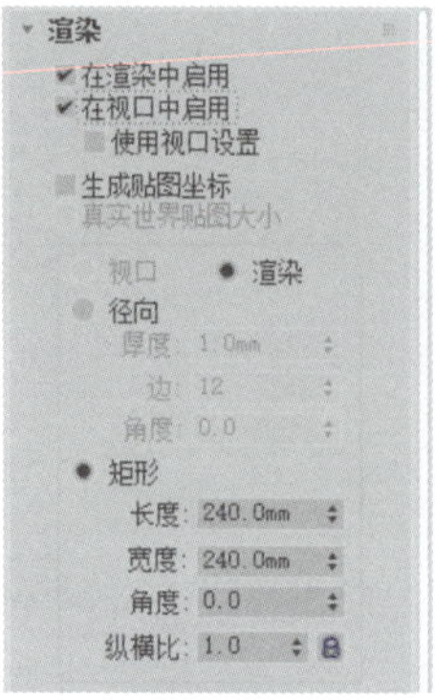

图 3-101

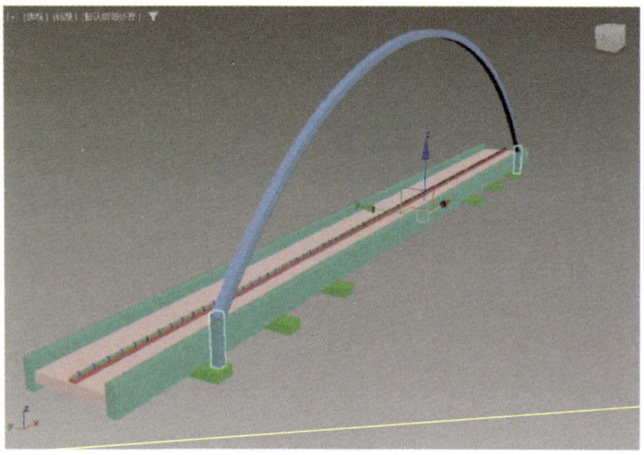

图 3-102

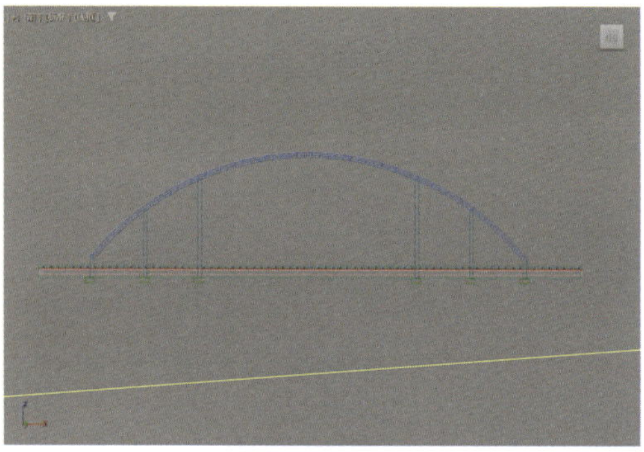

图 3-103

Step05：单击“线”命令，在前视图绘制多条样条线，如图 3-104 所示。

Step06：为样条线启用渲染，设置径向厚度为 10mm，再调整对象位置，如图 3-105 所示。

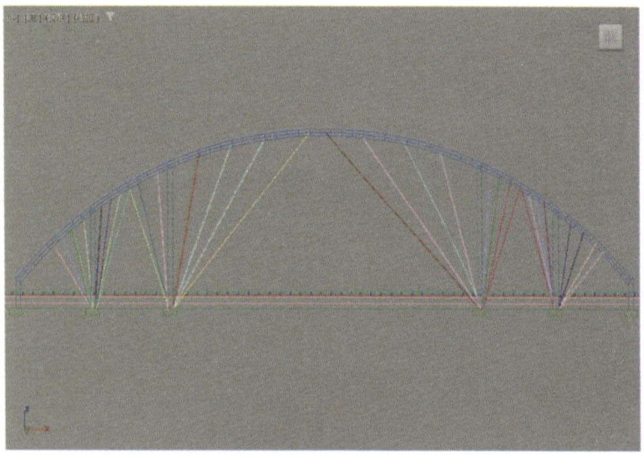

图 3-104

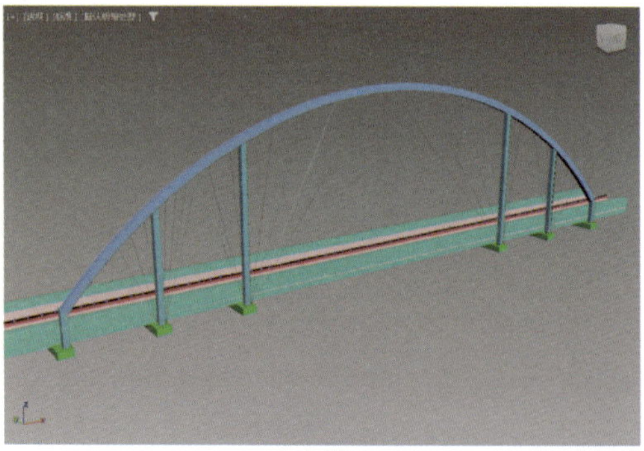

图 3-105

Step07：将这一侧的吊索模型以“实例”方式复制到另一侧，如图 3-106 所示。

（3）制作桥墩部分

Step01：选择吊索上的立柱模型，在主工具栏单击“镜像”工具，打开“镜像”对话框，设置镜像轴为 Y 轴，再选择克隆方式为“复制”，如图 3-107 所示。

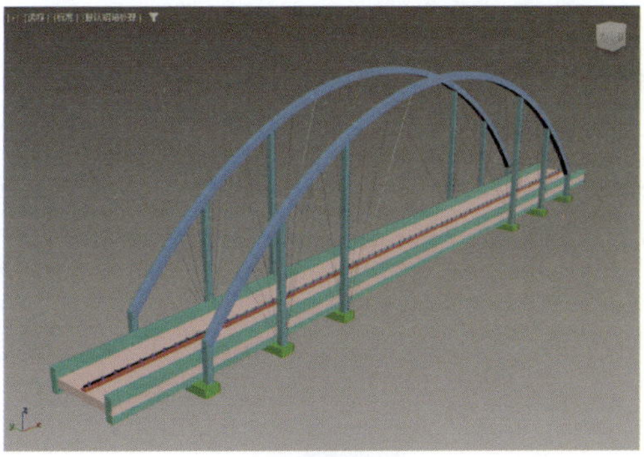

图 3-106

Step02： 单击“确定”按钮完成镜像复制操作，再调整对象的位置，作为桥墩，如图 3-108 所示。

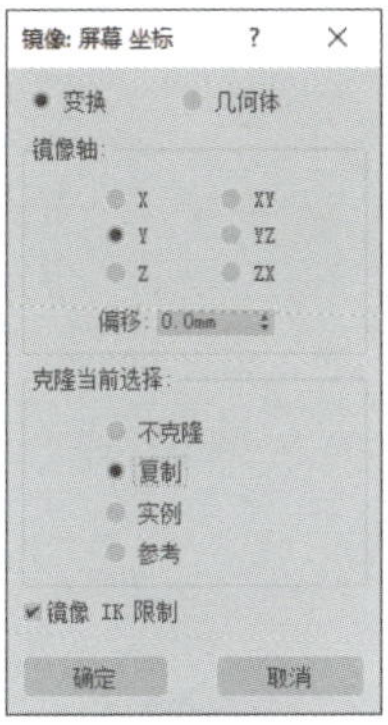

图 3-107

图 3-108

Step03： 重新调整桥墩模型的尺寸，长度和宽度都为 500mm，高度为 5000mm 和 8000mm，如图 3-109 所示。

Step04： 创建长 750mm、宽 750mm、高 1200mm 的长方体作为桥墩基础，并复制模型，如图 3-110 所示。至此完成桥梁模型的制作。

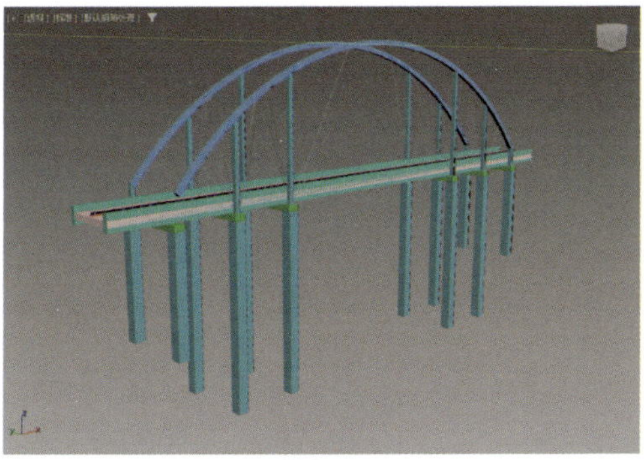

图 3-109

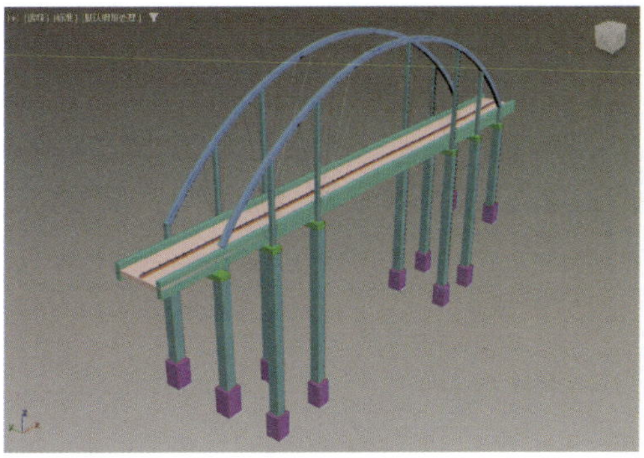

图 3-110

第 4 章
高级建模

在 3ds Max 中，除了内置的几何体模型外，用户还可以通过对二维图形的挤压、放样等操作来制作三维模型，也可以利用基础模型、面片、网格等来创建三维物体。本章将对复合对象、修改器、可编辑网格、NURBS 对象等建模技术进行介绍。

通过对本章内容的学习，读者可以更加全面地了解建模的方法，掌握各种建模的操作方法，从而高效地创建出自己想要的模型。

4.1 复合对象建模

复合对象是一种非常规的建模方式，可以结合两个或多个对象，从而创建一个新的参数化对象，适用于较为特殊造型的模型制作。在“创建”命令面板中选择“复合对象”选项，该面板中包含散布、布尔、图形合并、放样等共 12 个命令，如图 4-1 所示。

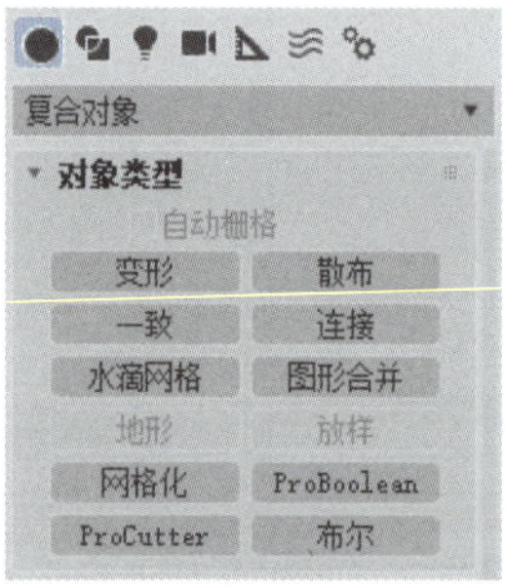

图 4-1

4.1.1 布尔

布尔是通过对两个以上的物体进行布尔运算，从而得到新的物体形态。布尔运算包括并集、差集、交集、合并等运算方式，利用不同的运算方式，会形成不同的物体形状。

选择源对象，然后单击“布尔”命令，此时右侧会打开“布尔参数”和“运算对象参数”卷展栏，如图 4-2、图 4-3 所示。单击“添加运算对象”按钮，在“运算对象参数”卷展栏中选择运算方式，然后选取目标对象即可进行布尔运算。

下面介绍卷展栏中各常用选项的含义。

（1）“布尔参数”卷展栏

- 添加运算对象：从视口或场景资源管理器中单击可将操作对象添加到复合对象。
- “运算对象”列表：显示复合对象的操作对象。
- 移除运算对象：将所选操作对象从复合对象中移除。
- 打开布尔操作资源管理器：单击该按钮可以打开“布尔操作资源管理器”窗口。

（2）“运算对象参数”卷展栏

- 并集：结合两个对象的体积。几何体的相交部分或重叠部分会被丢弃。应用了“并集”操作的对象在视口中会以青色显示出其轮廓，如图 4-4、图 4-5 所示。

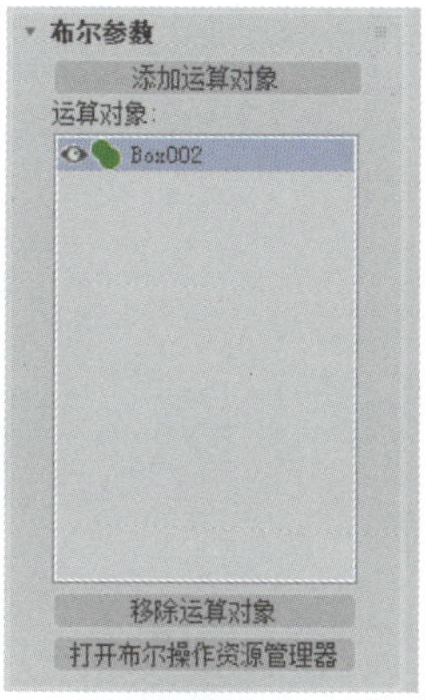

图 4-2

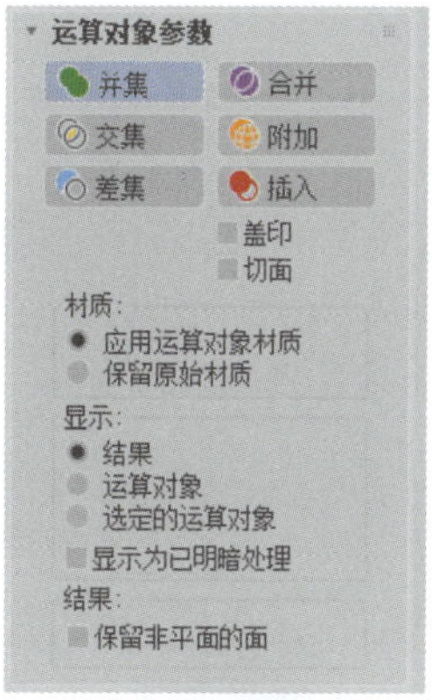

图 4-3

图 4-4

图 4-5

- 交集：使两个原始对象共同的重叠体积相交，剩余的几何体会被丢弃，如图 4-6 所示。
- 差集：从基础对象移除相交的体积，如图 4-7 所示。

图 4-6

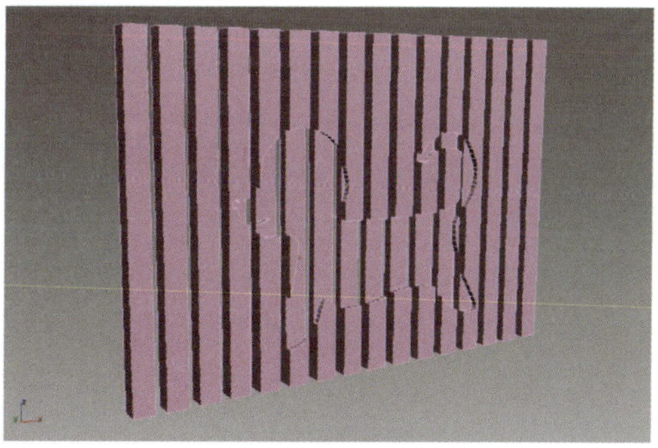

图 4-7

- 合并：使两个网格相交并组合，而不移除任何原始多边形。
- 附加：将多个对象合并成一个对象，而不影响各对象的拓扑。
- 插入：从操作对象 A 减去操作对象 B 的边界图形，操作对象 B 的图形不受此操作的影响。
- 盖印：启用此选项可在操作对象与原始网格之间插入相交边，而不移除或添加面。
- 切面：启用该选项可执行指定的布尔操作，但不会将操作对象的面添加到原始网格中。

◆ 应用运算对象材质：将已添加操作对象的材质应用于整个复合对象。

◆ 保留原始材质：保留应用了复合对象的现有材质。

◆ 显示：显示布尔操作的最终结果。

◆ 显示为已明暗处理：启用该选项，则在视口中会显示已明暗处理的操作对象。

4.1.2 放样

放样功能是 3d Max 内嵌的最古老的建模方法之一，也是最容易理解和操作的建模方法。它源于一种对三维对象的理解：截面和路径。

放样建模是截面图形在一段路径上形成的轨迹，截面图形和路径的相对方向取决于两者的法线方向。路径可以是封闭的，也可以是敞开的，但只能有一个起点和终点，即路径不能是两段以上的曲线，其参数面板如图 4-8 所示。

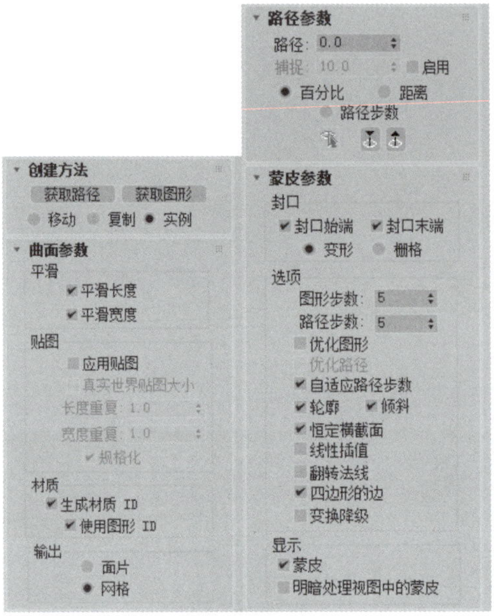

图 4-8

下面介绍卷展栏中各常用选项的含义。

（1）“创建方法”卷展栏

◆ 获取路径：将路径指定给选定图形或更改当前指定的路径。

◆ 获取图形：将图形指定给选定路径或更改当前指定的图形。

◆ 移动 / 复制 / 实例：用于指定路径或图形转换为放样对象的方式。

（2）“曲面参数”卷展栏

◆ 平滑长度：沿着路径的长度提供平滑曲面。

◆ 平滑宽度：围绕横截面图形的周界提供平滑曲面。

◆ 应用贴图：控制放样贴图坐标，选中此复选项，系统会根据放样对象的形状自动赋予贴图大小。

◆ 真实世界贴图大小：控制应用于该对象的纹理贴图材质所使用的缩放方法。

◆ 长度重复：设置沿着路径的长度重复贴图的次数。

◆ 宽度重复：设置围绕横截面图形的周界重复贴图的次数。

◆ 面片：放样过程可生成面片对象。

◆ 网格：放样过程可生成网格对象，这是默认设置。

（3）“路径参数”卷展栏

◆ 路径：通过输入值或单击微调按钮来设置路径的级别。

◆ 捕捉：用于设置沿着路径图形之间的恒定距离。

◆ 路径步数：将图形置于路径步数和顶点上，而不是作为沿着路径的一个百分比或距离。

（4）“蒙皮参数”卷展栏

◆ 封口：启用后，路径的两个端点会被封口。

◆ 图形步数：设置横截面图形的每个顶点之间的步数。

◆ 路径步数：设置路径的每个主分段之间的步数。

◆ 优化图形：启用后，对于路径的直线线段忽略“路径步数”。

- 自适应路径步数：启用后，分析放样并调整路径分段的数目，并生成最佳蒙皮。
- 轮廓：启用后，则每个图形都将遵循路径的曲率。
- 倾斜：启用后，则只要路径弯曲并改变其局部 z 轴的高度，图形便围绕路径旋转，倾斜量由 3ds Max 控制。
- 恒定横截面：启用后则在路径中的角处缩放横截面，以保持路径宽度一致。
- 线性插值：启用后，使用每个图形之间的直边生成放样蒙皮。
- 翻转法线：启用后将法线翻转 180°。
- 四边形的边：启用该选项后，切放样对象的两部分具有相同数目的边，则将两部分缝合到一起的面将显示为四方形。
- 变换降级：使放样蒙皮在子对象图形 / 路径变换过程中消失。

上手实操：制作动物绿雕模型

下面利用散布功能将玩偶制作成绿雕，具体操作步骤介绍如下。

Step01：单击“平面”按钮，创建一个长 60mm、宽 40mm 的平面，设置长度分段 15、宽度分段 10，如图 4-9 所示。

Step02：为其添加“FFD（长方体）”修改器，在参数面板单击“设置点数”按钮，打开“设置 FFD 尺寸”对话框，设置参数，如图 4-10 所示。

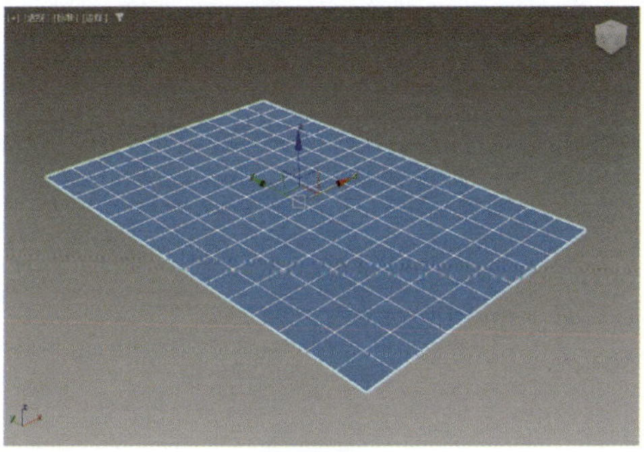

图 4-9

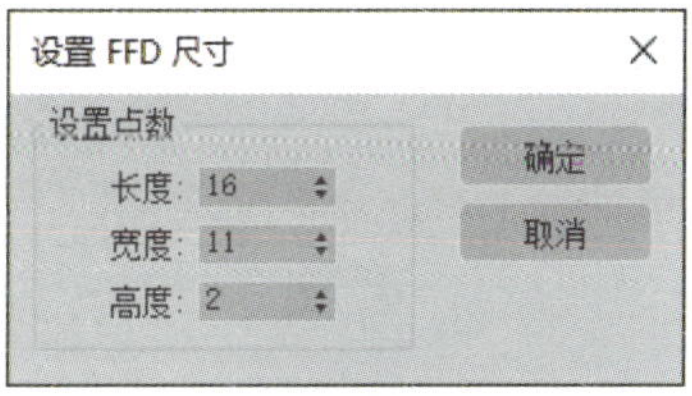

图 4-10

Step03：关闭对话框，在视口中可以看到晶格与平面的分段重合，如图 4-11 所示。

Step04：激活“控制点”子层级，单击“选择并移动”工具，在顶视图中选择正中的控制点，在前视图中调整位置，如图 4-12 所示。

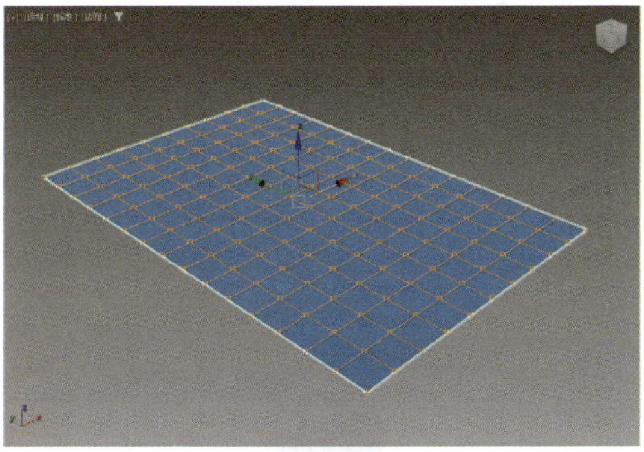

图 4-11

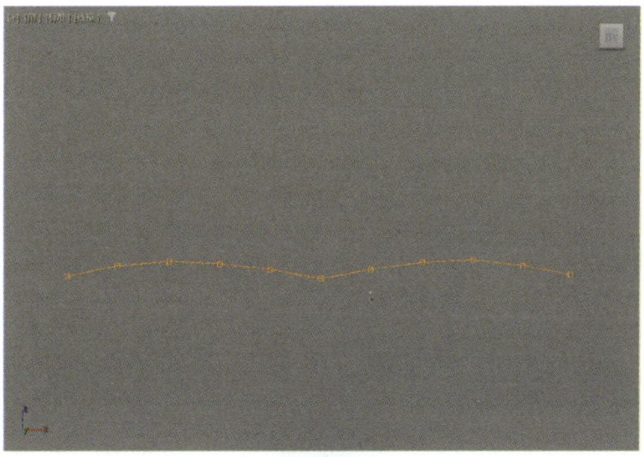

图 4-12

Step05：单击“选择并缩放”工具，接着在顶视图中调整控制点位置，如图 4-13 所示。

Step06：单击“选择并移动”工具，在左视图中调整控制点，如图 4-14 所示。

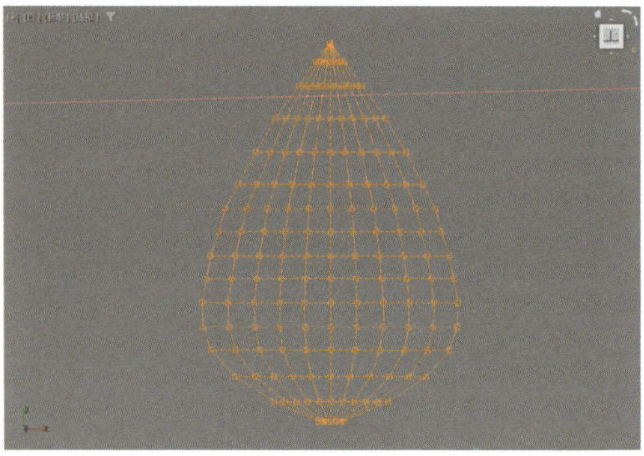

图 4-13

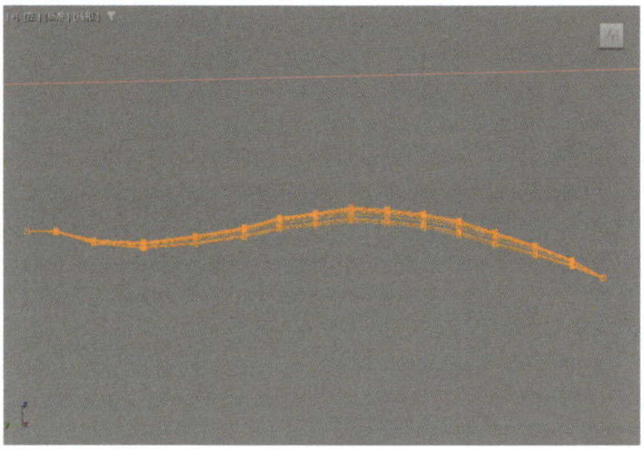

图 4-14

Step07：在透视视口中可以看到制作好的叶片，如图 4-15 所示。

Step08：为模型添加“壳”修改器，在参数面板中设置“外部量”为 0.5mm，为模型添加厚度，如图 4-16 所示。

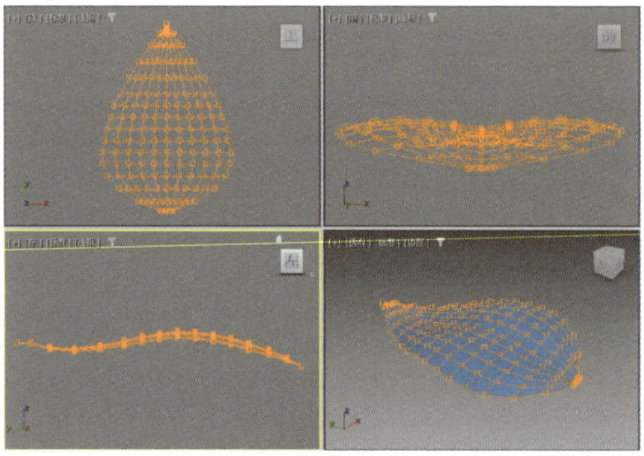

图 4-15

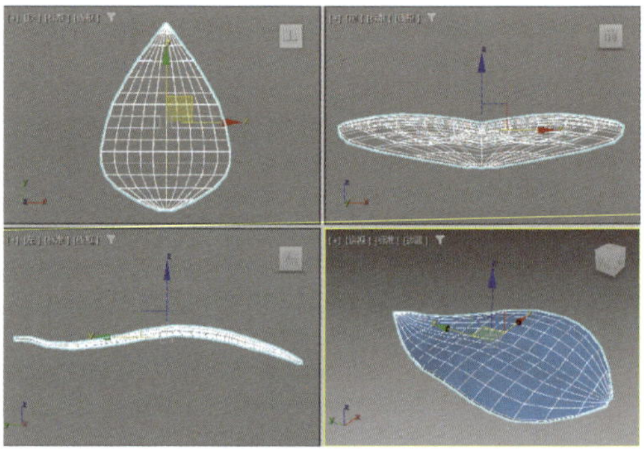

图 4-16

Step09：执行“导入 > 导入 > 合并”命令，将准备好的动物模型合并到当前场景，如图 4-17 所示。

Step10：选择树叶模型，将其转换为可编辑网格。将树叶模型的颜色调为绿色，如图 4-18 所示。

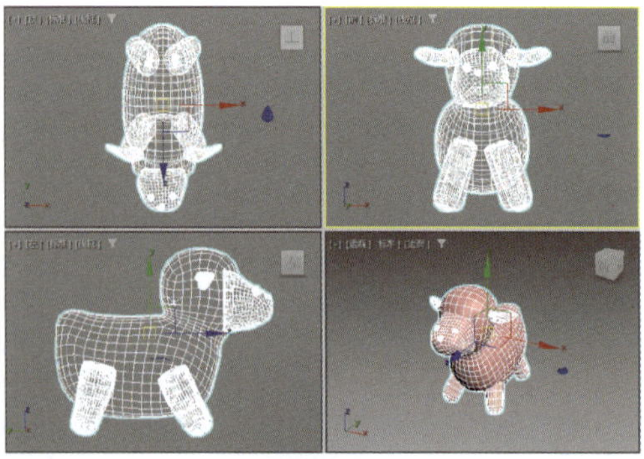

图 4-17

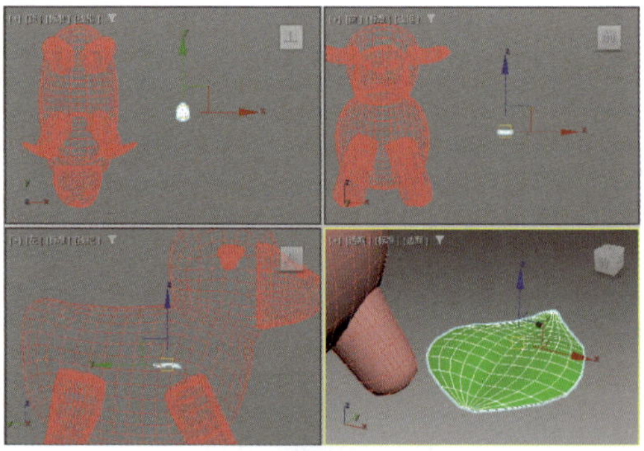

图 4-18

Step11：选择树叶模型，在“复合对象”创建面板中单击“散布”命令，在“拾取分布对象”卷展栏中选择“复制”选项，再单击“拾取分布对象”按钮，如图 4-19 所示。

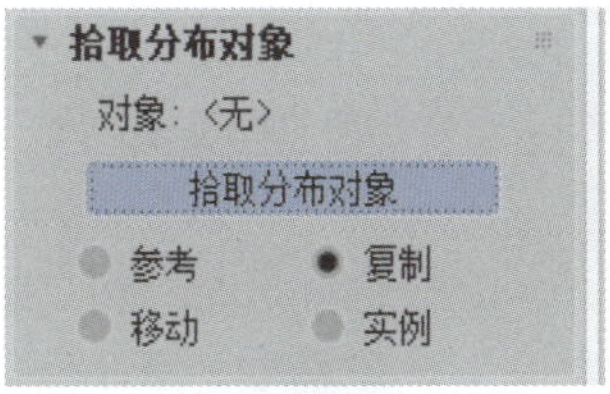

图 4-19

Step12：在视口中单击选择动物模型，可以看到树叶附着在动物模型表面，且场景中会自动创建摄影机，如图 4-20 所示。

Step13：在“散布对象”卷展栏和“变换”卷展栏设置相关参数，如图 4-21 所示。

图 4-20

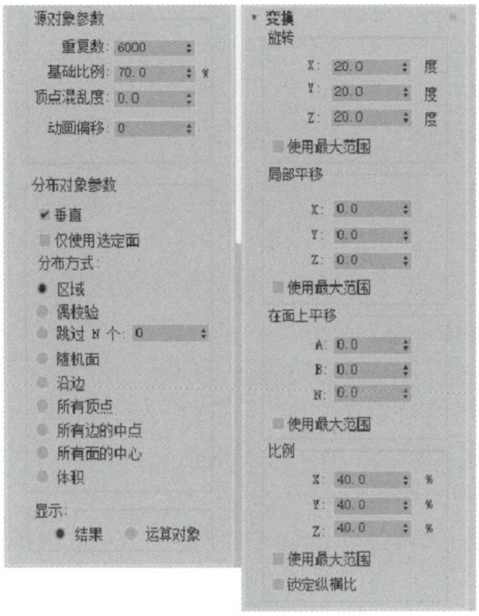

图 4-21

Step14：设置后的模型效果如图 4-22 所示。至此完成本案例的操作。

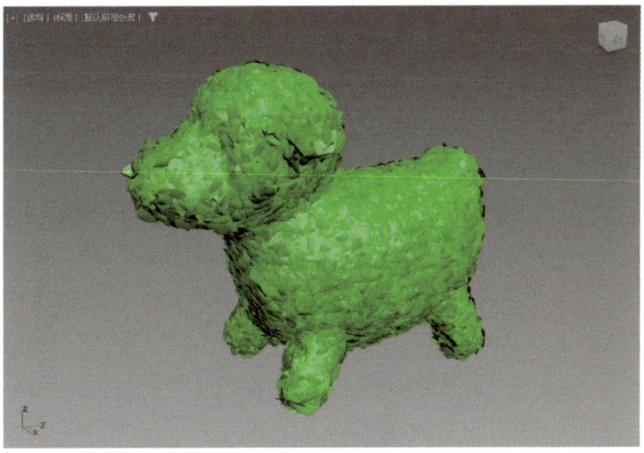

图 4-22

4.2 修改器建模

3ds Max 的建模方式有很多种，而修改器是其中一种特殊的建模方式，其原理是建立在前面两种建模方式之上的。配合这两种建模方式再使用修改器，可以实现很多建模方式实现不了的模型效果。

4.2.1 修改器简介

修改器就是附加到二维图形、三维模型或其他对象上，可以使它们产生变化的工具，通常应用于建模中。修改器可以使模型的外观产生很大的变化，例如扭曲的模型、弯曲的模型、晶格状的模型等都适合使用修改器建模进行制作。

（1）修改器堆栈

修改器堆栈位于“修改器列表”下方，该区域罗列了最初创建的参数几何体对象和作用于该对象的所有编辑修改器。

在修改器堆栈中，原始对象位于最底部，其位置不可移动。作用于其上的修改器则是按照添加的先后顺序依次向上排列，用户可以通过移动放置位置来调整修改器之间的次序。要注意的是，不同的修改器次序所产生的模型效果也是不同的。

（2）添加修改器

选择对象，在“修改”命令面板单击打开“修改器列表”，选择需要的修改器即可。

（3）编辑修改器

在修改器堆栈中右键单击修改器，会弹出一个快捷菜单，用户可以通过该菜单对修改器进行复制、粘贴、删除、重命名等操作，如图 4-23 所示。

图 4-23

4.2.2 “挤出”修改器

“挤出”修改器可以将二维样条线挤出厚度，从而产生三维实体。如果样条线为封闭的，即可挤出带有底面的三维实体；若二维线不是封闭的，那么挤出的实体则是片状的，如图 4-24、图 4-25 所示。

图 4-24

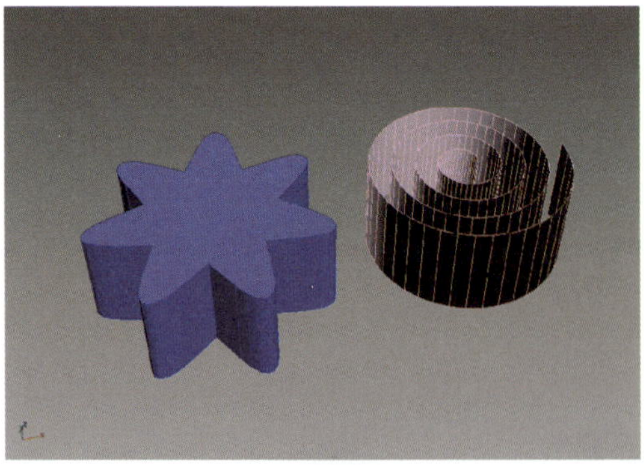

图 4-25

添加“挤出”修改器后，命令面板的下方将显示“参数”卷展栏，如图 4-26 所示。

下面具体介绍"参数"展卷栏中各选项的含义。

- 数量：设置挤出实体的厚度。
- 分段：设置挤出厚度上的分段数量。
- 封口：该选项组主要设置在挤出实体的顶面和底面上是否封盖实体。"封口始端"在顶端加面封盖物体，"封口末端"在底端加面封盖物体。
- 变形：用于变形动画的制作，保证点面数恒定不变。
- 栅格：对边界线进行重新排列处理，以最精简的点面数来获取优秀的模型。
- 输出：设置挤出的实体输出模型的类型。
- 生成贴图坐标：为挤出的三维实体生成贴图材质坐标。勾选其复选框，将激活"真实世界贴图大小"复选框。
- 真实世界贴图大小：贴图大小由绝对坐标尺寸决定，与对象相对尺寸无关。
- 生成材质 ID：自动生成材质 ID，设置顶面材质 ID 为 1，底面材质 ID 为 2，侧面材质 ID 则为 3。
- 使用图形 ID：勾选该复选框，将使用线形的材质 ID。
- 平滑：将挤出的实体平滑显示。

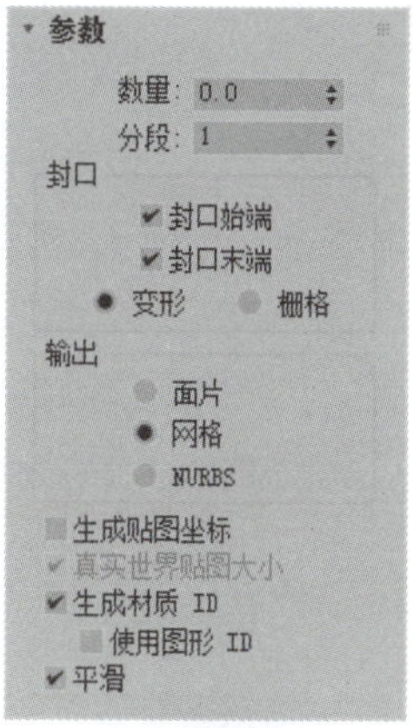

图 4-26

4.2.3 "车削"修改器

"车削"修改器通过绕轴旋转二维样条线或 NURBS 曲线来创建三维实体，该修改器用于创建中心放射物体，用户也可以设置旋转的角度，更改实体的旋转效果，如图 4-27、图 4-28 所示。

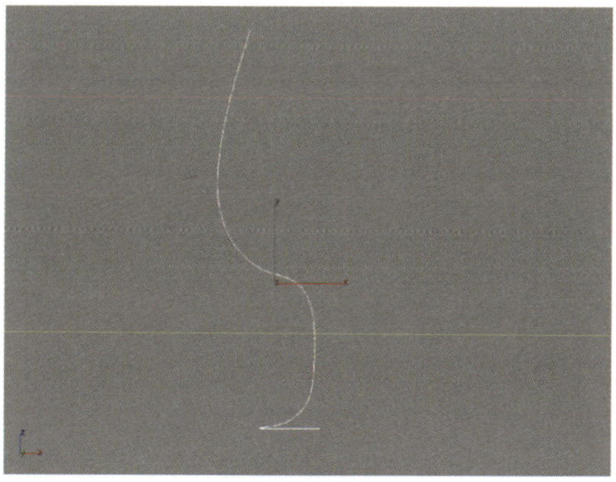

图 4-27

图 4-28

在使用"车削"修改器后，命令面板的下方将显示"参数"卷展栏，如图 4-29 所示。下面具体介绍"参数"卷展栏中各选项的含义。

- 度数：设置车削实体的旋转度数。
- 焊接内核：将中心轴向上重合的点进行焊接精简，以得到结构相对简单的模型。
- 翻转法线：将模型表面的法线方向反向。
- 分段：设置车削线段后，旋转出的实体上的分段，值越高实体表面越光滑。
- 封口：该选项组主要设置在挤出实体的顶面和底面上是否封盖实体。

- 方向：该选项组主要用于设置实体进行车削旋转的坐标轴。
- 对齐：此区域用来控制曲线旋转式的对齐方式。
- 输出：设置挤出的实体输出模型的类型。
- 生成材质 ID：自动生成材质 ID，设置顶面材质 ID 为 1，底面材质 ID 为 2，侧面材质 ID 则为 3。
- 使用图形 ID：勾选该复选框，将使用线形的材质 ID。
- 平滑：将挤出的实体平滑显示。

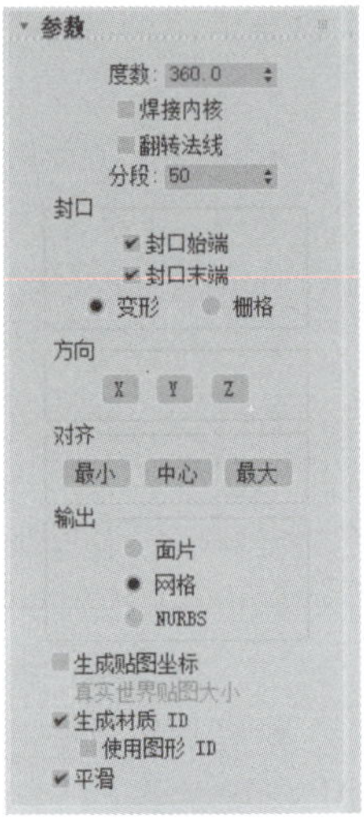

图 4-29

4.2.4 “晶格”修改器

“晶格”修改器将图形的线段或边转换为柱形结构，并在顶点上产生可选的关节多变体，如图 4-30、图 4-31 所示。使用该修改器可基于网格拓扑创建可渲染的几何体结构，或作为获得线框渲染效果的另一种方法。

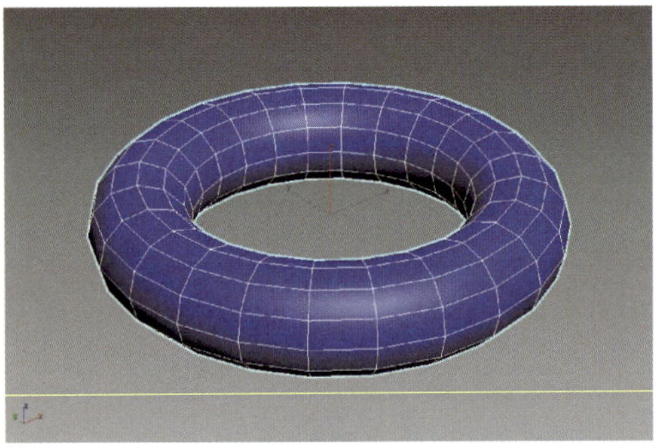
图 4-30

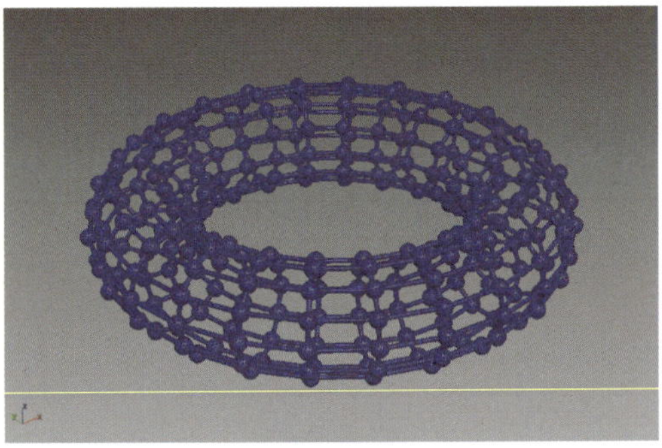
图 4-31

使用“晶格”修改器之后，命令面板下方将弹出“参数”卷展栏，如图 4-32 所示。下面具体介绍“参数”卷展栏中各常用选项的含义。

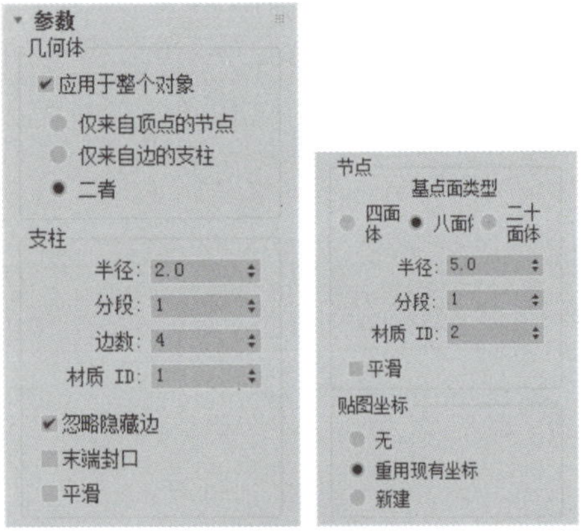

图 4-32

- 应用于整个对象：单击该选项，然后选择晶格显示的物体类型，其下包含“仅来自顶点的节点”“仅来自边的支柱”和“二者”三个单选按钮。
- 半径：设置物体框架的半径大小。
- 分段：设置框架结构上物体的分段数值。
- 边数：设置框架结构上物体的边。
- 材质 ID：设置框架的材质 ID 号，该设置可以实现物体不同位置赋予不同的材质。
- 平滑：使晶格实体后的框架平滑显示。
- 基点面类型：设置节点面的类型，包括四面体、八面体和二十面体。
- 半径：设计节点的半径大小。

4.2.5 “FFD”修改器

为模型添加 FFD 修改器后，模型周围会出现橙色的晶格线框架，通过调整晶格线框架的控制点来调整模型的效果，通常使用该修改器制作模型变形效果，如图 4-33、图 4-34 所示。

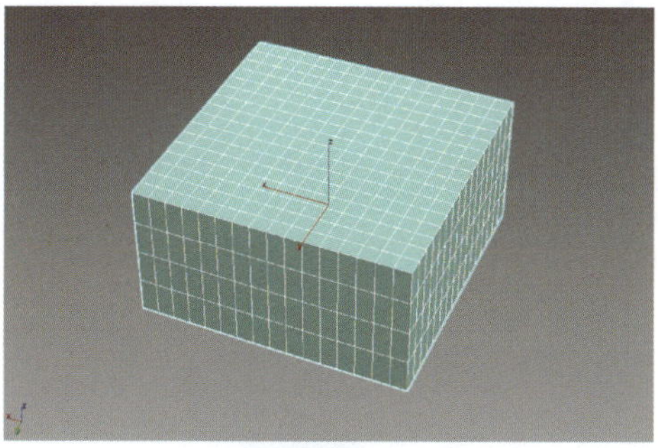

图 4-33

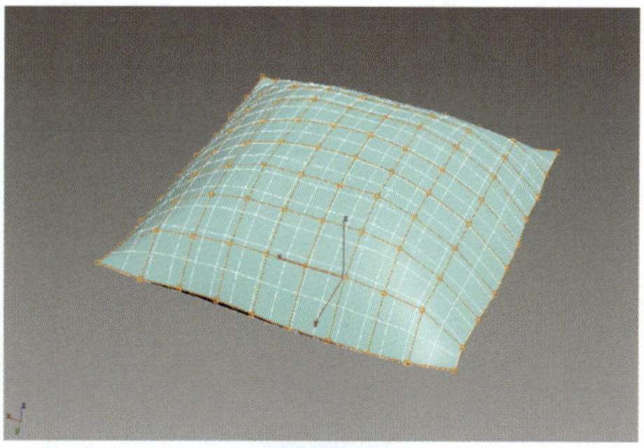

图 4-34

在使用 FFD 修改器之后，命令面板的下方将弹出“FFD 参数”卷展栏，如图 4-35 所示。下面具体介绍“FFD 参数”卷展栏中各常用选项的含义。

- 晶格：将绘制链接控制点的线条以形成栅格。
- 源体积：控制点和晶格会以未修改的状态显示。
- 衰减：它决定着 FFD 效果减为零时离晶格的距离，仅用于选择“所有顶点”时。
- 张力 / 连续性：调整变形样条线的张力和连续性。
- 重置：将所有控制点返回到它们的原始位置。
- 全部动画：将“点”控制器指定给所有控制点，这样它们在“轨迹视图”中立即可见。
- 与图形一致：在对象中心控制点位置之间沿直线延长线，将每一个 FFD 控制点移到修改器对象的交叉点上，这将增加一个由“偏移”微调器指定的偏移距离。
- 内部点：仅控制受“与图形一致”影响的对象内部点。
- 外部点：仅控制受“与图形一致”影响的对象外部点。
- 偏移：受“与图形一致”影响的控制点偏移对象曲面的距离。

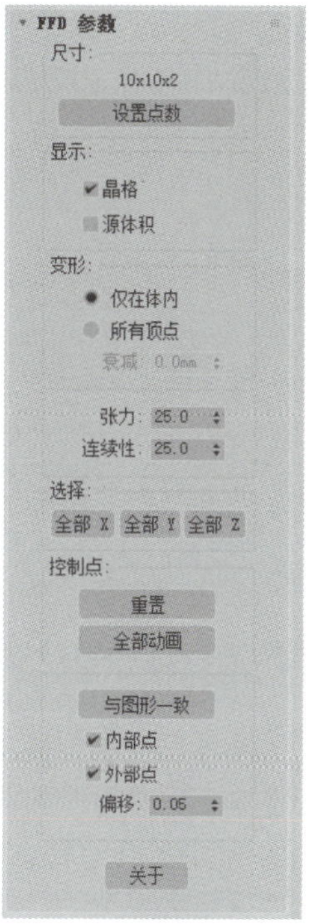

图 4-35

4.2.6 “UVW 贴图”修改器

材质贴图是 3ds Max 建模过程中必不可少的部分，对于贴图材质的使用，离不开 UVW 贴图功能。为模型添加“UVW 贴图”修改器，可以纠正贴图在模型上的显示效果，如图 4-36、图 4-37 所示。

图 4-36

图 4-37

用户可以通过“参数”卷展栏设置贴图的分布方式、贴图尺寸、对齐方式等，如图 4-38 所示。下面介绍卷展栏中常用选项的含义。

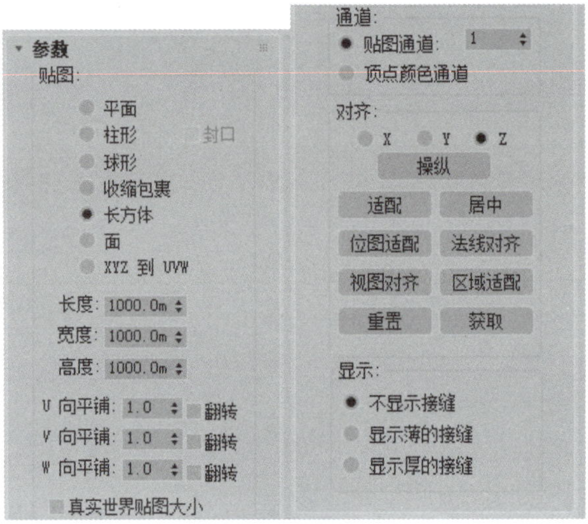

图 4-38

- 平面：从对象上的一个平面投影贴图，类似于投影幻灯片。
- 柱形：从圆柱体投影贴图，使用它包裹对象。
- 封口：对圆柱体封口应用平面贴图坐标。
- 球形：通过从球体投影贴图来包围对象。
- 收缩包裹：使用球形贴图，但是它会截去贴图的各个角，然后在一个单独角点将它们全部结合在一起，仅创建一个角点。
- 长方体：从长方体的六个侧面投影贴图。每个侧面投影为一个平面贴图，且表面上的效果取决于曲面法线。
- 面：为每个面应用贴图副本。使用完整矩形贴图来贴图共享隐藏边的成对面。
- XYZ 到 UVW：将 3D 程序坐标贴图到 UVW 坐标。
- 长度、宽度、高度：指定“UVW 贴图”gizmo 的尺寸。在应用修改器时，贴图图标的默认缩放由对象的最大尺寸定义。
- U 向平铺、V 向平铺、W 向平铺：用于指定 UVW 贴图的尺寸以便平铺图像。这些是浮点值，可设置动画以便随时间移动贴图的平铺。
- 翻转：绕给定轴反转图像。
- X/Y/Z：选择其中之一，可翻转贴图 gizmo 的对齐。
- 操纵：启用时，可手动调节 gizmo 的长宽高。
- 适配：将 gizmo 适配到对象的范围并使其居中。
- 居中：移动 gizmo，使其中心与对象的中心一致。

上手实操：制作罗马柱模型

下面利用二维图形结合“挤出”修改器和“车削”修改器制作一个罗马柱模型，具体操作步骤介绍如下。

Step01： 单击“星形”命令，绘制一个星形，设置半径等参数，如图 4-39、图 4-40 所示。

Step02： 为对象添加“挤出”修改器，设置挤出数量为 3000mm，如图 4-41 所示。

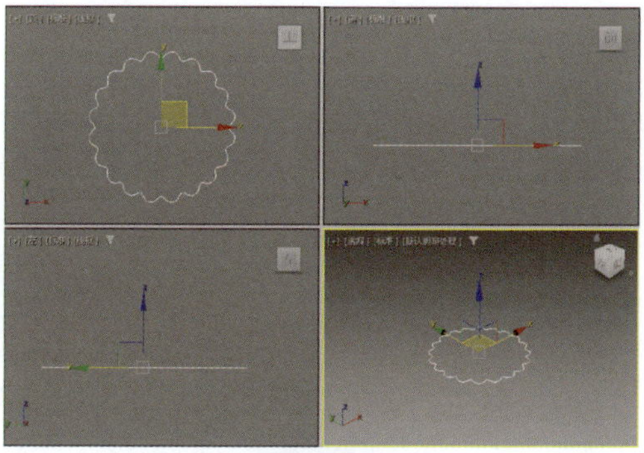

图 4-39

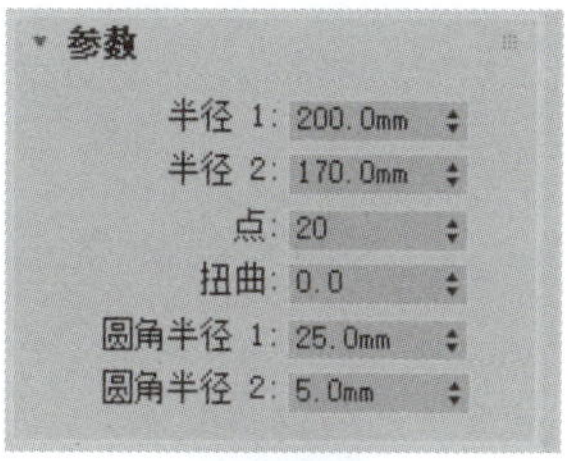

图 4-40

Step03：单击“线”命令，在前视图按住 Shift 键绘制一条封闭的样条线，激活“顶点”子层级，调整顶点使线段横平竖直，如图 4-42 所示。

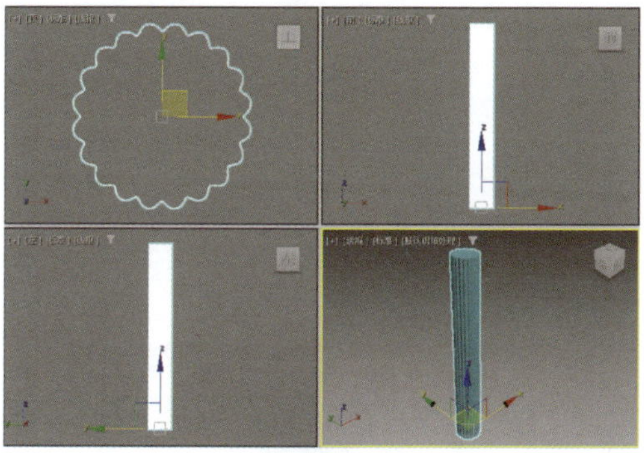

图 4-41

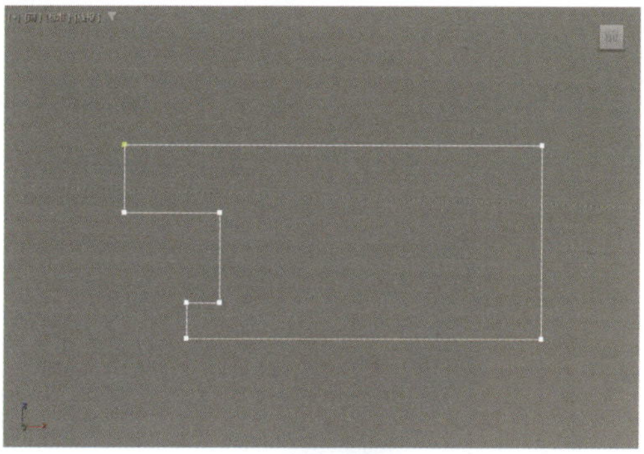

图 4-42

Step04：在“几何体”卷展栏中单击“圆角”按钮，选择顶点，按住并移动鼠标设置圆角，如图 4-43 所示。

Step05：激活“顶点”子层级，使用“选择并移动”工具，适当调整一下该样条线的大小，并将其放置在柱子顶部合适位置，如图 4-44 所示。

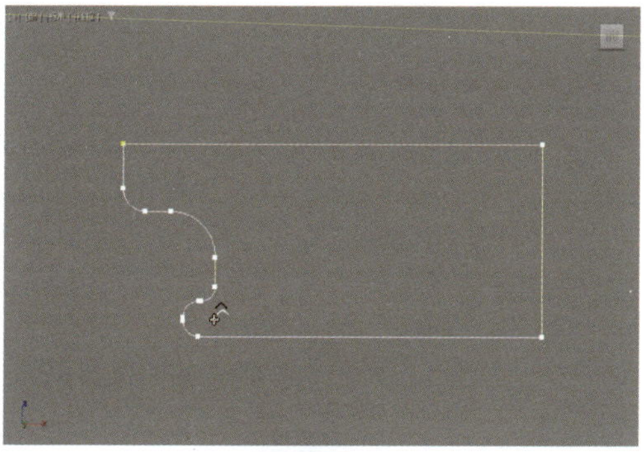

图 4-43

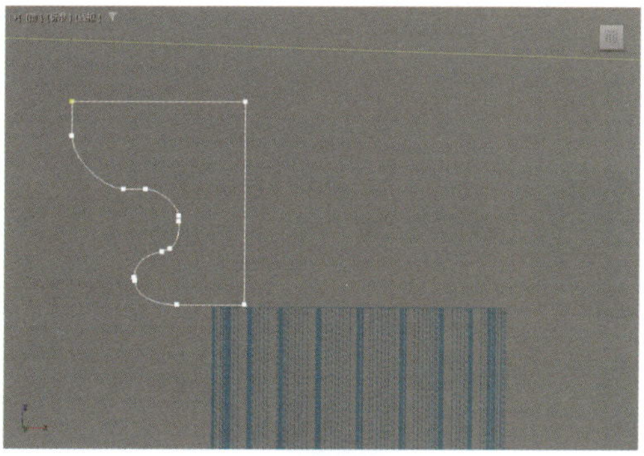

图 4-44

Step06：为样条线添加“车削”修改器，在参数卷展栏中勾选“焊接内核”复选框，设置“分段”为 60，再单击“最大”按钮，如图 4-45 所示。

Step07：创建出的模型如图 4-46 所示。

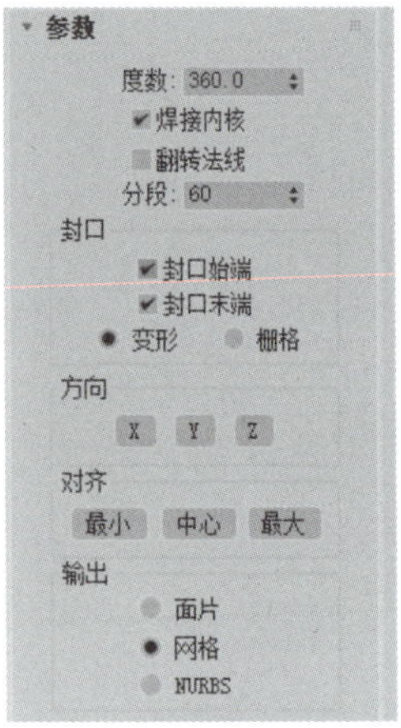

图 4-45

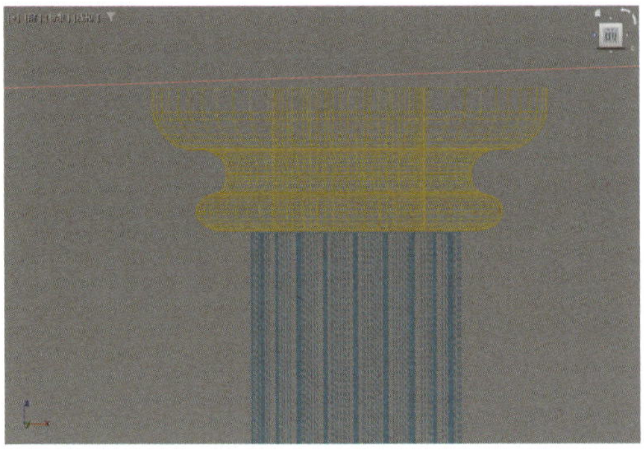

图 4-46

Step08：在主工具栏单击“镜像”按钮，打开“镜像”对话框，设置镜像轴为 Y 轴，选择“实例”选项，如图 4-47 所示。

Step09：将镜像复制的模型移动至柱子底部，完成罗马柱模型的制作，如图 4-48 所示。

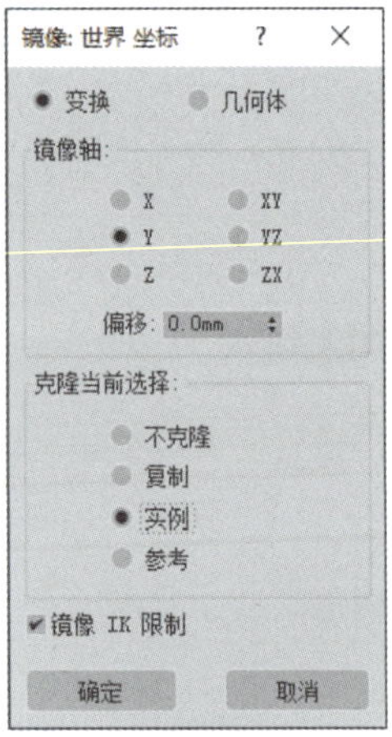

图 4-47

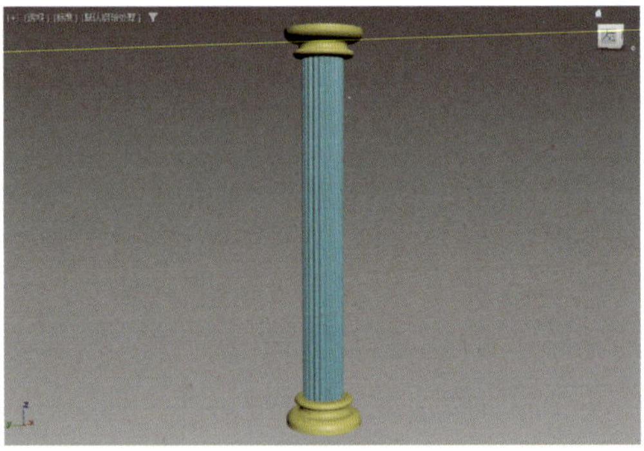

图 4-48

4.3 网格建模

可编辑网格是一种使用三角多边形的可变形对象，适用于创建简单、少边的对象或用于网格平滑和 HSDS 建模的控制网格。

4.3.1 转换网格对象

3ds Max 中的大多数对象可以转化为可编辑网格，但是对于开口样条线对象，只有顶点可用，因为在被转化为网格时开放样条线没有面和边。将对象转换为可编辑网格的方法有以下几种。

- 选择对象并单击鼠标右键，在弹出的菜单中选择“转换为>转换为可编辑网格”命令，如图 4-49 所示。
- 选择对象，在修改器列表中添加“编辑网格”修改器。
- 在修改器堆栈中选择对象并单击鼠标右键，在弹出的快捷菜单中选择“可编辑网格”命令，如图 4-50 所示。
- 选择对象，在“实用程序”命令面板中单击“塌陷”命令，然后单击“塌陷选定对象”按钮，如图 4-51 所示。

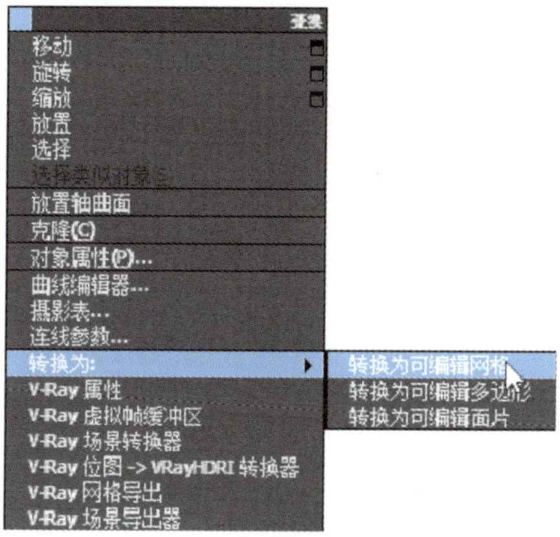

图 4-49

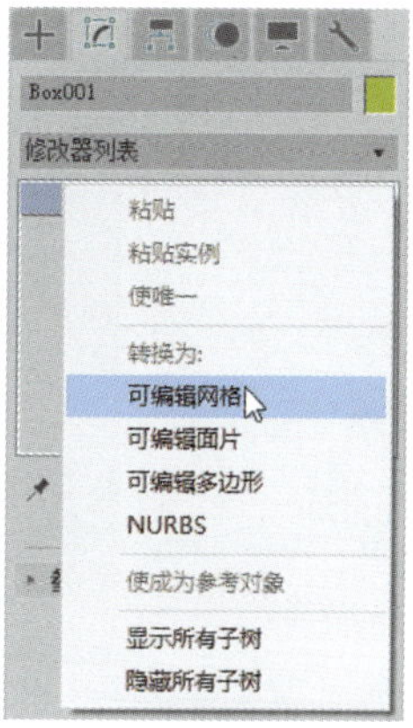

图 4-50

图 4-51

4.3.2 编辑网格对象

将模型转换为可编辑网格后，可以看到其子层级分别为顶点、边、面、多边形和元素五种，与多边形建模的子层级有所不同。其参数面板如图 4-52 所示。

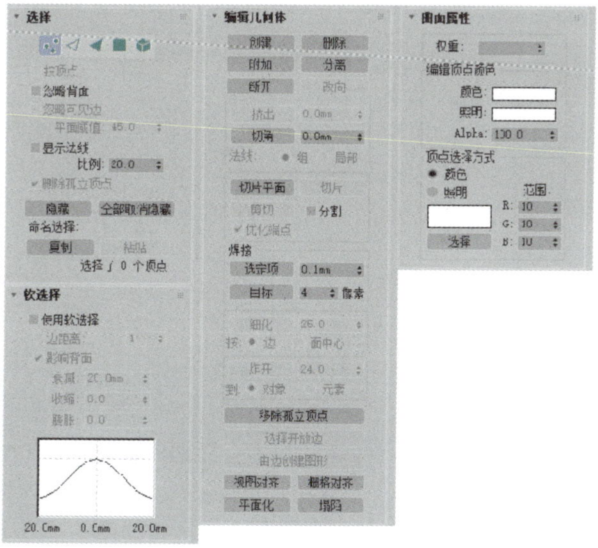

图 4-52

下面介绍各参数展卷栏中常用选项的含义。

（1）“选择”卷展栏

- 按顶点：当处于启用状态时，单击顶点，将选中任何使用此顶点的子对象。
- 忽略背面：启用时，选定子对象只会选择视口中显示其法线的那些子对象。
- 忽略可见边：仅在“多边形”子对象层级可用。当禁用时，单击一个面，无论“平面阈值”如何设置，选择不会超出可见边；当启用时，面选择将忽略可见边，使用“平面阈值”设置作为指导。
- 显示法线：启用时，3ds Max 会在视口中显示法线。
- 隐藏：隐藏任何选定的子对象。

（2）“软选择”卷展栏

- 使用软选择：启用后，在子层级上影响“移动”“旋转”和“缩放”功能的操作，如果在子对象选择上操作变形修改器，那么也会影响应用到对象上的变形修改器的操作。
- 边距离：启用该选项后，将软选择限制到指定的面数，该选择在进行选择的区域和软选择的最大范围之间。
- 影响背面：启用该选项后，那些法线方向与选定子对象平均法线方向相反的、取消选择的面就会受到软选择的影响。
- 衰减：用以定义影响区域的距离，是用当前单位表示的从中心到球体的边的距离。
- 收缩：沿着垂直轴提高并降低曲线的顶点。
- 膨胀：沿着垂直轴展开和收缩曲线。

（3）“编辑几何体”卷展栏

- 创建：可将子对象添加到单个选定的网格对象中。
- 删除：删除选定的子对象以及附加在上面的任何面（仅限于子对象层级）。
- 附加：将场景中的另一个对象附加到选定的网格。
- 分离：将选定子对象作为单独的对象或元素进行分离。
- 断开：为每一个附加到选定顶点的面创建新的顶点，可以移动面角使之互相远离它们曾经在原始顶点连接起来的地方。
- 改向：在边的范围内旋转边（仅限于“边”子层级）。
- 挤出：单击此按钮，然后拖动来挤出选定的边或面，或是调整“挤出”微调器来执行挤出。
- 切角：单击此按钮，然后垂直拖动任何面，以便将其挤出。释放鼠标按钮，然后垂直移动鼠标光标，以便对挤出对象执行倒角处理。
- 切片平面：在需要对边执行切片操作的位置处定位和旋转的切片平面创建 gizmo。
- 切片：在切片平面位置处执行切片操作。
- 剪切：允许单击，移动鼠标，然后再次单击，在两条边之间创建一条或多条新边，从而细分边对之间的网格曲面。
- 选定项：焊接在“焊接阈值”微调器（位于按钮的右侧）中指定的公差范围内的选定顶点。所有线段都会与产生的单个顶点连接。
- 目标：进入焊接模式，可以选择顶点并将它们移来移去。
- 细化：根据“边”“面中心”和“张力”的设置，单击即可细化选定的面。
- 炸开：根据边所在的角度将选定面炸开为多个元素或对象。该功能在“对象”模式以及所有子对象层级中可用。
- 移除孤立顶点：无论当前选择如何，删除对象中所有的孤立顶点。
- 选择开放边：选择所有只有一个面的边。
- 由边创建图形：选择边后，单击该按钮，以便通过选定的边创建样条线形状。
- 平面化：强制所有选定的子对象共面。

- 塌陷：将选定子对象塌陷为平均顶点。

进阶案例：制作水杯模型

Step01：单击“圆柱体”命令，创建一个圆柱体，设置半径为 30mm、高 80mm、边数 10，如图 4-53 所示。

Step02：单击鼠标右键，在弹出的菜单中选择“转换为 > 转换为可编辑网格”命令，将其转换为可编辑网格，激活“多边形”子层级，选择顶部的面，如图 4-54 所示。

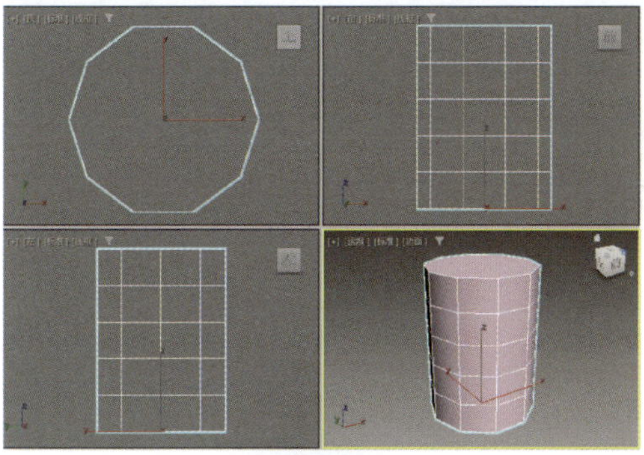

图 4-53

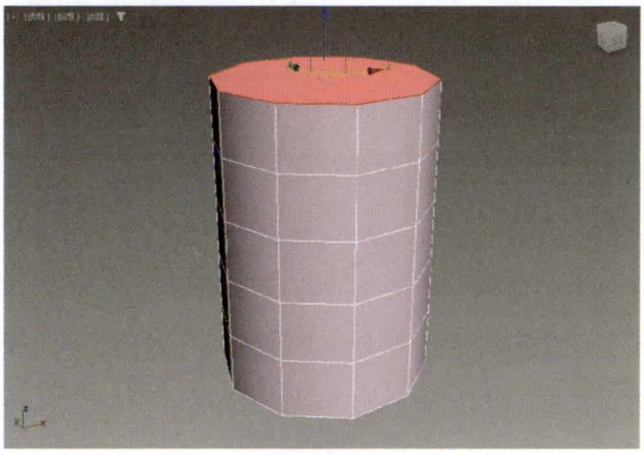

图 4-54

Step03：按 Delete 键删除多边形，如图 4-55 所示。

Step04：激活“顶点”子层级，在前视图选择底部的顶点，如图 4-56 所示。

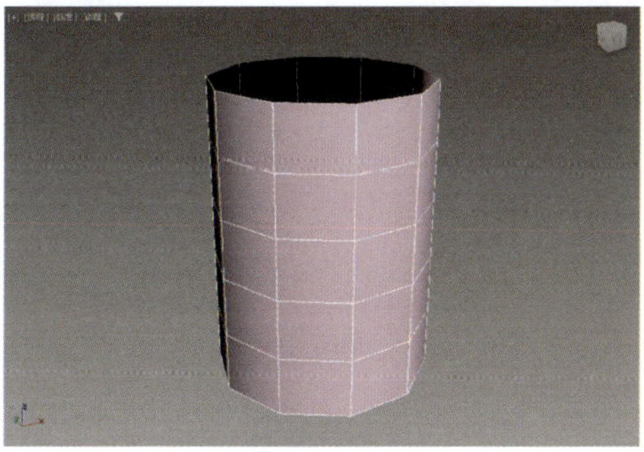

图 4-55

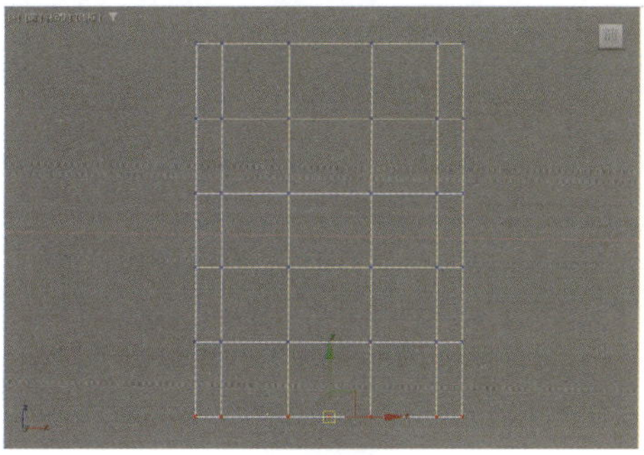

图 4-56

Step05：展开“软选择”卷展栏，勾选“使用软选择”复选框，再设置“衰减”为 80，如图 4-57、图 4-58 所示。

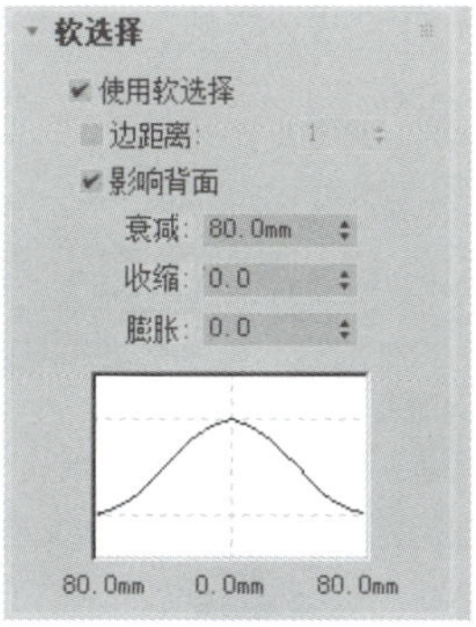

图 4-57

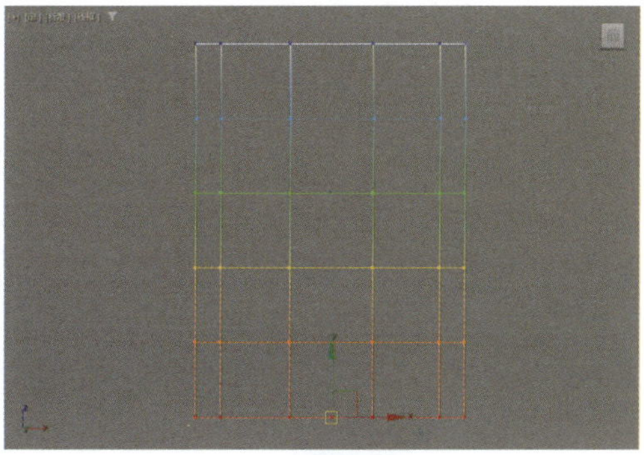

图 4-58

Step06：切换到顶视图，激活“选择并缩放”工具，缩放顶点，如图 4-59 所示。

Step07：取消勾选“使用软选择”复选框，再为对象添加“壳”修改器，参数保持默认，如图 4-60 所示。

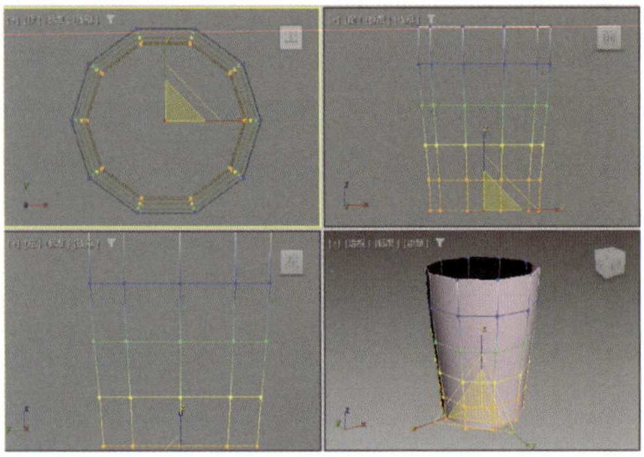

图 4-59

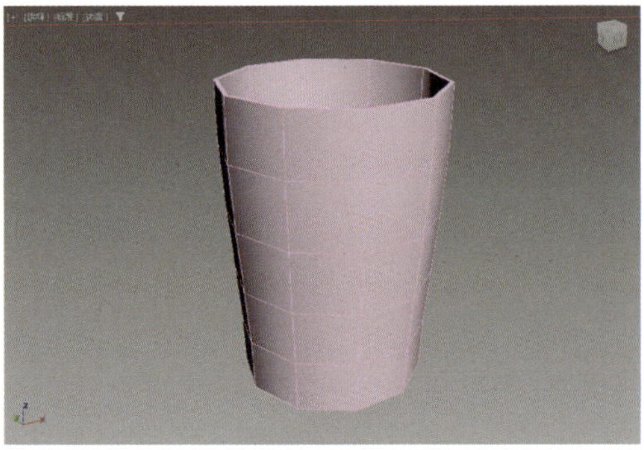

图 4-60

Step08：再将对象转换为可编辑网格，激活“顶点”子层，在前视图选择杯子内侧底部的顶点，并适当向上移动，如图 4-61 所示。

Step09：激活“边”子层级，选择杯口的两圈边，如图 4-62 所示。

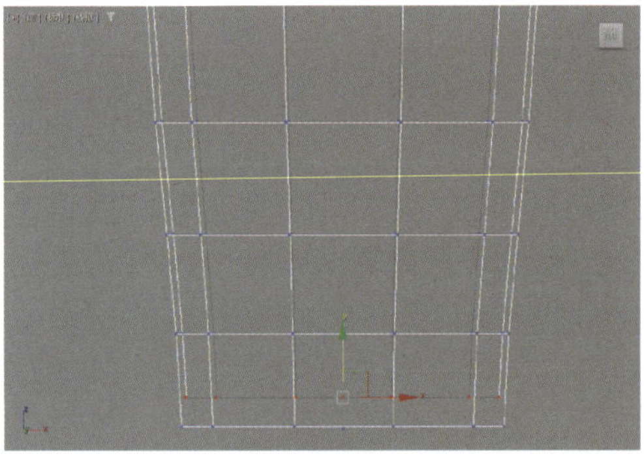

图 4-61

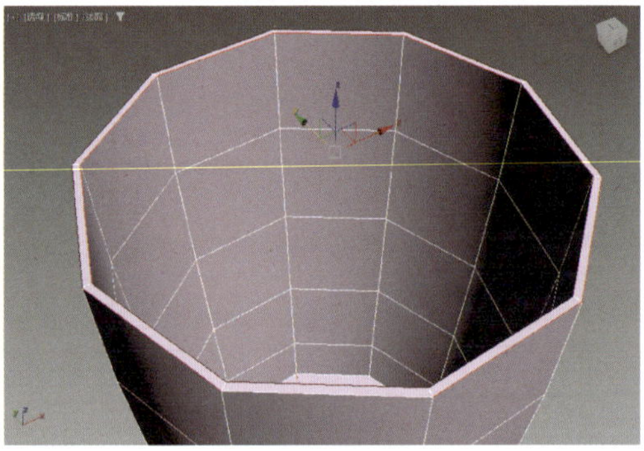

图 4-62

Step10：在“编辑几何体”卷展栏设置“切角”为 0.2mm，然后按回车键即可对边线进行切角处理，如图 4-63 所示。

Step11：再选择杯子内侧底部的一圈边线，设置“切角”为 4mm，如图 4-64 所示。

图 4-63

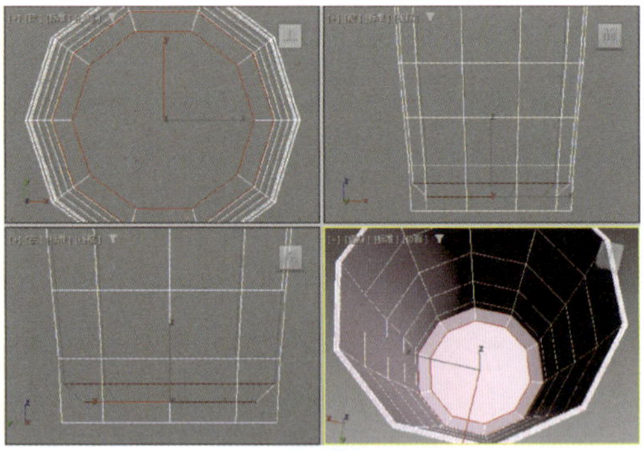

图 4-64

Step12：最后选择杯子底部的一圈边线，设置“切角”为 2mm，如图 4-65 所示。

Step13：为模型添加“细分”修改器，保持默认参数，模型效果如图 4-66 所示。

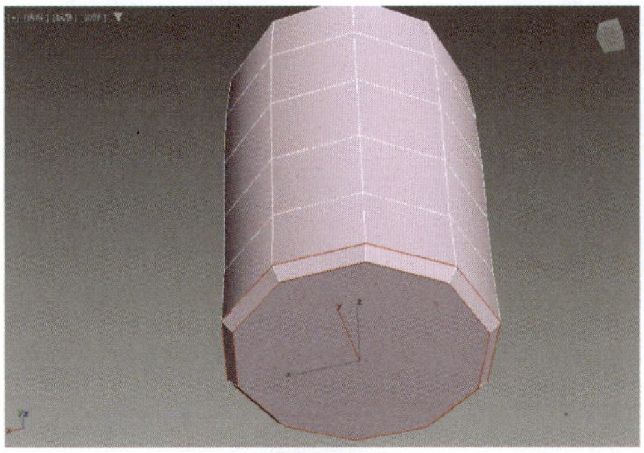

图 4-65

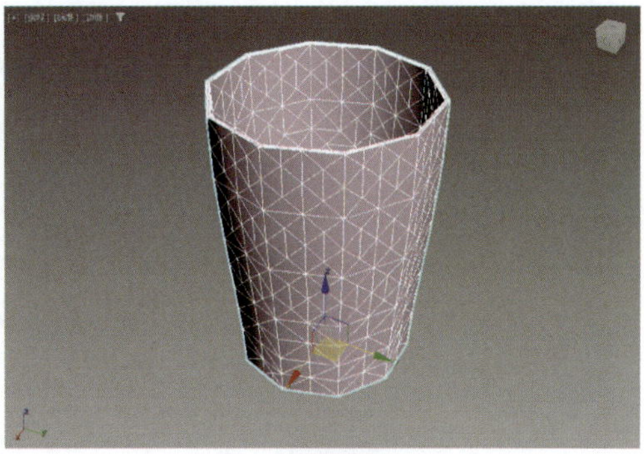

图 4-66

Step14：再为模型添加“网格平滑”修改器，设置“迭代次数”为 2，完成水杯模型的制作，如图 4-67 所示。

图 4-67

综合实战：制作液晶电视模型

下面利用几何体结合布尔、“挤出”修改器、可编辑网格功能等制作一个液晶电视模型，具体操作步骤介绍如下。

Step01：单击“切角长方体”命令，创建一个切角长方体，设置其长度、宽度、高度、圆角等参数，如图 4-68、图 4-69 所示。

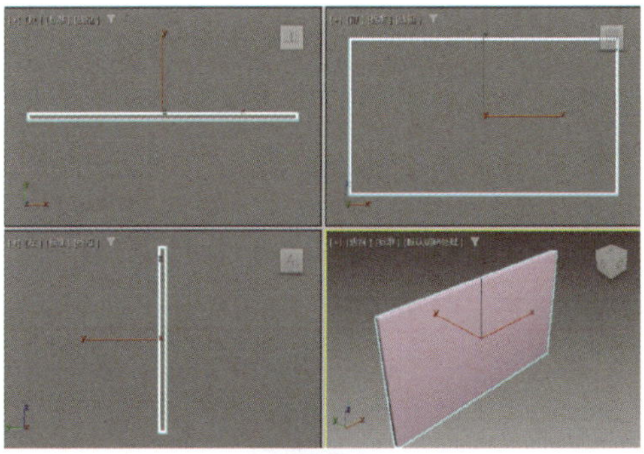

图 4-68

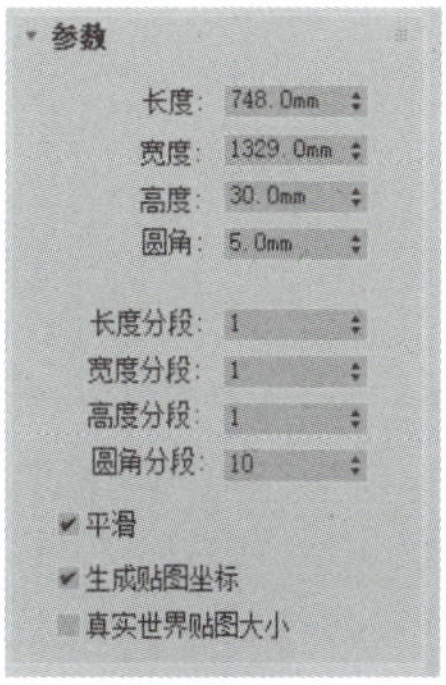

图 4-69

Step02： 再单击“长方体”命令，创建一个长方体，设置长度、宽度及高度，如图 4-70、图 4-71 所示。单击“确定”按钮复制对象。

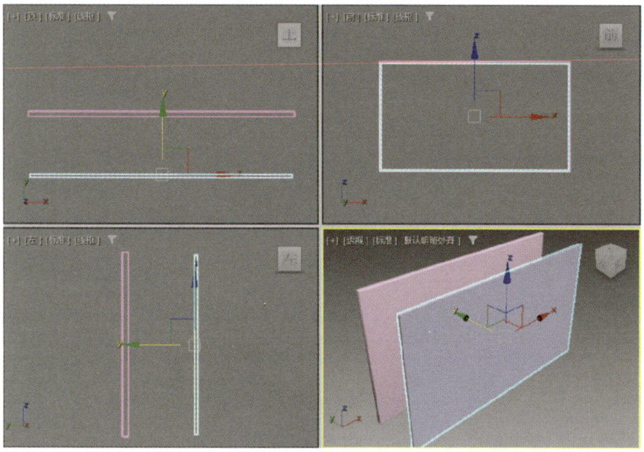

图 4-70

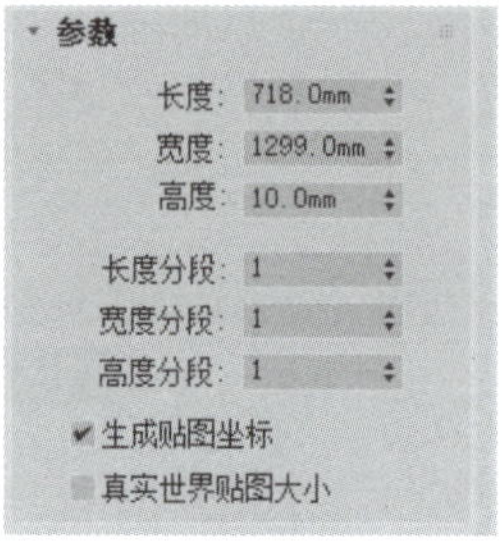

图 4-71

Step03： 激活“选择并移动”工具，选择长方体，在主工具栏单击“对齐”按钮，然后在视口中单击切角长方体，此时会打开“对齐当前选择”对话框，选择当前位置为“中心”，目标位置为“中心”，如图 4-72 所示。

Step04： 此时在视口中可以看到二者居中对齐的效果，如图 4-73 所示。单击“确定”按钮关闭对话框。

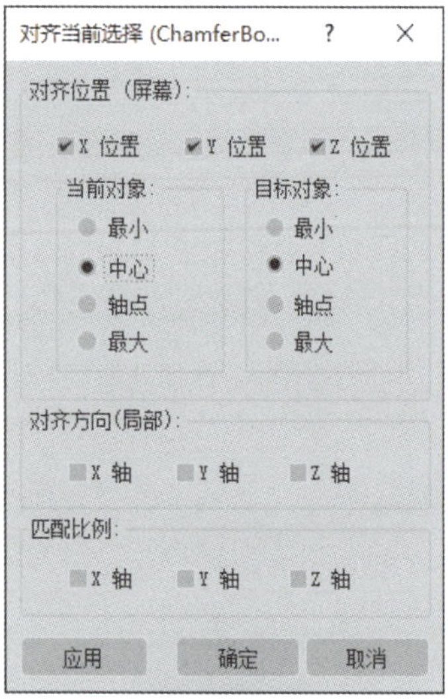

图 4-72

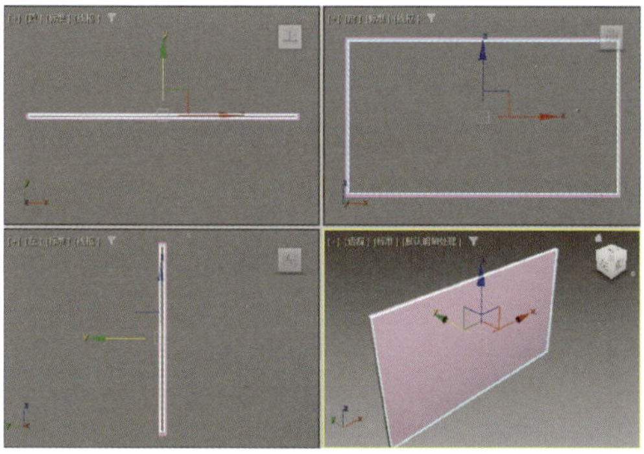

图 4-73

Step05： 在左视图中沿 X 轴适当调整对象位置，使二者相交，如图 4-74 所示。

Step06： 选择切角长方体，在“复合对象”创建面板中单击“布尔”命令，在打开的“运算对象参数”卷展栏中选择“差集”运算方式，然后单击“添加运算对象”按钮，如图 4-75 所示。

Step07： 在视口中拾取长方体对象，将其从切角长方体中减去，制作出屏幕凹陷造型，如图 4-76 所示。

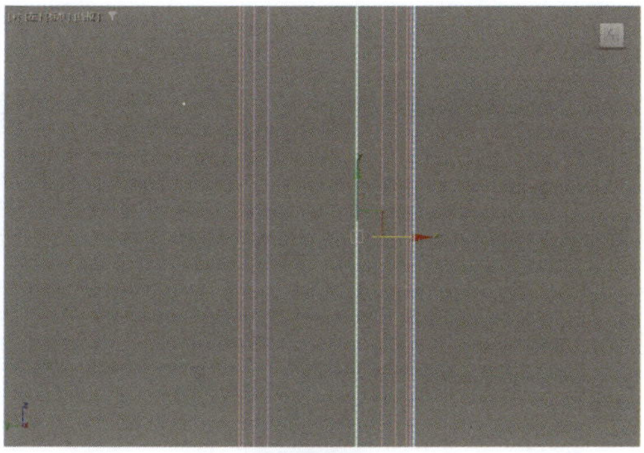

图 4-74

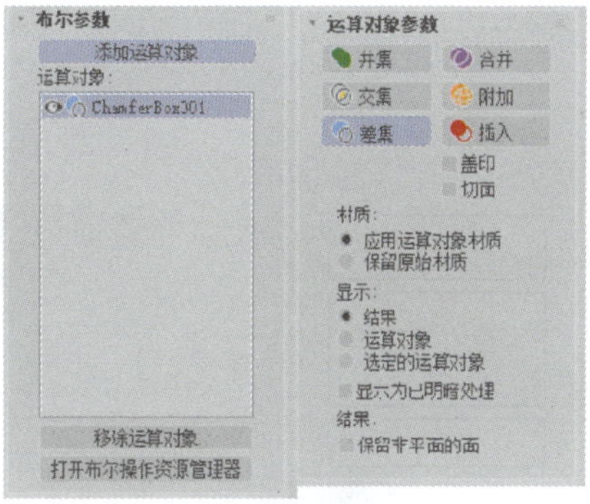

图 4-75

Step08：单击“线”命令，在左视图绘制一个封闭的样条线轮廓，激活“顶点”子层级，调整顶点位置，如图 4-77 所示。

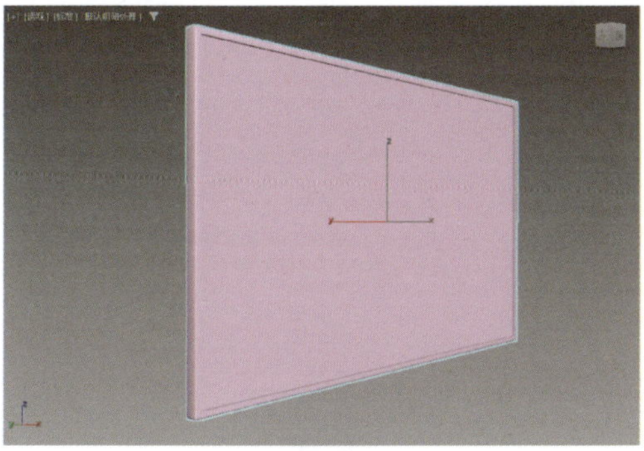

图 4-76

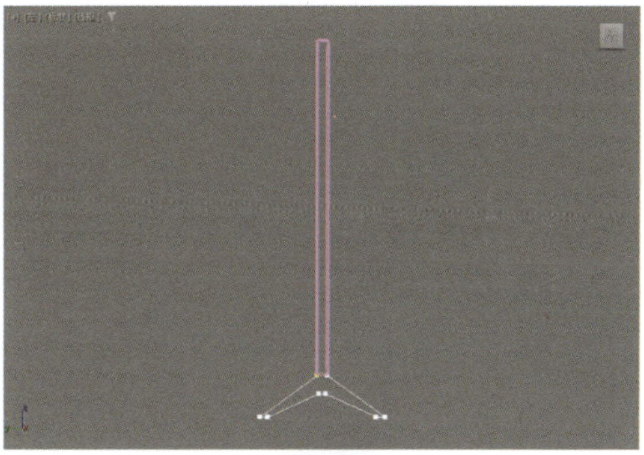

图 4-77

Step09：打开“修改”命令面板，为其添加“挤出”修改器，并设置挤出数量为 30，模型效果如图 4-78 所示。

Step10：将模型转换为可编辑网格，激活“边”子层级，单击选择全部边线，如图 4-79 所示。

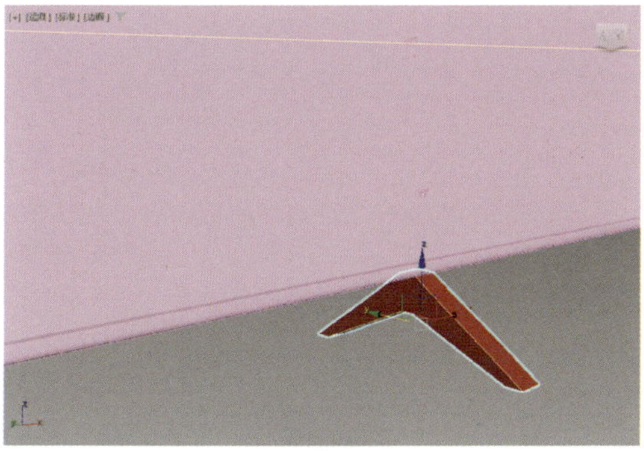

图 4-78

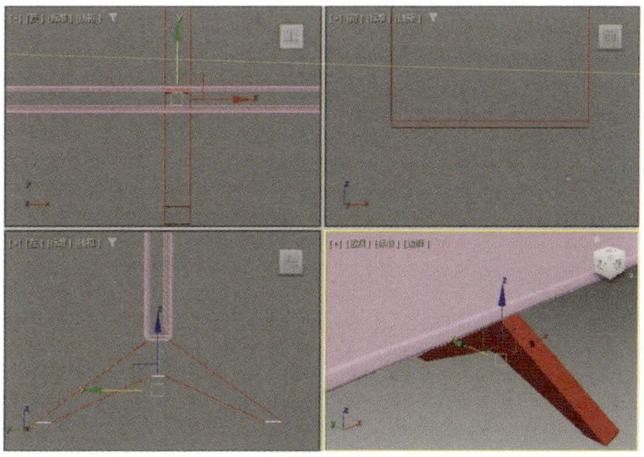

图 4-79

Step11：在“编辑几何体”卷展栏设置“切角”量为 0.5mm，按回车键对边线进行切角处理，如图 4-80 所示。

Step12：移动模型到一侧，再按住 Shift 键进行实例复制，完成液晶电视模型的制作，如图 4-81 所示。

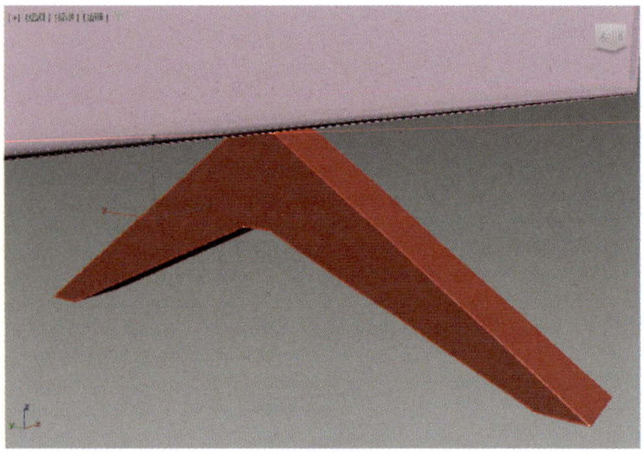

图 4-80

图 4-81

第 5 章 多边形建模

多边形建模又称为 Polygon 建模，是目前所有三维软件中最为流行的方法。该建模方法比较容易理解，在建模过程中也有更多的想象空间和修改余地，常用于室内设计模型、人物角色模型和工业设计模型等。本章主要介绍可编辑多边形的转换、公用参数以及多边形子层级参数的设置及应用。

5.1 了解多边形建模

作为当今世界的主流建模方式，多边形建模已经被广泛应用到游戏角色、影视、工业造型、建筑室内外等模型制作中。与网格建模相比，多边形建模在编辑上更加灵活，对硬件的要求也很低，功能更加全面，对面数也没有任何要求。

5.1.1 什么是多边形建模

多边形建模是 3ds Max 中最常见且最为强大的建模方式，其原理是先将一个模型对象转化为可编辑多边形，然后对顶点、边、多边形、边界、元素这几种级别进行编辑，使模型逐渐产生相应的变化，从而达到建模的目的。

多边形建模提供了许多实用的工具，为模型创作带来很大的便利。用户可以对模型的网格密度进行较好的控制，制作动物、人物、景观等非常复杂的模型，如图 5-1、图 5-2 所示。

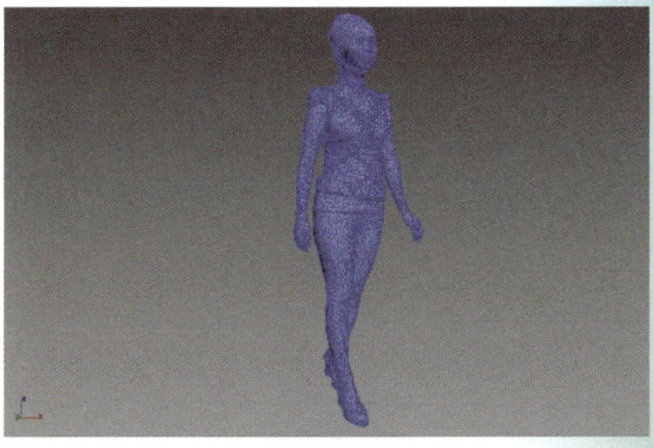

图 5-1

图 5-2

5.1.2 转换多边形

可编辑多边形不能作为修改命令直接指定给几何体，而是需要将几何体转换为可编辑多边形。几乎所有的几何体类型都可以转换为可编辑多边形，曲线可以转换为曲面。

转换可编辑多边形的操作方法同编辑样条线类似，操作方法包括以下几种。

- 选择对象并单击鼠标右键，在弹出的菜单中选择“转换为 > 转换为可编辑多边形”命令，如图 5-3 所示。

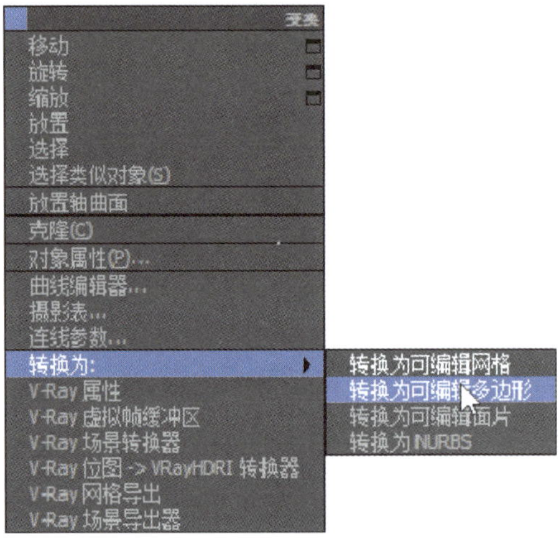

图 5-3

- 选择对象，在修改器列表中选择添加“编辑多边形”修改器，如图 5-4 所示。
- 在修改器堆栈中选择对象名称并单击鼠标右键，在弹出的菜单中选择“可编辑多边形”选项，如图 5-5 所示。

知识链接

使用鼠标右键转换可编辑多边形后，对象的原始创建参数会被清除。

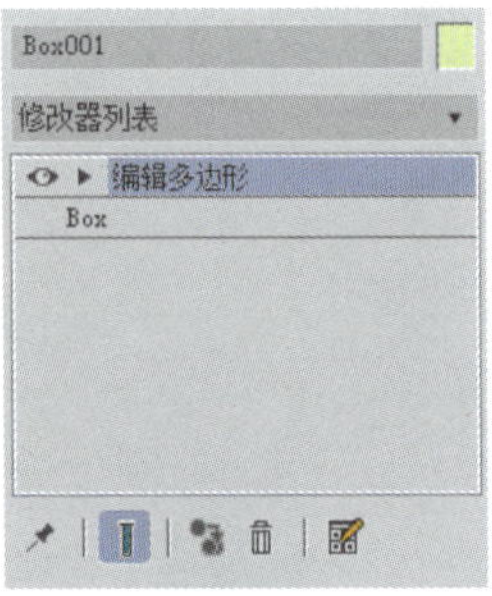

图 5-4

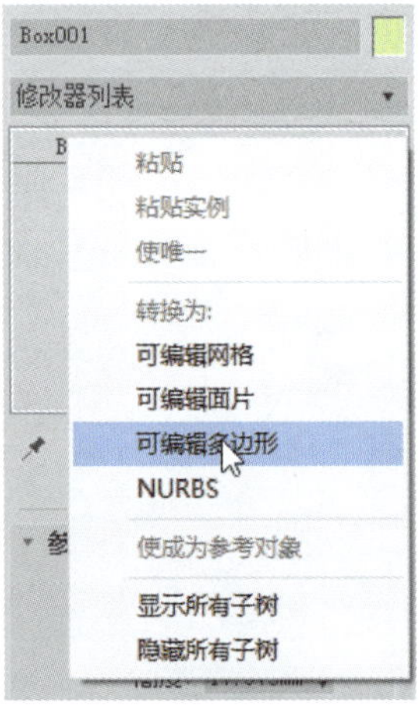

图 5-5

5.2 编辑多边形对象

将物体转换为可编辑多边形后，进入修改面板，可以看到物体原本的属性消失不见，替换为可编辑多边形的堆栈和参数面板。包括“选择”“软选择”“编辑几何体”“细分曲面”“细分置换”“绘制变形”6 个公用的卷展栏，如图 5-6 所示。

5.2.1 “选择”卷展栏

“选择”卷展栏提供了各种工具，用于访问不同的子对象层级和显示设置以及创建与修改选定内容，此外还显示了与选定实体有关的信息，如图 5-7 所示。卷展栏中常用选项含义如下。

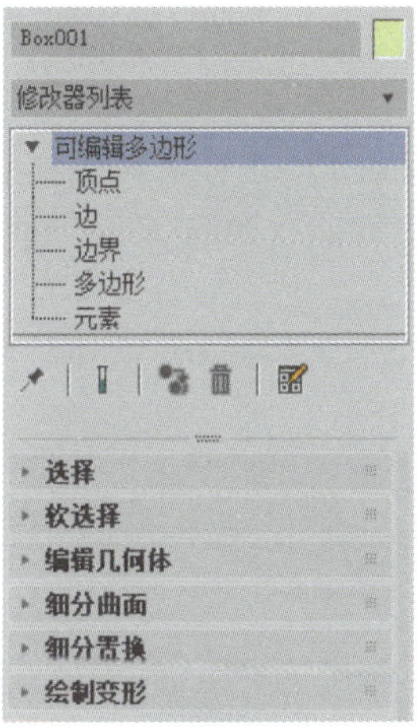

图 5-6

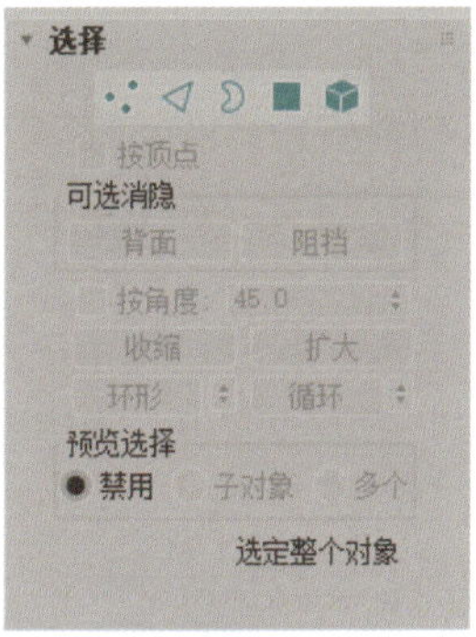

图 5-7

- 5 种级别：包括顶点、边、边界、多边形和元素。
- 顶点：访问“顶点”子对象层级，可从中选择光标下的顶点，如图 5-8 所示。
- 边：访问“边”子对象层级，可从中选择光标下的多边形的边，如图 5-9 所示。

图 5-8

图 5-9

- 边界：访问“边界”子对象层级，可从中选择构成网格中孔洞边框的一系列边。

多边形：访问“多边形”子对象层级，可选择光标下的多边形，如图 5-10 所示。区域选择选中区域中的多个多边形。

元素：访问“元素”子对象层级，通过它可以选择对象中所有相邻的多边形，如图 5-11 所示。区域选择用于选择多个元素。

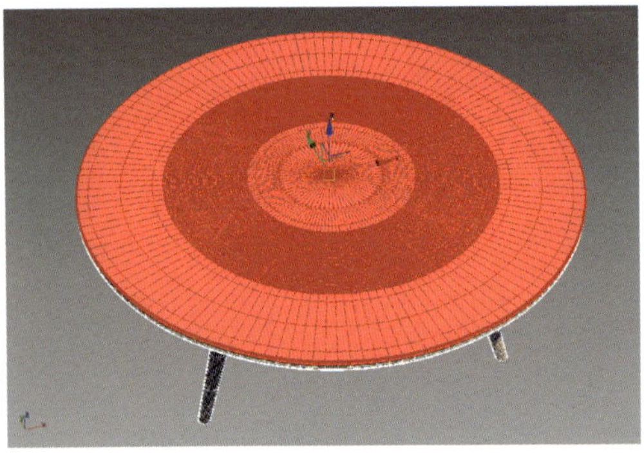

图 5-10

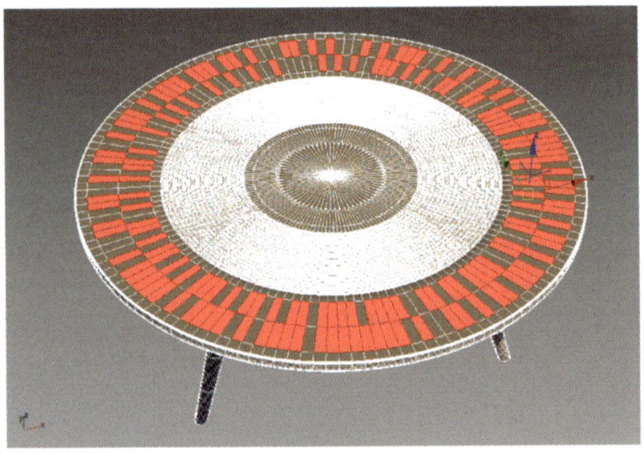

图 5-11

按顶点：启用时，只有通过选择模型上的顶点，才能选择子对象。

按角度：启用时，选择一个多边形也会基于复选框右侧的数字“角度”设置选择相邻多边形。该值可以确定要选择的邻近多边形之间的最大角度。

收缩：单击该按钮可以在当前选择范围中向内减少一圈。如果不再减少选择大小，则可以取消选择其余的子对象。

扩大：与“收缩”相反，单击该按钮可以在当前选择范围中向外增加一圈，多次单击可以进行多次扩大。在该功能中，将边界看作一种边选择。

环形：通过选择所有平行于选中边的边来扩展边选择。

循环：在与所选边对齐的同时，尽可能远地扩展边选定范围。

5.2.2 “软选择”卷展栏

“软选择”是以选中的子对象为中心向四周扩散，以放射状方式来选择子对象。在对选择的部分子对象进行变换时，可以使子对象以平滑的方式进行过渡。这种效果随着距离或部分选择的“强度”而衰减，如图 5-12 所示。卷展栏中各选项含义如下。

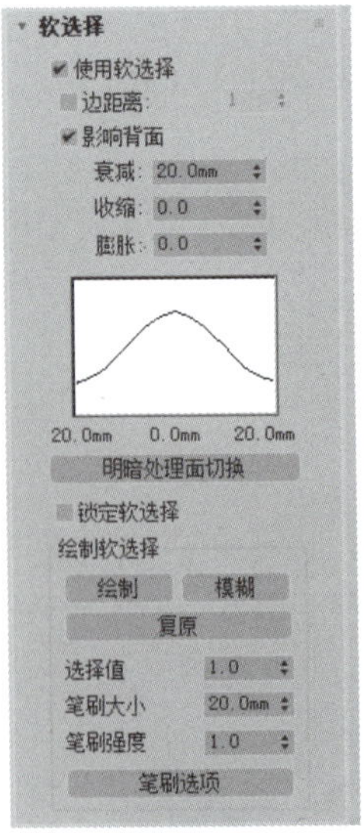

图 5-12

使用软选择：在可编辑对象或“编辑”修改器的子对象层级上影响“移动”“旋转”和“缩放”功能的操作，如果在子对象选择上操作变形修改器，那么也会影响应用到对象上的变形修改器的操作。

边距离：启用该选项后，将软选择限制到指定的面数，该选择在进行选择的区域和软选择的最大范围之间。影响区域根据“边距离”空间沿着曲面进行测量，而不是真实空间。

影响背面：启用该选项后，那些法线方向与选定子对象平均法线方向相反的、取消选择的面会受到软选择的影响。

衰减：用以定义影响区域的距离，它是用当前单位表示的从中心到球体的边的距离。

收缩：沿着垂直轴提高并降低曲线的顶点。

- 膨胀：沿着垂直轴展开和收缩曲线。
- （软选择曲线）：以图形的方式显示软选择是如何进行工作的。
- 绘制：在使用当前设置的活动对象上绘制软选择。
- 模糊：可绘制以软化现有软选择的轮廓。
- 复原：还原对活动对象的软选择。
- 选择值：绘制软选择的最大相对选择值。
- 笔刷大小：用以绘制选择的圆形笔刷的半径。
- 笔刷强度：将绘制的子对象设置成最大值的速率。高数值可以快速达到完全值，低数值则需要重复应用才可以达到完全值。
- 笔刷选项：可以打开“绘制选项”对话框，在该对话框中可设置笔刷的相关属性。

5.2.3 “编辑几何体”卷展栏

“编辑几何体”卷展栏提供了用于在顶（对象）层级或子对象层级更改多边形对象几何体的全局控件，如图 5-13 所示。卷展栏中各选项含义如下。

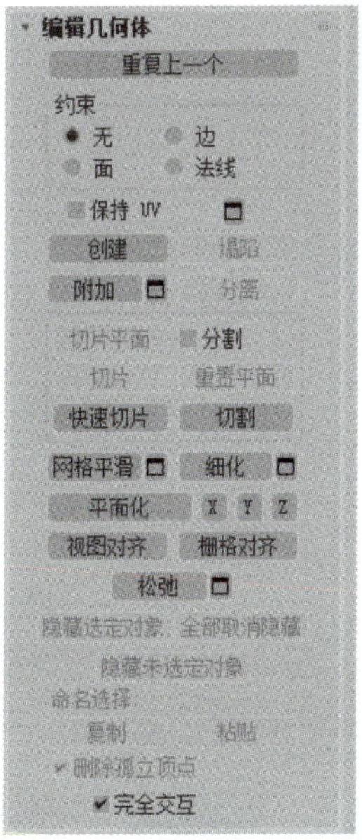

图 5-13

- 重复上一个：重复最近使用的命令。
- 约束：可以使用现有的几何体约束子对象的变换。
- 保持 UV：启用此选项后，可以编辑子对象，而不影响对象的 UV 贴图。
- 创建：创建新的几何体。
- 塌陷：通过将其顶点与选择中心的顶点焊接，使连续选定子对象的组产生塌陷。
- 附加：使场景中的其他对象属于选定的多边形对象。
- 分离：将选定的子对象和关联的多边形分隔为新对象或元素（仅限于子对象层级）。
- 切片平面：为切片平面创建 Gizmo，可以定位和旋转它来指定切片位置。
- 重置平面：将切片平面恢复到默认位置和方向（仅限子对象层级）。
- 快速切片：可以将对象快速切片，而不操纵 Gizmo。
- 切割：用于创建一个多边形到另一个多边形的边，或在多边形内创建边。
- 网格平滑：使用当前设置平滑对象。
- 细化：根据喜好设置细分对象中的所有多边形。
- 平面化：强制所有选定的子对象成为共面。
- X/Y/Z：平面化选定的所有子对象，并使该平面与对象的局部坐标系中的相应平面对齐。
- 视图对齐：使对象中的所有顶点与活动视口所在的平面对齐。
- 栅格对齐：将选定对象中的所有顶点与当前视图的构造平面对齐，并将其移动到该平面上。或者在子对象层级，只影响选定的子对象。
- 松弛：可以规格化网格空间，工作方式与“松弛”修改器相同。

5.2.4 “细分曲面”卷展栏

将细分应用于采用网格平滑格式的对象，以便可以对分辨率较低的“框架”网格进行操作，同时查看更为平滑的细分结果。该卷展栏既可以在所有子对象层级使用，也可以在对象层级使用，如图 5-14 所示。卷展栏中各选项含义如下。

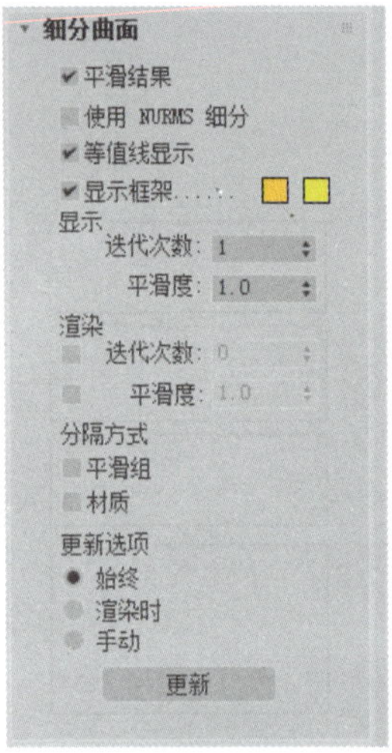

图 5-14

- 平滑结果：启用该选项后，对所有的多边形应用相同的平滑组。禁用该选项后，细分后的对象将保持原有的平滑组。
- 使用 NURMS 细分：启用该选项后，将通过 NURMS 方法对对象表面进行平滑处理。默认为禁用状态。
- 等值线显示：启用该选项后，3ds Max 仅显示等值线，即对象在进行光滑处理之前的原始边缘。使用该选项的优点在于，显示不会显得杂乱无章。若禁用该复选框时，该软件将会显示使用“NURMS 细分”添加的所有面。因此，“迭代次数”设置越高，模型显示的线框越多。
- 显示框架：在修改或细分之前，切换显示可编辑多边形对象的两种颜色线框的显示。
- 迭代次数：设置对表面进行重复平滑的次数。每个迭代次数都会使用上一个迭代次数生成的顶点生成所有多边形。该数值框的取值范围为 0 ～ 10。数值越高，平滑效果也越明显，但计算速度会大大降低。
- 平滑度：用于另外选择一个要在渲染时应用于对象的平滑度值。如果值为 0，在原表面不会创建任何面；如果值为 1，将会向所有顶点中添加面。
- 平滑组：防止在面间的边处创建新的多边形。
- 材质：防止为不共享“材质 ID”的面间的边创建新多边形。

进阶案例：制作花瓶模型

下面利用多边形建模的软选择功能制作一个花瓶模型，具体操作步骤介绍如下。

Step01：单击“圆柱体”命令，创建一个半径为 100mm、高度为 300mm 的圆柱体，再设置高度分段和边数，如图 5-15、图 5-16 所示。

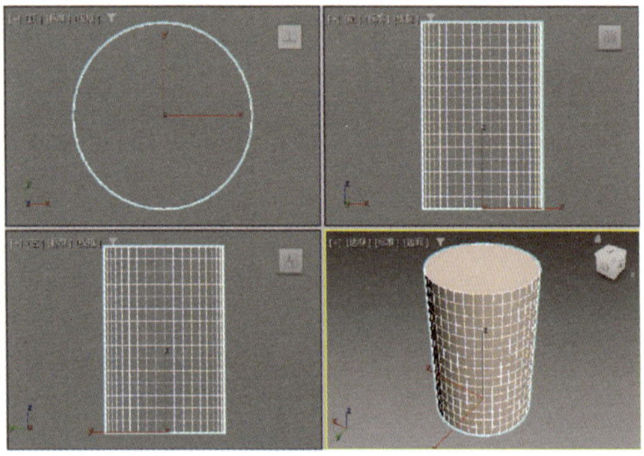
图 5-15

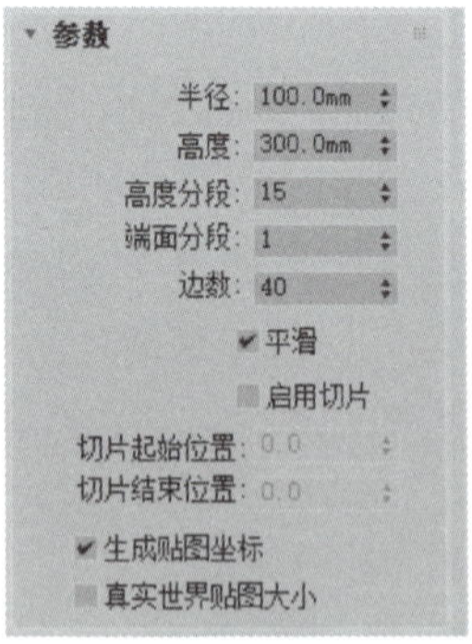

图 5-16

Step02：单击鼠标右键，选择“转换为 > 转换为可编辑多边形”命令，将对象转换为可编辑多边形，激活“多边形”子层级，选择模型顶部的多边形，按 Delete 键删除，如图 5-17、图 5-18 所示。

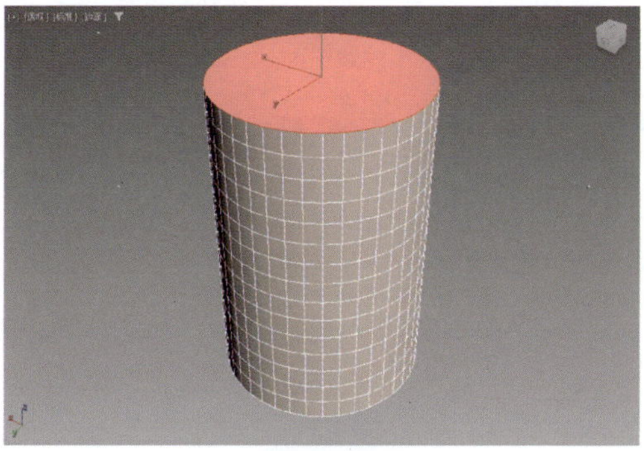

图 5-17

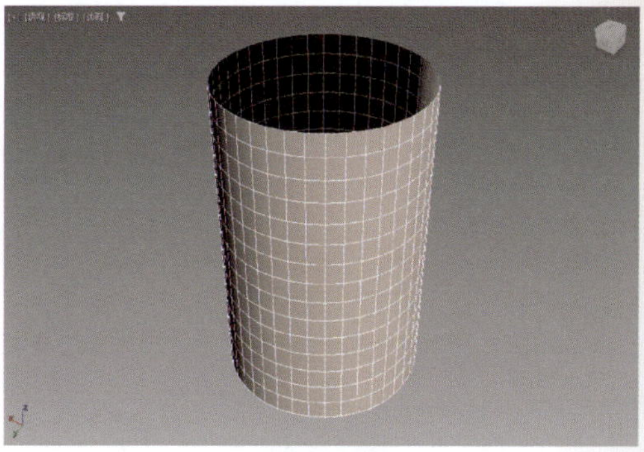

图 5-18

Step03：激活“顶点”子层级，在“软选择”卷展栏勾选“使用软选择”复选框，设置“衰减”参数为 30mm，然后在前视图选择底部的顶点，如图 5-19 所示。

Step04：切换到顶视图，激活“选择并缩放”工具，均匀缩放顶点，如图 5-20 所示。

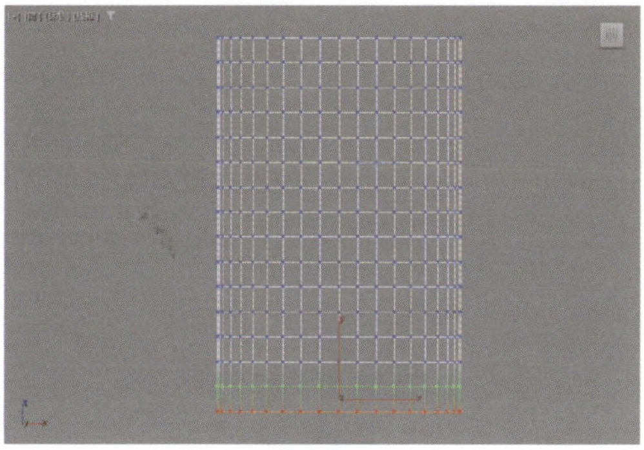

图 5-19

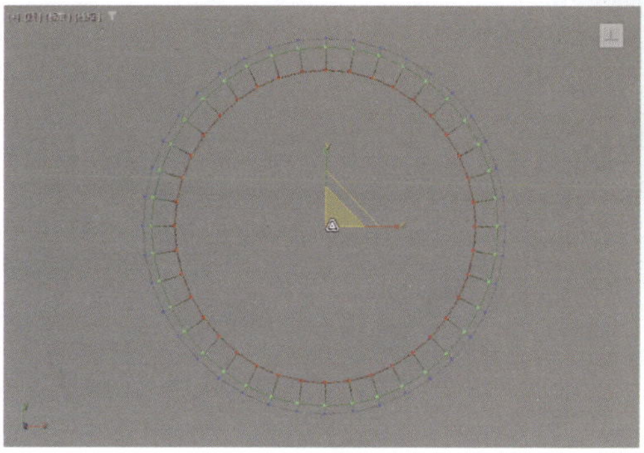

图 5-20

Step05：继续选择顶点并进行缩放操作，如图 5-21 所示。

Step06：设置“衰减”参数为 180mm，在前视图中选择两排顶点，如图 5-22 所示。

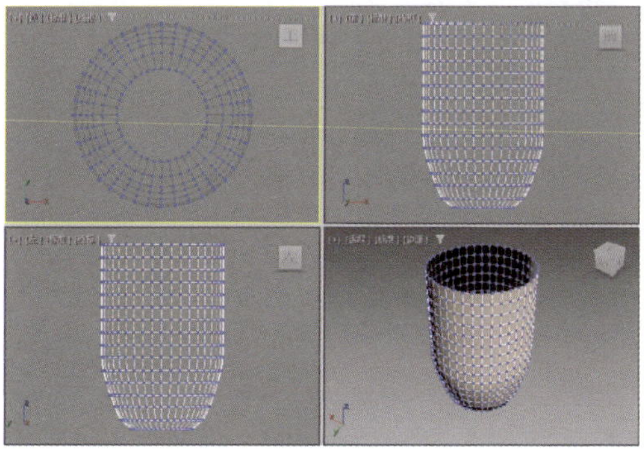

图 5-21

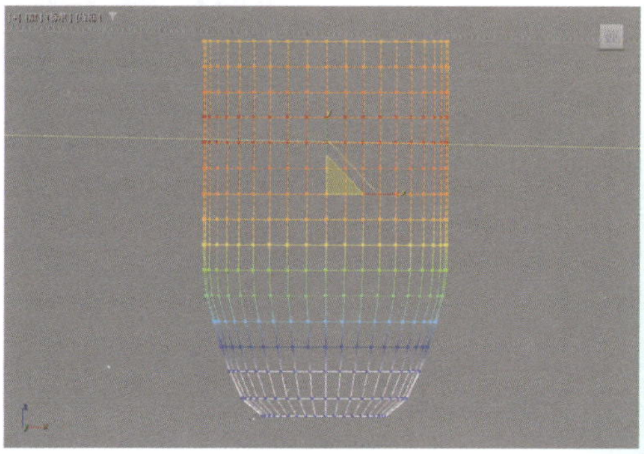

图 5-22

Step07：在顶视图中缩放顶点，缩放出花瓶模型效果，如图 5-23 所示。

Step08：退出子层级，为对象添加“壳”修改器，设置“内部量”为 1mm，“外部量”为 2mm，为对象添加厚度，如图 5-24 所示。

Step09：将制作好的模型转换为可编辑多边形，激活“边”子层级，选择瓶口的两圈边线，如图 5-25 所示。

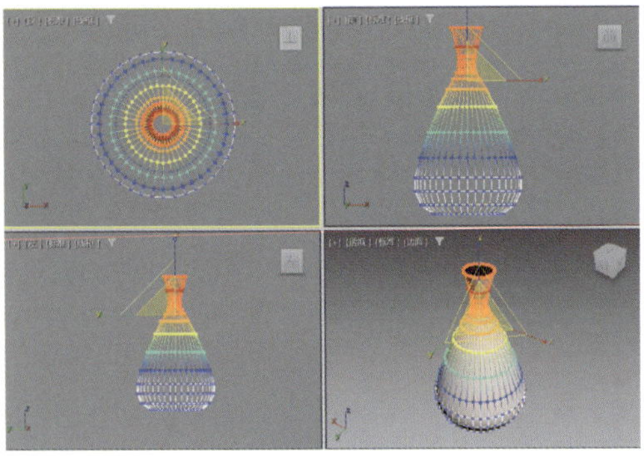

图 5-23

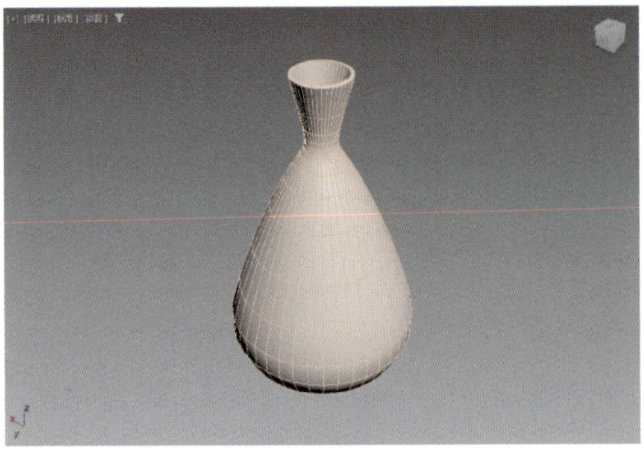

图 5-24

Step10： 单击“切角”设置按钮，设置“切角量”为 1.5mm，“连接分段”为 5，如图 5-26 所示。

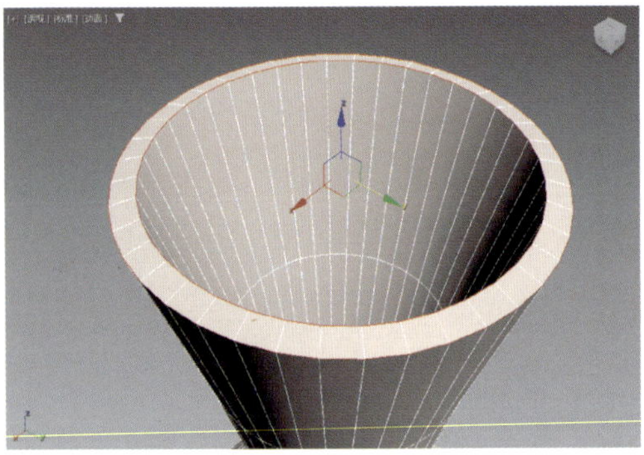

图 5-25

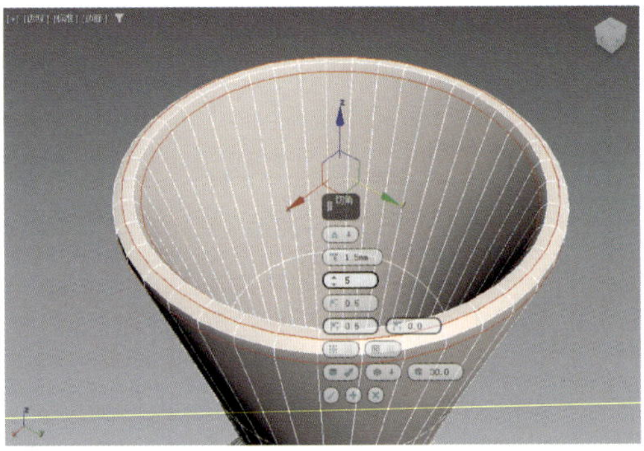

图 5-26

Step11： 最后为模型添加“网格平滑”修改器，设置“迭代次数”为 3，完成花瓶模型的制作，如图 5-27 所示。

图 5-27

5.3 编辑多边形子对象

在多边形建模时，可以针对某一个级别的对象进行调整。当选择某一子层级时，参数面板也会发生相应的变化。比如选择“顶点”子层级时，就会出现“编辑顶点”卷展栏。

5.3.1 编辑顶点

顶点是空间中的点，它们定义组成多边形对象的其他子对象（边和多边形）的结构。当移动或编辑顶点时，也会影响其连接的几何体。选择“顶点”子层级后，即可打开“编辑顶点”卷展栏，其中提供了特定于顶点的编辑命令，如图 5-28 所示。卷展栏中各选项含义如下。

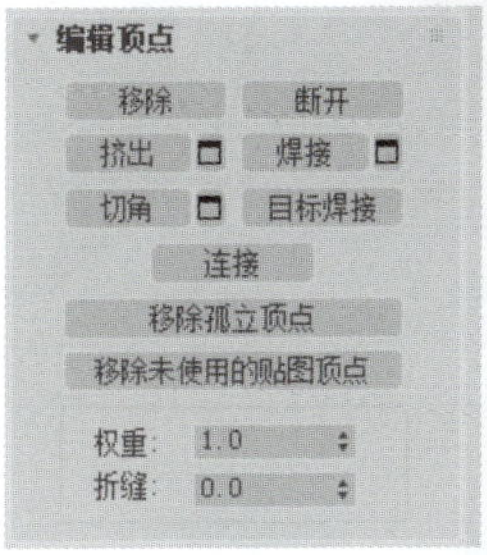

图 5-28

- 移除：选中一个或多个顶点后，单击该按钮可以将其移除，然后结合相邻的多边形。
- 断开：在与选定顶点相连的每个多边形上，都创建一个新顶点，这可以使多边形的转角相互分开，使它们不再相连于原来的顶点上。
- 挤出：挤出顶点时，它会沿法线方向移动，并且创建新的多边形，形成挤出的面，将顶点与对象相连。
- 焊接：对焊接助手中指定的公差范围内选定的连续顶点进行合并。

知识链接

移除顶点与删除顶点是不同的。移除顶点后，顶点相邻的多边形依然存在，只是可能会发生变形，如图 5-29 所示；删除顶点后，会同时删除连接该顶点的所有多边形，如图 5-30 所示。

图 5-29

图 5-30

- 切角：单击该按钮，选择并拖动顶点可以手动为顶点切角，如图 5-31、图 5-32 所示。也可以单击其后的“设置”按钮，设置精准的切角量。
- 目标焊接：可以选择一个顶点，并将它焊接到相邻目标顶点。目标焊接只焊接成对的连续顶点；也就是说，顶点有一个边相连。
- 连接：在选中的顶点对之间创建新的边。
- 移除孤立顶点：将不属于任何多边形的所有顶点删除。
- 移除未使用的贴图顶点：某些建模操作会留下未使用的贴图顶点，它们会显示在“展开 UVW”编辑器中，但是不能用于贴图。

- 权重：设置选定顶点的权重。
- 拆缝：设置选定顶点的拆缝值。

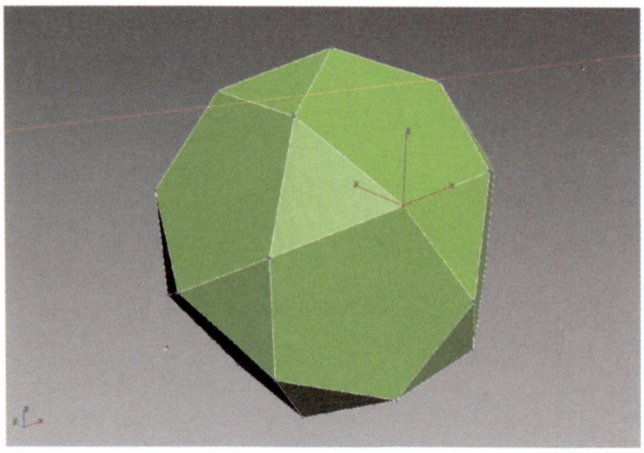
图 5-31

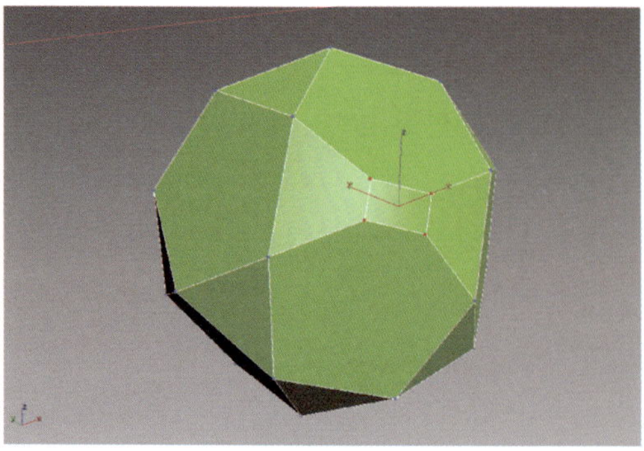
图 5-32

5.3.2 编辑边

边是连接两个顶点的直线，它可以形成多边形的边。选择“边”子层级后，即可打开“编辑边”卷展栏，该卷展栏包括特定于编辑边的命令，如图 5-33 所示。卷展栏中各选项含义如下。

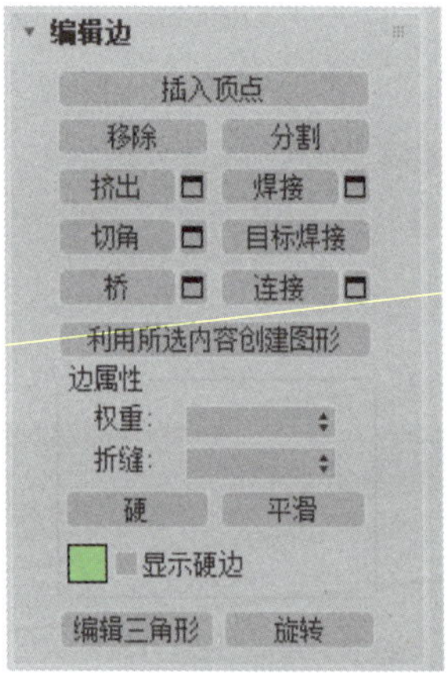

图 5-33

- 插入顶点：用于手动细分可视的边。激活该命令后单击某条边即可在该位置处添加顶点。
- 移除：删除选定边并组合使用这些边的多边形。
- 分割：沿着选定边分割网格。
- 挤出：直接在视口中操纵时，可以手动挤出边。
- 焊接：对焊接助手中指定的阈值范围内的选定边进行合并。
- 切角：这是多边形建模中使用频率最高的工具之一，可以为选定边进行切角（圆角）处理，从而生成平滑的棱角。
- 目标焊接：用于选择边并将其焊接到目标边。
- 桥：使用多边形的“桥”连接对象的边。
- 连接：使用当前的“连接边”设置在选定边对之间创建新边，如图 5-34、图 5-35 所示。

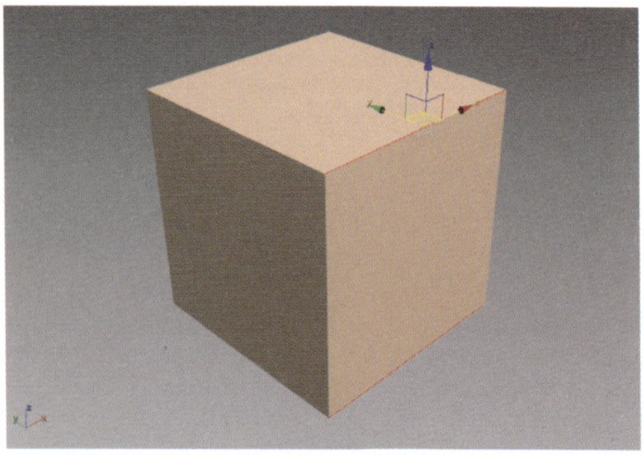
图 5-34

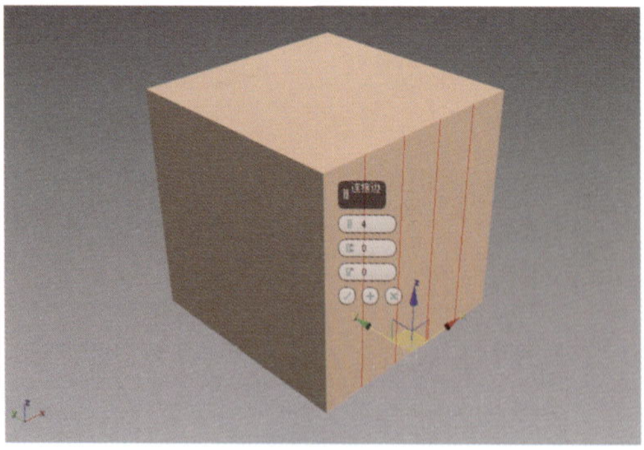
图 5-35

- 利用所选内容创建图形：选择一个或多个边后，单击该按钮，以便通过选定的边创建样条线形状。单击该按钮会弹出一个“创建图形”对话框，在该对话框中可以选择设置图形类型，如图 5-36 所示。如果选择“平滑”，会生成平滑的样条线；如果选择“线性”，则生成平直的样条线，如图 5-37 所示。

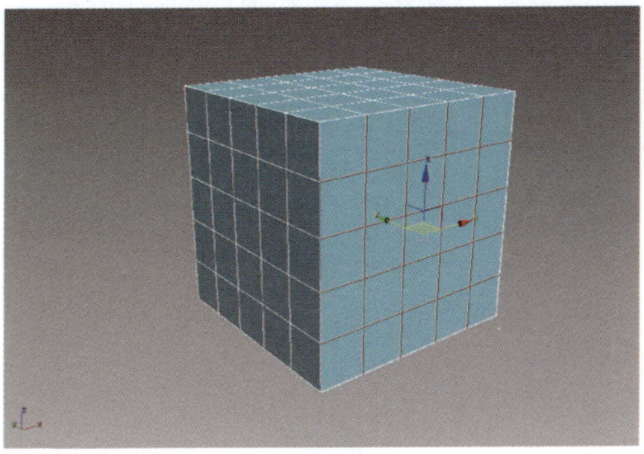

图 5-36

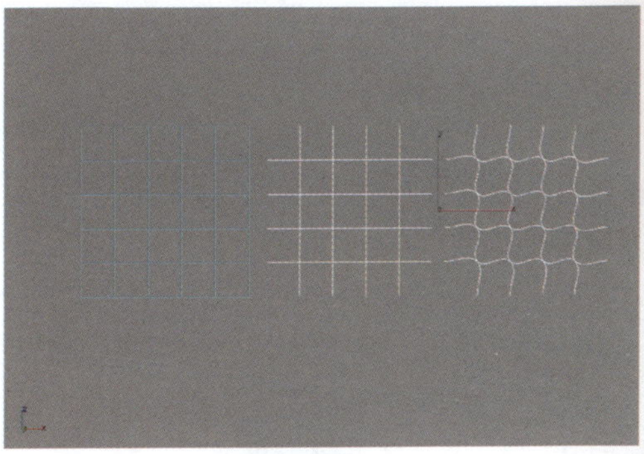

图 5-37

- 硬：导致显示选定边并将其渲染为未平滑的边。
- 平滑：通过在相邻的面之间自动共享平滑组，设置选定边以将其显示为平滑边。
- 显示硬边：启用该选项后，所有硬边都使用通过临近色样定义的硬边颜色显示在视口中。

5.3.3 编辑边界

边界是网格的线性部分，通常可以描述为孔洞的边缘。选择“边界”子层级后，即可打开“编辑边界”卷展栏，如图 5-38 所示。卷展栏中各选项含义如下。

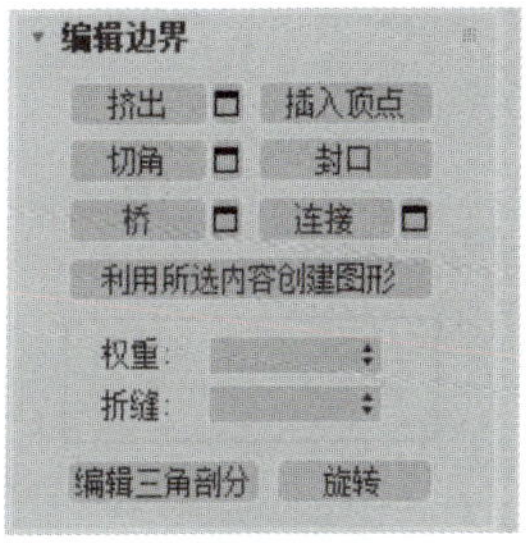

图 5-38

- 挤出：通过直接在视口中操纵，对边界进行手动挤出处理。
- 插入顶点：用于手动细分边界边。
- 切角：单击该按钮，然后拖动活动对象中的边界。
- 封口：使用单个多边形封住整个边界环。
- 桥：用“桥”连接多边形对象上的边界对。
- 连接：在选定边界边对之间创建新的边，这些便通过其中点相连。

5.3.4 编辑多边形 / 元素

多边形是通过曲面连接的三条或多条边的封闭序列，它提供了可渲染的可编辑多边形对象曲面。

“多边形”与“元素”子层级兼容，可在二者之间切换，将保留所有现有选择。在“编辑元素”卷展栏中包含常见的多边形和元素命令，而在“编辑多边形”卷展栏中包含“编辑元素”卷展栏中的这些命令以及多边形特有的多个命令，如图 5-39、图 5-40 所示。

“编辑多边形”卷展栏中各选项含义如下。

- 插入顶点：用于手动细分多边形，单击多边形即可在该位置处添加顶点。
- 挤出：直接在视口中操纵时，可以执行手动挤出操作。
- 轮廓：用于增加或减少每组连续的选定多边形的外边。

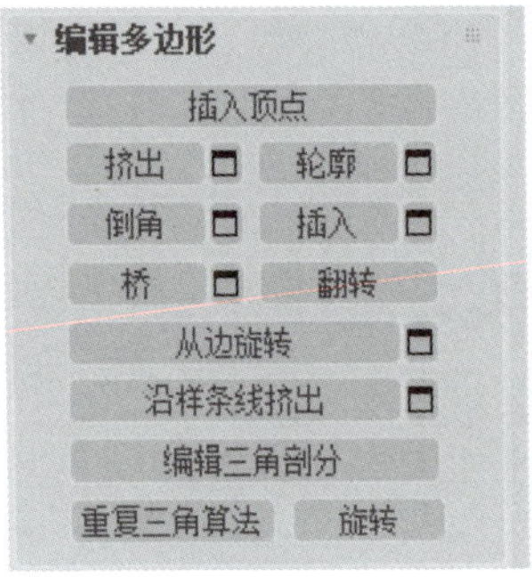

图 5-39

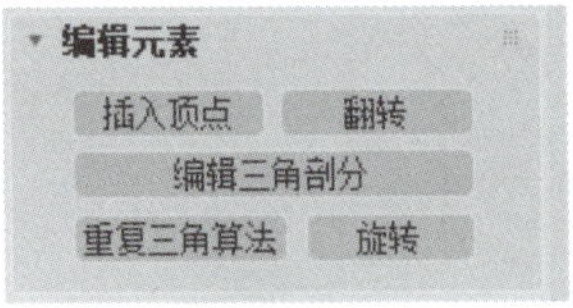

图 5-40

- 倒角：通过直接在视口中操纵执行手动倒角操作。
- 插入：执行没有高度的倒角操作，即在选定多边形的平面内执行该操作。
- 桥：使用多边形的“桥”连接对象上的两个多边形或选定多边形。
- 翻转：反转选定多边形的法线方向，从而使其面向读者。
- 从边旋转：通过在视口中直接操纵执行手动旋转操作。
- 沿样条线挤出：沿样条线挤出当前的选定内容。
- 编辑三角剖分：使用户可以通过绘制内边修改多边形细分为三角形的方式。
- 重复三角算法：允许 3ds Max 对当前选定的多边形自动执行最佳的三角剖分操作。
- 旋转：通过单击对角线修改多边形细分为三角形的方式。

上手实操：制作足球模型

下面利用多边形建模功能制作一个足球模型，具体操作步骤介绍如下。

Step01：单击“异面体”命令，创建一个半径为 110.5mm 的异面体，设置系列类型及系列参数，如图 5-41、图 5-42 所示。

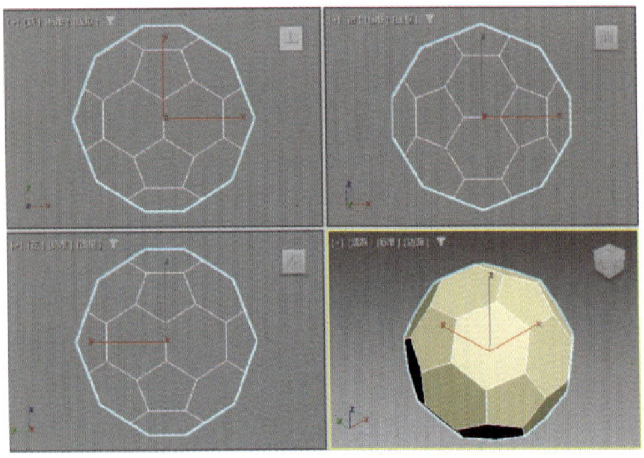

图 5-41

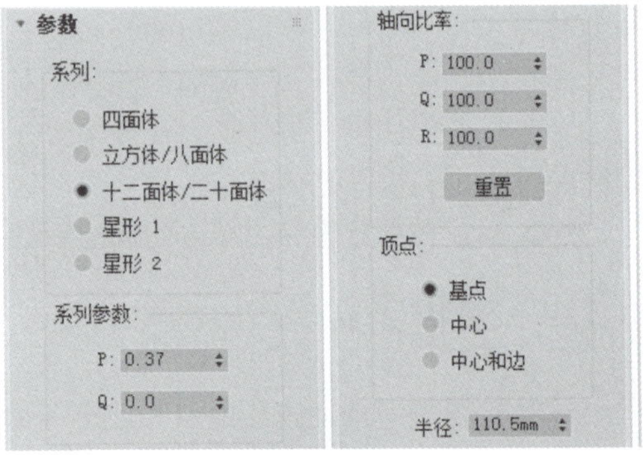

图 5-42

Step02：为模型添加“网格平滑”修改器，保持默认参数，效果如图 5-43 所示。

Step03：将模型转换为可编辑多边形，激活“边”子层，选择如图 5-44 所示的五边形的边线。

Step04：单击“挤出”设置按钮，设置挤出高度为 -4mm，挤出宽度为 1.5mm，效果如图 5-45 所示。

Step05：最后再为模型添加“网格平滑”修改器，保持默认参数，完成足球模型的制作，如图 5-46 所示。

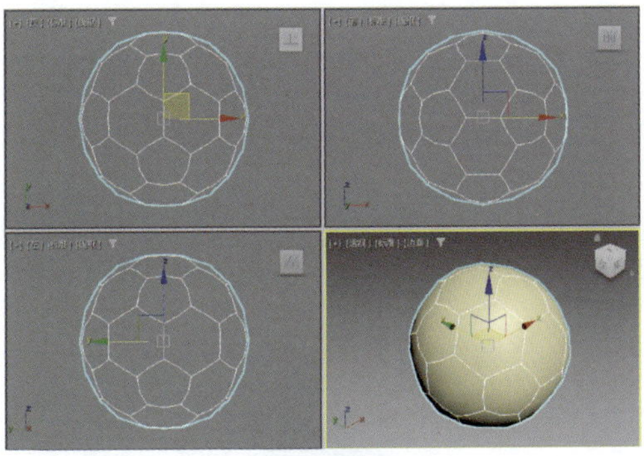

图 5-43

图 5-44

图 5-45

图 5-46

进阶案例：制作茶几模型

下面利用多边形建模功能制作一个茶几模型，具体操作步骤介绍如下。

Step01： 单击“圆柱体”按钮，在顶视图中创建一个半径为 300mm、高度为 25mm 的圆柱体，并设置高度分段、端面分段和边数，如图 5-47、图 5-48 所示。

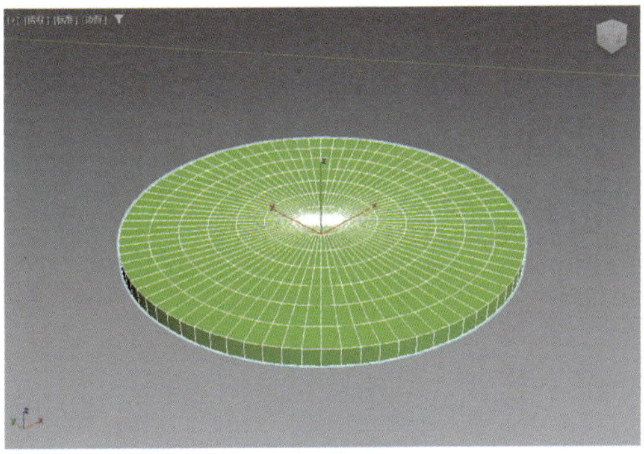

图 5-47

图 5-48

Step02： 将圆柱体转换为可编辑多边形，激活“边”子层级，选择如图 5-49 所示的一圈边线。

Step03： 在“编辑边”卷展栏中单击“切角”设置按钮，并设置“边切角量”为 4，“连接边分段”为 8，如图 5-50 所示。单击“确定”按钮完成设置，为模型的边制作出圆滑效果。

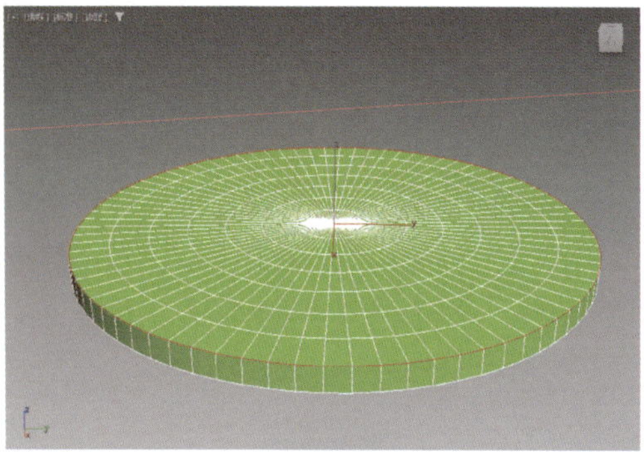

图 5-49

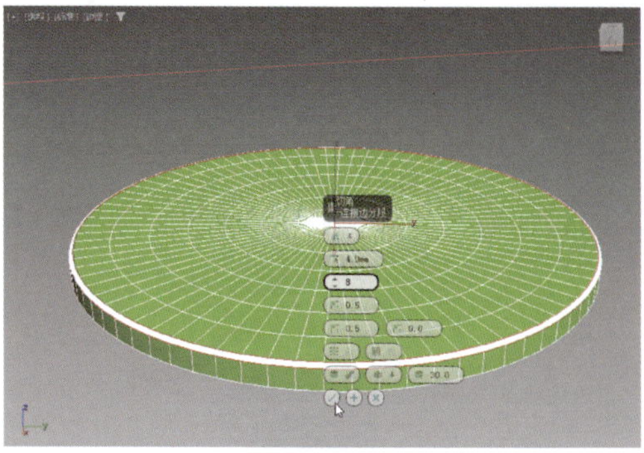

图 5-50

Step04：再双击选择底部的一圈边线，单击“切角”设置按钮，并设置“边切角量”为 15，“连接边分段”为 10，如图 5-51 所示。

Step05：激活“多边形”子层，在底视图中选择如图 5-52 所示的面。

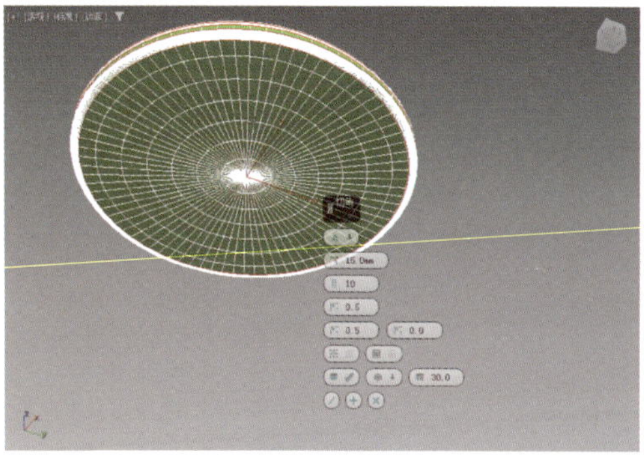

图 5-51

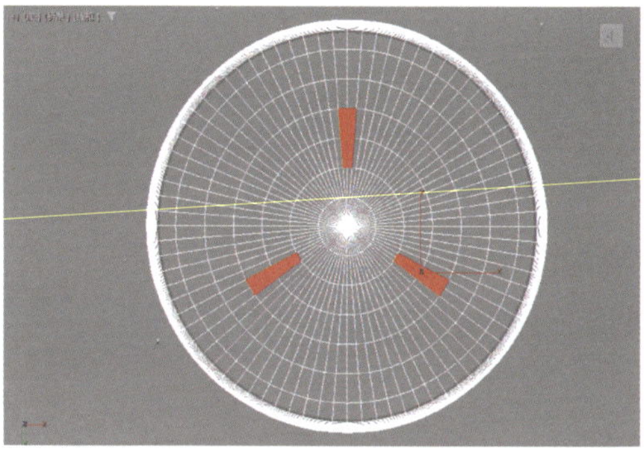

图 5-52

Step06：在“编辑多边形”卷展栏中单击“挤出”设置按钮，设置挤出数量为 400mm，如图 5-53 所示。

Step07：激活“顶点”子层级，选择如图 5-54 所示的顶点。

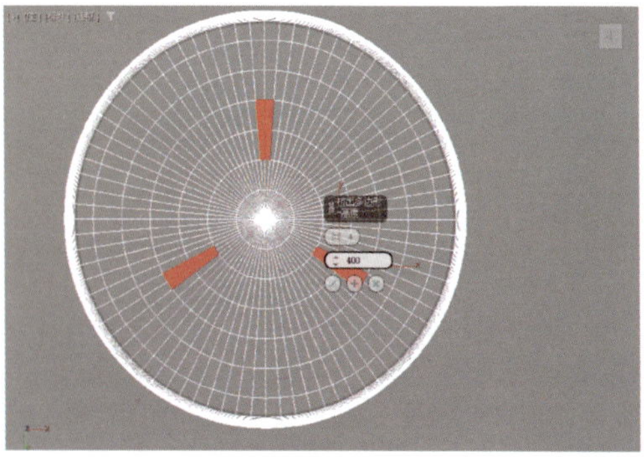

图 5-53

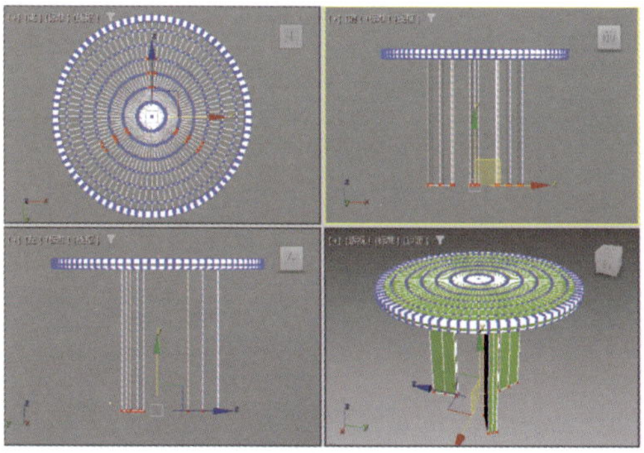

图 5-54

Step08：单击“选择并缩放”工具，在底视图中均匀缩放顶点，如图 5-55 所示。

Step09：再选择顶点并进行均匀缩放，调整茶几腿造型，如图 5-56 所示。

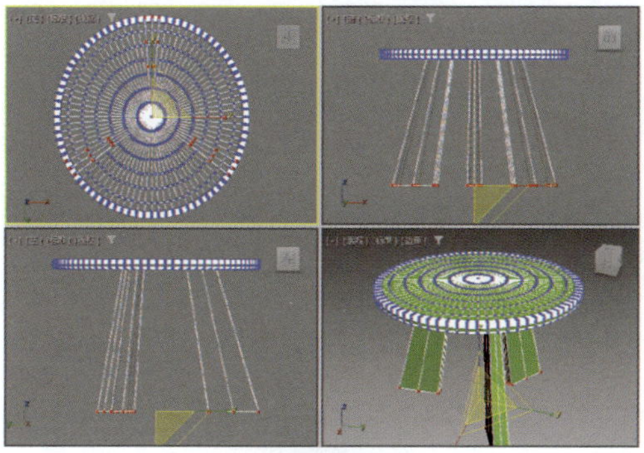

图 5-55

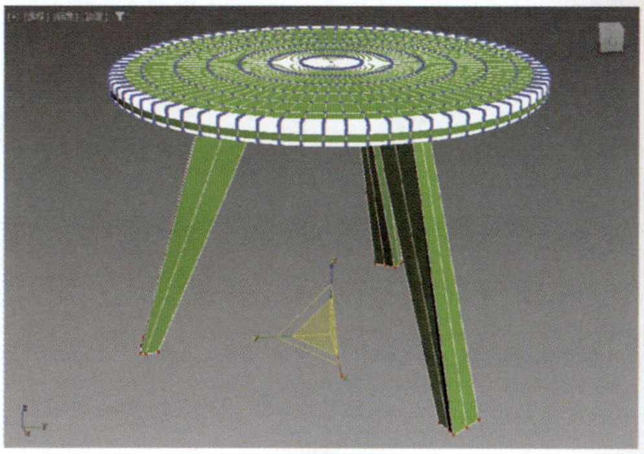

图 5-56

Step10：激活“边”子层级，选择茶几腿的边线，如图 5-57 所示。

Step11：在“编辑边”卷展栏中单击“切角”设置按钮，并设置“边切角量”为 6，“连接边分段”为 10，如图 5-58 所示。

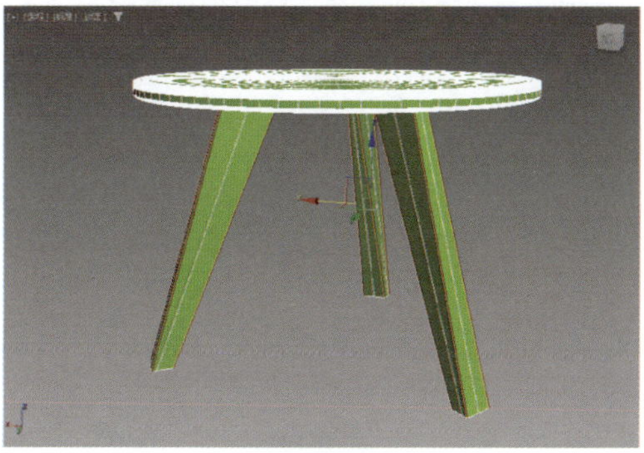

图 5-57

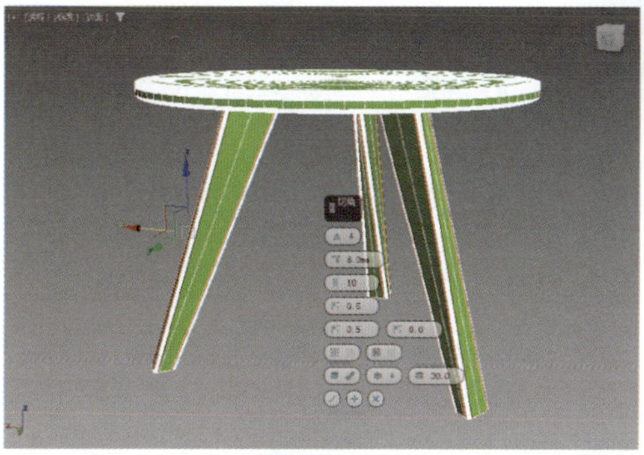

图 5-58

Step12：设置完毕后，取消视口的边面，模型效果如图 5-59 所示。

图 5-59

综合实战：制作花箱模型

下面利用“挤出”修改器结合本章所学的多边形建模知识制作一个花箱模型，具体操作步骤介绍如下。

Step01： 单击“长方体”命令，绘制一个长度、宽度都为770mm、高度为30mm的长方体，并设置分段，如图5-60、图5-61所示。

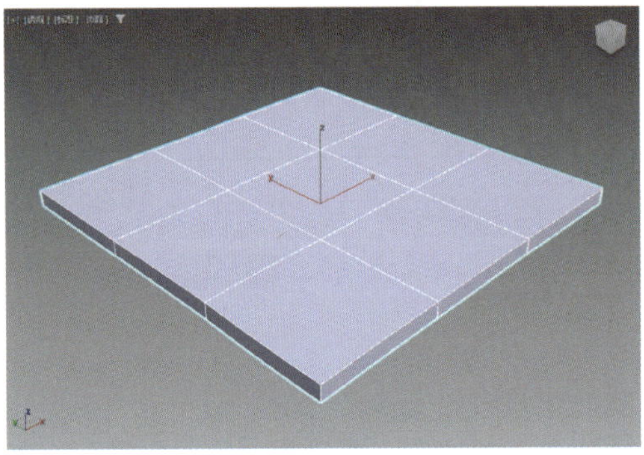

图 5-60

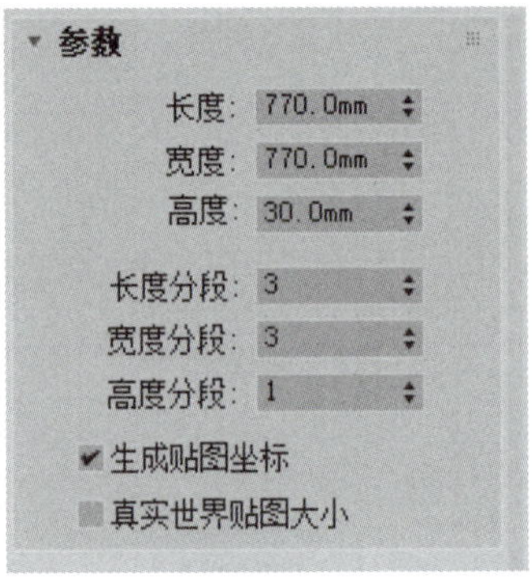

图 5-61

Step02： 将对象转换为可编辑多边形，激活“顶点”子层级，在顶视图中调整顶点位置，如图5-62所示。

Step03： 激活“多边形”子层级，选择上下两个内部的面，如图5-63所示。

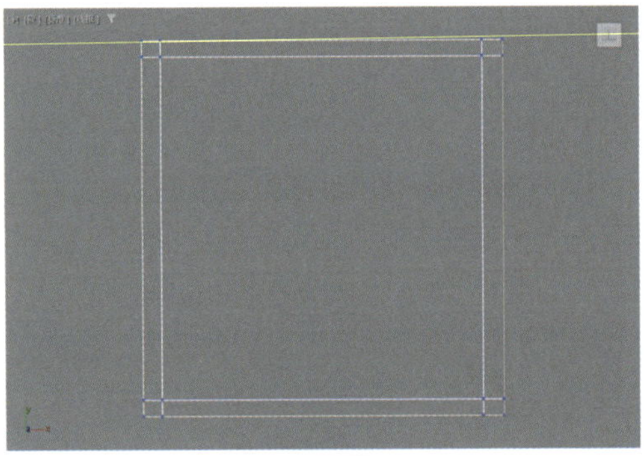

图 5-62

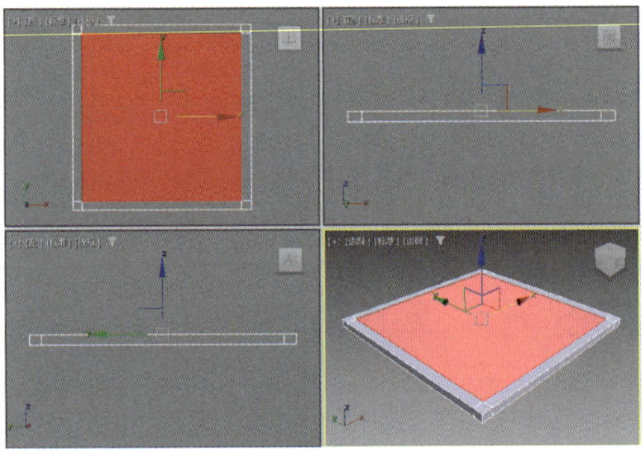

图 5-63

Step04： 在“编辑多边形”卷展栏中单击“桥”按钮，连接对象，如图5-64所示。

Step05： 激活“元素”子层级，选择对象，如图5-65所示。

Step06： 按住Shift键沿Y轴向下复制对象，此时会弹出“克隆部分网格”对话框，选择“克隆到元素”选项，如图5-66所示。

Step07： 适当调整新复制的元素的位置，如图5-67所示。

Step08： 激活“多边形”子层级，选择如图5-68所示的四个面。

Step09： 单击“挤出”设置按钮，设置挤出数量为750mm，如图5-69所示。

Step10： 激活“边”子层级，选择如图5-70所示的边。

Step11： 单击“切角”设置按钮，设置切角量为5mm，分段为5，制作出花箱支架造型，如图5-71所示。

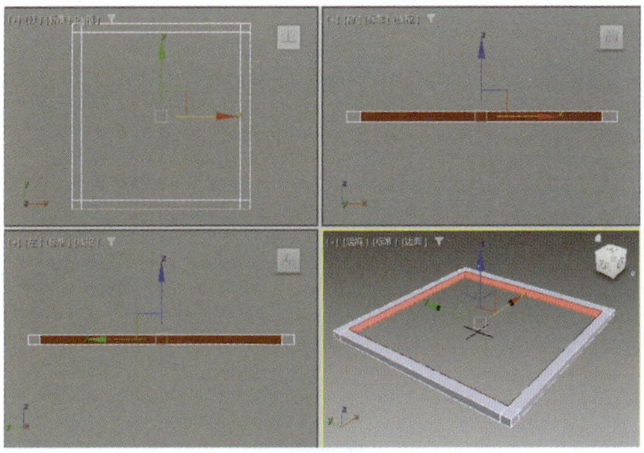

图 5-64

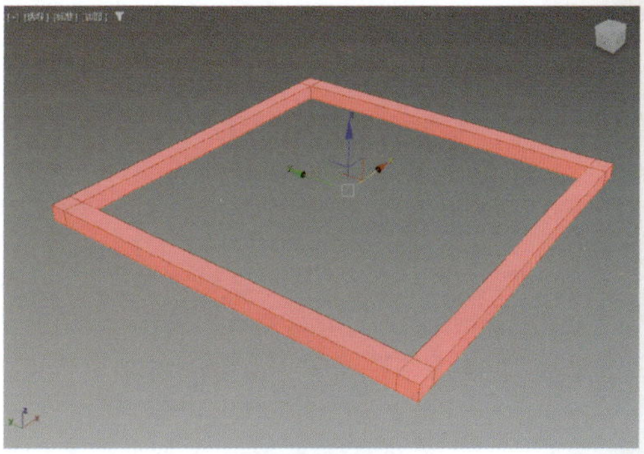

图 5-65

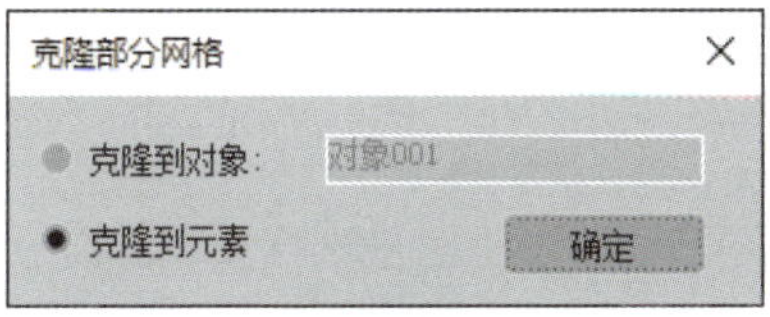

图 5-66

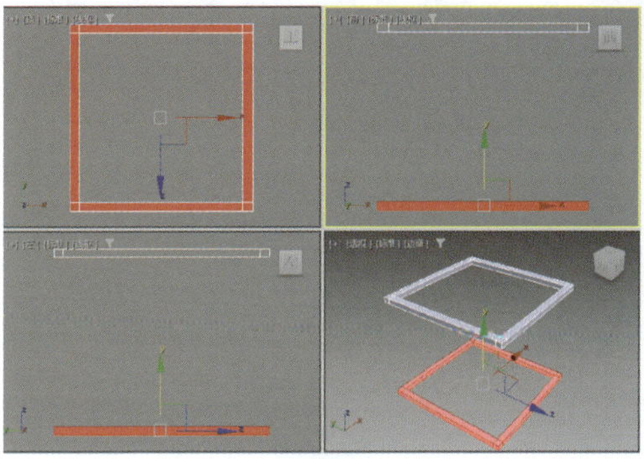

图 5-67

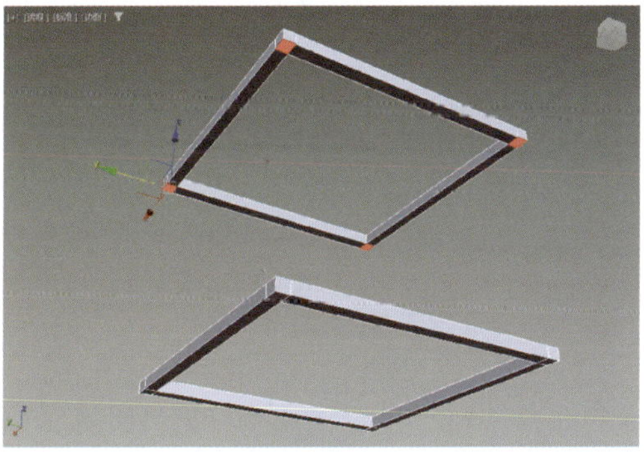

图 5-68

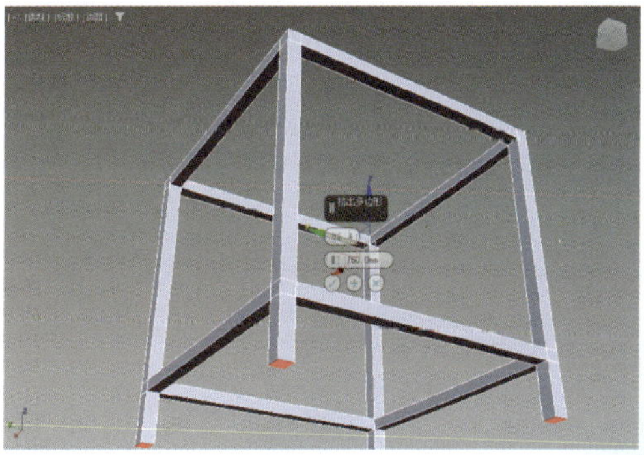

图 5-69

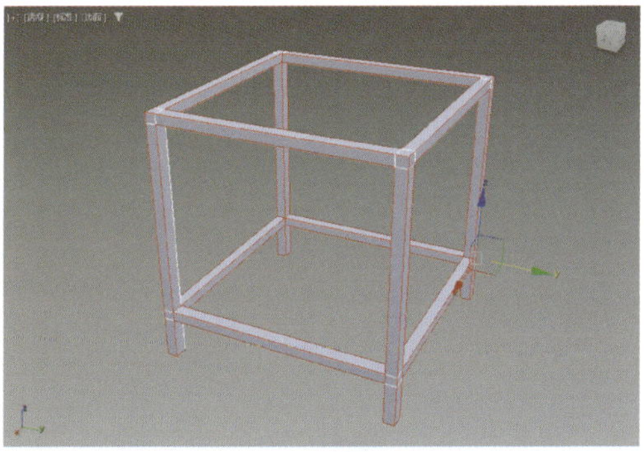

图 5-70

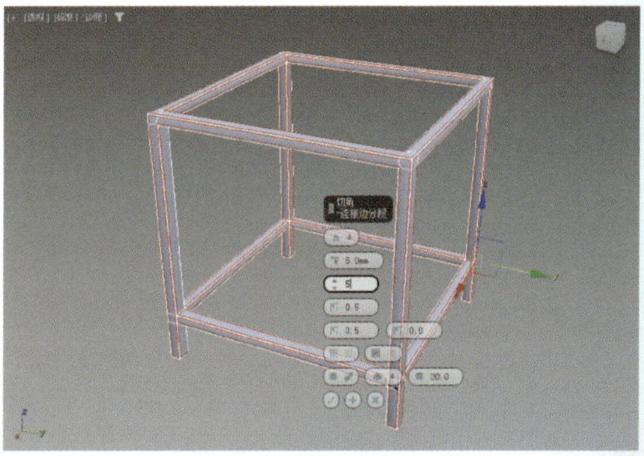

图 5-71

Step12: 单击“矩形”命令，绘制一个长度、宽度都为 820mm 的矩形，如图 5-72 所示。

Step13: 将其转换为可编辑样条线，激活“样条线”子层级，在“几何体”卷展栏中设置“轮廓”参数为 20mm，按回车键即可创建新的样条线轮廓，如图 5-73 所示。

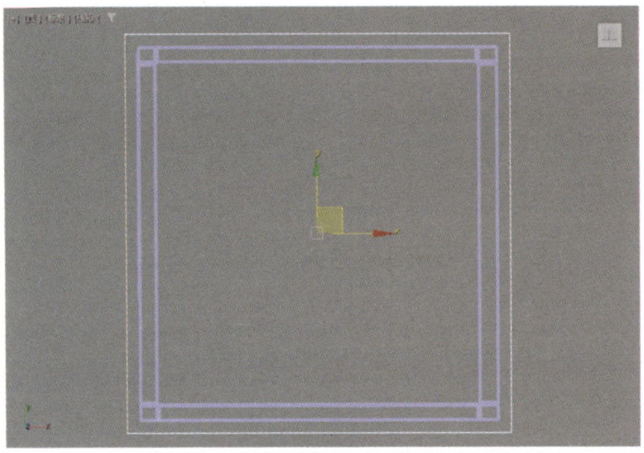

图 5-72

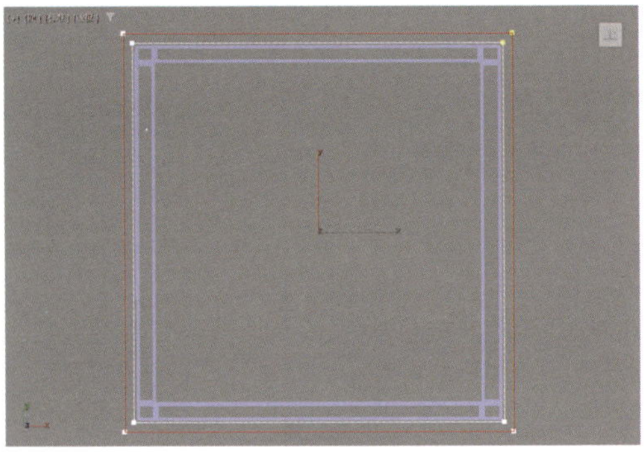

图 5-73

Step14: 为其添加“挤出”修改器，并设置挤出数量为 750mm、分段为 6，如图 5-74 所示。

Step15: 将对象转换为可编辑多边形，激活“边”子层级，选择如图 5-75 所示的竖向边线。

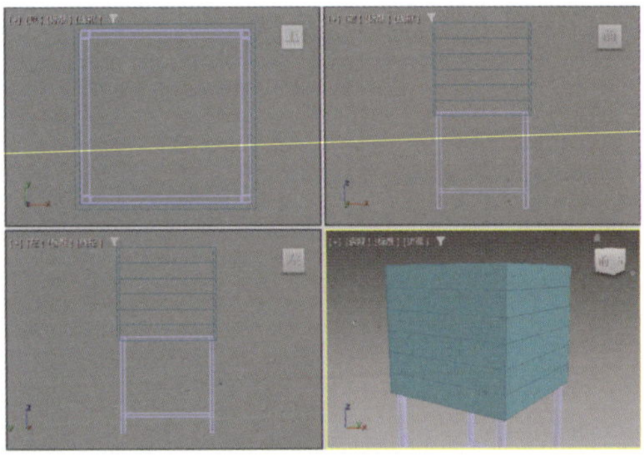

图 5-74

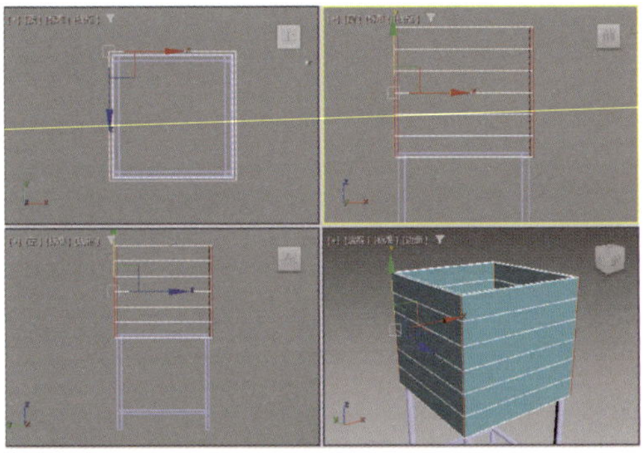

图 5-75

Step16: 在“编辑边”卷展栏中单击“连接”设置按钮，设置滑块为 -80，如图 5-76 所示。

Step17: 再激活“多边形”子层级，选择如图 5-77 所示的面。

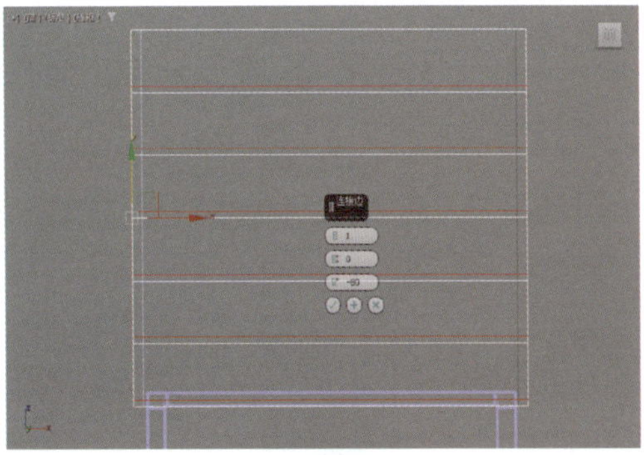

图 5-76

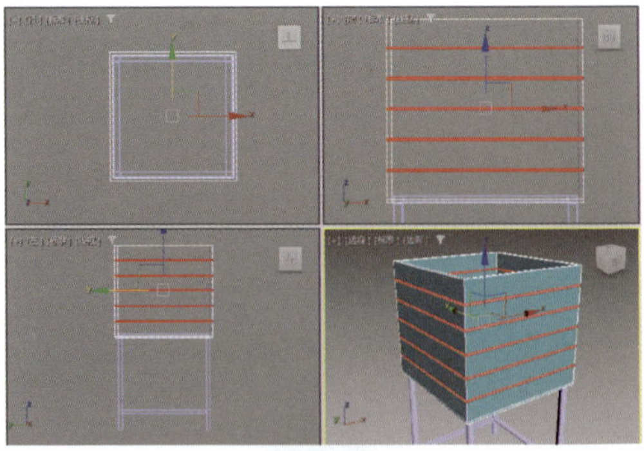

图 5-77

Step18：在“编辑多边形”卷展栏中单击“桥”按钮，制作出镂空，如图 5-78 所示。

Step19：单击“长方体”命令，在顶视图捕捉绘制长方体，设置高度为 20mm，如图 5-79 所示。

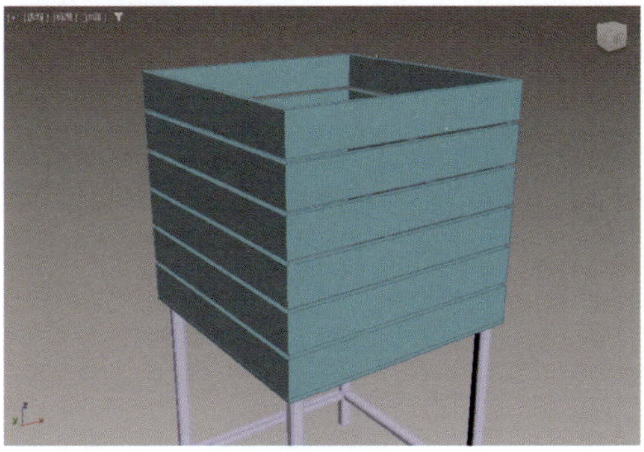

图 5-78

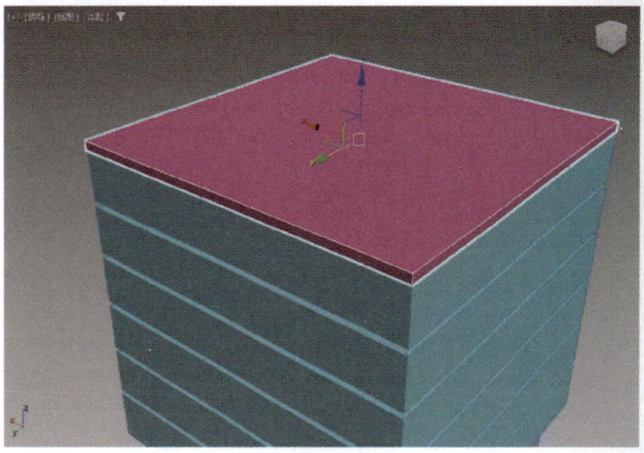

图 5-79

Step20：将其转换为可编辑多边形，激活“多边形”子层级，选择对象上下两层面，如图 5-80 所示。

Step21：在“编辑多边形”卷展栏中单击“插入”设置按钮，设置插入数量为 100mm，如图 5-81 所示。

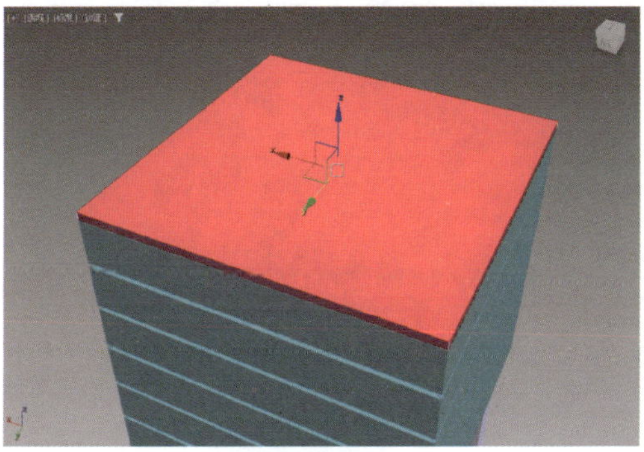

图 5-80

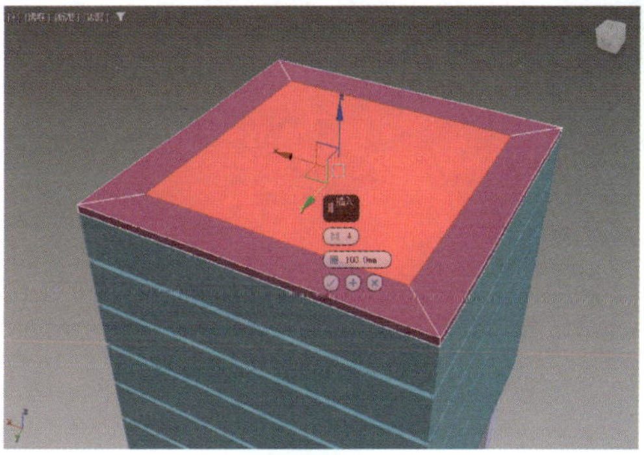

图 5-81

Step22：保持当前选择，再单击“桥”按钮，制作镂空，如图 5-82 所示。

Step23：激活“边”子层级，选择如图 5-83 所示的边线。

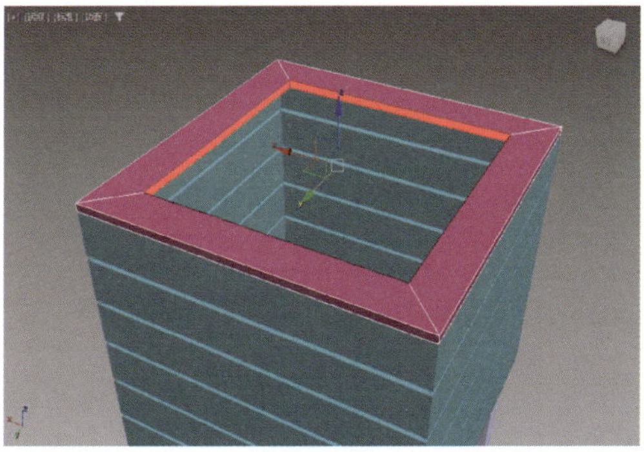

图 5-82

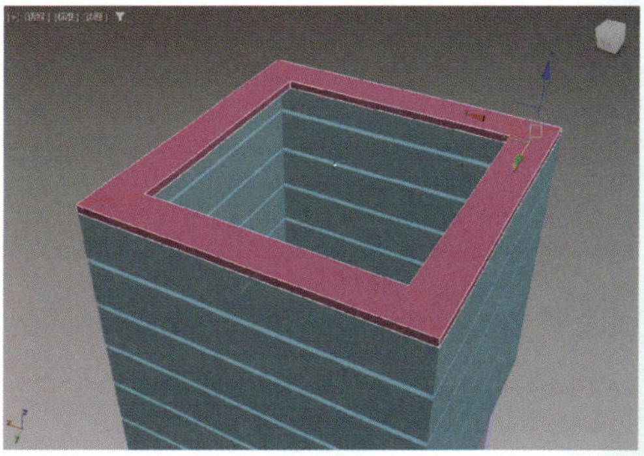

图 5-83

Step24：在“编辑边”卷展栏中单击“挤出”设置按钮，设置挤出高度为 -4mm，挤出宽度为 4mm，如图 5-84 所示。

Step25：再选择四周的边线，如图 5-85 所示。

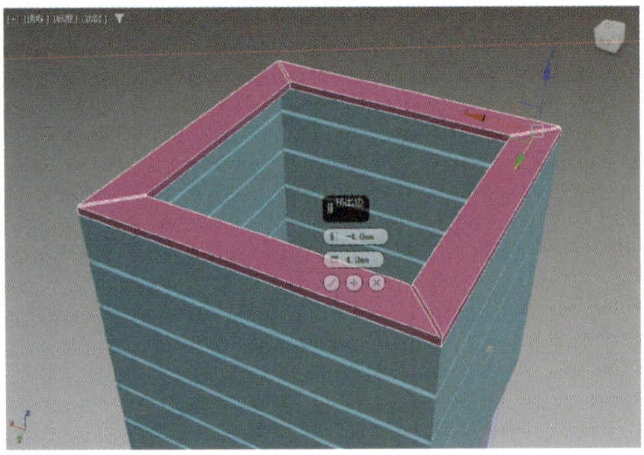

图 5-84

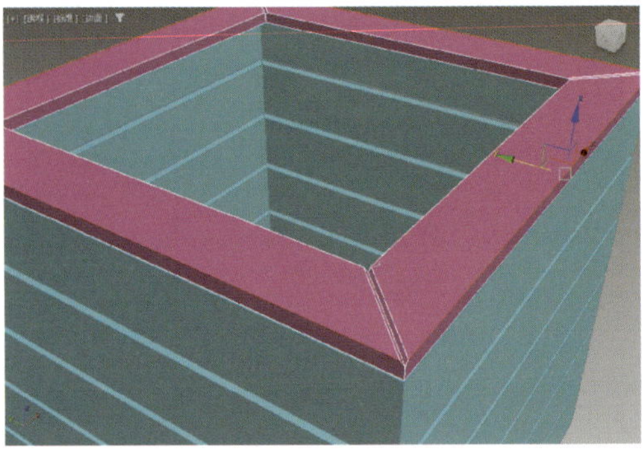

图 5-85

Step26：单击“切角”设置按钮，设置切角量为 7mm，如图 5-86 所示。

Step27：最后将制作好的模型对齐，并调整位置。至此完成花箱模型的制作，如图 5-87 所示。

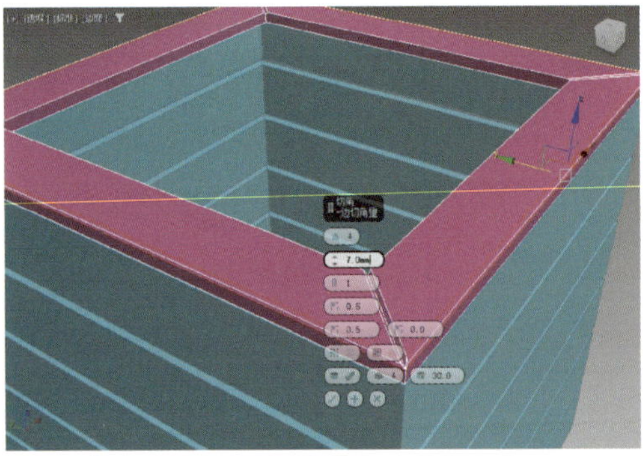

图 5-86

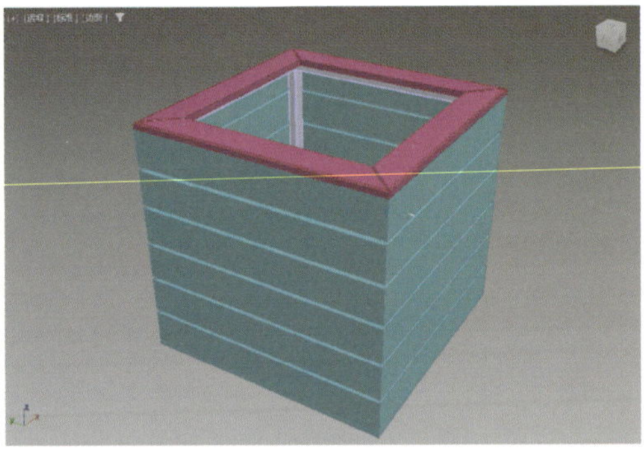

图 5-87

第 6 章 VRay 渲染技术

渲染是效果图制作中关键的一个环节，依据所指定的材质、布局灯光以及背景环境等设置，将场景中的实体以二维图像的结果显示出来。渲染参数的设置，直接决定了设计作品的质量，如明暗、精细度等。

本章将会介绍 3ds Max 渲染器相关知识，并重点介绍 VRay 渲染器的参数设置及应用。

6.1 了解渲染器

渲染器通过设置参数，可以将创建的灯光、所应用的材质及环境设置（如背景和大气）产生几何体场景的着色效果，从而呈现最终的画面。渲染器的技术相对比较简单，熟练使用好其中一款或两款渲染器，即可完成优秀作品。

6.1.1 什么是渲染器

使用 Photoshop 制作作品时，可以实时看到最终的效果，而 3ds Max 由于是三维软件，对系统要求很高，无法承受实时预览，这时就需要一个渲染步骤，才能看到最终效果。当然渲染不仅仅是单击渲染这么简单，还需要适当的参数设置，使渲染的速度和质量都达到要求。

使用 3ds Max 创作作品时，一般都遵循“建模—灯光—材质—渲染”这个最基本的步骤，渲染为最后一道工序（后期处理除外）。渲染的英文为 Render，翻译为“着色”，也就是对场景进行着色的过程，它是通过复杂的运算将虚拟的三维场景投射到二维平面上，这个过程需要对渲染器进行复杂的设置。

6.1.2 渲染器类型

3ds Max 的渲染器类型很多，包括扫描线渲染器、Arnold 渲染器、ART 渲染器、Quicksilver 硬件渲染器、VUE 文件渲染器共 5 种，在“渲染设置”面板中可以进行选择。此外，用户还可以使用外置的渲染器插件，比如 VRay 渲染器、Brazil 渲染器等。

- 扫描线渲染器：扫描线渲染器是 3ds Max 默认的渲染器，它是一种多功能渲染器，可以将场景渲染为从上到下生成的一系列扫描线。该渲染器的渲染速度是最快的，但是真实度一般。
- Arnold 渲染器：Arnold 渲染器是一款高级的、跨平台的渲染 API，与传统用于 CG 动画的扫描线渲染器不同，它是逼真照片级的光线追踪渲染器，是基于物理算法的电影级别渲染引擎。

- ART 渲染器：ART 渲染器是一种仅使用 CPU 并且基于物理的快速渲染器，适用于建筑、产品和工业设计渲染与动画。
- Quicksilver 硬件渲染器：Quicksilver 硬件渲染器使用图形硬件生成渲染。Quicksilver 硬件渲染器的一个优点是它的速度，默认设置提供快速渲染。
- VUE 文件渲染器：VUE 文件渲染器可以创建 VUE（.vue）文件。VUE 文件使用可编辑 ASCII 格式。
- VRay 渲染器：VRay 渲染器是渲染效果相对比较优质的渲染器，也是本书重点讲解的渲染器。

6.1.3 渲染工具

3ds Max 的主工具栏中提供了多个渲染工具，以便用于设置渲染参数、渲染场景并观察渲染效果，如图 6-1 所示。

图 6-1

- 渲染设置：单击该按钮即可打开“渲染设置”对话框，基本所有的渲染参数都在该对话框中完成。
- 渲染帧窗口：单击该按钮可以打开“渲染帧窗口”对话框，显示最近的渲染效果。在该对话框中可以选择渲染区域、切换通道和储存渲染图像等任务。
- 渲染产品：单击该按钮可以使用当前的产品级渲染设置来渲染场景。

6.2 认识 VRay 渲染器

VRay 渲染器是 Chaos Group 公司开发的一款高质量渲染引擎，主要以插件的形式应用在 3ds Max、Maya、SketchUp 等软件中。VRay 的渲染速度与渲染质量比较均衡，无论是静止画面还是动态画面，其真实性和可操作性都非常惊艳，被广泛应用于室内设计、建筑设计、工业造型设计及动画表现等领域。

VRay 渲染器的“渲染设置”面板中主要包括“公用”“V-Ray”“GI”“设置”以及“Render Elements”共 5 个选项卡，如图 6-2 所示。各个选项卡中又包含了多个参数卷展栏，本章主要介绍常用的一些参数。

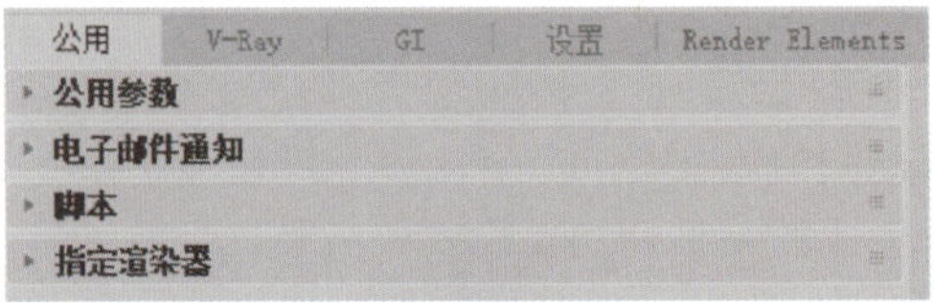

图 6-2

6.2.1 公用

“公用”选项卡中的参数适用于所有渲染器，分为“公用参数”“电子邮件通知”“脚本”“指定渲染器”4个卷展栏，主要包括单帧/多帧渲染、图像大小、图像输出和指定渲染器等基本功能。

（1）“公用参数”卷展栏

“公用参数”卷展栏用于设置所有渲染输出的公用参数，其参数面板如图6-3所示。下面介绍该卷展栏中常用参数的含义。

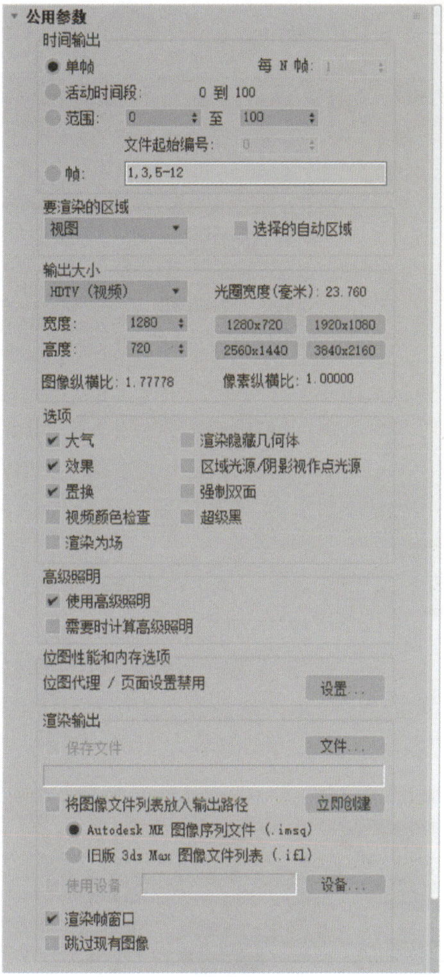

图6-3

- 单帧：仅当前帧。
- 要渲染的区域：分为视图、选定对象、区域、裁剪、放大5种。
- 选择的自动区域：该选项控制选择的自动渲染区域。
- “输出大小”下拉列表：下拉列表中可以选择几个标准的电影和视频分辨率以及纵横比。
- 光圈宽度（毫米）：指定用于创建渲染输出的摄影机光圈宽度。
- 宽度和高度：以像素为单位指定图像的宽度和高度，也可直接选择预设尺寸。
- 图像纵横比：设置图像的纵横比。
- 像素纵横比：设置显示在其他设备上的像素纵横比。
- 大气：启用此选项后，渲染任何应用的大气效果，如体积雾。
- 效果：启用此选项后，渲染任何应用的渲染效果，如模糊。
- 置换：渲染任何应用的置换贴图。
- 渲染为场：为视频创建动画时，将视频渲染为场，而不是渲染为帧。
- 渲染隐藏几何体：渲染场景中所有的几何体对象，包括隐藏的对象。
- 需要时计算高级照明：启用此选项后，当需要逐帧处理时，3ds Max计算光能传递。
- 保存文件：启用此选项后，进行渲染时3ds Max会将渲染后的图像或动画保存到磁盘。
- 将图像文件列表放入输出路径：启用此选项可创建图像序列文件，并将其保存。
- 渲染帧窗口：在渲染帧窗口中显示渲染输出。
- 跳过现有图像：启用此选项且启用“保存文件”后，渲染器将跳过序列中已渲染到磁盘中的图像。

（2）“电子邮件通知”卷展栏

“电子邮件通知”卷展栏可以使渲染作业发送电子邮件通知，其参数面板如图6-4所示。下面介绍该卷展栏中常用参数的含义。

- 启用通知：启用此选项后将在某些事件发生时发送电子邮件通知。

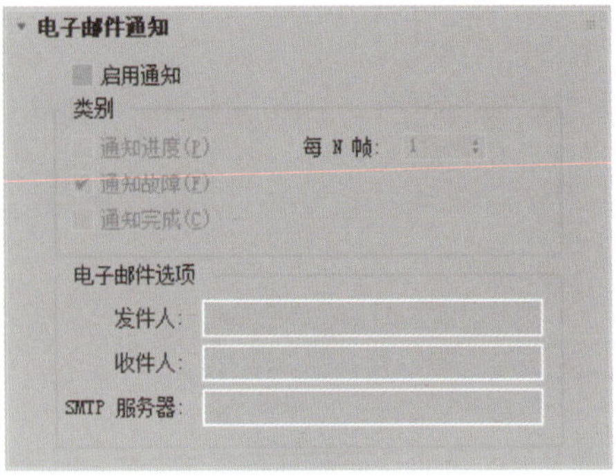

图 6-4

- 通知进度：发送电子邮件以表明渲染进度。
- 通知故障：出现阻止渲染完成的情况会发送电子邮件通知。
- 通知完成：当渲染作业完成时，发送电子邮件通知。
- 发件人：输入启动渲染作业的用户的电子邮件地址。
- 收件人：输入需要了解渲染状态的用户的电子邮件地址。
- SMTP 服务器：输入作为邮件服务器使用的系统的数字 IP 地址。

（3）“脚本”卷展栏

使用“脚本”卷展栏可以指定在渲染之前和之后要运行的脚本，其参数面板如图 6-5 所示。下面介绍该卷展栏中常用参数的含义。

图 6-5

- 启用：启用该选项之后，启用脚本。
- 立即执行：单击可“手动”执行脚本。
- 文件：单击该按钮，选择要运行的预渲染脚本。
- 删除文件：单击可删除脚本。

（4）“指定渲染器”卷展栏

在“指定渲染器”卷展栏中可以进行渲染器的更换。单击“产品级”下拉按钮，在列表中选择合适的渲染器选项，即可更换渲染器，如图 6-6、图 6-7 所示。

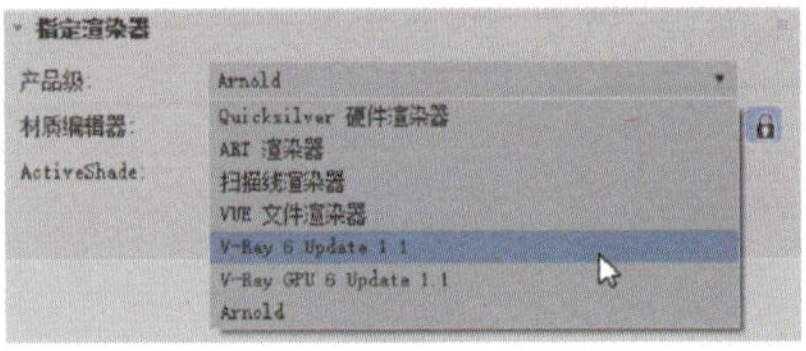

图 6-6

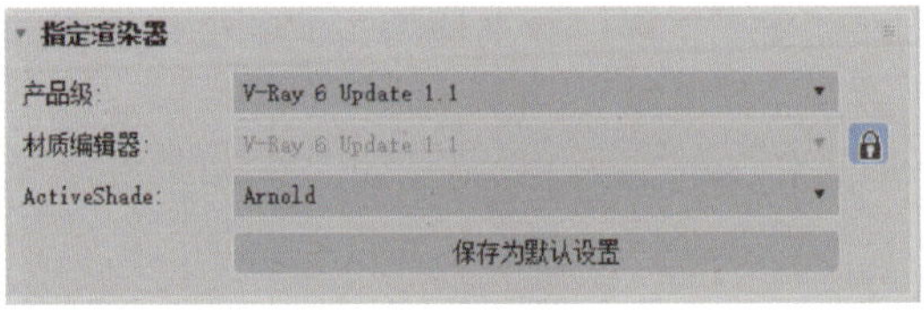

图 6-7

- 产品级：选择用于渲染图形输出的渲染器。
- 材质编辑器：选择用于渲染“材质编辑器”中示例的渲染器。
- 锁定按钮：默认情况下，示例窗渲染器被锁定为与产品级渲染器相同的渲染器。
- ActiveShade：选择用于预览场景中照明和材质更改效果的 ActiveShade 渲染器。
- 保存为默认设置：单击该选项可将当前渲染器指定保存为默认设置，以便下次重新启动 3ds Max 时它们处于活动状态。

6.2.2 V-Ray

V-Ray 卷展栏中包括“帧缓冲区”“全局开关”“IPR 选项”“图像采样器（抗锯齿）”“图像过滤器”“环境”“颜色映射”“摄影机”等卷展栏，主要用于设置全局参数、抗锯齿、图像过滤、模糊计算、场景曝光等。

（1）帧缓冲区

帧缓冲区卷展栏下的参数可以代替 3ds Max 自身的帧缓冲窗口。这里可以设置渲染图像的大小以及保存渲染图像等，其参数设置面板如图 6-8 所示。下面介绍该卷展栏中常用参数的含义。

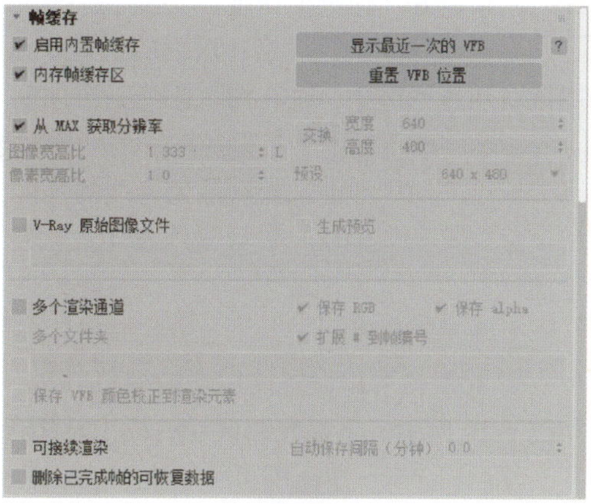

图 6-8

- 启用内置帧缓存：可以使用 VRay 自身的渲染窗口。
- 内存帧缓冲区：勾选该选项，可将图像渲染到内存，再由帧缓冲区窗口显示出来，可以方便用户观察渲染过程。
- 从 Max 获取分辨率：当勾选该选项时，将从 3ds Max 的渲染设置对话框的公用选项卡的“输出大小”选项组中获取渲染尺寸。
- 图像宽高比：控制渲染图像的长宽比。
- 宽度 / 高度：设置像素的宽度 / 高度。
- V-Ray 原始图像文件：控制是否将渲染后的文件保存到所指定的路径中。
- 多个渲染通道：勾选该选项，可保存多个渲染通道。例如 RGB 彩色通道、Alpha 通道等。
- 可接续渲染：勾选该选项后，当渲染过程中断后，可继续从上一次停止的位置开始渲染，而不是重新再渲染一次。

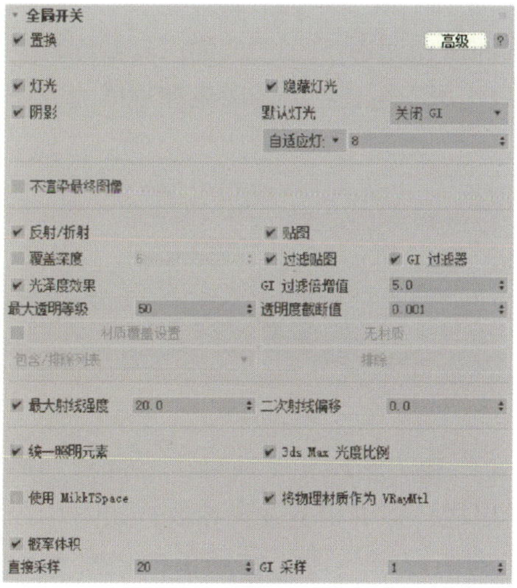

图 6-9

（2）全局开关

全局开关展卷栏下的参数主要用来对场景中的灯光、材质、置换等进行全局设置，比如是否使用默认灯光、是否开启阴影、是否开启模糊等，该卷展栏分“默认”和“高级”两种模式，其中高级模式的面板参数最全面，如图 6-9 所示。下面介绍该卷展栏中常用参数的含义。

- 置换：控制是否开启场景中的置换效果。
- 灯光：控制是否开启场景中的光照效果。当关闭该选项时，场景中放置的灯光将不起作用。
- 隐藏灯光：控制场景是否让隐藏的灯光产生光照。这个选项对于调节场景中的光照非常方便。
- 阴影：控制场景是否产生阴影。
- 默认灯光：在关闭灯光的情况下可以控制默认灯光的开关。
- 灯光采样：控制多灯场景的灯光采样策略，包括全光求值、灯光树、自适应灯光三种。
- 不渲染最终图像：控制是否渲染最终图像。
- 反射 / 折射：控制是否开启场景中的材质的反射和折射效果。
- 覆盖深度：控制整个场景中的反射、折射的最大深度，后面的输入框数值表示反射、折射的次数。
- 光泽度效果：是否开启反射或折射模糊效果。

贴图：控制是否让场景中的物体的程序贴图和纹理贴图渲染出来。

过滤贴图：这个选项用来控制 VRay 渲染时是否使用贴图纹理过滤。

GI 过滤器：控制是否在全局照明中过滤贴图。

最大透明等级：控制透明材质被光线追踪的最大深度。值越高，被光线追踪的深度越深，效果越好，但渲染速度会变慢。

材质覆盖设置：当在后面的通道中设置了一个材质后，那么场景中所有的物体都将使用该材质进行渲染，这在测试阳光的方向时非常有用。

透明度截断值：控制 VRay 渲染器对透明材质的追踪终止值。

最大射线强度：控制最大光线的强度。

二次射线偏移：设置光线发生二次反弹的时候的偏移距离，主要用于检查建模时有无重面。

（3）IPR 选项

该卷展栏可以设置使用新的视口 IPR，边调整边渲染，渲染速度更快。其参数设置面板如图 6-10 所示。下面介绍该卷展栏中常用参数的含义。

启用 IPR：单击即可开始交互式产品级渲染。

使分辨率适合 VFB：启用该选项后，IPR 模式会使渲染分辨率适应当前 VFB 的窗口大小，并遵守渲染设置中的图像宽高比。取消勾选该选项时，会使用完整分辨率渲染。

强制渐进式采样：不论当前选择何种图像采样器，启用该选项后都会强制 IPR 使用渐进式采样。噪点阈值和最大细分仍将从当前选择的采样器中读取。

（4）图像采样器（抗锯齿）

抗锯齿在渲染设置中是一个必须调整的参数，其数值的大小决定了图像的渲染精度和渲染时间，但抗锯齿与全局照明精度的高低没有关系，只作用于场景物体的图像和物体的边缘精度，其参数设置面板如图 6-11 所示。

图 6-10

图 6-11

下面介绍该卷展栏中常用参数的含义。

类型：设置图像采样器的类型，包括“渐进式”和“小块式”两种。当选择“渐进式”采样器，下方会出现“渐进式图像采样器”卷展栏，提供相关设置参数，如图 6-12 所示。当选择“小块式”采样器，则会出现“小块式图像采样器”卷展栏，如图 6-13 所示。

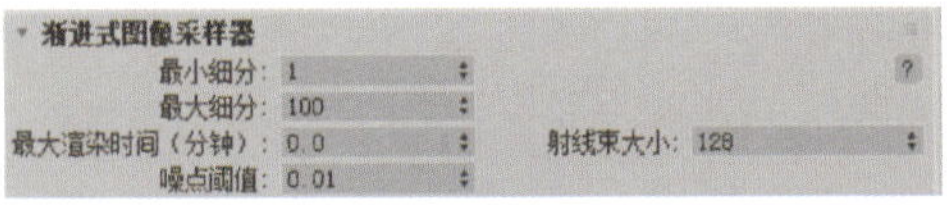

图 6-12

图 6-13

渲染蒙版：启用渲染蒙版功能。

最小着色比率：该选项允许控制投射光线的抗锯齿数目和其他效果，如光泽反射、全局照明、区域阴影等。

（5）图像过滤器

在该卷展栏中可以对抗锯齿的过滤方式进行选择，VRay 渲染器提供了多种抗锯齿过滤器，主要针对贴图纹理或图像边缘进行平滑处理，选择不同的过滤器就会显示该过滤器的相关参数及过滤效果，如图 6-14 所示。

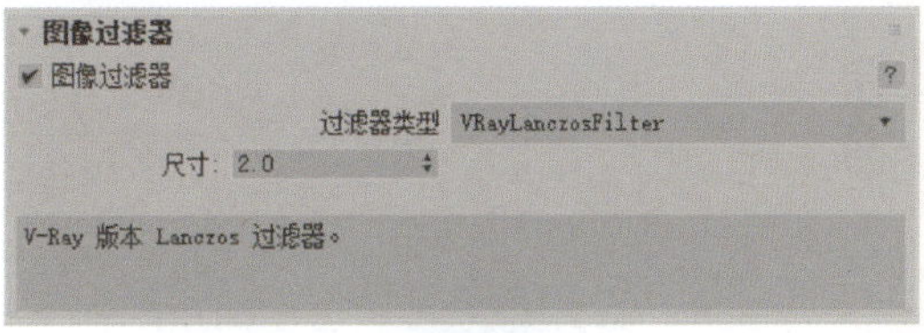

图 6-14

下面介绍该卷展栏中常用参数的含义。

- 图像过滤器：选择复选框可开启子像素过滤。在测试渲染阶段，建议取消勾选该选项以加快渲染速度。
- 过滤器类型：提供了 16 种过滤器类型，包括区域、清晰四方形、Catmull-Rom、图版匹配 /MAX R2、四方形、立方体、视频、柔化、Cook 变量、混合、Blackman、Mitchell-Netravali、VRayLanczosFilter、VRayBoxFilter、VRayTriangFilter、VRayMitNetFilter，如图 6-15 所示。在设置渲染参数时，较为常用的是 Mitchell-Netravali 和 Catmull-Rom，前者可以得到较为平滑的边缘效果，后者边缘则比较锐利。

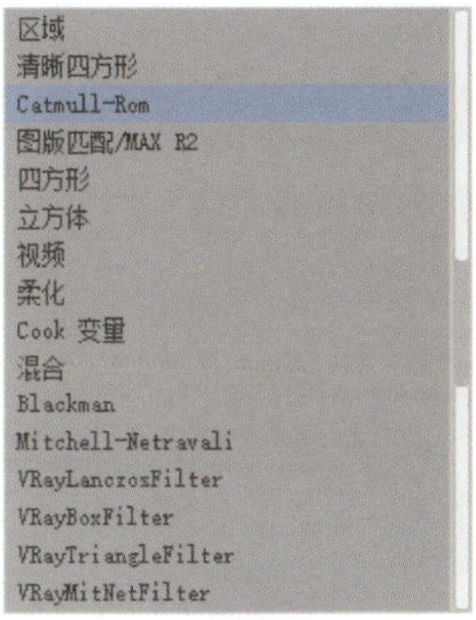

图 6-15

- 尺寸：指定图像过滤器的大小。部分过滤器的大小是固定值，不可调节。

（6）环境

环境卷展栏分为 GI 环境、反射 / 折射环境、折射环境、次级遮罩环境 4 个选项组，其参数面板如图 6-16 所示。

下面介绍该卷展栏中常用参数的含义。

- GI 环境：开启和关闭 GI 环境覆盖，并设置环境颜色、颜色强度，也可以使用纹理贴图覆盖颜色。
- 反射 / 折射环境：在反射 / 折射计算过程中使用指定的颜色或纹理贴图。

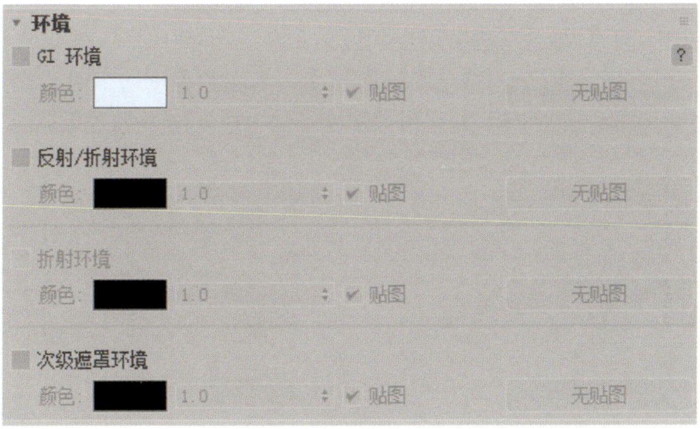

图 6-16

- 折射环境：使用折射环境覆盖。
- 次级遮罩环境：将指定的颜色和纹理用于反射 / 折射中可见的遮罩物体。

（7）颜色映射

颜色映射卷展栏下的参数用来控制整个场景的色彩和曝光方式，其参数设置面板如图 6-17 所示。下面介绍该卷展栏中常用参数的含义。

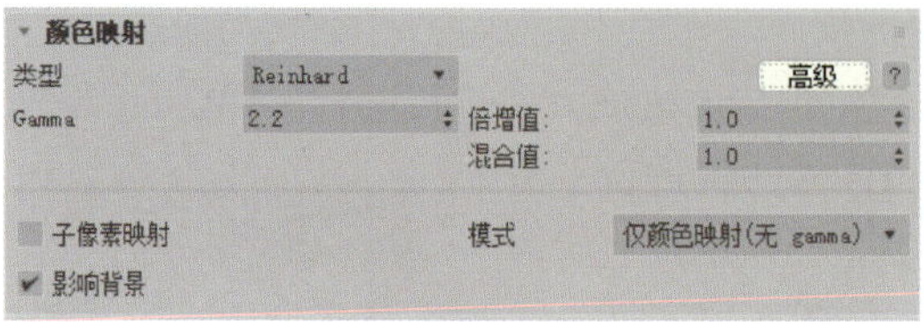

图 6-17

① 类型　用于定义色彩转换使用的类型，包括线性倍增、指数、HSV 指数、强度指数、伽马校正、强度伽马、莱因哈德 7 种模式。

- “线性倍增”模式：将基于最终图像色彩的亮度来进行简单的倍增，太亮的颜色成分将会被限制，但可能会导致靠近光源的点过分明亮，如图 6-18 所示为利用“线性倍增”模式渲染的效果。
- “指数”模式：将基于亮度来使图像更饱和，对防止非常明亮的区域曝光很有用。该模式不显示颜色范围，而是使它们更加饱和，如图 6-19 所示为利用“指数”模式渲染的效果。

图 6-18

图 6-19

- “HSV 指数”模式：与“指数”模式很相似，但是会保护色彩的色调和饱和度，如图 6-20 所示为利用“HSV 指数”模式渲染的效果。
- “强度指数”模式：用于调整色彩的饱和度。当图像亮度增强时，在不曝光的情况下增强色彩的饱和度，如图 6-21 所示为利用“强度指数”模式渲染的效果。

图 6-20

图 6-21

- “伽马校正”模式：主要用于校正电脑系统的色彩偏差。
- “强度伽马”模式：主要用于调整伽马色彩的饱和度。
- “莱因哈德”模式：是一种介于指数和线性倍增之间的贴图类型，非常实用。

② Gamma　用于控制最终输出图像的伽玛校正值。

③ 倍增值 / 混合值　用于控制最终输出图像的暗部亮度与亮部亮度。

④ 子像素映射　勾选该选项后，物体的高光区与非高光区的界限处不会有明显的黑边。

⑤ 影响背景　控制是否让曝光模式影响背景。当关闭该选项时，背景不受曝光模式的影响。

（8）摄影机

“摄影机”卷展栏是 VRay 系统里的一个摄影机特效功能，可以制作景深和运动模糊等效果，如图 6-22 所示。

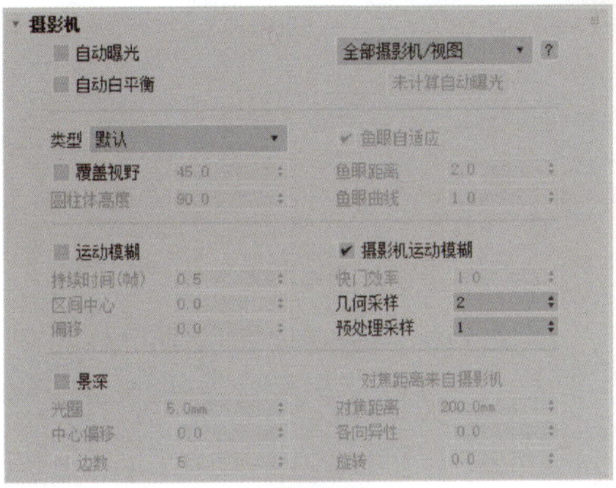

图 6-22

下面介绍该卷展栏中常用参数的含义。

- 自动曝光：选择该选项后会自动为渲染图决定合适的曝光值。
- 自动白平衡：选择该选项后会自动为渲染图决定合适的白平衡。
- 类型：11 种摄影机类型，分别是默认、球形、柱形（点）、柱形（正交）、长方体、鱼眼、变形球（旧式）、正交、透视、球形全景、立方 6*1。
- 覆盖视野：替代 3ds Max 默认摄影机的视角，这里的视角最大为 360°。
- 圆柱体高度：当仅使用“圆柱（正交）”摄影机时，该选项才可用，用于设定摄影机高度。
- 鱼眼自适应：当使用“鱼眼”和“变形球（旧式）”摄影机时，该选项才可用。
- 鱼眼距离：使用“鱼眼”摄影机时，该选项才可用。在关闭“自适应”选项的情况下，“距离”选项用来控制摄影机到反射球之间的距离，值越大，表示摄影机到反射球之间的距离越大。
- 鱼眼曲线：当使用“鱼眼”摄影机时，该选项才可用，主要用来控制渲染图形的扭曲程度。值越小，扭曲程度越大。
- 运动模糊：勾选该选项后，可以开启运动模糊特效。
- 持续时间（帧）：控制运动模糊每一帧的持续时间，值越大，模糊程度越强。
- 区间中心：用来控制运动模糊的时间间隔中心，0 表示间隔中心位于运动方向的后面；1 表示间隔中心位于运动方向的前面。
- 偏移：用来控制运动模糊的偏移，0 表示不偏移；负值表示沿着运动方向的反方向偏移；正值表示沿着运动方向偏移。
- 快门效率：控制快门的效率。
- 几何采样：这个值常用在制作物体的旋转动画上。
- 预处理采样：控制在不同时间段上的模糊样本数量。
- 景深：控制是否开启景深。
- 对焦距离来自摄影机：当勾选该选项时，焦点由摄影机的目标点确定。
- 光圈：值越小，景深越大，模糊程度越小；值越大，景深越小，模糊程度越高。
- 中心偏移：这个参数主要用来控制模糊效果的中心位置。值为 0 表示以物体边缘均匀向两边模糊；正值表示模糊中心向物体内部偏移；负值则表示模糊中心向物体外部偏移。
- 边数：这个选项用来模拟物理世界中的摄影机光圈的多边形形状。
- 对焦距离：摄影机到焦点的距离，焦点处的物体最清晰。

- 各向异性：控制多边形形状的各向异性，值越大，形状越扁。
- 旋转：光圈多边形形状的旋转。

6.2.3 GI

GI 可以理解为间接照明，其选项卡中根据漫反射反弹的计算方法会显示出不同的卷展栏，该选项卡包括“全局照明”“灯光缓存”和“焦散”3 个卷展栏。

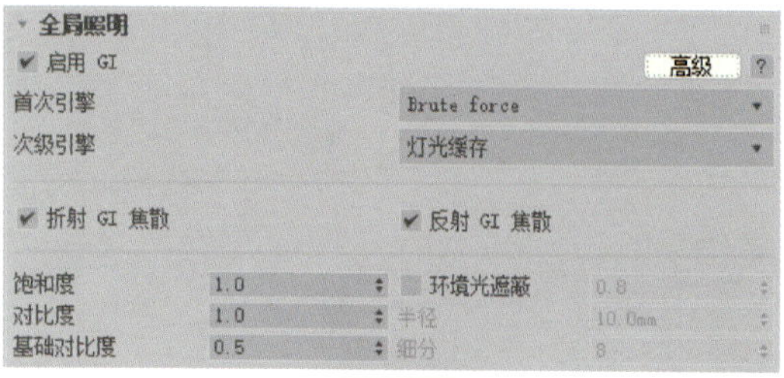

图 6-23

（1）全局照明

“全局照明”卷展栏是 VRay 的核心部分。在修改 VRay 渲染器时，首先要开启全局照明，这样才能出现真实的渲染效果。开启 GI 后，光线会在物体与物体间互相反弹，因此光线计算得会更准确，图像也更加真实，其参数面板如图 6-23 所示。

下面介绍该卷展栏中常用参数的含义。

- 启用 GI：勾选该选项后，将开启 GI 效果。
- 首次引擎 / 次级引擎：VRay 计算的光的方法是真实的，光线发射出来然后进行反弹，再进行反弹。
- 折射 GI 焦散：控制是否开启折射焦散效果。
- 反射 GI 焦散：控制是否开启反射焦散效果。
- 饱和度：可以用来控制色溢，降低该数值可以降低色溢效果。
- 对比度：控制色彩的对比度。
- 基础对比度：控制饱和度和对比度的基数。
- 环境光遮蔽：该选项可以控制 AO 贴图的效果。
- 半径：控制环境阻光（AO）的半径。
- 细分：环境阻光（AO）的细分。

（2）灯光缓存

缓存与发光贴图比较相似，只是光线路相反，发光贴图的光线追踪方向是从光源发射到场景的模型中，最后再反弹到摄影机，而灯光缓存是从摄影机开始追踪光线到光源，摄影机追踪光线的数量就是灯光缓存的最后精度，其参数面板如图 6-24 所示。

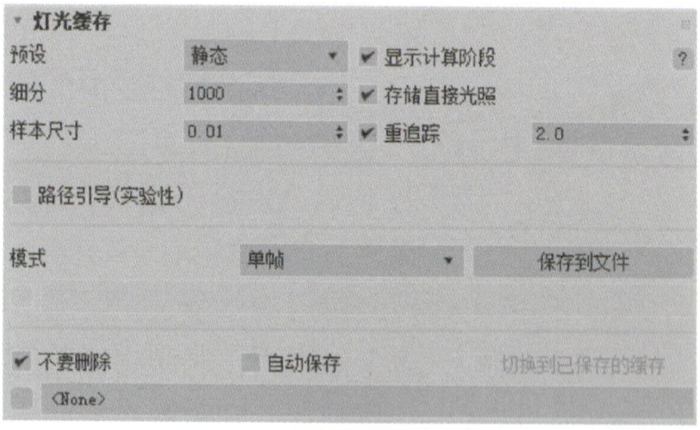

图 6-24

下面介绍该卷展栏中常用参数的含义。

- 预设：提供了“静态”和“动画”两种场景。
- 细分：用来决定灯光缓存的样本数量。值越高，样本总量越多，渲染效果越好，渲染速度越慢。
- 样本尺寸：控制灯光缓存的样本大小，小的样本可以得到更多的细节，但是需要更多的样本。
- 显示计算阶段：勾选该选项以后，可以显示灯光缓存的计算过程，方便观察。
- 存储直接光照：勾选该选项以后，灯光缓存将存储直接光照信息。当场景中有很多灯光时，使用这个选项会提高渲染速度。因为它已经把直接光照信息保存到灯光缓存中，在渲染出图的时候，不需要对直接光照再进行采样计算。

模式：灯光缓存在渲染过程中所采用的不同处理模式。可分为单帧和从文件两种模式。“单帧”模式比较常用，适用于一次性生成最终高质量图像的渲染场景。而“从文件”模式是可加载之前已经渲染好灯光缓存文件，以便快速基于已有的光照信息继续渲染新的帧或者进一步细化已有图像。

（3）焦散

在真实世界里，当光线通过曲面进行反射或在透明表面折射时，会产生小面积光线聚焦，即产生了光线焦散效果。该卷展栏主要用于支持渲染光滑或者透明物体的焦散效果。为了产生这种效果，场景中必须同时具有产生焦散的物体和接收焦散的物体，如图 6-25 所示。

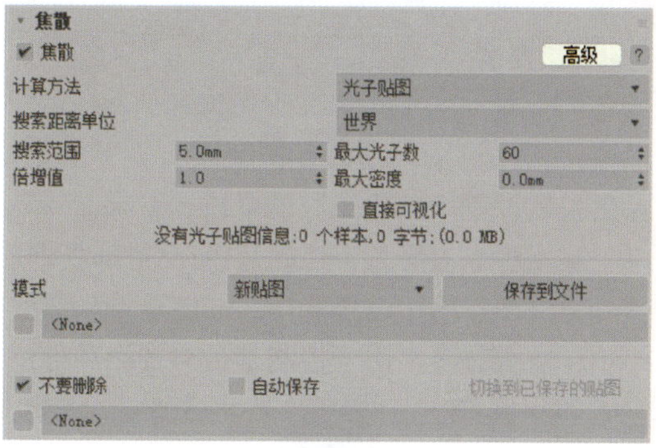

图 6-25

下面介绍该卷展栏中常用参数的含义。

焦散：控制是否打开焦散。

计算方法：用于选择和控制焦散效果计算方式。它包括光子贴图和渐进式（WIP）两种。

搜索距离单位：光子追踪撞击到物体表面后，以撞击光子为中心的圆形的自动搜索区域，这个区域的半径值就是“搜索距离”。较小的数值会产生斑点，较大的数值会产生模糊焦散效果。

最大光子数：定义单位区域内的光子数量，在根据这个区域内的光子数量进行均匀照明，较小的数值不容易得到焦散效果，较大的数值会产生模糊焦散效果。

最大密度：控制光子的最大密度，0 表示使用 VR 内部确定的密度，较小的数值会让焦散效果比较锐利。

倍增值：控制焦散强度。这是一个全局控制参数，对场景中所有产生焦散的光源都有效。

知识链接

V-Ray 6.0 版本的渲染器已暂停使用“首次引擎”的“发光贴图”计算方法。用户可选择 Brute Force（暴力）计算方法来表现。该引擎的特点在于其“简单粗暴”的渲染方式。它可以渲染出其他引擎可能无法呈现的细节和效果。该引擎在进行 GI 计算时，会进行大量的光线追踪和采样，尽可能地模拟真实世界中的光照效果；缺点是渲染速度相对较慢，并且容易产生噪点。

6.2.4 设置

“设置”选项卡包括“授权”“关于 V-Ray”“色彩管理”“默认置换”“系统”“平铺纹理选项”以及“代理物体预览缓存”这几个卷展栏。下面对主要的卷展栏参数进行说明。

（1）授权

“授权”卷展栏下主要呈现的是 VRay 的注册信息，注册文件一般都放置在 C:\Program Files\Common Files\ChaosGroup\vrlclient.xml 中，如图 6-26 所示。

图 6-26

（2）关于 V-Ray

在“关于 V-Ray”展卷栏下，可以看到关于 VRay 的官方网站地址、渲染器的版本等。

（3）默认置换

“默认置换”卷展栏下的参数是用灰度贴图来实现物体表面的凸凹效果，它对材质中的置换起作用，而不作用于物体表面。其参数设置面板如图 6-27 所示。

- 覆盖 Max 的参数：控制是否用“默认置换”卷展栏下的参数来替代 3ds Max 中的置换参数。

图 6-27

- 边缘长度：用于设置 3D 置换中产生最小的三角面长度。数值越小，精度越高，渲染速度越慢。
- 基于视口：控制是否将渲染图像中的像素长度设置为“边长”的单位。
- 相对于边界盒：控制是否在置换时关联边界。
- 强度：用于设置置换的强度总量。数值越大，置换效果越明显。
- 紧密边界：用于控制是否对置换进行预先计算。

（4）系统

该卷展栏下的参数会影响渲染速度、渲染的显示和提示功能，同时可以完成联机渲染，其参数面板如图 6-28 所示。下面介绍该卷展栏中常用参数的含义。

- 序列：用于控制渲染块的渲染顺序，共有以下 6 种方式，分别是上→下、左→右、棋盘格、螺旋、三角剖分、稀耳伯特曲线。
- 反向渲染小块方向：当勾选该选项以后，渲染顺序将和设定的顺序相反。
- 上一个渲染：确定在渲染开始时，在 3ds Max 默认的帧缓冲区框以哪种方式处理渲染图像。
- 动态内存限制：控制动态内存的总量。
- 默认几何图形：控制内存的使用方式，共有 3 种方式。
- 帧戳记：当勾选该选项后，就可以显示水印。
- 分布式渲染：勾选该选项后，可开启该功能。单击“设置”按钮会打开“V-Ray 分布式渲染设置”对话框，在此可控制网络中计算机的添加、删除等操作。

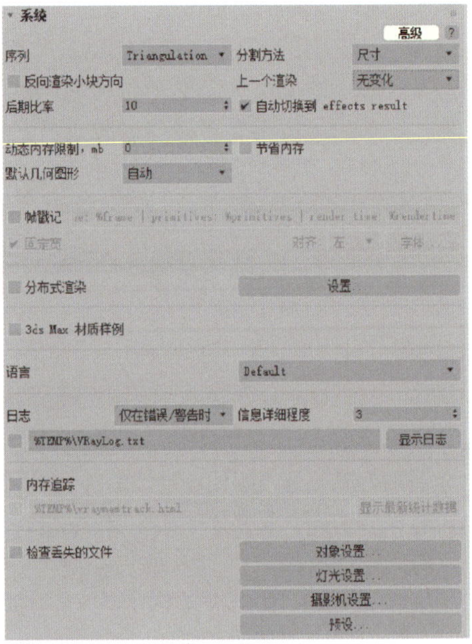

图 6-28

- 日志：设置 VRay 渲染日志的显示方式，包括从不、总是、仅在错误 / 警告时和仅在出错时这 4 种显示方法。
- 检查丢失的文件：勾选该选项后，VRay 会寻找场景中丢失的文件，并保存到 C:\VRayLog.txt 文件中。

6.2.5 Render Elements

Render Elements 选项卡下仅有“渲染元素”一个卷展栏，通过添加渲染元素，可以针对某一级别单独进行渲染，并在后期进行调节、合成、处理，非常方便。其参数面板如图 6-29 所示。

- 激活元素：启用该选项后，单击“渲染”可分别对元素进行渲染。默认设置为启用。
- 显示元素：启用此选项后，每个渲染元素会显示在各自的窗口中，并且其中的每个窗口都是渲染帧窗口的精简版。
- 添加：可将新元素添加到列表中。此按钮会显示“渲染元素”对话框。
- 合并：可合并来自其他 3ds Max 场景中的渲染元素。
- 删除：单击可从列表中删除选定对象。
- 元素渲染列表：这个可滚动的列表显示要单独进行渲染的元素以及它们的状态。要重新调整列表中列的大小，可拖动两列之间的边框。
- “选定元素参数”选项组：这些控制用来编辑列表中选定的元素。

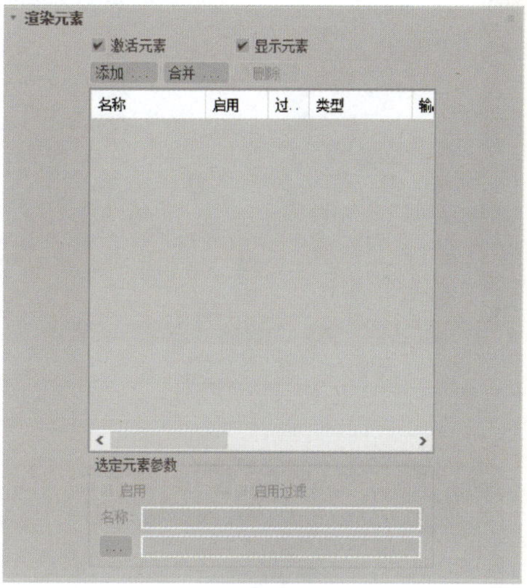

图 6-29

上手实操：局部渲染图像

下面利用局部渲染功能快速渲染场景，具体操作步骤介绍如下。

Step01：打开素材场景，如图 6-30 所示。

Step02：按 F10 键打开“渲染设置”面板，在“帧缓存”卷展栏勾选“启用内置帧缓存”复选框，如图 6-31 所示。

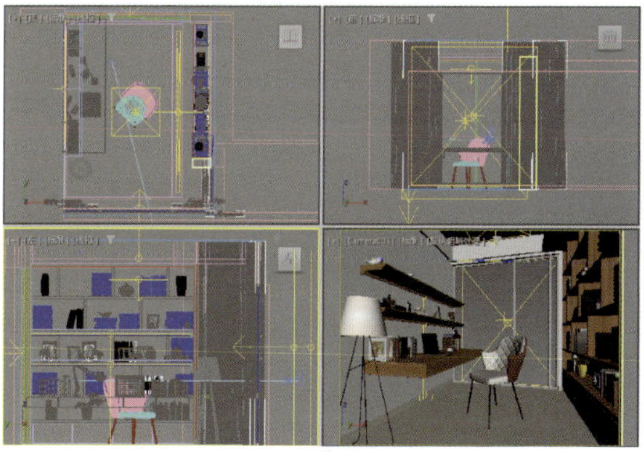
图 6-30

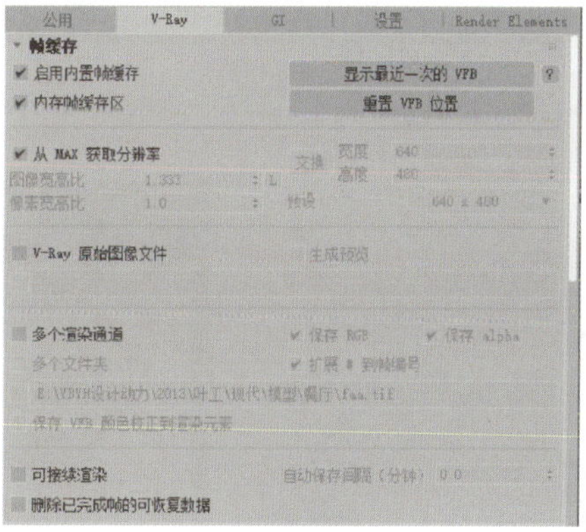

图 6-31

Step03：按 F8 键渲染摄影机视口，如图 6-32 所示。

Step04：创建一个 VRay 球体灯光，设置参数后移动到落地灯灯罩内，如图 6-33 所示。

Step05：在渲染帧窗口中单击“区域渲染”按钮，然后在窗口中按住鼠标拖出一个矩形框，作为要局部渲染的区域，如图 6-34 所示。

Step06：按 F9 键渲染摄影机视口，在渲染帧窗口中可以看到系统仅渲染矩形框内的区域，如图 6-35 所示。

Step07：确定渲染效果符合预期，在渲染帧窗口中再单击取消“区域渲染”按钮，重新渲染场景，可以看到最终效果，如图 6-36 所示。

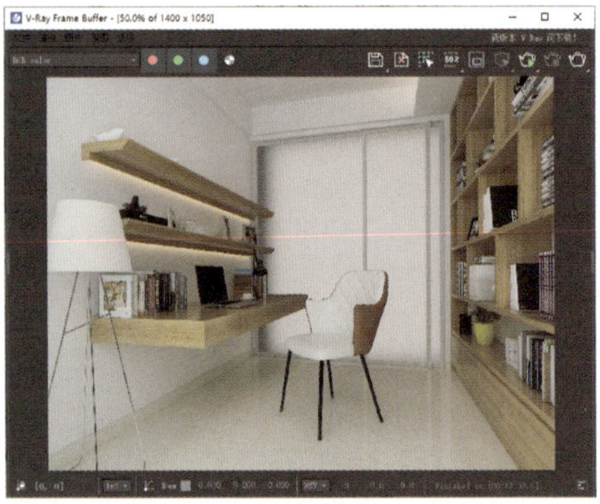

图 6-32

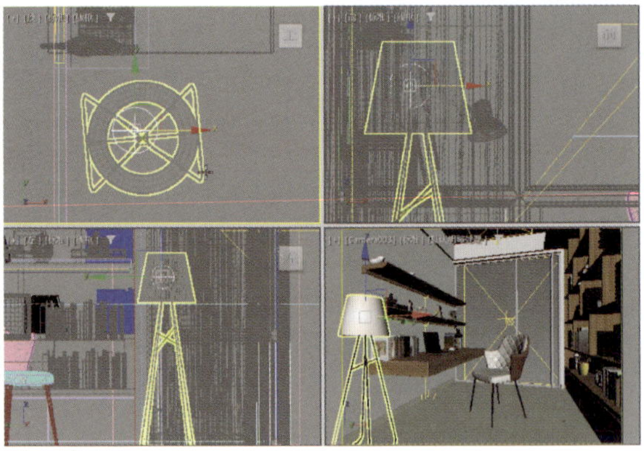

图 6-33

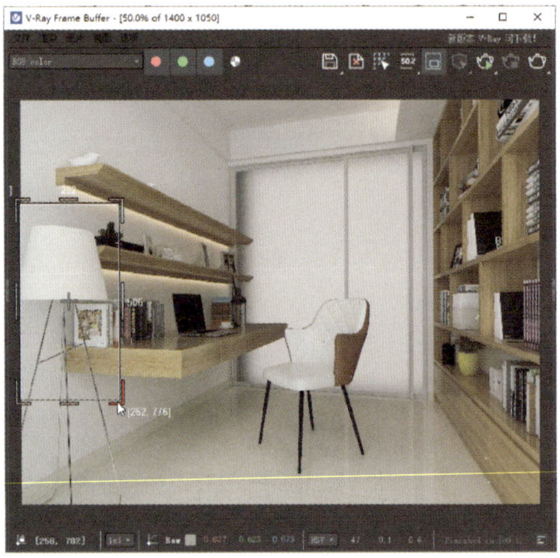

图 6-34

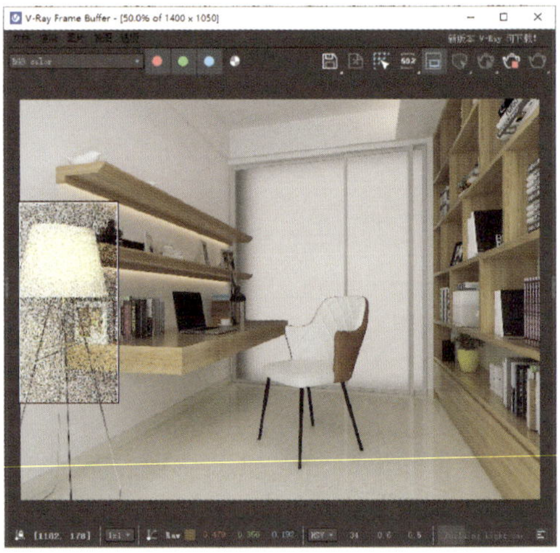

图 6-35

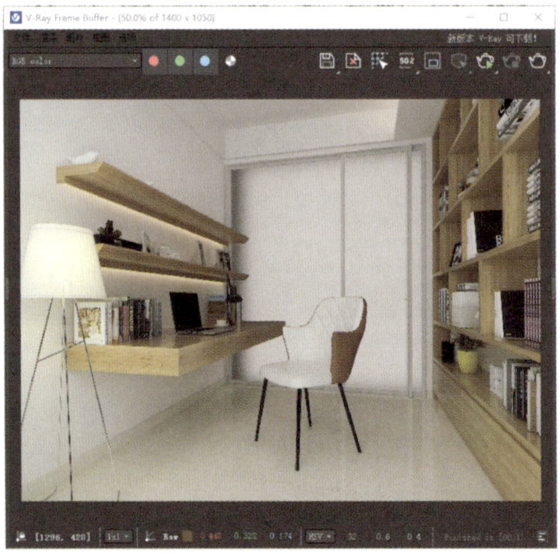

图 6-36

综合实战：渲染卫生间场景

Step01：打开创建好的素材场景，如图 6-37 所示。

Step02：首先设置测试渲染参数。按 F10 键打开“渲染设置”面板，在“公用参数”卷展栏中设置输出大小，如图 6-38 所示。

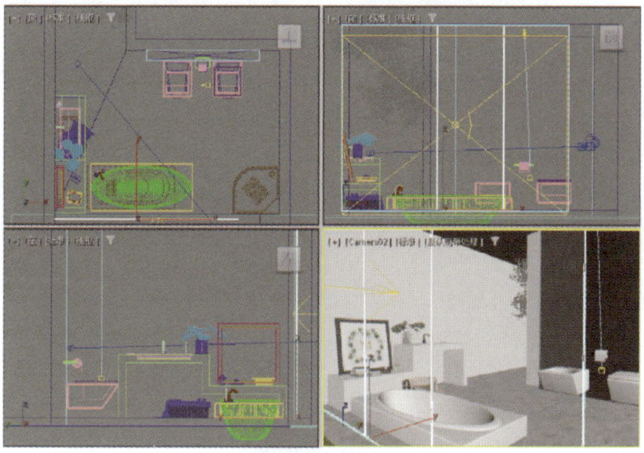

图 6-37

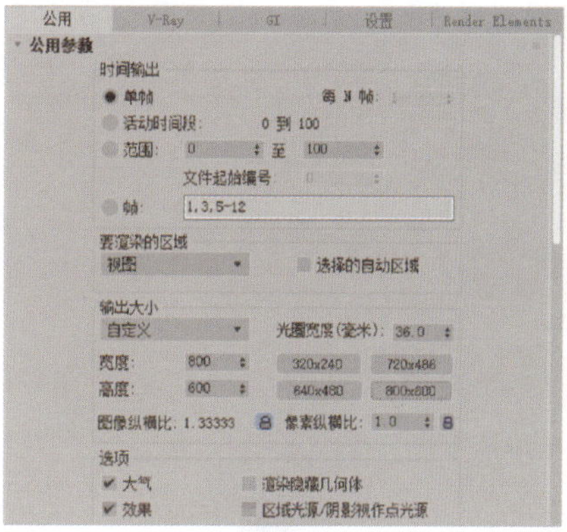

图 6-38

Step03：在“帧缓存”卷展栏中取消勾选“启用内置帧缓存”复选框，如图 6-39 所示。

Step04：在“全局开关”卷展栏中设置“高级”模式，设置灯光采样类型为“全灯光评估”，如图 6-40 所示。

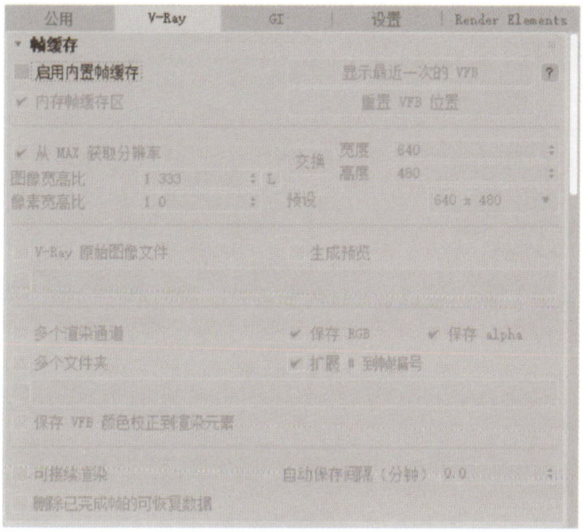

图 6-39

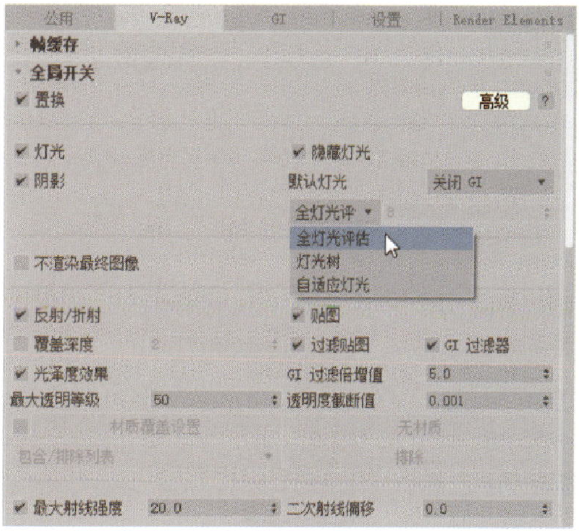

图 6-40

Step05：在“图像采样器”卷展栏中设置抗锯齿类型为“渐进式”，如图 6-41 所示。

Step06：在“颜色映射”卷展栏中设置曝光类型为“指数”，再设置“亮部倍增”，如图 6-42 所示。

Step07：在“全局照明”卷展栏开启“启用 GI”复选框，并将次级引擎设为“灯光缓存”，如图 6-43 所示。

Step08：在“灯光缓冲”卷展栏中设置“细分”值，如图 6-44 所示。

Step09：渲染摄影机视口，效果如图 6-45 所示。

Step10：确认效果图达到要求后，就可以设置高品质参数并进行渲染。重新打开“渲染设置”面板，在“公用参数”卷展栏设置输出大小，如图 6-46 所示。

Step11：在“图像采样器”卷展栏设置抗锯齿类型为“小块式”，然后开启“图像过滤器”，选择过滤器类型，如图 6-47 所示。

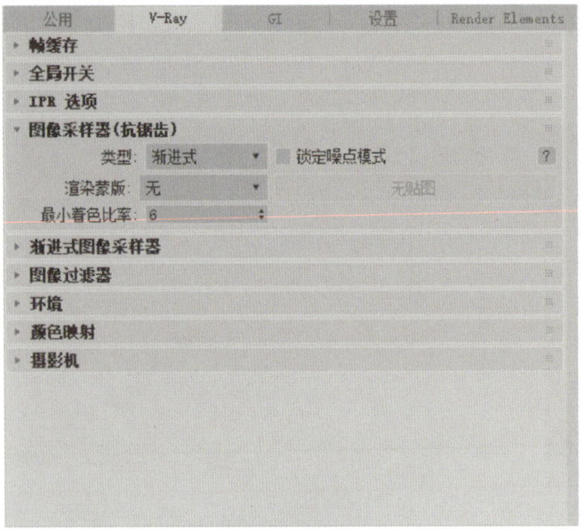

图 6-41

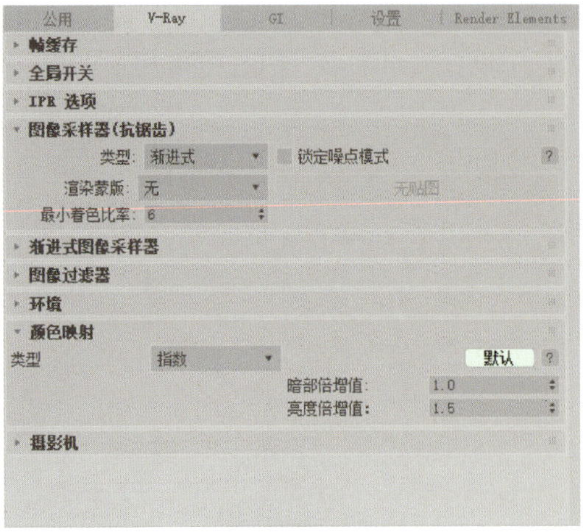

图 6-42

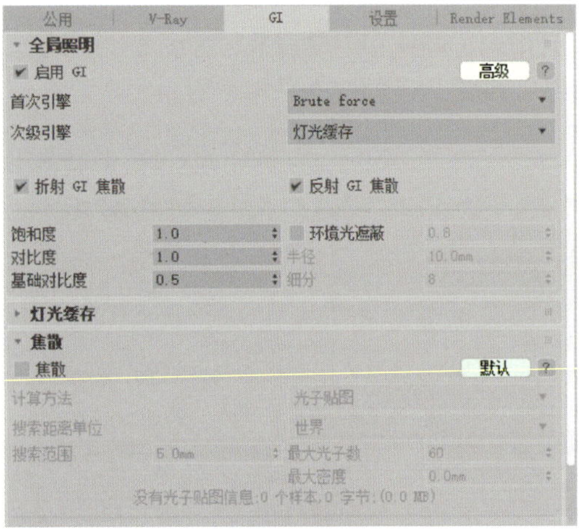

图 6-43

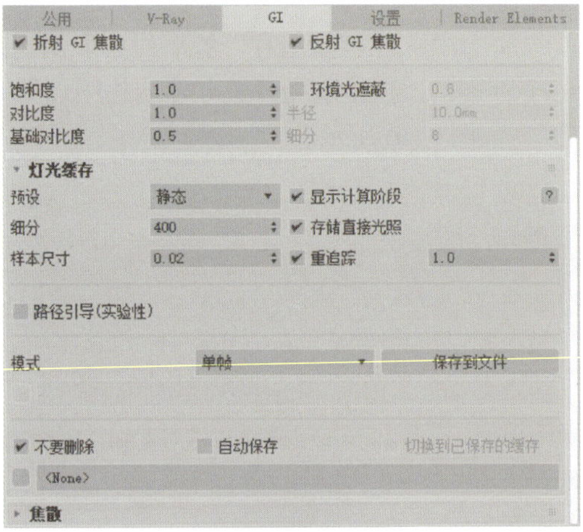

图 6-44

图 6-45

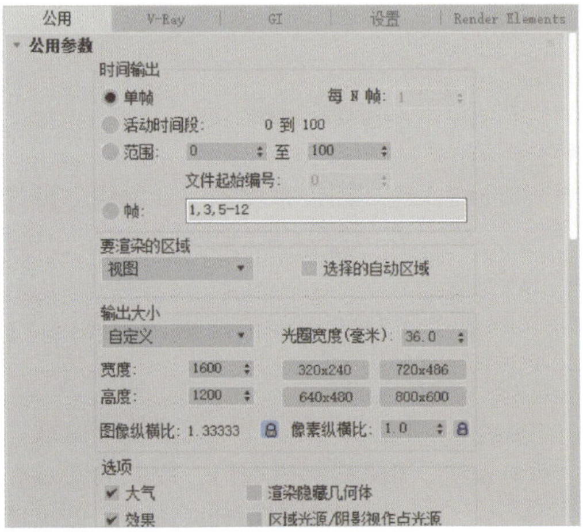

图 6-46

Step12: 在“渲染块图像采样器”卷展栏设置最小 / 最大细分和噪波阈值，如图 6-48 所示。

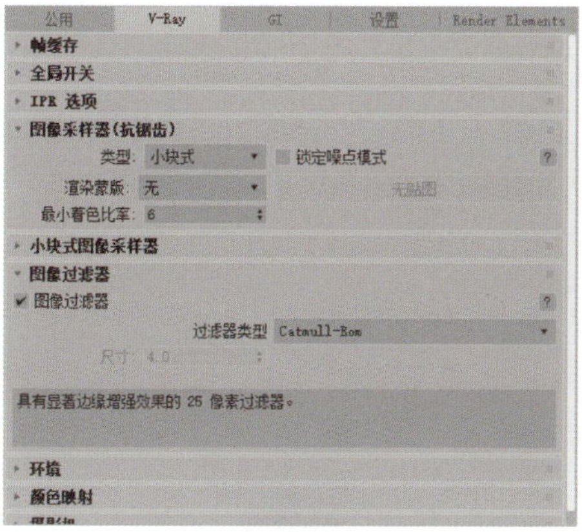

图 6-47

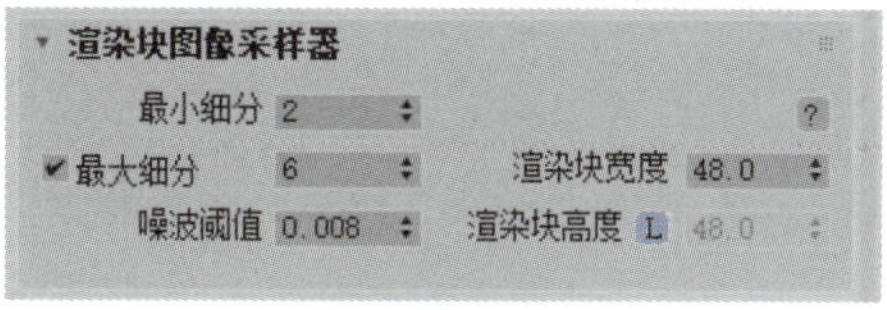

图 6-48

Step13： 在“灯光缓存”卷展栏中设置细分，如图 6-49 所示。

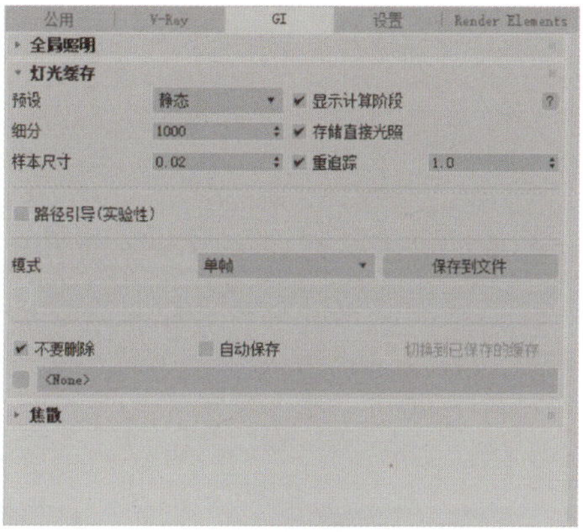

图 6-49

Step14： 在“系统”卷展栏中设置序列类型为“上→下”，动态内存限制为 4000，如图 6-50 所示。

Step15： 再次渲染摄影机视口，即可得到高品质的效果图，如图 6-51 所示。

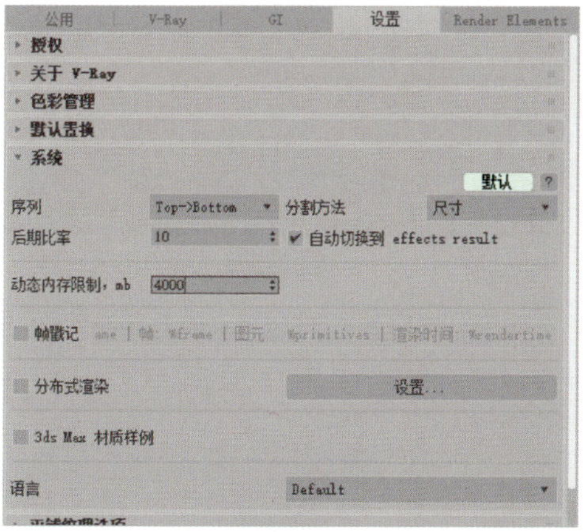

图 6-50

图 6-51

第 7 章
材质技术

在 3ds Max 中创建一个模型，其本身不具备任何表面特征，但是通过设置材质自身的参数可以模拟现实世界中的各种视觉效果。本章主要介绍材质编辑器的基本知识、3ds Max 的内置材质类型和 VRay 插件提供的材质类型的设置及应用，通过本章的学习使读者掌握材质编辑器的使用、材质的制作流程等。

7.1 认识材质

3ds Max 中的材质是对现实世界中各种材质视觉效果的模拟，包括材质的颜色、光泽、反射、折射、透明度、粗糙度以及纹理等。在建立模型后，就需要为模型设置相应的材质，使模型展现出应有的质地，让画面的效果更真实、质感更准确，如图 7-1、图 7-2 所示。

图 7-1

图 7-2

制作新材质并应用于对象时应遵循以下步骤。

Step01：选择材质球并指定名称。

Step02：选择材质类型。

Step03：对于标准材质或光线追踪材质，应选择着色类型。

Step04：设置漫反射颜色、反射强度、光泽度及不透明度等参数。

Step05： 为材质通道指定贴图并调整参数。

Step06： 将材质指定给模型对象。

Step07： 对于有贴图的材质，有必要调整 UV 贴图坐标或者添加 UVW 贴图修改器，以正确定位对象的贴图效果。

Step08： 保存材质，以便于下次使用。

7.2 材质编辑器

材质编辑器是一个独立窗口，也是材质设置中的主要部分，为用户提供了创建和编辑材质及贴图的所有功能，还可以将材质赋予到 3ds Max 的场景对象。通过以下方式可以打开材质编辑器。

- 执行“渲染 > 材质编辑器”命令，在级联菜单中可以选择打开精简材质编辑器或者 Slate 材质编辑器，如图 7-3、图 7-4 所示。

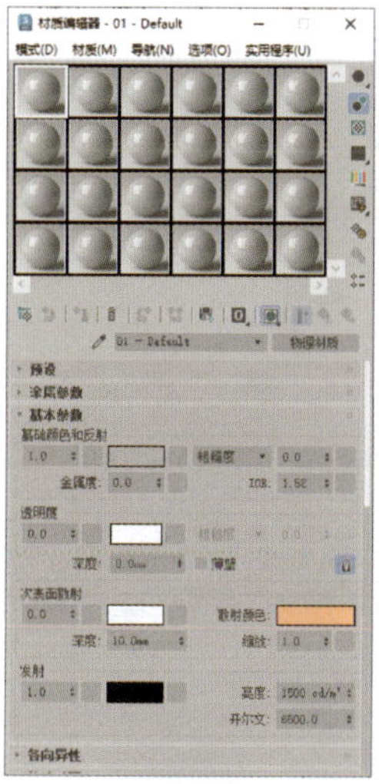

图 7-3

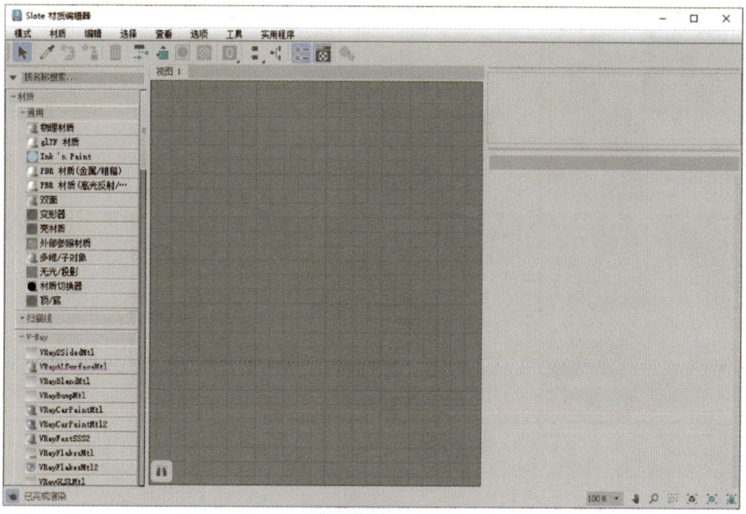

图 7-4

- 在主工具栏中单击“材质编辑器”按钮打开材质编辑器。
- 按快捷键 M 打开材质编辑器。

知识链接

Slate 材质编辑器是一个材质编辑器界面，它在设计和编辑材质时使用节点和关联以图形方式显示材质的结构。它是精简材质编辑器的替代项。Slate 材质编辑器较为突出的特点有以下几个：包含“材质 / 贴图浏览器”，可以在其中浏览材质、贴图和基础材质和贴图类型；包含当前活动视图，可以在其中组合材质和贴图；包含材质参数编辑器，可以在其中更改材质和贴图设置。

以精简材质编辑器为例，其窗口可分为菜单栏、材质示例窗、工具栏和参数控制区 4 个部分。

（1）菜单栏

菜单栏位于材质编辑器顶端，包括“模式”“材质”“导航”“选项”和“实用程序”几个菜单选项。

（2）材质示例窗

在材质示例窗中可以预览材质和贴图，每个窗口可以预览单个材质或贴图。将材质从示例窗拖动到视口中的对象，可以将材质赋予场景对象。

示例窗中样本材质的状态主要有 3 种。其中，实心三角形表示已应用于场景对象且该对象被选中，空心三角形则表示应用于场景对象但对象未被选中，无三角形表示未被应用的材质，如图 7-5 所示。

双击材质球会弹出一个独立的材质球显示窗口，可以将该材质球进行放大或缩小来观察当前设置的材质效果，如图 7-6 所示。

知识链接

示例窗中的样本材质球有 3*2、5*3 和 6*4 三种显示方式，用户可以根据需要进行设置。

图 7-5

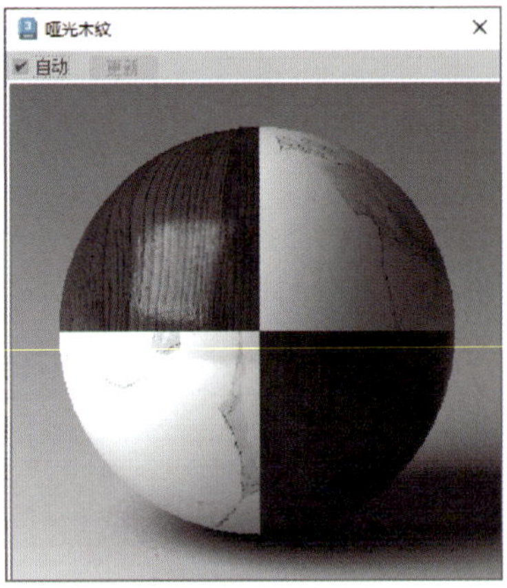

图 7-6

（3）工具栏

工具栏位于示例窗的下方和右侧，主要用于管理和更改贴图及材质，为了便于记忆，通常将示例窗下方的工具栏称为水平工具栏，右侧的工具栏则称为垂直工具栏。工具栏中各个按钮的含义介绍如下。

- 采样类型：控制示例窗显示的对象类型，包括球体、圆柱体和立方体三种显示类型。
- 背光：用于切换是否启用背景灯光，开启后可以查看调整由掠射光创建的高光反射，此高光在金属上更亮。
- 背景：用于将多颜色的方格背景添加到活动示例窗中，该功能常用于观察透明材质的反射和折射效果。如图 7-7、图 7-8 所示为透明材质显示背景前后。
- 采样 UV 平铺：可以在活动示例窗中调整采样对象上的贴图重复次数，使用该功能可以设置平铺贴图显示，对场景中几何体的平铺没有影响。
- 视频颜色检查：用于检查示例对象上的材质颜色是否超过安全 NTSC 和 PAL 阈值。
- 生成预览：可以使用动画贴图向场景添加运动。

图 7-7

图 7-8

- 选项：单击该按钮可以打开“材质编辑器选项”对话框。
- 按材质选择：选定使用当前材质的所有对象。
- 材质 / 贴图导航器：单击该按钮，即可打开“材质 / 贴图导航器”对话框。
- 获取材质：单击该按钮可以打开“材质 / 贴图浏览器”对话框，在该对话框中可以选择材质或贴图。
- 将材质放入场景：可以在编辑材质之后更新场景中的材质。
- 将材质指定给选择对象：将活动示例窗中的材质应用于场景中当前选定的对象。
- 重置贴图 / 材质为默认设置：清除当前活动示例窗中的材质，使其恢复默认参数。
- 生成材质副本：为选定的材质球创建材质副本。
- 使唯一：可以使贴图实例成为唯一的副本，还可以使一个实例化的材质成为唯一的独立子材质，可以为该子材质提供一个新的材质名。
- 放入库：可以将选定的材质添加到当前库中。
- 材质 ID 通道：按住该按钮可以打开材质 ID 通道工具栏。
- 在视口中显示明暗处理材质：可以使贴图在视图中的对象表面显示。
- 显示最终效果：可以查看所处级别的材质，而不查看所有其他贴图和设置的最终结果。
- 转到父对象：可以在当前材质中向上移动一个层级。
- 转到下一个同级项：将移动到当前材质中相同层级的下一个贴图或材质。
- 从对象拾取材质：可以在场景中的对象上拾取材质。

（4）参数控制区

材质编辑器下方都属于参数控制区，这里是 3ds Max 中使用最为频繁的区域。根据材质类型与贴图类型的不同，会出现不同的参数卷展栏。一般的参数控制包括多个项目，分别放置在各自的面板中，通过伸缩条展开或收起。如果超出了材质编辑器面板的长度，用户可以通过手形指针进行上下拖动。

7.3 3ds Max 内置材质

3ds Max 提供了多种内置材质类型，每一种材质都具有相应的功能，如 Ink’k Paint 材质可用于表现动画效果，“光线跟踪”材质适合表现金属和玻璃的反光效果等。

7.3.1 混合材质

“混合”材质可以将两种不同的材质以百分比的形式融合在一起，还可以通过“遮罩”通道来设置混合发生的位置和效果，还可以制作成材质变形的动画，常被用于制作刻花镜、织花布料和部分锈迹的金属等，如图 7-9、图 7-10 所示。

图 7-9

图 7-10

“混合”材质的参数面板由两个子材质和一个遮罩组成，如图 7-11 所示。

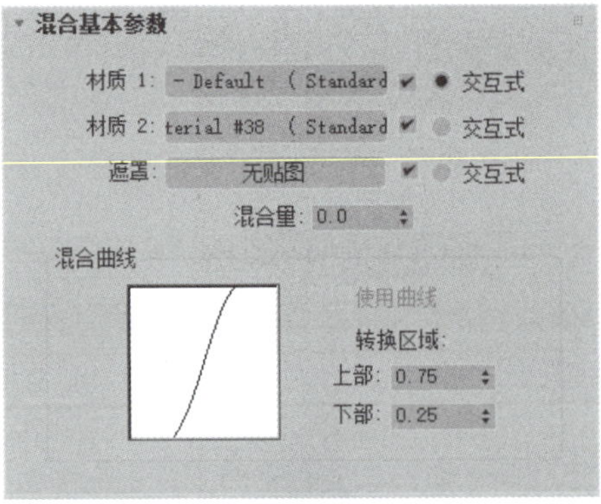

图 7-11

- **材质 1 和材质 2**：可以设置各种类型的材质。默认材质为标准材质，单击后方的选项框，在弹出的材质面板中可以更换材质。
- **遮罩**：使用各种程序贴图或位图设置遮罩。遮罩中较黑的区域对应材质 1，较亮较白的区域对应材质 2。
- **混合量**：决定两种材质混合的百分比，当参数为 0 时，将完全显示第一种材质，当参数为 100 时，将完全显示第二种材质。
- **混合曲线**：影响进行混合的两种颜色之间的变换的渐变或尖锐程度，只有设定遮罩贴图后，才会影响混合。

7.3.2 多维 / 子对象材质

使用“多维 / 子对象”材质可以采用几何体的子对象级别分配不同的材质，常被用于包含许多贴图的复杂物体上，如图 7-12、图 7-13 所示为不同颜色和材质的玩具和灯具。

图 7-12

图 7-13

其参数面板如图 7-14 所示。参数面板中常用参数含义介绍如下。

- **数量**：此字段显示包含在多维 / 子对象材质中的子材质的数量。
- **设置数量**：用于设置子材质的参数，单击该按钮，即可打开“设置材质数量”对话框，在其中可以设置材质数量。
- **添加**：单击该按钮，在子材质下方将默认添加一个标准材质。
- **删除**：删除子材质。单击该按钮，将从下向上逐一删除子材质。
- **ID/ 名称 / 子材质**：单击按钮即可按类别将列表排序。

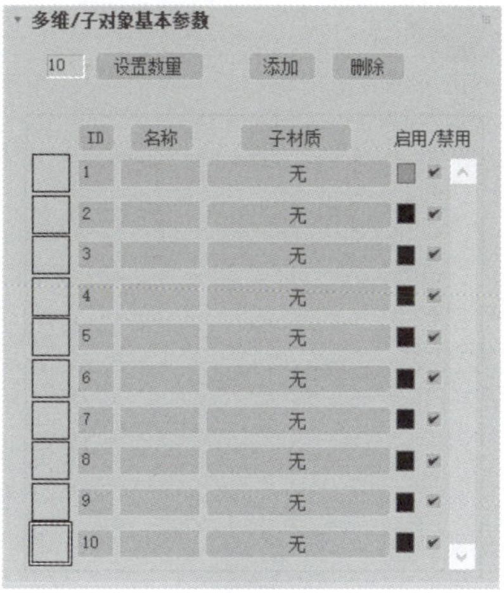

图 7-14

- **子材质列表**：该列表中每个子材质都有一个单独的项，一次最多显示 10 个子材质。

7.3.3 双面材质

生活中有些物体的正反两面是不同的质感和纹理，比如名片、雨伞、双面胶带等，如图 7-15、图 7-16 所示。

图 7-15

图 7-16

“双面”材质可以为对象的前面和后面指定两个不同的材质，其参数面板如图 7-17 所示。

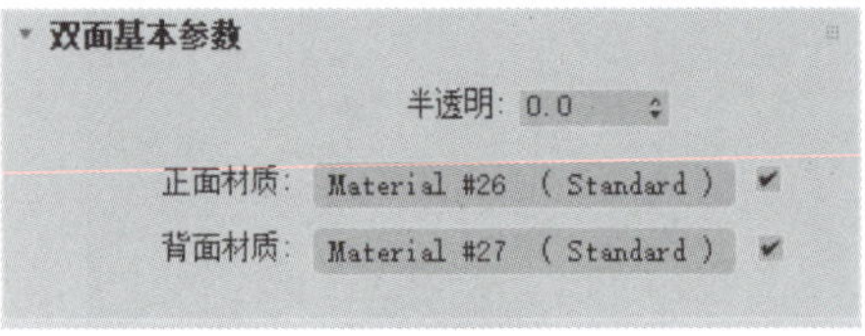

图 7-17

- 半透明：设置一个材质通过其他材质显示的数量。设置为 100% 时，可以在内部面上显示外部材质，并在外部面上显示内部材质。设置为中间的值时，内部材质指定的百分比将下降，并显示在外部面上。
- 正面材质 / 背面材质：单击此选项可显示材质 / 贴图浏览器并且选择一面或另一面使用的材质。

7.4 VRayMtl 材质

VRay 渲染器提供了一种特殊的材质——VRayMtl，VRayMtl 是 3ds Max 中应用最为广泛的材质类型，其功能非常强大，可以模拟超级真实的反射、折射及纹理效果，质感细腻真实，是其他材质难以达到的。

VRayMtl 的材质参数面板中包括“基础参数”“各向异性（BRDF）”“选项”“贴图”4 个卷展栏，本节将详细介绍主要卷展栏中参数的含义。

7.4.1 基础参数

“基础参数”卷展栏主要用于设置材质的基本属性，如漫反射、反射、折射、半透明、自发光等，如图 7-18 所示。

- 漫反射：物体的固有色，可以是某种颜色也可以是某张贴图，贴图优先。
- 粗糙度：数值越大，粗糙效果越明显，可以用来模拟绒布的效果。
- 反射：可以用颜色控制反射，也可以用贴图控制，但都基于黑灰白，黑色代表没有反射，白色代表完全反射，灰色代表不同程度的反射。如图 7-19 所示为不同反射程度的材质球。

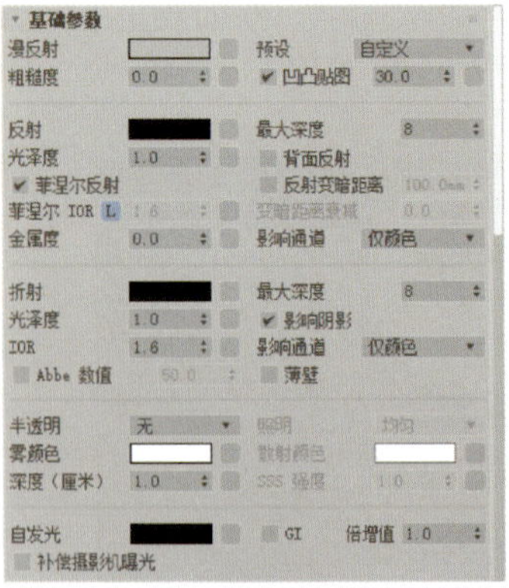

图 7-18

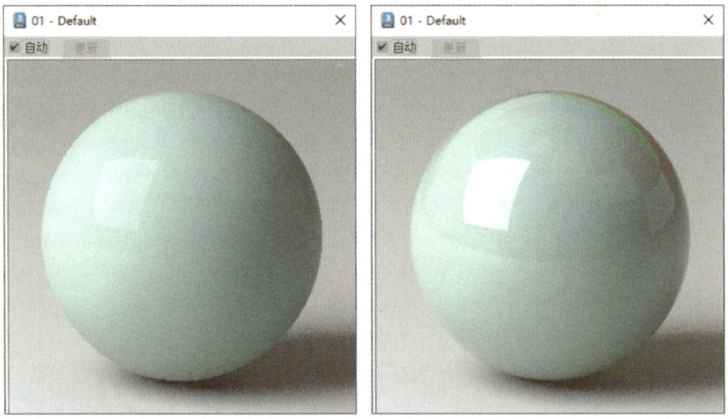

图 7-19

- 光泽度：物体高光和发射的亮度和模糊。值越高，高光越明显，反射越清晰。
- 菲涅耳反射：选择选项后可增强反射物体的细节变化。如图 7-20 所示为“菲涅耳反射”复选框勾选前后的材质效果。

菲涅耳 IOR：当值为 0 时，菲涅耳效果失效；当值为 1 时，材质则完全失去反射属性。

金属度：控制材质的反射计算模型，从绝缘体到金属。

最大深度：就是反射次数，值为 1 时，反射 1 次；值为 2 时，反射 2 次，以此类推，反射次数越多，细节越丰富，但一般而言，5 次以内就足够了，大的物体需要丰富的细节，但小的物体细节再多也观察不到，只会增加计算量。

背面反射：勾选后可增加背面反射效果。

反射变暗距离：该选项用来控制暗淡距离的数值。

折射：可以由旁边的色条决定，黑色时不透明，白色时全透明；也可以由贴图决定，贴图优先。如图 7-21 所示为不同折射程度的材质球。

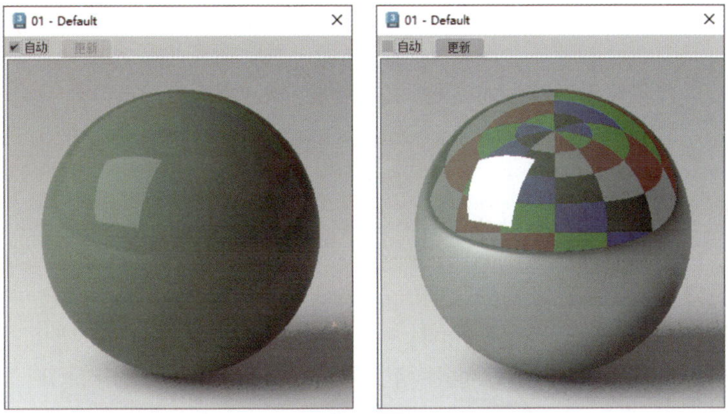

图 7-20

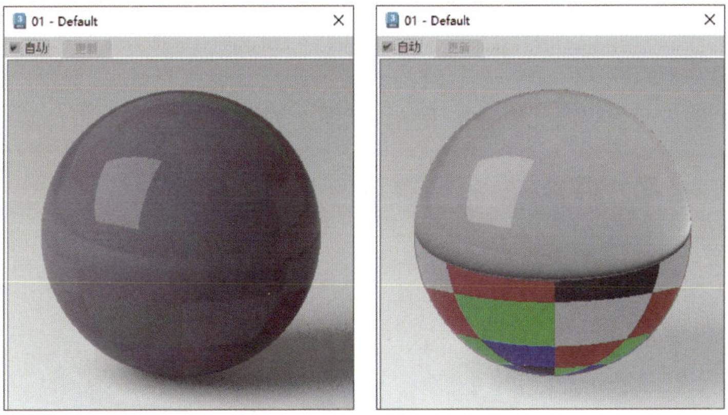

图 7-21

光泽度：控制折射表面光滑程度，值越高，表面越光滑；值越低，表面越粗糙。减低“光泽度”的值可以模拟磨砂玻璃效果。

IOR：折射的程度。数值越大材质效果越色彩斑斓，常见的酒水折射率为 1.333，玻璃折射率为 1.5 ～ 1.77，钻石折射率为 2.417。如图 7-22 所示为不同折射率的材质球。

Abbe 数值：色散的程度。

最大深度：折射次数。

影响阴影：勾选后阴影会随着烟雾颜色而改变，使透明物体阴影更加真实。

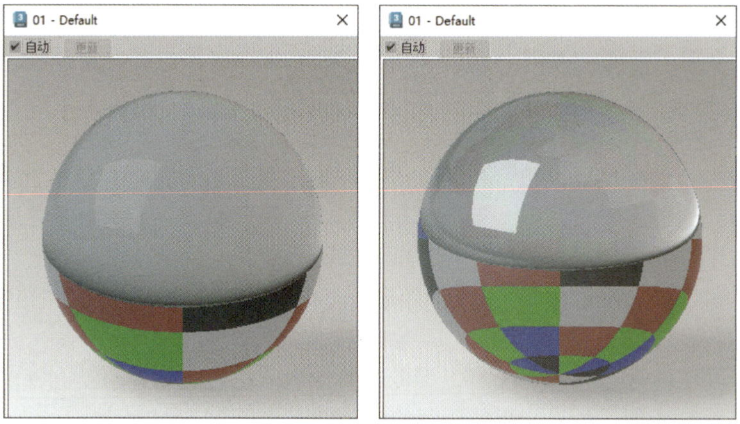

图 7-22

- 雾颜色：透明玻璃的颜色，非常敏感，改动一点就能产生很大变化。
- 半透明：半透明效果的类型有 3 种，包括硬、软、混合模式。
- 深度：用于控制光线在物体内部被追踪的深度，也可以将其理解为光线的最大穿透能力。
- 散射颜色：用来控制半透明效果的颜色。
- 自发光：该选项控制自发光的颜色。
- 倍增值：该选项控制自发光的强度。
- GI：该选项控制是否开启全面照明。
- 补偿摄影机曝光：该选项用于增强相机曝光值。

7.4.2 各向异性（BRDF）

各向异性现象在物理世界中到处可见，比如我们看到不锈钢锅底的高光形状就是呈两个锥形的，这是因为不锈钢表面是一个有规律的均匀凹槽，也就是常见的拉丝效果，当光照射到这样的表面上就会产生双向反射分布现象，如图 7-23、图 7-24 所示。

图 7-23

图 7-24

“BRDF”卷展栏主要用于控制物体表面的反射特性。当反射里的颜色不为黑色和反射模糊不为 1 时，这个功能才有效果，其参数面板如图 7-25 所示。

- 明暗器类型：提供了多面（Phong）、反射（Blinn）、沃德（Ward）和 Microfacet GTR

（GGX）4 种双向反射分布类型。

- 各向异性：各向异性控制高光区域的形状。
- 旋转：控制高光形状的角度。

7.4.3 选项

“选项”卷展栏如图 7-26 所示。下面对主要参数选项进行介绍。

- 追踪反射：控制光线是否追踪反射。不勾选该项，VRay 将不渲染反射效果。
- 追踪折射：控制光线是否追踪折射。不勾选该项，VRay 将不渲染折射效果。
- 双面：控制 VRay 渲染的面为双面。

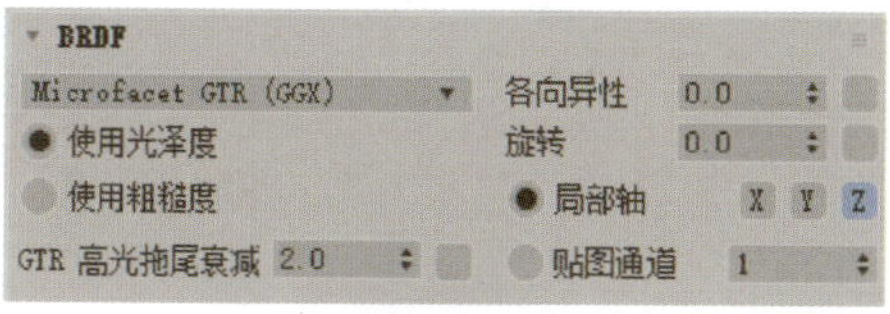

图 7-25

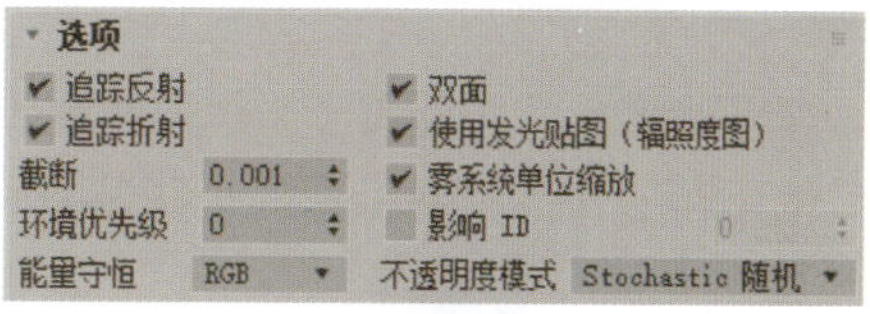

图 7-26

知识链接

由于其他部分的参数在做效果图的时候用得不多，这里就不多做介绍。如果读者有兴趣，可以参考官方的相关资料。

7.4.4 贴图

“贴图”卷展栏包含每个贴图类型的通道按钮，单击后会打开“材质 / 贴图浏览器”对话框，这里为用户提供了多种贴图类型，可以应用在不同的贴图方式，如图 7-27 所示。

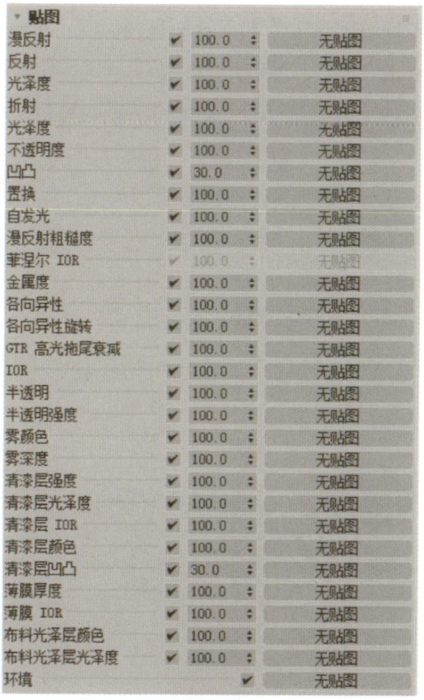

图 7-27

第 7 章

- 凹凸：主要用于制作物体的凹凸效果，在后面的通道中可以加载凹凸贴图。
- 置换：主要用于制作物体的置换效果，在后面的通道中可以加载置换贴图。

注意事项

凹凸贴图通道和置换贴图通道区别很大。

凹凸贴图通道是一种灰度图，用表面灰度的变化来描述目标表面的凹凸变化，这种贴图是黑白的。

置换贴图通道是根据贴图图案灰度分布情况对几何表面进行置换，较浅的颜色向内凹进，比较深的颜色向处突出，是一种真正改变物体表面的方式，细微的改变物体表面的细节。

- 不透明度：主要用于制作透明物体，如窗帘、灯罩等。
- 环境：主要针对上面的一些贴图而设定，如反射、折射等，只是在其贴图的效果上加入了环境贴图效果。

知识链接

每个贴图通道后都有一个数值输入框，该数值有两个功能。

一是用于调整参数的强度，比如“凹凸”通道中加载了贴图，那么该参数值越大，产生的凹凸效果就越强烈。

另一个功能就是调整通道颜色和贴图的混合比例。比如“漫反射”通道中既调整了颜色又加载了贴图，如果此时数值为 100，就表示只有贴图产生作用；如果数值为 50，则两者各作用一半；如果数值为 0，则仅体现出颜色效果。

进阶案例：制作餐具材质

下面利用 VRayMtl 材质制作出白瓷及不锈钢材质，具体操作步骤介绍如下。

Step01： 打开素材场景，如图 7-28 所示。

Step02： 制作白瓷材质。按 M 键打开材质编辑器，选择一个空白材质球，设置材质类型为 VRayMtl，命名为“白瓷”，在“基础参数”卷展栏中设置漫反射颜色和反射颜色，反射颜色为白色，再设置反射光泽度，如图 7-29 所示。

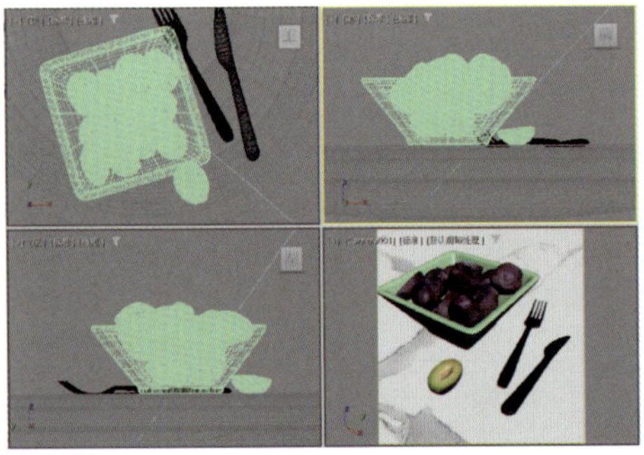

图 7-28

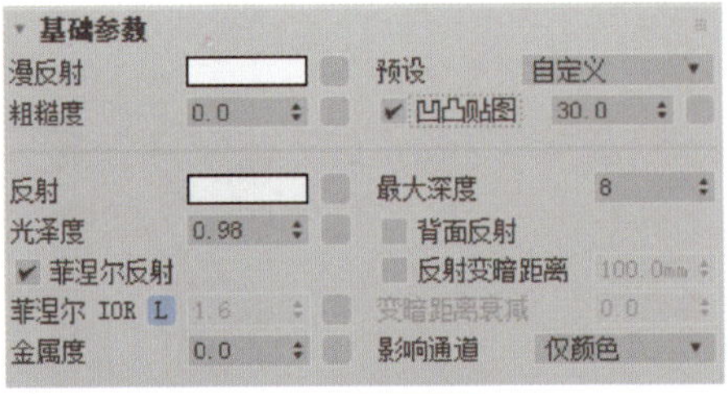

图 7-29

Step03： 漫反射颜色的参数如图 7-30 所示。

Step04：材质球预览效果如图 7-31 所示。将该材质赋予碗碟模型。

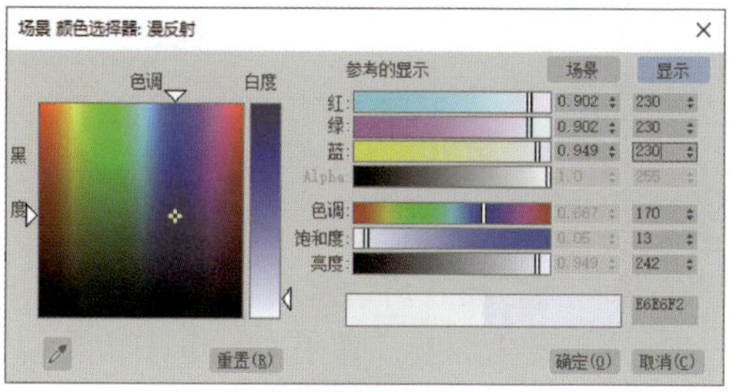

图 7-30

图 7-31

Step05：制作不锈钢材质。选择一个空白材质球，设置材质类型为 VRayMtl，命名为“不锈钢”，在“基础参数”卷展栏中设置漫反射颜色和反射颜色，再设置反射光泽度、折射率等参数，如图 7-32 所示。

Step06：漫反射颜色和反射颜色的参数如图 7-33 所示。

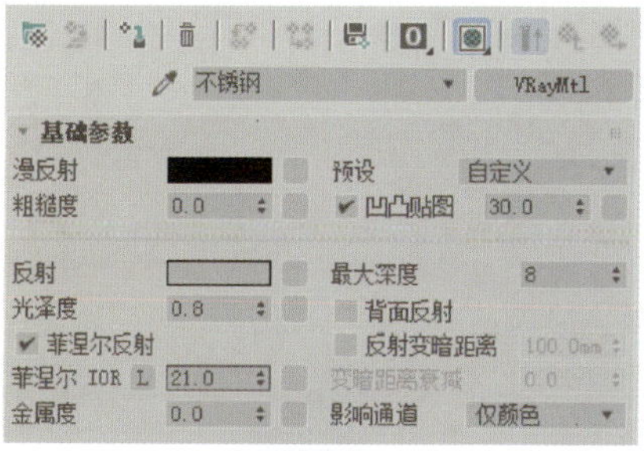

图 7-32

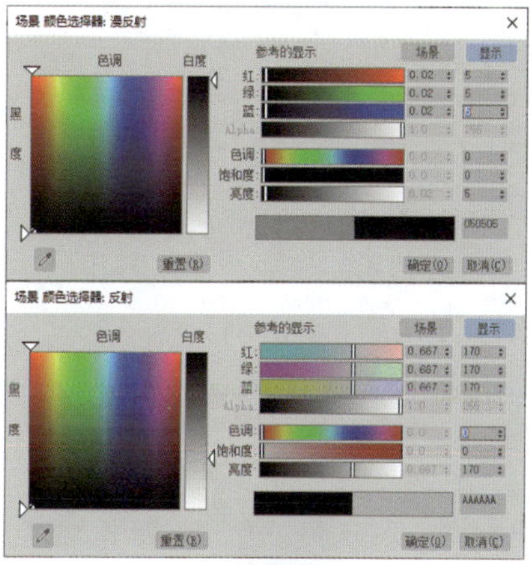

图 7-33

Step07：材质球预览效果如图 7-34 所示。再将材质赋予刀叉模型。

Step08：渲染摄影机视口，最终效果如图 7-35 所示。

图 7-34

图 7-35

7.5 其他 VRay 材质

除了 VRayMtl 材质外，还有几种比较常用的 VRay 材质类型，如 VRay 灯光材质、VRay 覆盖材质、VRay 材质包裹器材质、VRay 车漆材质等。

7.5.1 VRay 灯光材质

VRay 灯光材质是 VRay 渲染器提供的一种特殊材质，可以通过设置不同的倍增值在场景中产生不同的明暗效果，并且对场景中的物体也产生影响，常用来制作灯带、霓虹灯、屏幕等效果，如图 7-36、图 7-37 所示。

知识链接

通常会使用 VRay 灯光材质来制作室内的灯带效果，这样可以避免场景中出现过多的 VRay 灯光，从而提高渲染的速度。

图 7-36

图 7-37

VRay 灯光材质在渲染的时候要比 3ds Max 默认的自发光材质快很多，其参数面板如图 7-38 所示。

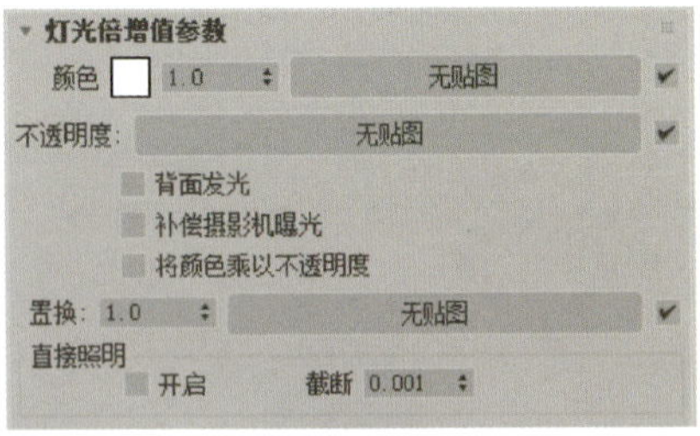

图 7-38

- 颜色：主要用于设置自发光材质的颜色，默认为白色。可单击色样打开颜色选择器，以选择所需的颜色。不同的灯光颜色对周围对象表面的颜色会有不同的影响。
- 倍增：控制自发光的强度。值越大，灯光越亮，反之则越暗。默认值为 1.0。
- 不透明度：可以给自发光的不透明度指定材质贴图，让材质产生自发光的光源。
- 背面发光：设置自发光材质是否两面都产生自发光。
- 补偿摄影机曝光：控制相机曝光补偿的数值。
- 将颜色乘以不透明度：勾选该选项后，将按照控制不透明度与颜色相乘。

7.5.2 VRay 覆盖材质

VRay 覆盖材质可以让用户更广泛地去控制场景的色彩融合、反射、折射等。VRay 覆盖材质主要包括 5 种材质通道，分别是“基础材质”“GI 材质”“反射材质”“折射材质”和“阴影材质”，其参数面板如图 7-39 所示。

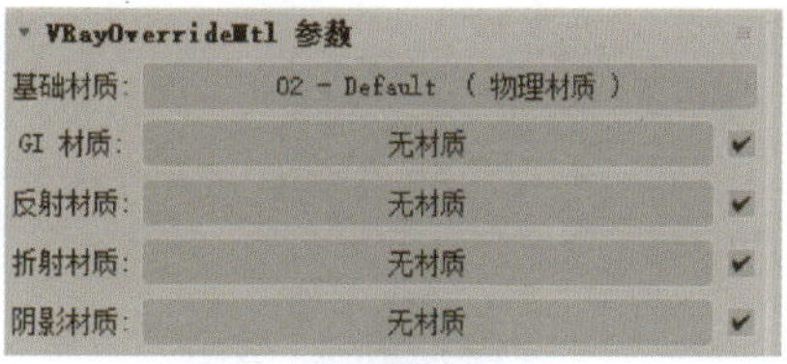

图 7-39

- 基础材质：物体的基础材质。
- GI 材质：物体的全局光材质，当使用这个参数的时候，灯光的反弹将依照这个材质的灰度来进行控制，而不是基础材质。
- 反射材质：物体的反射材质，即在反射里看到的物体的材质。
- 折射材质：物体的折射材质，即在折射里看到的物体的材质。
- 阴影材质：基本材质的阴影将用该参数中的材质来进行控制，而基本材质的阴影将无效。

7.5.3 VRay 材质包裹器材质

VRay 材质包裹器材质主要用于控制材质的全局光照、焦散和不可见，也就是说，通过 VRay 材质包裹器可以将标准材质转换为 VRay 渲染器支持的材质类型。当一个材质在场景中过亮或者色溢太多，就可以嵌套这个材质。其参数面板如图 7-40 所示。

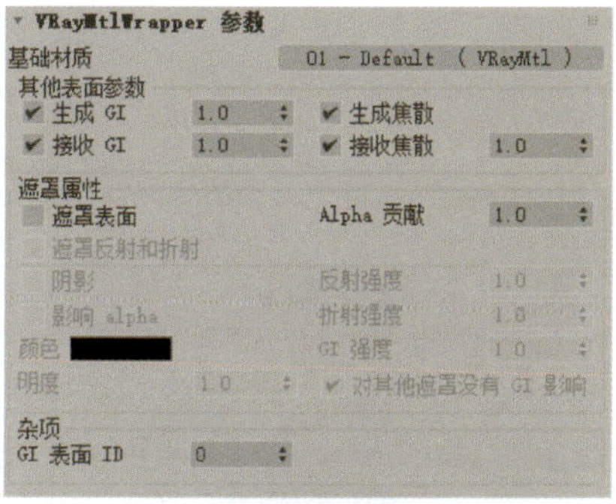

图 7-40

- 基础材质：用来设置 VRay 材质包裹器中使用的基础材质，该材质必须是 VRay 渲染器支持的材质类型。
- 生成 GI：控制使用此材质的物体产生的照明强度。
- 接收 GI：控制使用此材质的物体接收的照明强度。
- 生成焦散：去掉该项材质才会产生焦散效果。
- 接收焦散：去掉该项材质将接收焦散的效果。
- 遮罩属性：勾选此选项后，在进行直接观察的时候，将显示背景而不会显示基础材质，这样材质看上去类似 3ds Max 标准的不光滑材质。
- 阴影：用于控制遮罩物体是否接收直接光照产生的阴影效果。
- 影响 alpha：设置直接光照是否影响遮罩物体的 Alpha 通道。
- 颜色：用于控制被包裹材质的物体接收的阴影颜色。
- 明度：用于控制遮罩物体接收阴影的强度。
- 反射强度 / 折射强度：用于控制遮罩物体的反射程度 / 折射程度。
- GI 强度：用于控制遮罩物体接收间接照明的程度。
- 杂项：用来设置全局照明曲面 ID 的参数。

进阶案例：制作浴室镜材质

下面利用 VRay 材质为场景中的浴室镜创建黑漆、镜子、自发光材质，具体操作步骤介绍如下。

Step01: 打开素材场景，如图 7-41 所示。

Step02: 制作黑漆材质。按 M 键打开材质编辑器，选择一个空白材质球，设置材质类型为 VRayMtl，命名为“黑漆”，在“基础参数”卷展栏中设置漫反射颜色、反射颜色，并设置反射光泽度，如图 7-42 所示。

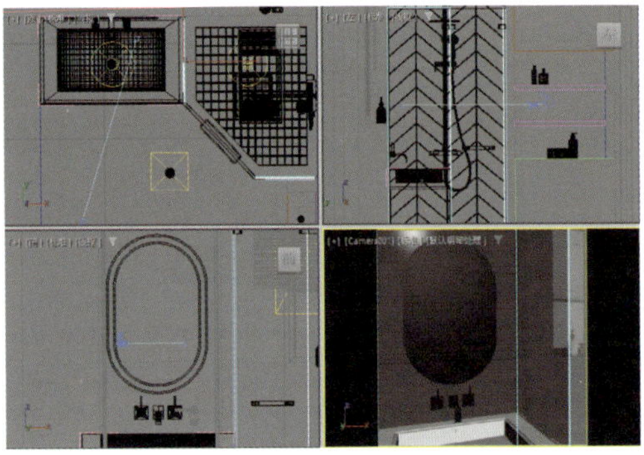

图 7-41

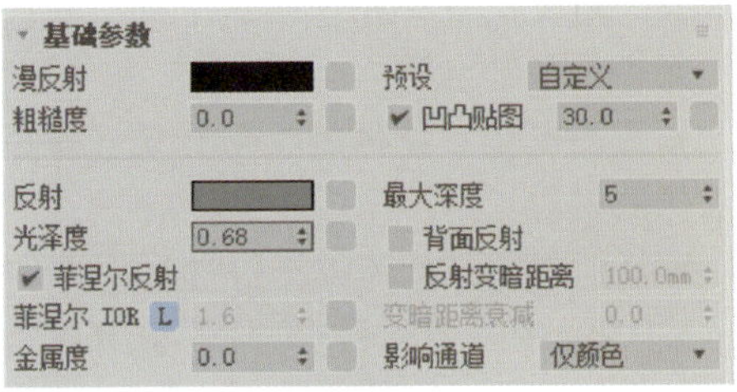

图 7-42

Step03: 漫反射颜色和反射颜色的参数如图 7-43 所示。

Step04: 材质球预览效果如图 7-44 所示。

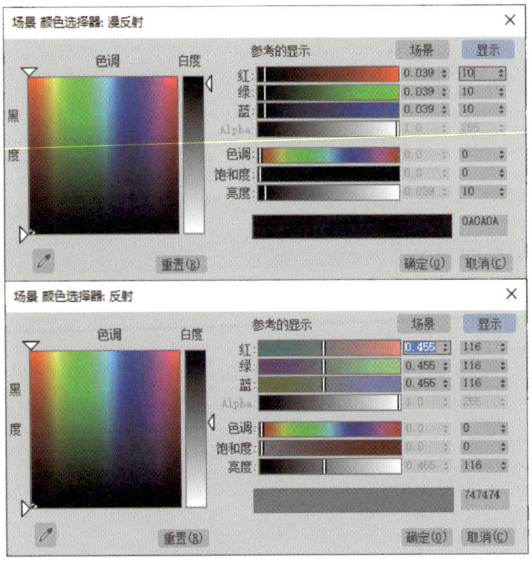

图 7-43

图 7-44

Step05: 制作镜子材质。选择一个空白材质球，设置材质类型为 VRayMtl，命名为“镜子”，在“基础参数”卷展栏中设置漫反射颜色、反射颜色，如图 7-45 所示。

Step06: 漫反射颜色和反射颜色的参数如图 7-46 所示。

Step07: 材质球预览效果如图 7-47 所示。

Step08: 制作自发光材质。选择一个空白材质球，设置材质类型为 VRay 灯光材质，命名为“自发光”，在参数面板设置灯光颜色及强度，如图 7-48 所示。

Step09: 灯光颜色参数如图 7-49 所示。

Step10: 材质球预览效果如图 7-50 所示。

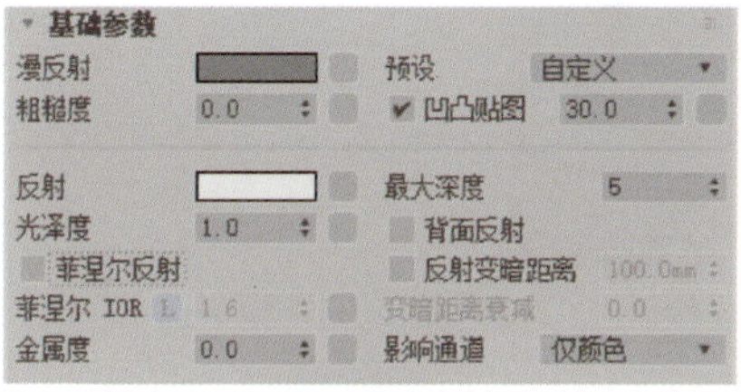

图 7-45

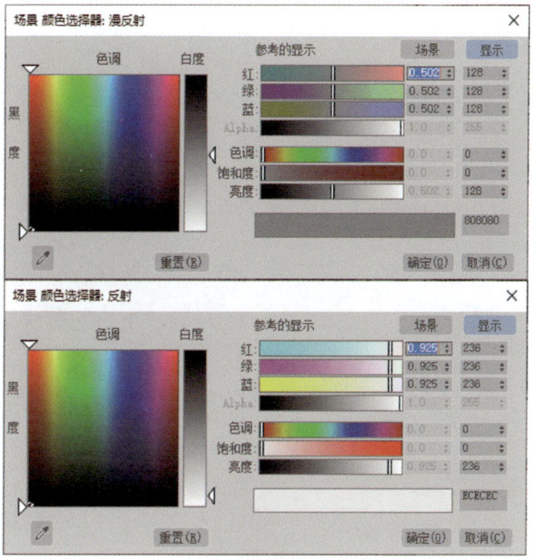

图 7-46

图 7-47

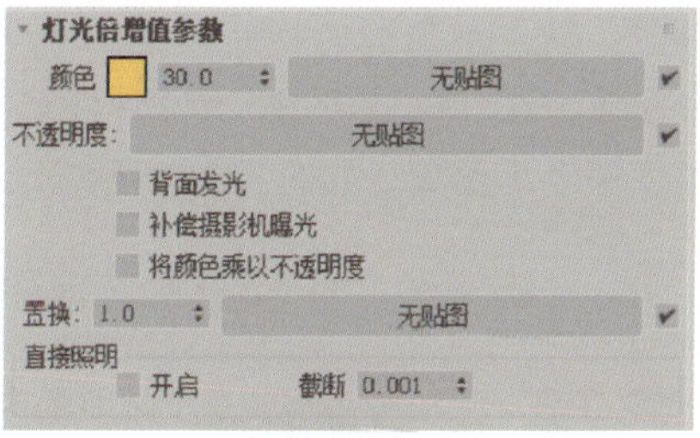

图 7-48

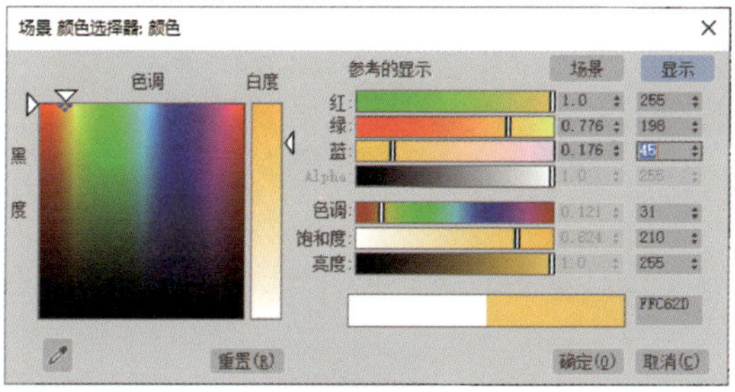

图 7-49

图 7-50

Step11：将制作好的材质分别指定给镜子的边框、镜面以及灯带处，然后渲染摄影机视口，最终效果如图 7-51 所示。

图 7-51

综合实战：制作玻璃茶几材质

下面利用本章所学的混合材质和 VRayMtl 材质知识制作玻璃、金属和水材质，具体操作步骤介绍如下。

Step01： 打开素材场景，如图 7-52 所示。

Step02： 制作茶几玻璃材质。按 M 键打开材质编辑器，选择一个空白材质球，设置为 VRayMtl 材质，在“基础参数”卷展栏设置漫反射颜色、反射颜色、折射颜色以及雾颜色，再设置最大深度等参数，如图 7-53 所示。

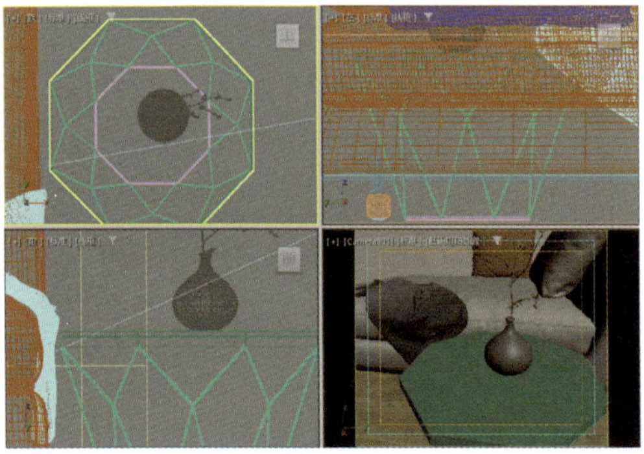

图 7-52

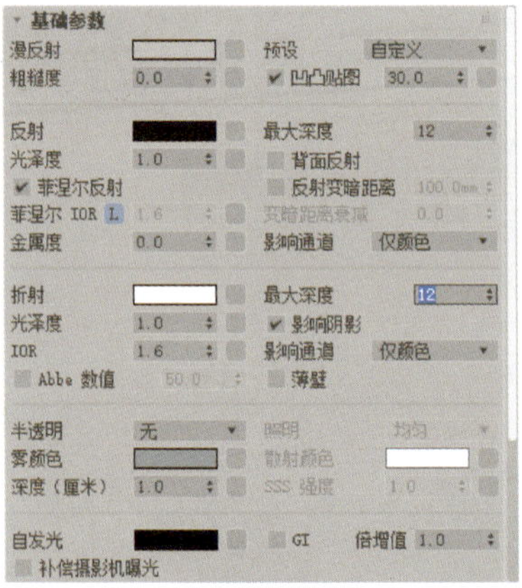

图 7-53

Step03： 漫反射颜色、反射颜色、折射颜色以及烟雾颜色的参数如图 7-54、图 7-55 所示。

Step04： 制作好的茶几玻璃材质预览效果如图 7-56 所示。

Step05： 制作金属材质。选择一个空白材质球，设置为 VRayMtl 材质，在“基础参数”卷展栏中设置漫反射颜色和反射颜色，再设置反射光泽度，如图 7-57 所示。

Step06： 漫反射颜色与反射颜色的参数如图 7-58 所示。

Step07： 在“BRDF”卷展栏设置“各向异性”为 0.5，如图 7-59 所示。

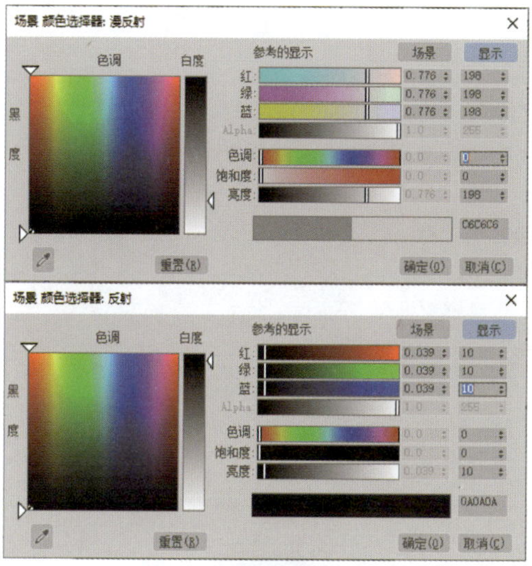

图 7-54

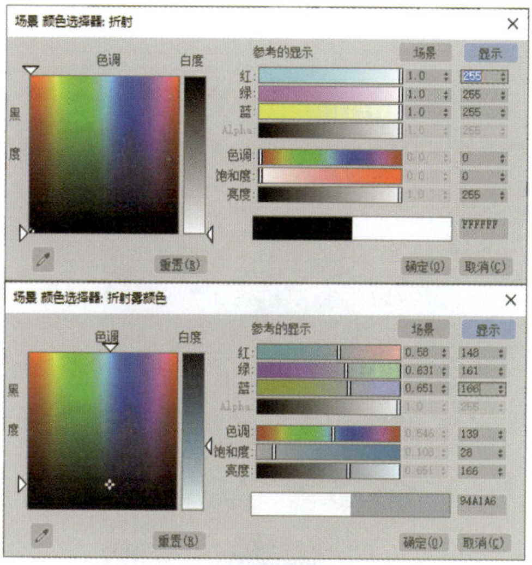

图 7-55

图 7-56

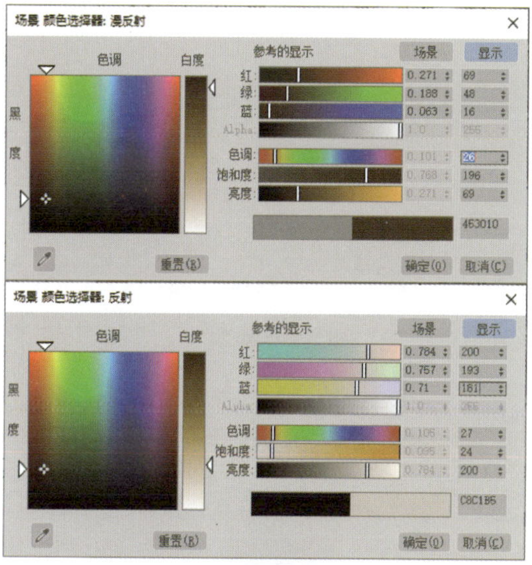

图 7-57

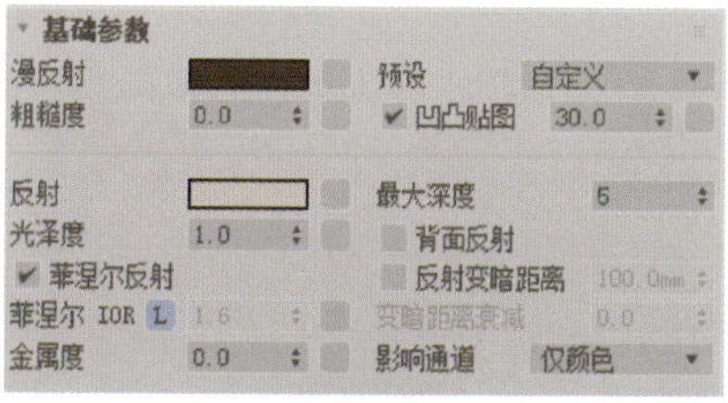

图 7-58

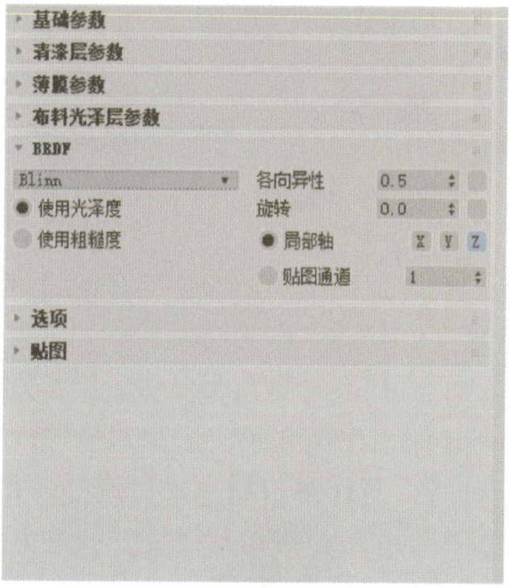

图 7-59

Step08： 制作好的金属材质预览效果如图 7-60 所示。将材质分别指定给茶几玻璃和框架模型。

Step09： 制作花瓶玻璃。再选择一个空白材质球，设置为 VRay 混合材质，设置基础材质类型和镀膜材质类型都为 VRayMtl，并勾选“加法（shellac）”复选框，如图 7-61 所示。

图 7-60

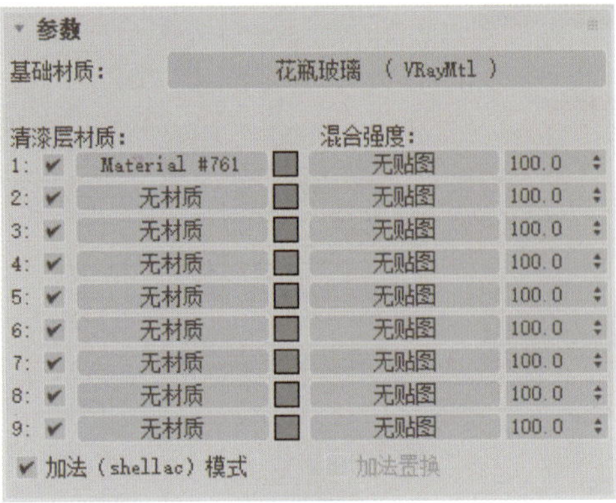

图 7-61

Step10： 进入基础材质参数面板，设置漫反射颜色、反射颜色、折射颜色和烟雾颜色，其中反射颜色和折射颜色为白色，并设置折射参数，如图 7-62 所示。

Step11： 漫反射颜色和烟雾颜色的参数如图 7-63 所示。

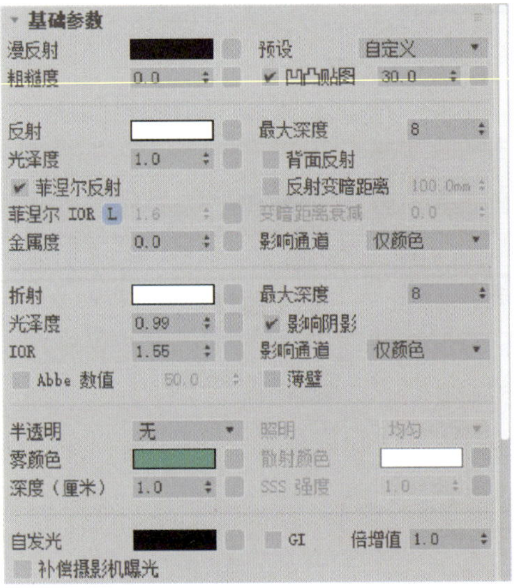

图 7-62

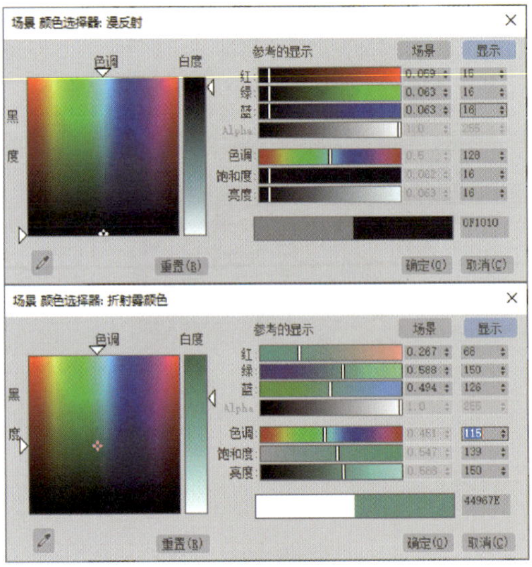

图 7-63

Step12： 返回上一层级，打开镀膜材质参数面板，设置漫反射颜色和反射颜色，并设置反射光泽度，如图 7-64 所示。

Step13： 漫反射颜色和反射颜色参数如图 7-65 所示。

Step14： 制作好的花瓶玻璃材质球预览效果如图 7-66 所示。

Step15： 制作水材质。最后选择一个空白材质球，设置材质类型为 VRayMtl 材质，在“基础参数”卷展栏中设置漫反射颜色为黑色，反射颜色和折射颜色为白色，再设置折射光泽度等参数，如图 7-67 所示。

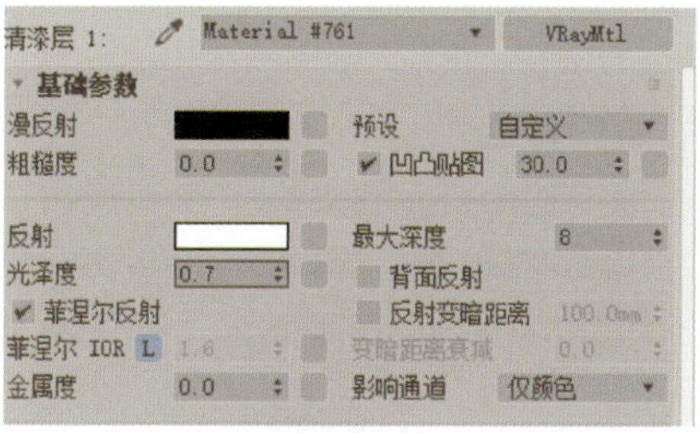

图 7-64

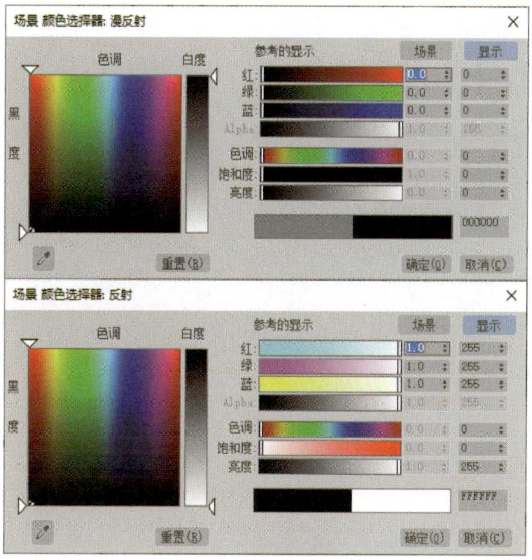

图 7-65

Step16： 制作好的水材质预览效果如图 7-68 所示。

Step17： 将制作好的玻璃材质与水材质分别指定给模型对象，渲染摄影机视口，最终效果如图 7-69 所示。

图 7-66

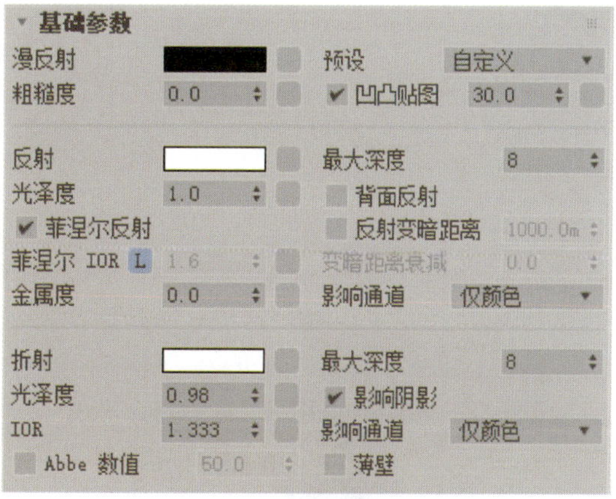

图 7-67

图 7-68

图 7-69

第 8 章 贴图技术

贴图主要用于表现物体材质表面的纹理，可以不用增加模型的复杂程度就可以表现出对象的细节质感，并且可以创建出反射、折射、凹凸和镂空等多种效果。3ds Max 和 VRay 插件为用户提供了大量的贴图，通过这些贴图可以增强模型的质感，完善场景效果，使三维场景更加接近真实环境。

本章主要介绍贴图的含义、常用标准贴图以及常用 VRay 贴图的设置和应用，通过本章的学习，可以进一步掌握贴图材质的创建与设置。

8.1 认识贴图

贴图是一种将图片信息投影到曲面的方法，在 3ds Max 中是指在贴图通道中添加位图或程序贴图，从而使得材质产生更多细节变化，比如花纹、凹凸、衰减等效果，如图 8-1、图 8-2 所示。

图 8-1

图 8-2

贴图不是材质，这二者是有区别的。简单来说，先有了材质才能有贴图，也就是说贴图是依附于材质表面而存在的。例如带有花纹的玻璃，首先它是玻璃属性，其次它带有花纹，而玻璃属性才是最重要的。

8.2 常用标准贴图类型

使用 VRay 材质，可以应用不同的纹理贴图，控制其反射和折射，增加凹凸贴图和朱鹮贴图，强制直接进行全局照明计算，从而获得逼真的渲染效果。在材质编辑器中打开“贴图”卷展栏，就可以在任意通道中添加贴图来表现物体的属性，如图 8-3 所示。在打开的材质 / 贴图浏览器中用户可以看到有很多的贴图类型，如图 8-4 所示。

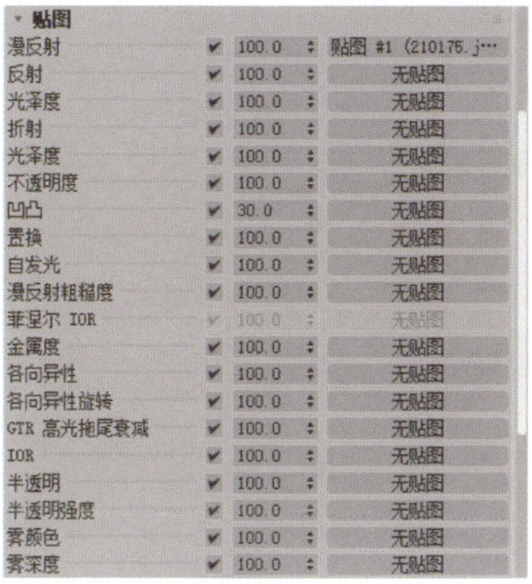

图 8-3

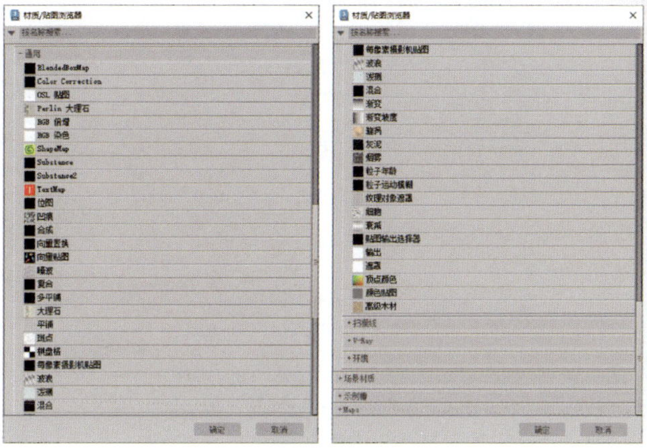

图 8-4

8.2.1 位图贴图

位图贴图会使用一张位图图像作为贴图，是所有贴图类型中最常用的贴图，可以用来创建多种材质。如图 8-5、图 8-6 所示为生活中常见的贴图效果。

位图贴图支持很多种格式，包括 FLC、AVI、BMP、IFL、JPEG、QuickTime、Movie、PNG、PSD、RLA、TGA、TIFF 等。

图 8-5

图 8-6

在位图贴图的参数面板中，用户可以直接设置纹理的显示方式以及输出效果，较为常用的参数面板如图 8-7 所示。

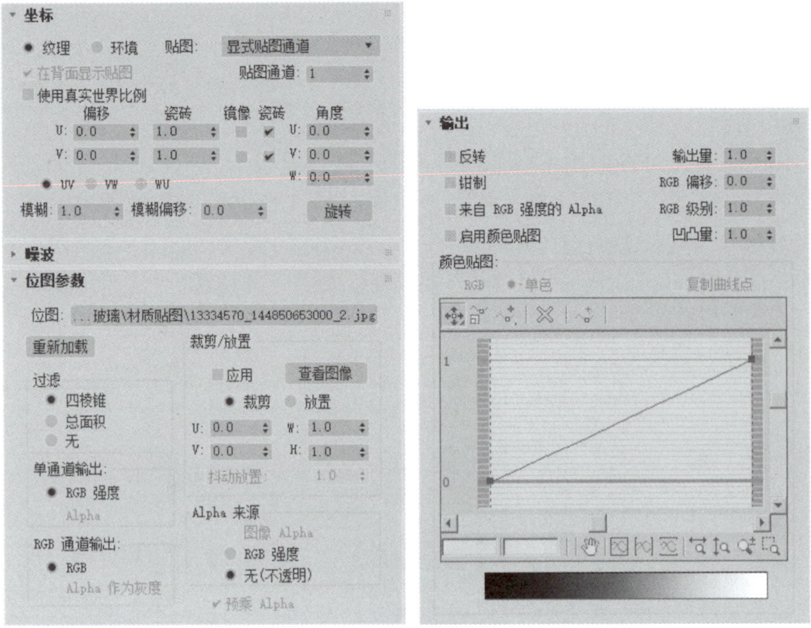

图 8-7

- 偏移：用来控制贴图的偏移效果。
- 大小：用来控制贴图平铺重复的程度。
- 角度：用来控制贴图的角度旋转效果。
- 模糊：用来控制贴图的模糊程度，数值越大贴图越模糊，渲染速度越快。
- 位图：用于选择位图贴图，通过标准文件浏览器选择位图，选中之后，该按钮上会显示位图的路径名称。
- 重新加载：对使用相同名称和路径的位图文件进行重新加载。在绘图程序中更新位图后，无须使用文件浏览器重新加载该位图。
- 四棱锥：四棱锥过滤方法，在计算的时候占用较少的内存，运用最为普遍。
- 总面积：总面积过滤方法，在计算的时候占用较多的内存，但能产生比四棱锥过滤方法更好的效果。
- RGB 强度：使用贴图的红、绿、蓝通道强度。
- Alpha：使用贴图 Alpha 通道的强度。
- 应用：启用该选项可以应用裁剪或减小尺寸的位图。
- 裁剪 / 放置：控制贴图的应用区域。

知识链接

“过滤”选项组用来选择抗锯齿位图中平均使用的像素方法。“Alpha 来源”选项组中的参数用于根据输入的位图确定输出 Alpha 通道的来源。

8.2.2 噪波贴图

噪波贴图可以通过两种颜色的随机混合，产生随机的噪波波纹纹理，是使用比较频繁的一种贴图，常用于无序贴图效果的制作，如水波纹、草地、墙面、毛巾等，如图 8-8 所示。用户可以通过参数面板设置波纹类型、强度、大小等效果，其参数面板如图 8-9 所示。

知识链接

“分形”类型使用分形算法来计算噪波效果。当选择了分形类型后，级别参数用来控制噪波的迭代次数。

图 8-8

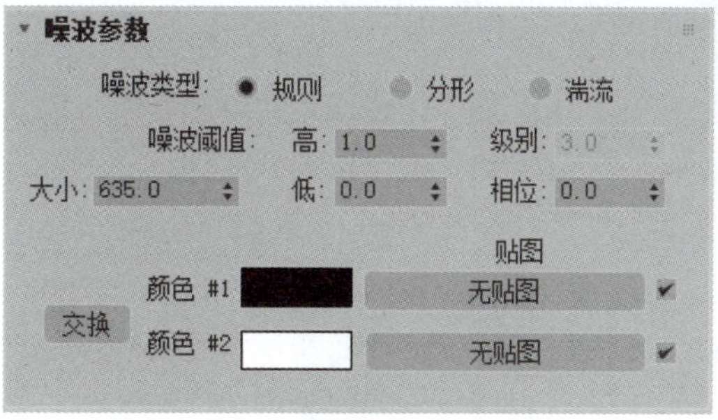

图 8-9

- 噪波类型：共有三种类型，分别是规则、分形和湍流。
- 大小：以 3ds Max 为单位设置噪波函数的比例。
- 噪波阈值：控制噪波的效果。
- 级别：决定有多少分形能量用于分形和湍流噪波阈值。
- 相位：控制噪波函数的动画速度。
- 交换：交换两个颜色或贴图的位置。
- 颜色 #1/ 颜色 #2：从这两个主要噪波颜色中选择，通过所选的两种颜色来生成中间颜色值。

知识链接

该贴图常与“凹凸”贴图配合使用，会产生对象表面的凹凸效果，还可以与复合材质一起制作出对象表面的灰尘。

8.2.3 平铺贴图

平铺贴图可以使用颜色或材质贴图创建瓷砖或其他平铺材质。制作时可以使用预置的建筑砖墙图案，也可以自定义图案，如图 8-10 所示，其参数面板如图 8-11 所示。

图 8-10

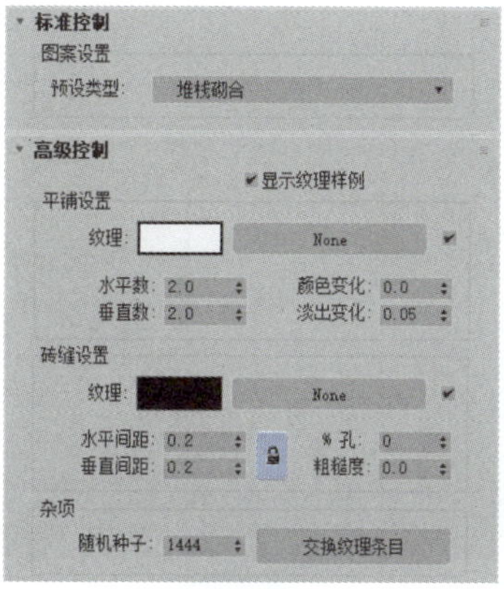

图 8-11

- 预设类型：列出定义的建筑瓷砖砌合、图案、自定义图案，这样可以通过选择“高级控制”和“堆垛布局”卷展栏中的选项来设计自定义的图案。

知识链接

只有在“标准控制”卷展栏 > 图案设置 > 预设类型中选择“自定义平铺”选项时，“堆垛布局”组才处于激活状态。

- 显示纹理样例：更新并显示贴图指定给瓷砖或砖缝的纹理。
- 纹理：控制用于瓷砖的当前纹理贴图的显示。
- 水平 / 垂直数：控制行 / 列的瓷砖数。
- 颜色变化：控制瓷砖的颜色变化。
- 淡出变化：控制瓷砖的淡出变化。
- 纹理：控制砖缝的当前纹理贴图的显示。
- 水平 / 垂直间距：控制瓷砖间的水平 / 垂直砖缝的大小。
- 粗糙度：控制砖缝边缘的粗糙度。

知识链接

默认状态下贴图的水平间距和垂直间距是锁定在一起的，用户可以根据需要解开锁定来单独对它们进行设置。

8.2.4 棋盘格贴图

棋盘格贴图类似国际象棋的棋盘，可以产生两色方格交错的图案，也可以自定义其他颜色或贴图。通过棋盘格贴图间的嵌套，可以产生多彩的方格图案效果，常用于制作一些格状纹理或者砖墙、地板砖和瓷砖等有序的纹理，如图 8-12 所示。通过棋盘格贴图的噪波参数，可以在原有的棋盘图案上创建不规则的干扰效果，其参数面板如图 8-13 所示。

- 柔化：模糊方格之间的边缘，很小的柔化值就能生成很明显的模糊效果。
- 交换：单击该按钮可交换方格的颜色。
- 颜色：用于设置方格的颜色，允许使用贴图代替颜色。
- 贴图：选择要在棋盘格颜色区内使用的贴图。

图 8-12

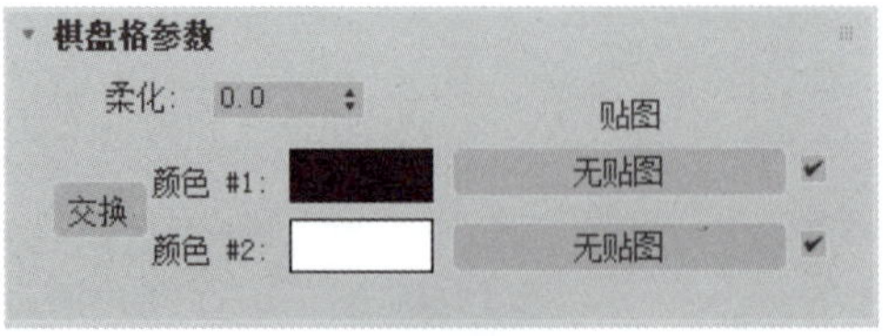

图 8-13

8.2.5 衰减贴图

衰减贴图可以通过两个不同的颜色或贴图来模拟对象表面由深到浅或者由浅到深的过渡效果。

如果作用于不透明贴图、自发光贴图和过滤色贴图，会产生一种透明衰减效果，强的地方透明，弱的地方不透明；如果作用于不透明贴图，可以产生透明衰减影响；如果作用于发光贴图，则可以产生光晕效果。如图 8-14、图 8-15 所示为生活中常见的带有衰减特性的物体。

图 8-14

图 8-15

在创建不透明的衰减效果时，衰减贴图提供了更大的灵活性，参数面板如图 8-16 所示。

- 前：侧：用来设置衰减贴图的前通道和侧通道参数。
- 衰减类型：设置衰减的方式，共有垂直 / 平行、朝向 / 背离、Fresnel、阴影 / 灯光、距离混合 5 种选项。
- 衰减方向：设置衰减的方向。
- 对象：从场景中拾取对象并将其名称放到按钮上。
- 覆盖材质 IOR：允许更改为材质所设置的折射率。
- 折射率：设置一个新的折射率。
- 近端距离：设置混合效果开始的距离。
- 远端距离：设置混合效果结束的距离。
- 外推：启用此选项之后，效果继续超出“近端”和“远端”距离。

在“衰减参数”卷展栏中，用户可以对衰减贴图的两种颜色进行设置，并且提供了如图 8-17 所示的 5 种衰减类型，默认状态下使用的是“垂直 / 平行”。

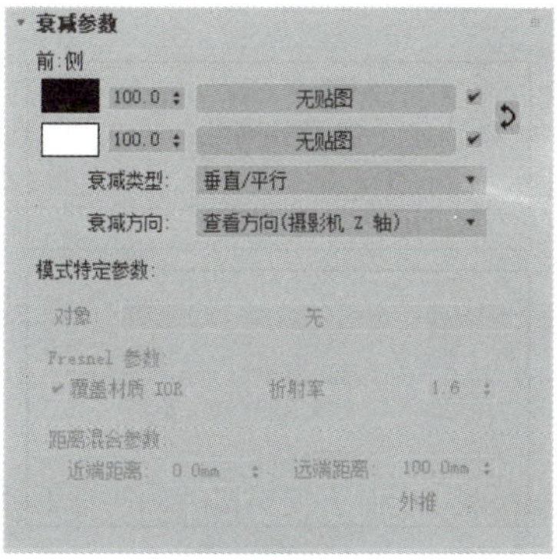

图 8-16

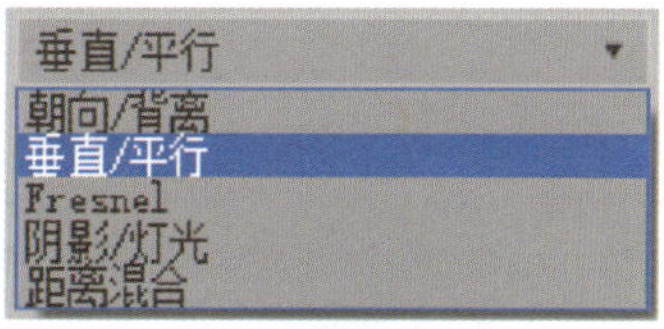

图 8-17

知识链接

将衰减贴图指定为不透明度贴图，可以制作出类似于 X 光射线的虚幻效果。

Fresnel 类型是基于折射率来调整贴图的衰减效果的，在面向视图的曲面上产生暗淡反射，在有角的面上产生较为明亮的反射，创建就像在玻璃面上一样的高光。

进阶案例：制作布艺材质

下面利用位图贴图、衰减贴图以及合成贴图制作各种布艺材质，具体操作步骤介绍如下。

Step01：打开素材场景，如图 8-18 所示。

Step02：制作纱帘材质。按 M 键打开材质编辑器，选择一个空白材质球，设置材质类型为 VRayMtl，在“贴图”卷展栏为漫反射通道和折射通道添加衰减贴图，如图 8-19 所示。

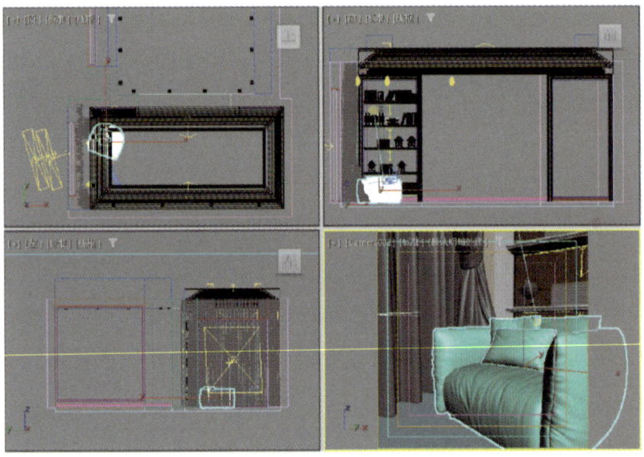

图 8-18

图 8-19

Step03：进入漫反射通道的衰减贴图参数面板，设置颜色 1 和颜色 2，如图 8-20、图 8-21 所示。

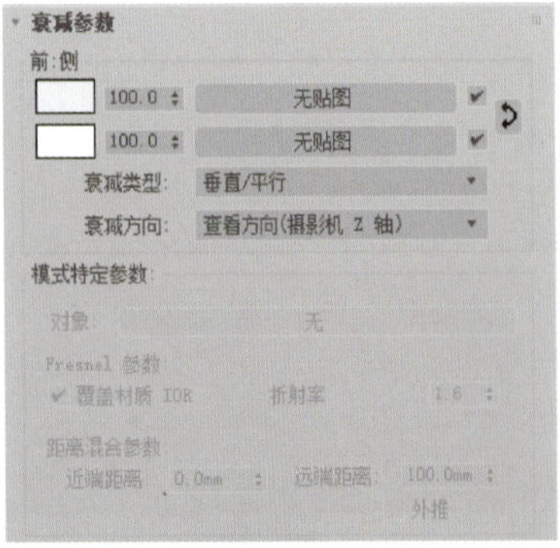

图 8-20

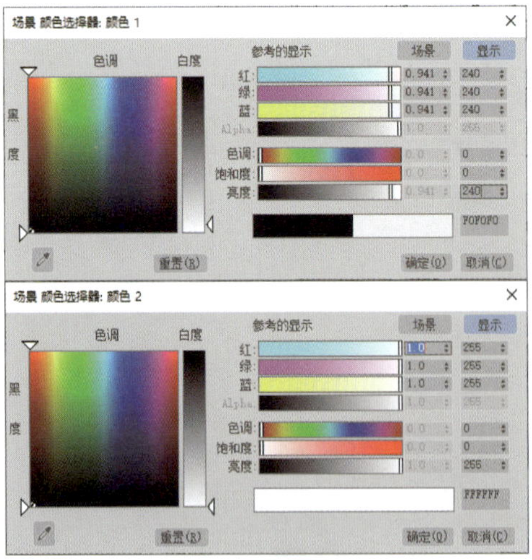

图 8-21

Step04：再进入折射通道的衰减贴图参数面板，设置颜色 1 和颜色 2，再设置衰减类型为 Fresnel，如图 8-22、图 8-23 所示。

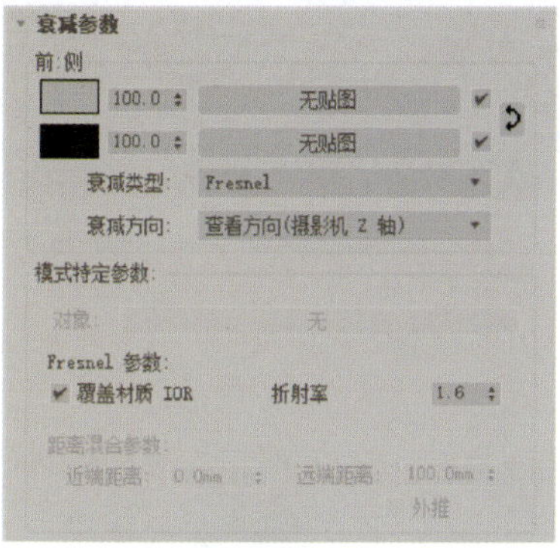

图 8-22

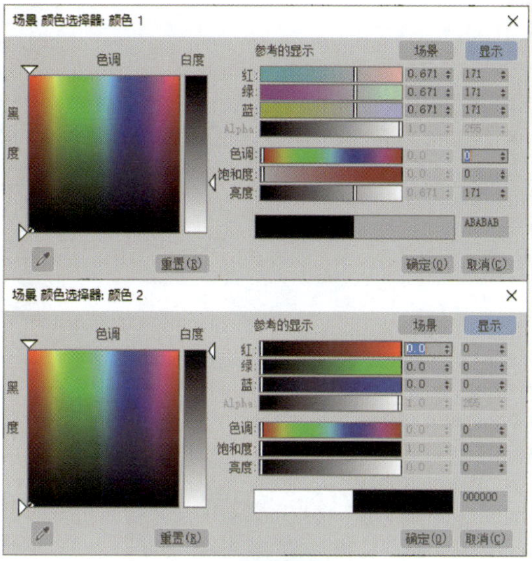

图 8-23

Step05：返回“基础参数”卷展栏，设置折射光泽度，如图 8-24 所示。

Step06：制作好的纱帘材质预览效果如图 8-25 所示。

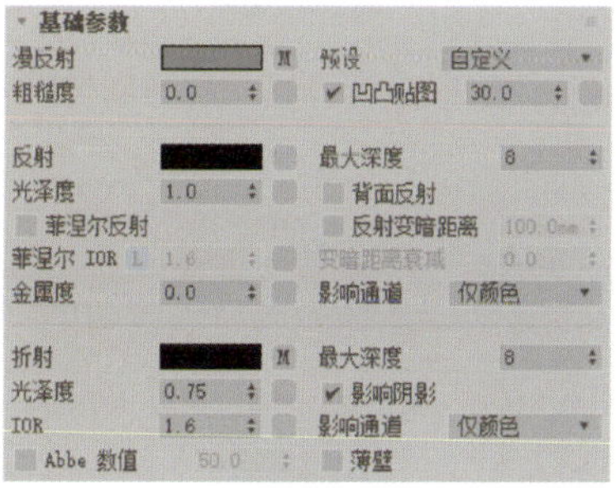

图 8-24

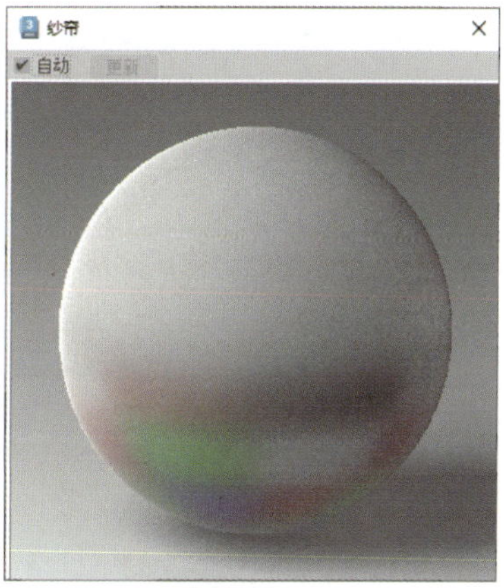

图 8-25

Step07：制作窗帘材质。选择一个空白材质球，设置材质类型为 VRayMtl，为漫反射通道添加衰减贴图，进入衰减贴图参数面板，为衰减通道添加相同的位图贴图，如图 8-26 所示。

Step08：所添加的位图贴图如图 8-27 所示。

Step09：制作好的窗帘材质预览效果如图 8-28 所示。

Step10：制作沙发布材质。选择一个空白材质球，设置材质类型为 VRayMtl，在“贴图”卷展栏中为漫反射通道添加衰减贴图，为凹凸通道添加合成贴图，如图 8-29 所示。

Step11：进入漫反射通道的衰减贴图参数面板，为衰减通道分别添加位图贴图，如图 8-30 所示。

Step12：在“混合曲线”卷展栏中调整曲线，如图 8-31 所示。

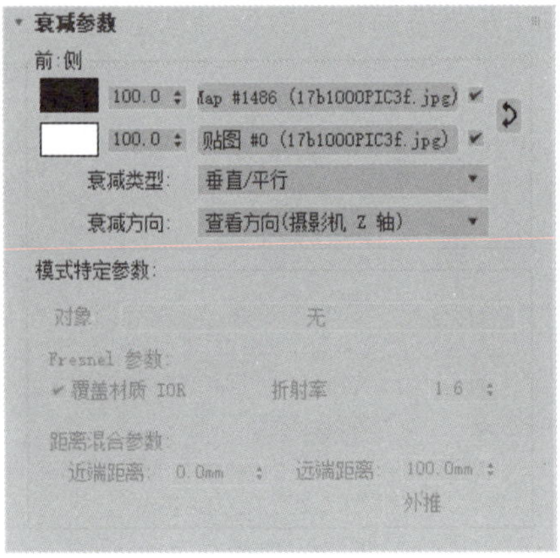

图 8-26

图 8-27

图 8-28

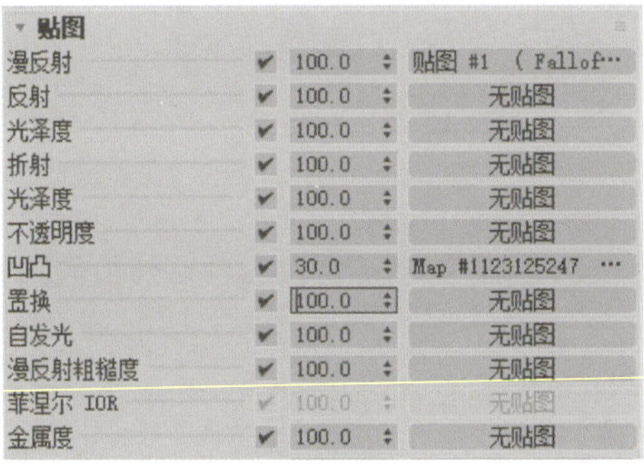

图 8-29

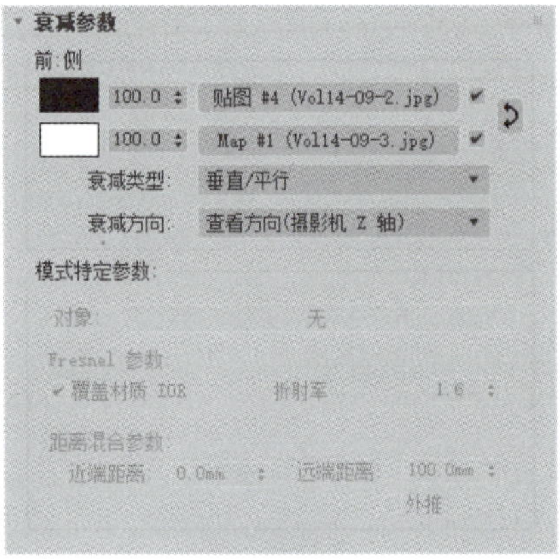

图 8-30

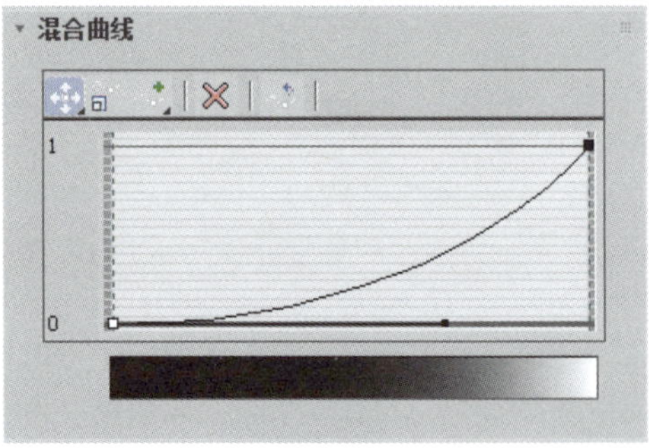

图 8-31

Step13： 衰减通道的两个位图贴图如图 8-32、图 8-33 所示。

Step14： 返回上一级，再进入合成贴图参数面板，为层 1 添加位图贴图，设置“不透明度”为 50，如图 8-34 所示。

Step15： 再单击“添加新层”按钮添加合成层 2，为层 2 添加位图贴图，设置混合模式为“平均”，不透明度为 90，如图 8-35 所示。

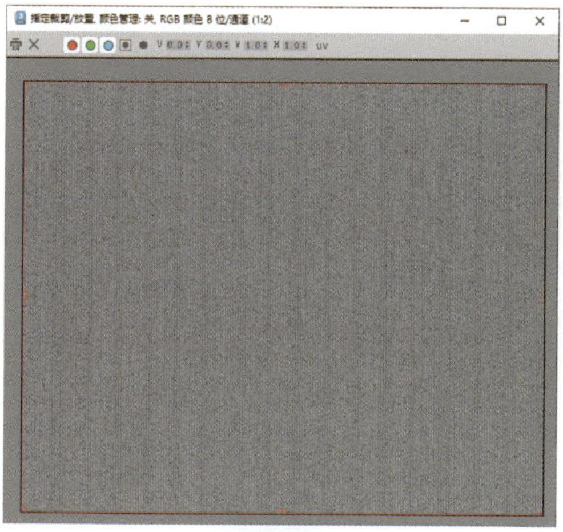

图 8-32

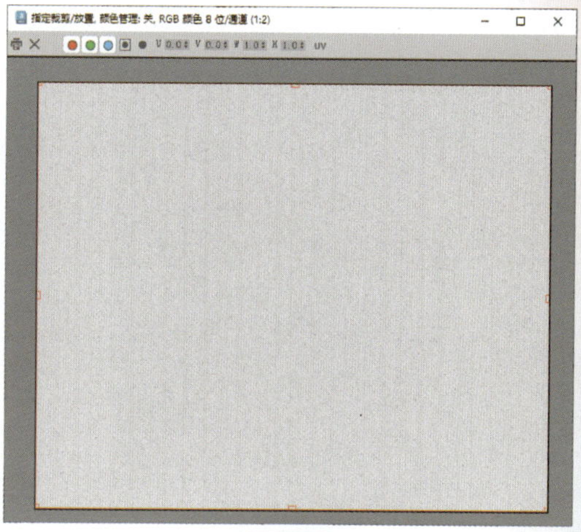

图 8-33

图 8-34

图 8-35

Step16： 两个合成层中添加的位图贴图如图 8-36、图 8-37 所示。

图 8-36

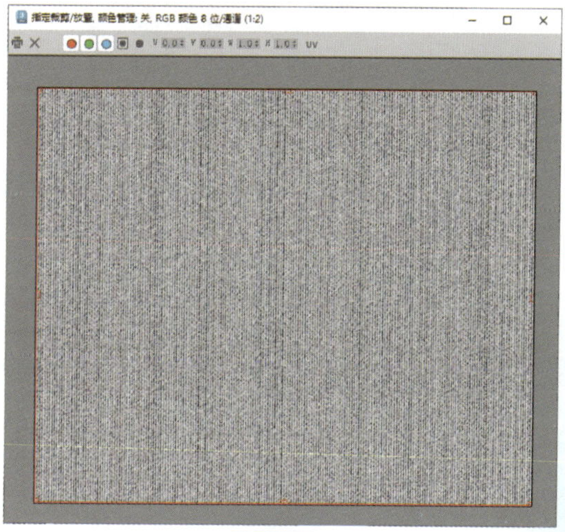

图 8-37

Step17： 制作好的沙发布材质预览效果如图 8-38 所示。

Step18： 制作抱枕 1 材质。选择一个空白材质球，设置材质类型为 VRayMtl，在“贴图”卷展栏中为漫反射通道添加衰减贴图，为凹凸通道添加位图贴图，如图 8-39 所示。

Step19： 凹凸通道的位图贴图如图 8-40 所示。

Step20： 进入衰减贴图参数面板，为衰减通道添加相同的位图贴图，并设置衰减颜色 2 衰减强度，如图 8-41 所示。

Step21： 位图贴图如图 8-42 所示。

Step22： 制作好的抱枕材质预览效果如图 8-43 所示。

图 8-38

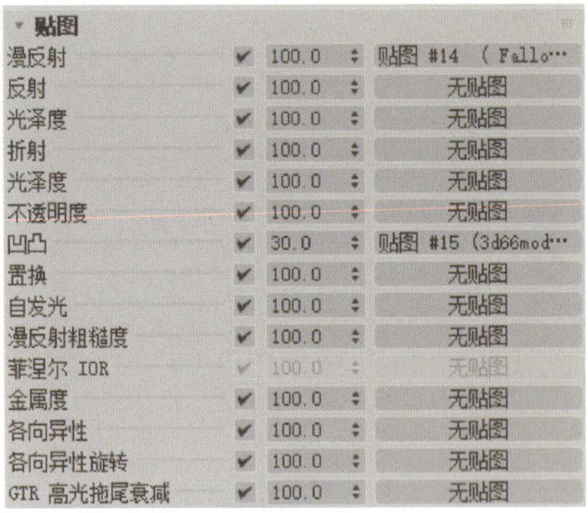

图 8-39

图 8-40

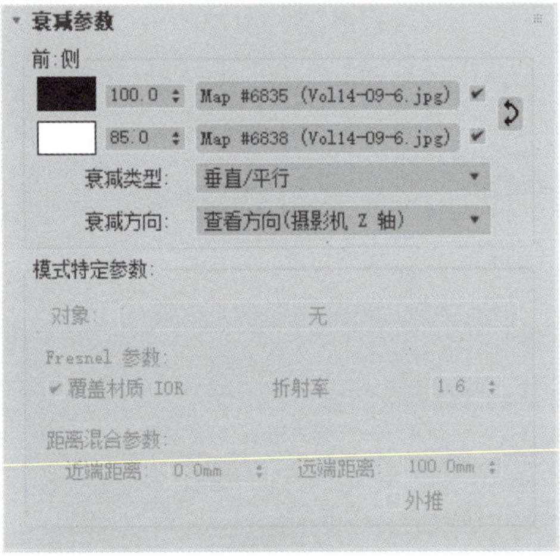

图 8-41

图 8-42

图 8-43

Step23： 按照同样的操作方法再创建抱枕 2 材质，如图 8-44 所示。

Step24： 将制作好的材质依次指定给场景中的模型，然后渲染摄影机视口，效果如图 8-45 所示。

图 8-44

图 8-45

8.3 常用 VRay 贴图类型

VRay 渲染器为用户提供了 29 种贴图类型，每个贴图的功能都比较单一，参数也较为简单，比较常用的有 VRayHDRI 贴图、VRay 边纹理贴图。

8.3.1 VRayHDRI 贴图

VRayHDRI 贴图是比较特殊的一种贴图，可以利用高动态范围图像模拟真实的 HDR 环境，常用于反射或折射较为明显的场景，如图 8-46、图 8-47 所示。其主要参数面板如图 8-48 所示。

图 8-46

图 8-47

- 位图：单击后面的按钮可以指定一张 HDRI 贴图。
- 映射类型：控制 HDRI 的贴图方式，包括角度、立方、球形、球状镜像以及 3ds Max 标准共 5 种。

- 水平旋转：控制 HDRI 在水平方向的旋转角度。
- 水平翻转：让 HDRI 在水平方向上翻转。
- 垂直旋转：控制 HDRI 在垂直方向的旋转角度。
- 垂直翻转：让 HDRI 在垂直方向上翻转。
- 整体倍增值：用来控制 HDRI 的亮度。
- 插值：选择插值方式，包括双线性、双三次、双二次、默认。
- 渲染倍增值：设置渲染时的光强度倍增。
- 裁剪 / 放置：可以选择对贴图进行裁剪及尺寸的调整。

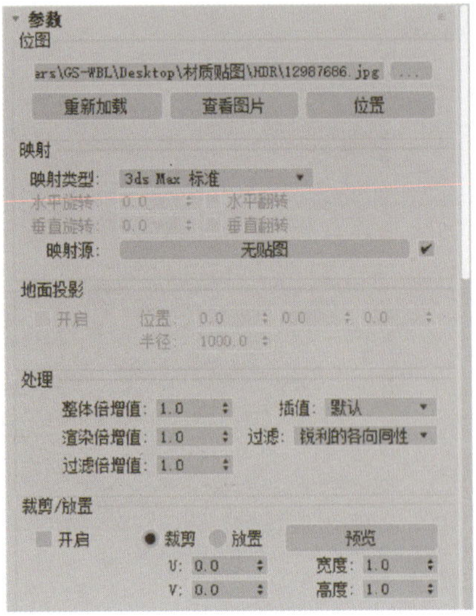

图 8-48

8.3.2 VRay 边纹理贴图

VRay 边纹理贴图类似 3ds Max 的线框材质效果，可以模拟制作物体表面的网格颜色效果，如图 8-49 所示。用户可以设置边纹理的颜色、宽度等参数，其参数面板如图 8-50 所示。

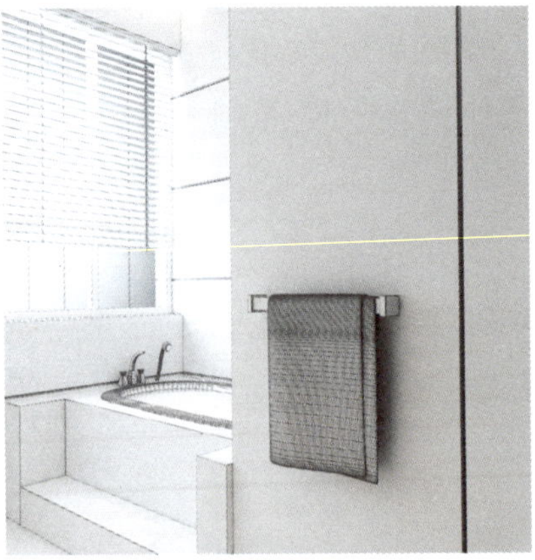

图 8-49

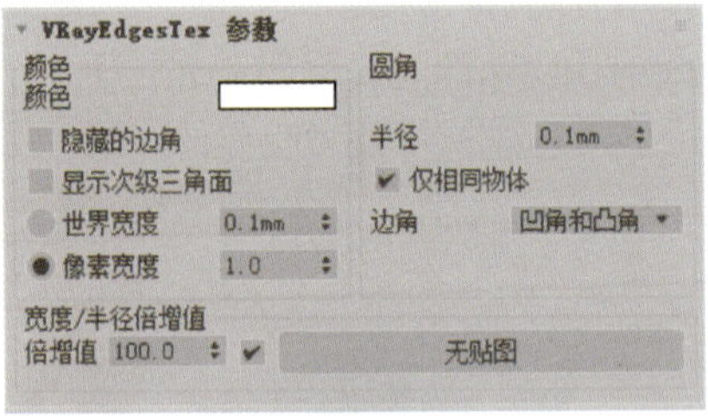

图 8-50

- 颜色：设置边线的颜色。
- 隐藏的边角：当勾选该选项时，物体背面的边线也将被渲染出来。
- 世界宽度：使用世界单位决定边线的厚度。
- 像素宽度：使用像素单位决定边线的厚度。

上手实操：制作逼真的玻璃反射效果

下面利用 VRayHDRI 贴图制作玻璃反射效果，具体操作步骤介绍如下。

Step01： 打开素材场景，如图 8-51 所示。

Step02： 渲染摄影机视口，当前效果如图 8-52 所示。

Step03： 删除场景中全部的灯光，如图 8-53 所示。

Step04： 按 8 键打开“环境和效果”面板，在“环境”选项卡的“公用参数”卷展栏中添加 VRayHDRI 贴图作为环境贴图，如图 8-54 所示。

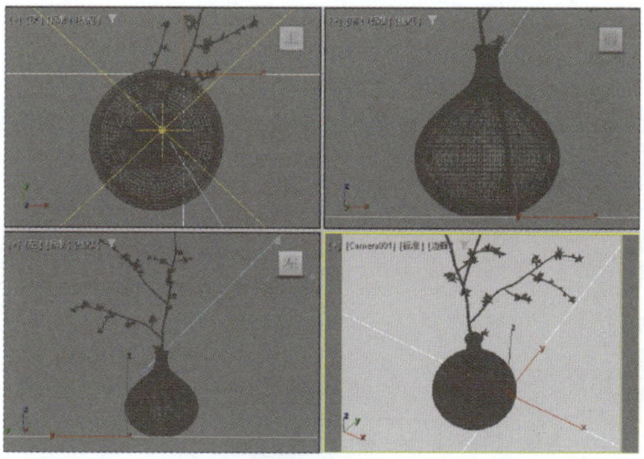

图 8-51

图 8-52

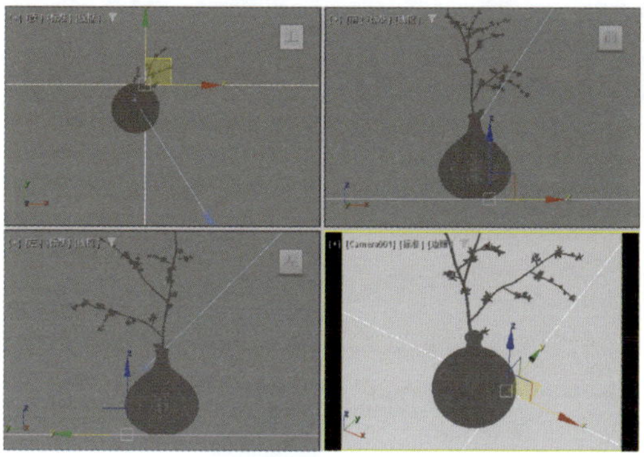

图 8-53

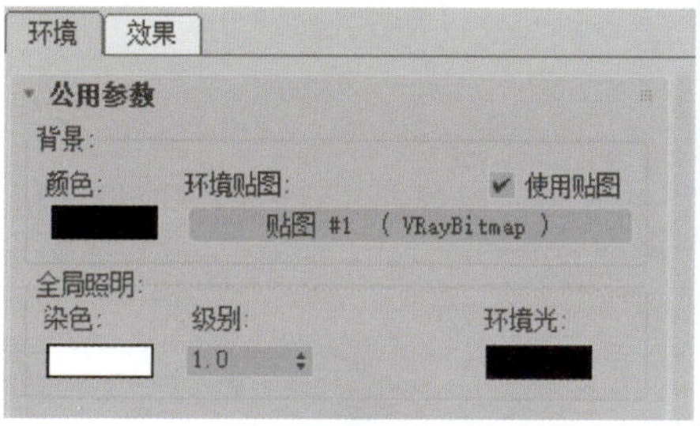

图 8-54

Step05： 然后按 M 键打开材质编辑器，按住环境贴图将其拖动到材质编辑器的一个空白材质球上，选择“实例”复制对象，进入 VRayHDRI 贴图参数面板，设置贴图类型为“球形”，再设置整体倍增值，如图 8-55 所示。

Step06： 再次渲染摄影机视口，最终效果如图 8-56 所示。

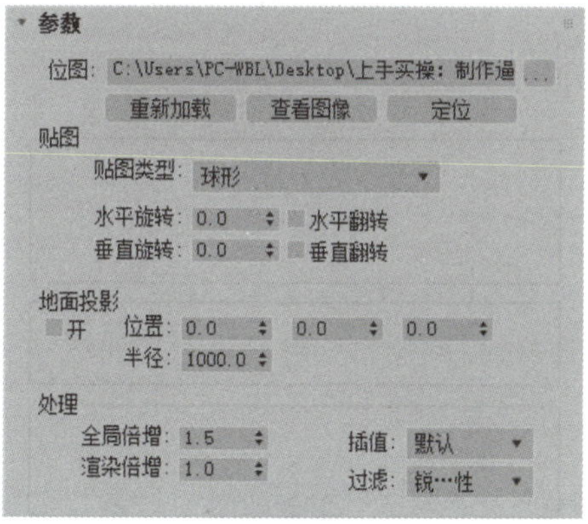

图 8-55

图 8-56

综合实战：制作卫生间场景材质效果

下面利用位图贴图、衰减贴图和棋盘格贴图为卫生间小场景制作瓷砖、白瓷、金属等材质，具体操作步骤介绍如下。

Step01： 打开素材场景，如图 8-57 所示。

Step02： 制作墙砖材质。按 M 键打开材质编辑器，选择一个空白材质球，设置材质类型为 VRayMtl，在“基础参数”卷展栏中设置漫反射颜色和反射颜色，再设置反射光泽度，如图 8-58 所示。

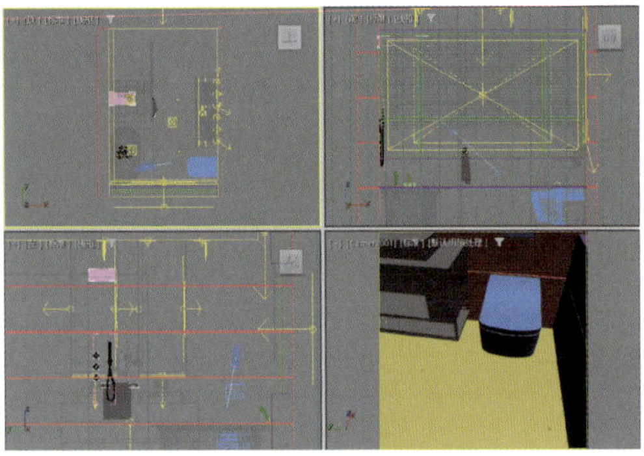

图 8-57

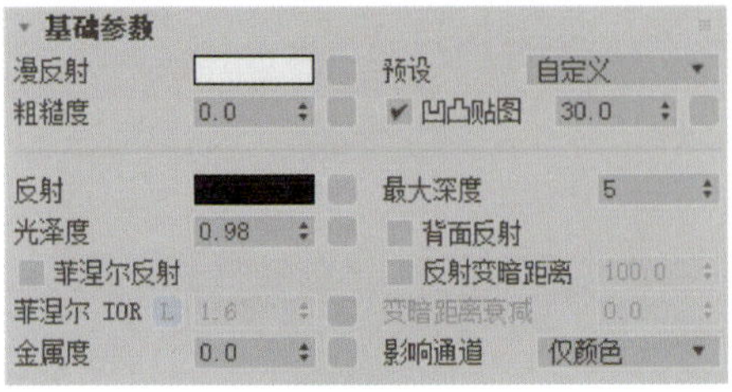

图 8-58

Step03： 漫反射颜色和反射颜色的参数如图 8-59 所示。

Step04： 设置好的材质预览效果如图 8-60 所示。将材质指定给墙体模型。

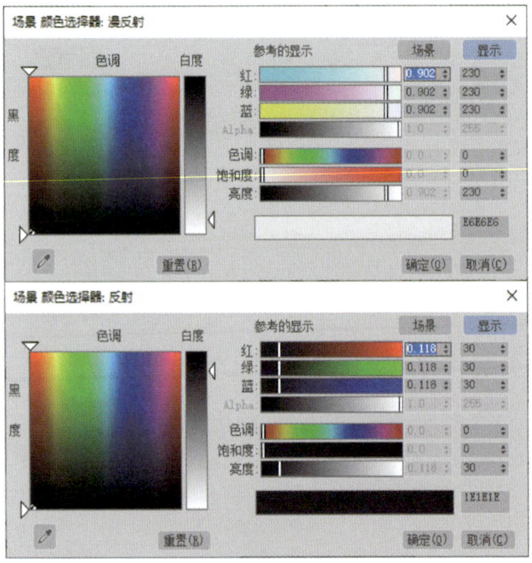

图 8-59

图 8-60

Step05： 制作白瓷材质。选择一个空白材质球，设置材质类型为 VRayMtl，在“基础参数”卷展栏中在反射通道添加衰减贴图，再设置漫反射颜色、反射光泽度，如图 8-61 所示。

Step06： 漫反射颜色的参数如图 8-62 所示。

Step07： 进入衰减贴图参数面板，设置衰减类型为 Fresnel，其余参数保持默认，如图 8-63 所示。

Step08： 设置好的材质预览效果如图 8-64 所示。将材质指定给坐便器和洗手盆模型。

Step09： 制作大理石材质。选择一个空白材质球，设置材质类型为 VRayMtl，为漫反射通道添加大理石位图贴图，再设置反射颜色、光泽度，如图 8-65 所示。

Step10： 反射颜色的参数如图 8-66 所示。

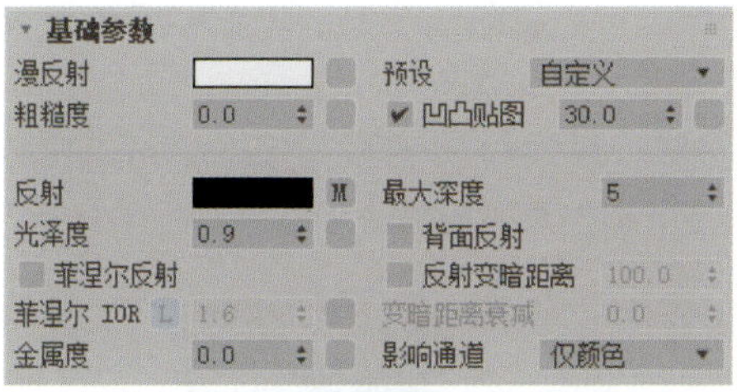

图 8-61

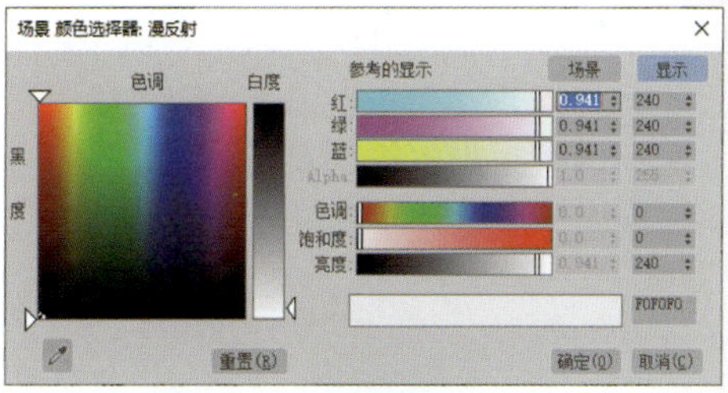

图 8-62

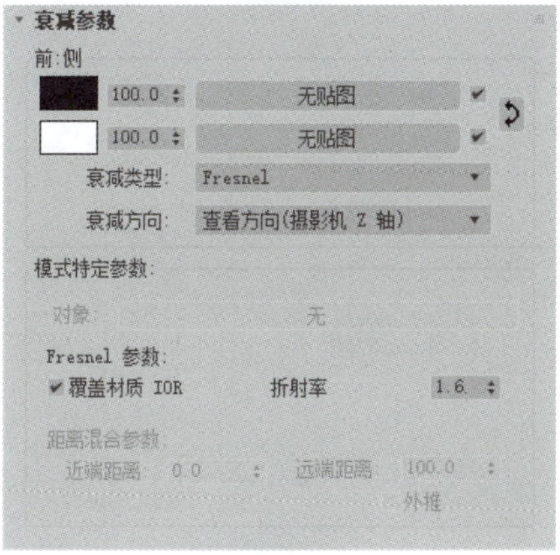

图 8-63

图 8-64

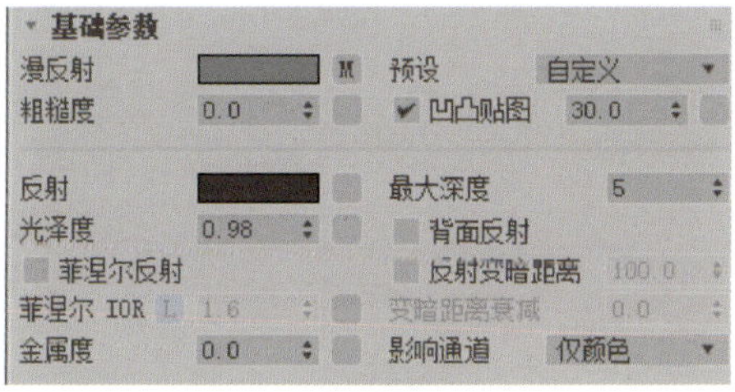

图 8-65

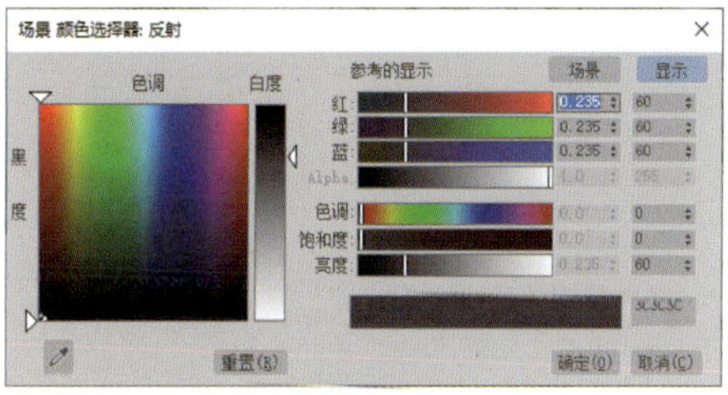

图 8-66

Step11： 漫反射通道的贴图如图 8-67 所示。

Step12： 设置好的材质预览效果如图 8-68 所示。

图 8-67

图 8-68

Step13: 将材质指定给洗手台模型，并为其添加 UVW 贴图修改器，设置贴图类型及尺寸，如图 8-69 所示。

Step14: 制作木饰面材质。选择一个空白材质球，设置材质类型为 VRayMtl，在“贴图”卷展栏为漫反射通道添加位图贴图，再为反射通道添加衰减贴图，如图 8-70 所示。

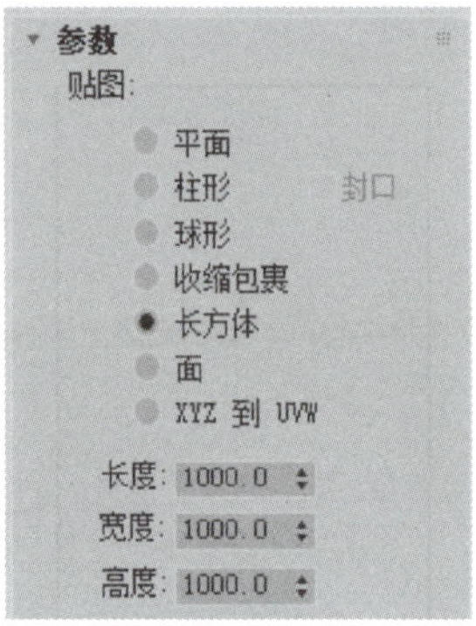

图 8-69

图 8-70

Step15: 漫反射通道的位图贴图如图 8-71 所示。

Step16: 进入反射通道的衰减贴图参数面板，设置颜色 1 和颜色 2，并设置衰减类型，如图 8-72 所示。

图 8-71

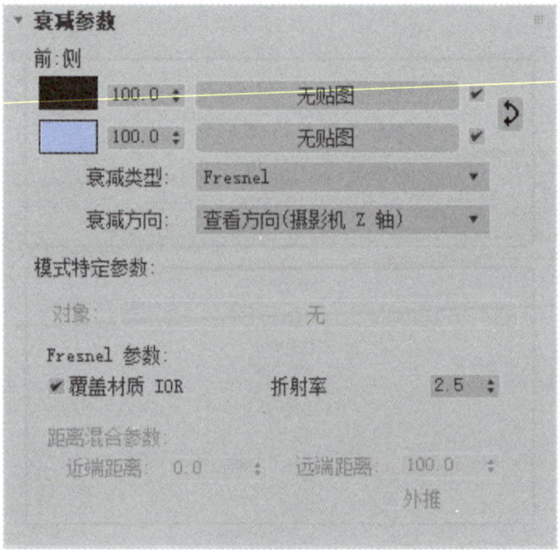

图 8-72

Step17: 两个衰减颜色的参数如图 8-73 所示。

Step18: 返回“基础参数”卷展栏，设置反射光泽度，如图 8-74 所示。

Step19: 设置好的材质预览效果如图 8-75 所示。

Step20: 将材质指定给洗手台柜体模型，并添加 UVW 贴图修改器，设置贴图类型为“长方体”，再设置贴图尺寸，如图 8-76 所示。

Step21: 制作不锈钢材质。选择一个空白材质球，设置材质类型为 VRayMtl，在参数面板中设置漫反射颜色和反射颜色，再设置反射光泽度，如图 8-77 所示。

Step22: 漫反射颜色与反射颜色的参数如图 8-78 所示。

Step23: 在“BRDF”卷展栏中设置反射分布类型为“Ward”，再设置“各向异性”“旋转”参数，如图 8-79 所示。

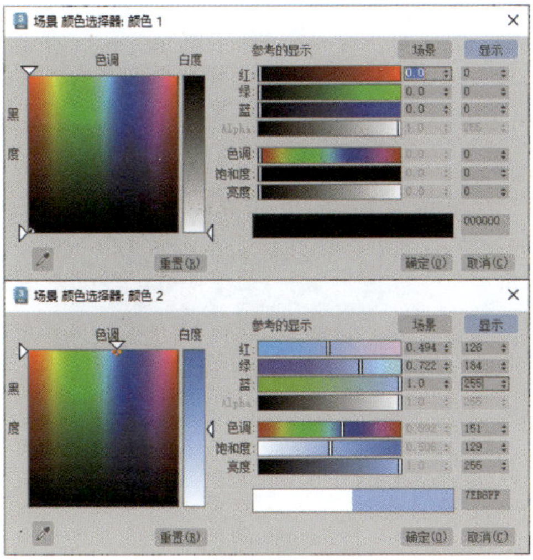

图 8-73

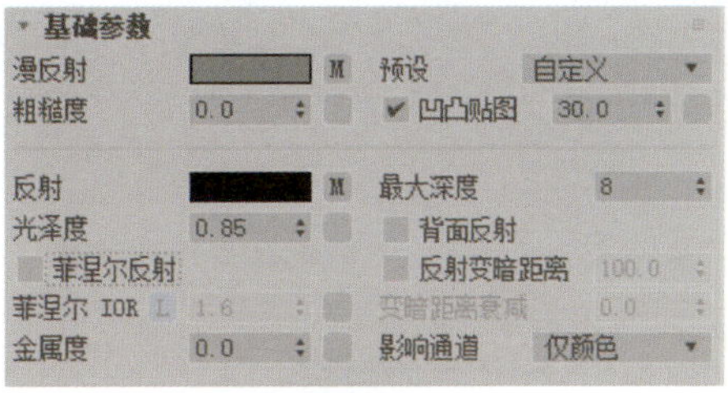

图 8-74

图 8-75

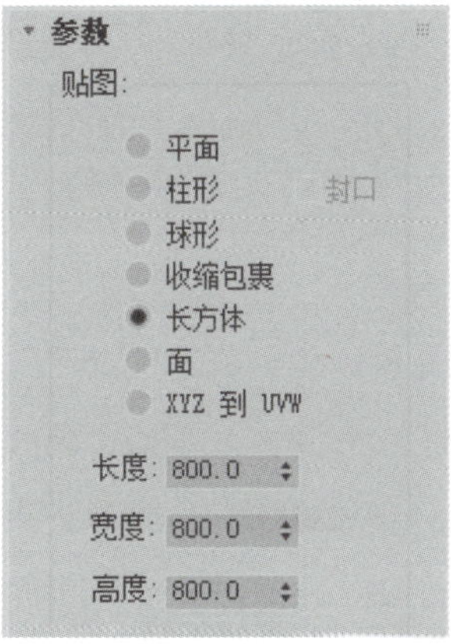

图 8-76

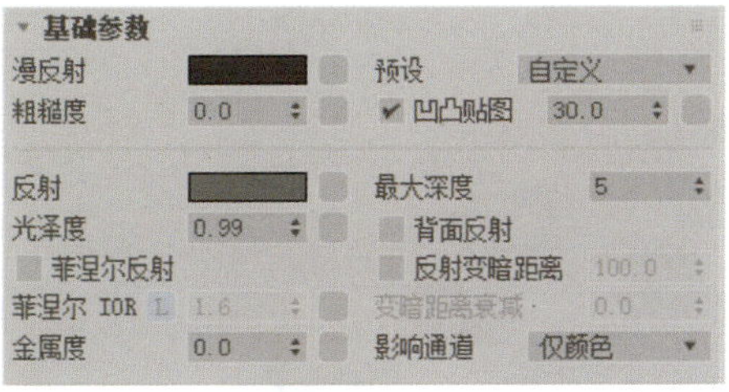

图 8-77

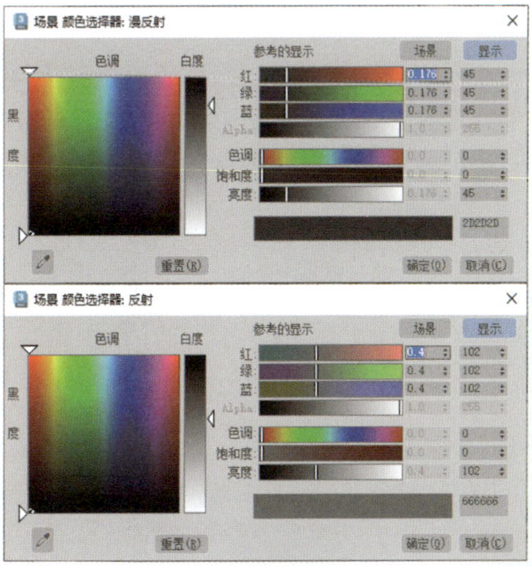

图 8-78

Step24： 设置好的材质预览效果如图 8-80 所示。

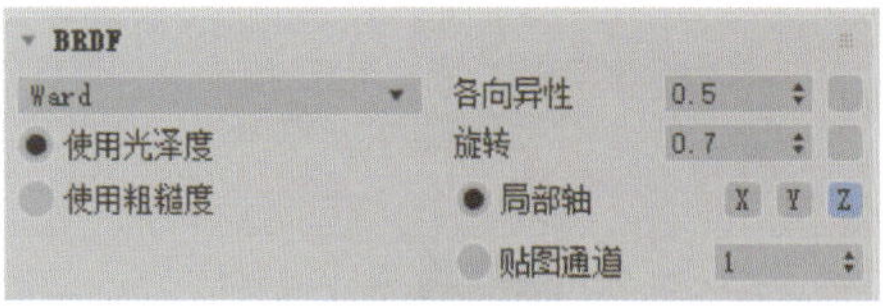

图 8-79

图 8-80

Step25：制作地砖材质。选择一个空白材质球，设置材质类型为 VRayMtl，为漫反射通道添加棋盘格贴图，再设置反射颜色、光泽度，如图 8-81 所示。

Step26：棋盘格贴图参数保持默认，设置好的地砖材质预览效果如图 8-82 所示。

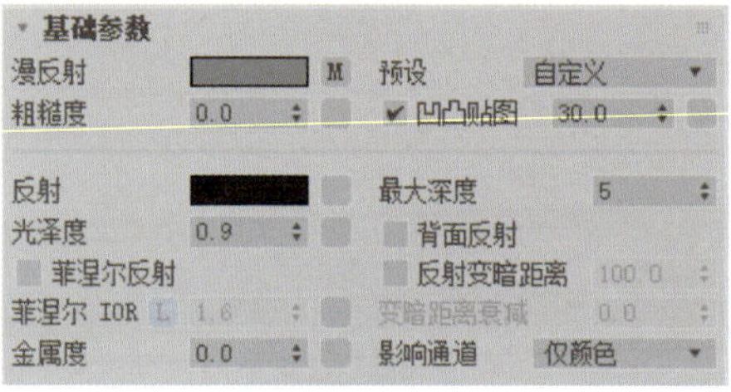

图 8-81

图 8-82

Step27：将材质指定给地砖模型，选择地砖模型，在修改面板中为其添加 UVW 贴图修改器，选择“长方体”贴图类型并设置尺寸，如图 8-83 所示。

Step28：场景材质制作完毕后，渲染摄影机视口，最终效果如图 8-84 所示。

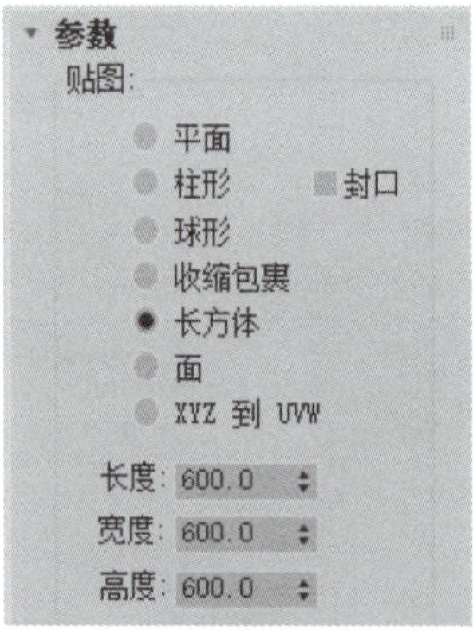

图 8-83

图 8-84

第9章 灯光技术

在3ds Max中，灯光是模拟自然光照最重要的手段，可以直接影响到场景物体的光泽度、色彩度和饱和度，并且对物体的材质也能产生必要的烘托效果。可以说灯光是画面视觉信息与视觉造型的基础，是3ds Max场景的灵魂。

本章将对3ds Max中的灯光知识进行全面讲解，以使广大用户轻松创造出更真实的场景。

9.1 室内光源构成

在灯光中表达某种基调，对于整个场景的效果是至关重要的。3ds Max中的灯光有很多属性，包括颜色、形状、方向、衰减等，通过选择合适的灯光类型，设置准确的灯光参数，就可以模拟出真实的照明效果。按照光线层次，可以将场景中的光源分为关键光、补充光和背景光三种。

（1）关键光

在一个场景中，其主要光源被称为关键光。关键光不一定是指一个光源，但一定是照明的主要光源，它是场景中最主要、最亮的光，是光照质量的决定性因素，是角色感情的重要表现因素。

（2）补充光

补充光也被称为环境光，主要来自环境漫反射，因此也被称为环境光。一些作品看起来不真实，很大原因也是因为光线没有主次和层次，不能表现出场景细节，也不能深化整体气氛。

补充光可以填充场景的黑暗区域和阴影区域，使关键光的负担变轻，常被放置在关键光相对的位置，用来柔化阴影，可以为场景提供景深和真实的效果。

（3）背景光

背景光通常作为边缘光，通过照亮对象的边缘将目标对象从背景中分离出来。背景光常被放置在四分之三关键光的正对面，主要对物体的边缘起作用，产生非常小的反射高光区。如果场景中的模型有很多小的圆角边缘，合理使用背景光会增加场景的真实效果。

9.2 3ds Max光源系统

灯光可以模拟现实生活中的光线效果。3ds Max中提供了两种类型的灯光：标准灯光和光度学灯光，每个灯光的使用方法不同，模拟光源的效果也不同。所有的灯光类型在视图中都为灯光对象，它们使用相同的参数，包括阴影生成器。

9.2.1　光度学灯光

光度学灯光就像真实世界中的灯光一样，可以利用光度学值进行更精确的定义，如设置分布情况、灯光强度、色温和其他真实世界灯光的属性。3ds Max 提供了目标灯光、自由灯光和太阳定位器三种光度学灯光类型，如图 9-1 所示。用户可以创建具有各种分布和颜色特性灯光，或导入照明制造商提供的特定光度学文件。

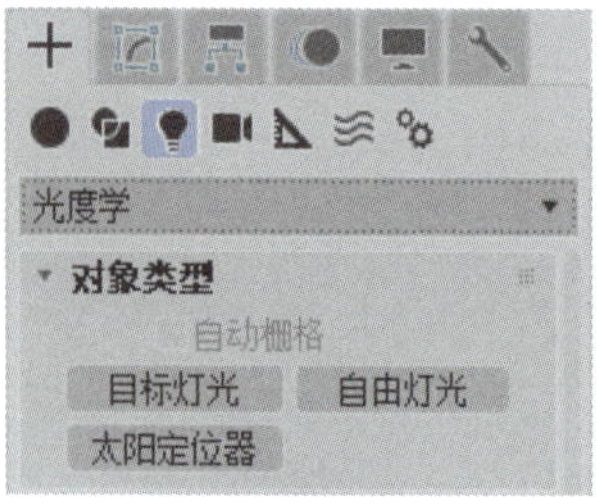

图 9-1

（1）目标灯光

目标灯光是效果图制作中常用的一种灯光类型，常用来模拟制作射灯、筒灯等，可以增强画面的灯光层次，如图 9-2 所示。在视口中单击确认目标灯光的光源位置，移动鼠标后再次单击确认目标点即可创建一盏目标灯光。

3ds Max 将光度学灯光进行整合，将所有的目标光度学灯光合为一个对象，用户可以在“模板”卷展栏中选择不同的模板和类型，如图 9-3 所示为所有类型的模板。

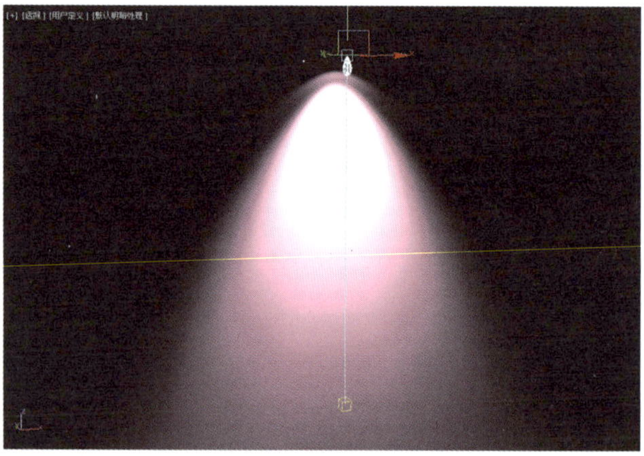
图 9-2

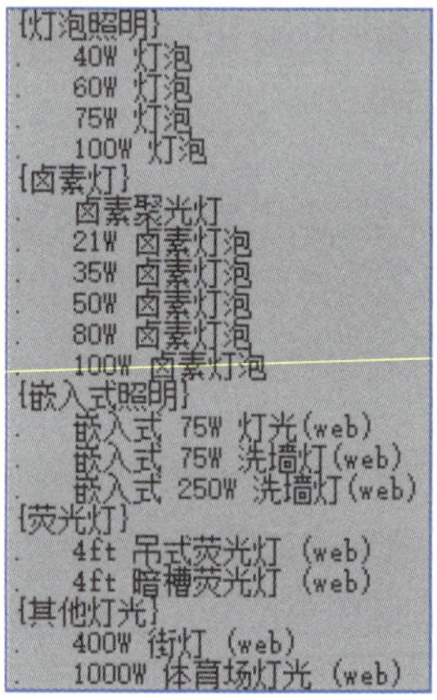

图 9-3

（2）自由灯光

自由灯光与目标灯光相似，唯一的区别就在于自由灯光没有目标点，它的参数和目标灯光相同，创建方法也非常简单，在任意视图单击鼠标左键，即可创建自由灯光。

（3）太阳定位器

太阳定位器可以通过设置太阳的距离、日期和时间、气候等参数来模拟现实生活中真实的太阳光照。

知识拓展

光线与对象表面越垂直，对象的表面越明亮。

9.2.2　标准灯光

标准灯光是基于计算机的模拟灯光对象，如家用或办公室灯、舞台和电影工作时使用的灯光设备和太阳光本身。不同类型的灯光对象可用不同的方法投影灯光，模拟不同种类的光源。3ds Max 中的标准灯光主要包括聚光灯、平行光、泛光及天光等共 6 种类型，如图 9-4 所示。

（1）目标聚光灯

目标聚光灯有一个起始点和一个目标点，起始点标明灯光所在位置，而目标点则指向被照射的物体，常用于模拟手电筒、灯罩为锥形的台灯、探照灯等，如图 9-5 所示。

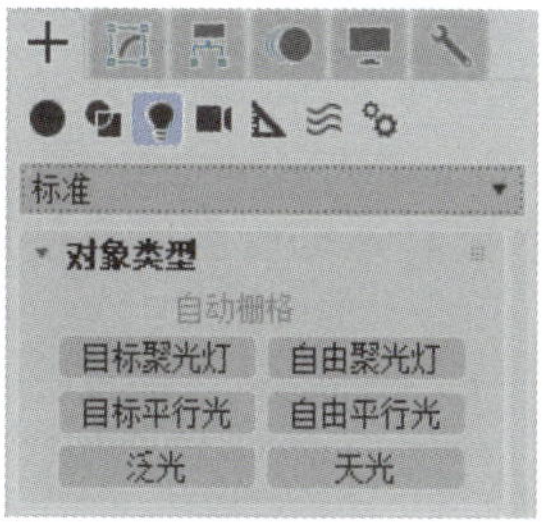

图 9-4

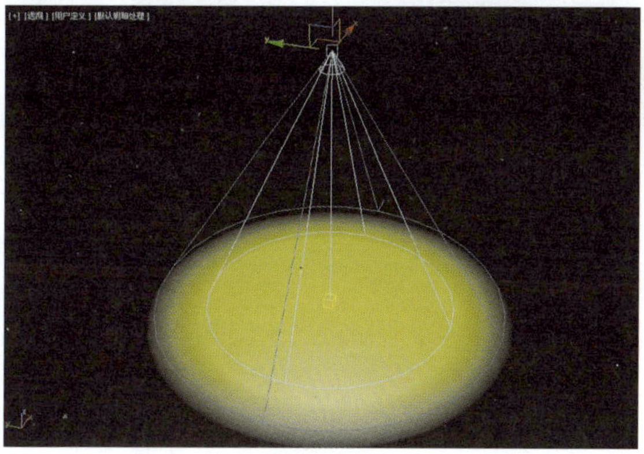
图 9-5

（2）自由聚光灯

目标聚光灯和自由聚光灯的照明效果相似，都是形成光束照射在物体上，只是使用方式上不同。自由聚光灯没有目标物体，它依靠自身的旋转来照亮空间或物体。如果要使灯光沿着路径运动或者在运动中倾斜，甚至依靠其他物体带动光线运动，就可以使用自由聚光灯。

知识链接

目标聚光灯会根据指定的目标点和光源点创建灯光，在创建灯光后会产生光束，照射物体并产生隐影效果，当有物体遮挡住光束时，光束将被折断。

自由聚光灯没有目标点，选择该按钮后，在任意视图单击鼠标左键即可创建灯光，该灯光常在制作动画时使用。

（3）平行光

当太阳在地球表面投影时，所有平行光以一个方向投影平行光线。平行光主要用于模拟太阳在地球表面投射的光线，即以一个方向投射的平行光，如图 9-6 所示。目标平行光是具体方向性的灯光，常用来模拟太阳光的照射效果，可以调整灯光的颜色和位置，并在 3D 空间旋转灯光，当然也可以模拟美丽的夜色。

平行光包括目标平行光和自由平行光 2 种，光束分为圆柱体和方形光束。它的发光点和照射点大小相同，该灯光主要用于模拟太阳光的照射、激光光束等。自由平行光和目标平行光的用处相同，常在制作动画时使用。

（4）泛光

泛光属于点状光源，从单个光源向各个方向均匀地发散光线，可以照亮整个场景，常用来制作灯泡灯光、蜡烛光等，是比较实用的灯光，如图 9-7 所示。在场景中创建多个泛光，调整色调和位置，可以使场景具有明暗层次。泛光不善于凸显主题，所以通常作为补光来模拟环境光的漫反射效果。

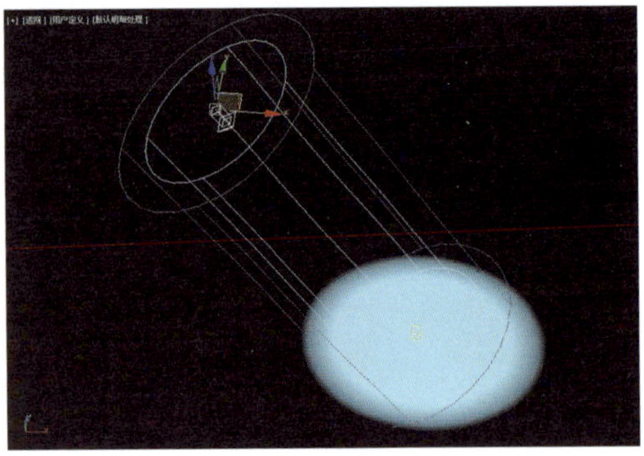

图 9-6

图 9-7

操作提示

用户可以使用变换工具或者灯光视口定位灯光对象和调整其方向。也可以使用“放置高光”命令来调整灯光的位置。

（5）天光

天光是一种用于模拟日光照射效果的灯光，可以从四面八方同时对物体投射光线，得到类似穹顶灯光一样的柔和阴影。天光比较适用于模拟室外照明或者表现模型，也可以设置天空的颜色或将其指定为贴图，对天空建模作为场景上方的圆屋顶。

9.3 3ds Max 光源参数

在创建灯光后，环境中的部分物体会随着灯光不同而显示不同效果，在参数面板中调整灯光的各项参数，即可达到理想效果。

9.3.1 光度学灯光参数

光度学灯光中的目标灯光是光度学灯光中非常常用的一种灯光类型，这里就以目标灯光为例对比较常用的参数进行介绍。

（1）“常规参数”卷展栏

该卷展栏中的参数用于启用和禁用灯光及阴影，并排除或包含场景中的对象，用户还可以设置灯光分布的类型，如图 9-8 所示。卷展栏中各选项的含义介绍如下。

- 启用：启用或禁用灯光。
- 目标：启用该选项后，目标灯光才有目标点。
- 目标距离：用来显示目标的距离。
- （阴影）启用：控制是否开启灯光的阴影效果。
- 使用全局设置：启用该选项后，该灯光投射的阴影将影响整个场景的阴影效果。
- 阴影类型：设置渲染场景时使用的阴影类型，包括“高级光线跟踪”“区域阴影”“阴影贴图”“光线跟踪阴影”“VR- 阴影”。
- “排除”按钮：将选定的对象排除于灯光效果之外。

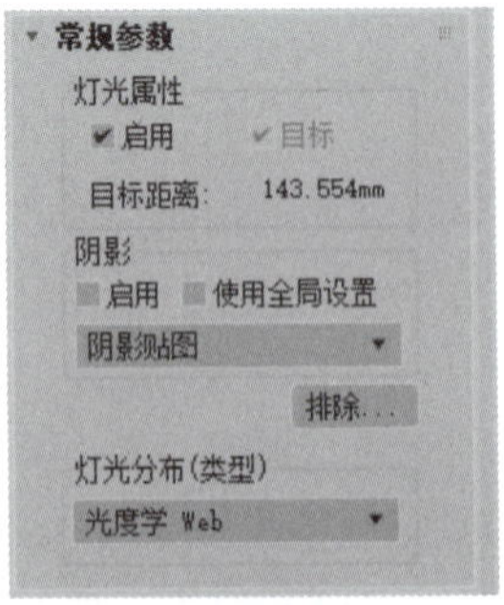

图 9-8

- 灯光分布（类型）：设置灯光分布类型，包括光度学 Web、聚光灯、统一漫反射、统一球形 4 种，用于描述光源发射光线的方向，如图 9-9 ～图 9-12 所示。

图 9-9

图 9-10

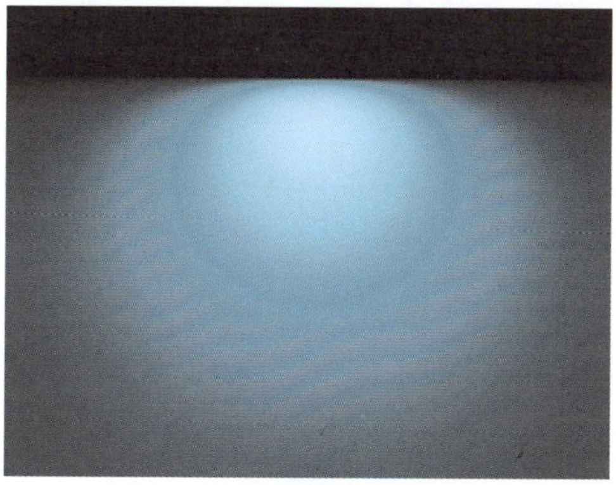

图 9-11

图 9-12

（2）“分布（光度学 Web）”卷展栏

当使用光域网分布创建或选择光度学灯光时，“修改”面板上将显示“分布（光度学文件）”卷展栏，使用这些参数选择光域网文件并调整 Web 的方向，如图 9-13 所示。卷展栏中各选项的含义介绍如下。

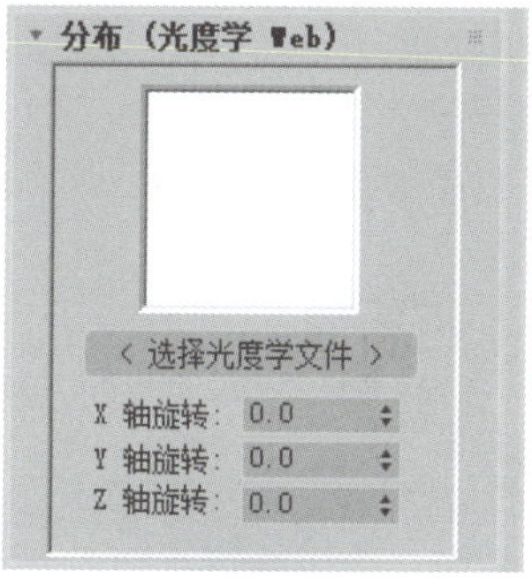

图 9-13

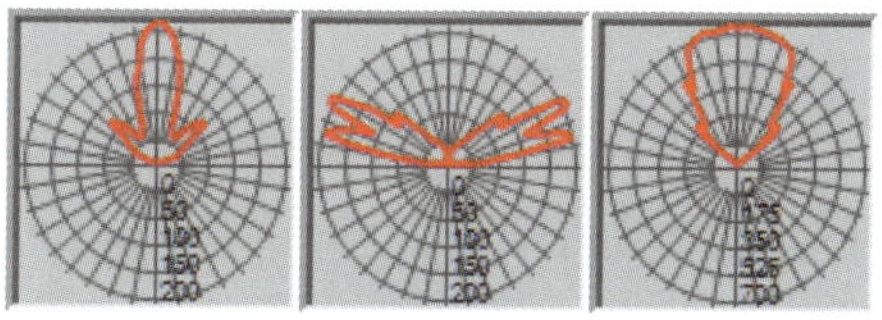

图 9-14

Web 图：在选择光度学文件之后，该缩略图将显示灯光分布图案的示意图，如图 9-14 所示。

选择光度学文件：单击此按钮，可选择用作光度学 Web 的文件，该文件可采用 IES、

LTLI 或 CIBSE 格式。一旦选择某一个文件后，该按钮上会显示文件名。

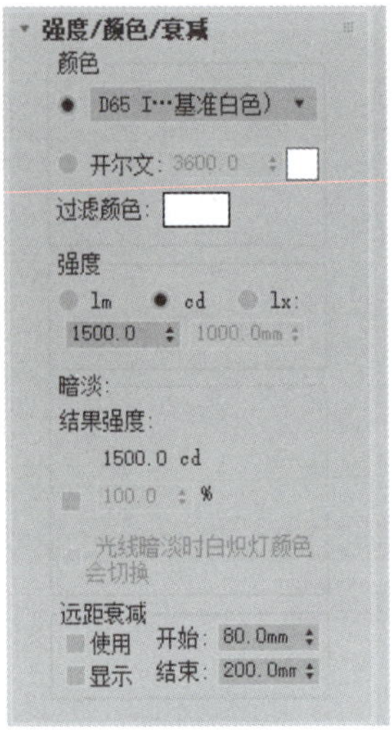

图 9-15

- X 轴旋转：沿着 X 轴旋转光域网。
- Y 轴旋转：沿着 Y 轴旋转光域网。
- Z 轴旋转：沿着 Z 轴旋转光域网。

（3）“强度 / 颜色 / 衰减”卷展栏

通过“强度 / 颜色 / 衰减”卷展栏，可以设置灯光的颜色和强度。此外，用户还可以选择设置衰减极限，如图 9-15 所示。卷展栏中各选项的含义介绍如下。

- 灯光选项：拾取常见灯规范，使之近似于灯光的光谱特征。默认为 D65 Illuminant 基准白色。
- 开尔文：通过调整色温微调器设置灯光的颜色。
- 过滤颜色：使用颜色过滤器模拟置于光源上的过滤色的效果。
- 强度：在物理数量的基础上指定光度学灯光的强度或亮度。
- 结果强度：用于显示暗淡所产生的强度，并使用与强度组相同的单位。
- 暗淡百分比：启用该切换后，该值会指定用于降低灯光强度的倍增。如果值为 100%，则灯光具有最大强度；百分比较低时，灯光较暗。
- 远距衰减：用户可以设置光度学灯光的衰减范围。
- 使用：启用灯光的远距衰减。
- 开始：设置灯光开始淡出的距离。
- 显示：在视口中显示远距衰减范围设置。
- 结束：设置灯光减为 0 的距离。

（4）“图形 / 区域阴影”卷展栏

通过“图形 / 区域阴影”卷展栏，用户可以选择用于生成阴影的灯光图形，参数面板如图 9-16 所示。下面对卷展栏中的参数进行详细介绍。

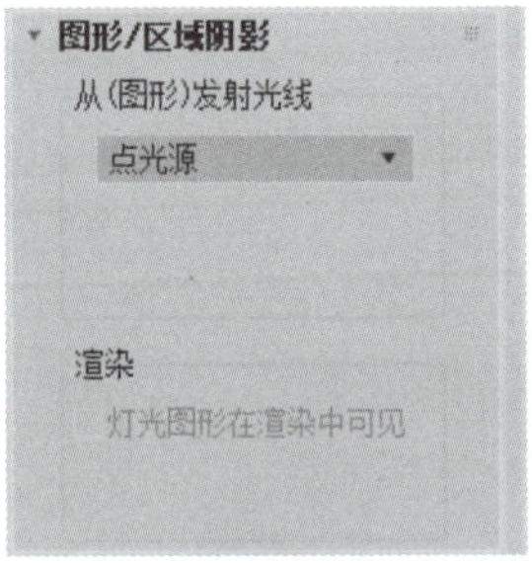

图 9-16

- 从（图形）发射光线：选择阴影生成的图形类型，包括“点光源”“线”“矩形”“圆形”“球体”“圆柱体”6 种类型。选择除“点光源”类型外的任意类型，都会有相应的参数设置，如长度、宽度、半径等。
- 灯光图形在渲染中可见：启用该选项后，如果灯光对象位于视野之内，那么灯光图形在渲染中会显示为自供照明（发光）的图形。

9.3.2 标准灯光参数

标准灯光的参数面板大致相同，主要包括“常规参数”卷展栏、“强度 / 颜色 / 衰减”卷展栏、“聚光灯参数”卷展栏和“平行光参数”卷展栏。下面对常用卷展栏中的一些参数进行详细介绍。

（1）“常规参数”卷展栏

该卷展栏主要控制标准灯光的开启与关闭以及阴影的控制，如图 9-17 所示为参数卷展栏，其中各选项的含义介绍如下。

- 启用：控制是否开启灯光。

目标距离：如果启用该选项，灯光将成为目标。

阴影：控制是否开启灯光阴影。

使用全局设置：如果启用该选项后，该灯光投射的阴影将影响整个场景的阴影效果。如果关闭该选项，则必须选择渲染器使用哪种方式来生成特定的灯光阴影。

阴影类型：切换阴影类型以得到不同的阴影效果。

“排除”按钮：将选定的对象排除于灯光效果之外。

（2）“强度 / 颜色 / 衰减”卷展栏

在标准灯光的“强度 / 颜色 / 衰减”卷展栏中，可以对灯光最基本的属性进行设置，如图 9-18 所示，其中各选项的含义介绍如下。

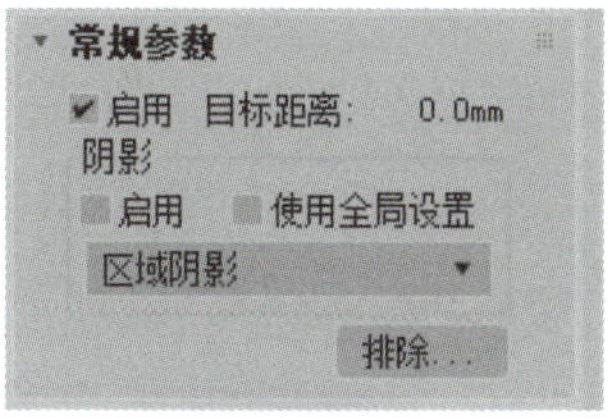

图 9-17

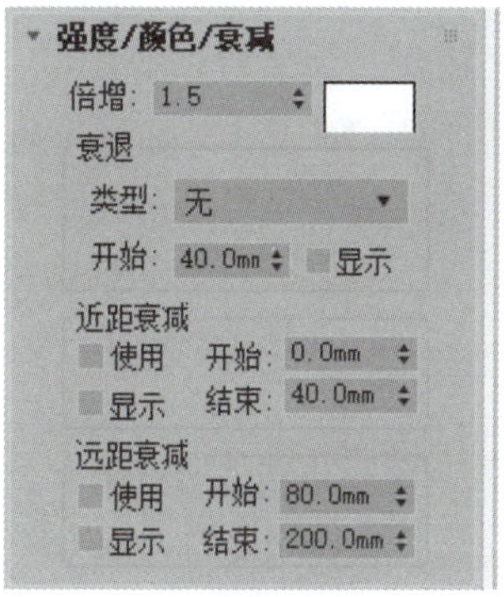

图 9-18

倍增：该参数可以将灯光功率放大一个正或负的量。

颜色：单击色块，可以设置灯光发射光线的颜色。

衰退：用来设置灯光衰退的类型和起始距离。

类型：指定灯光的衰退方式。

开始：设置灯光开始衰退的距离。

显示：在视口中显示灯光衰退的效果。

近距衰减：该选择项组中提供了控制灯光强度淡入的参数。

远距衰减：该选择项组中提供了控制灯光强度淡出的参数。

注意事项

灯光衰减时，距离灯光较近的对象可能过亮，距离灯光较远的对象表面可能过暗。这种情况可通过不同的曝光方式解决。

（3）“聚光灯参数”卷展栏 / “平行光参数”卷展栏

聚光灯和平行光比泛光灯多出一个专有的参数面板，除了名称不同，面板内的参数是一致的，如图 9-19、图 9-20 所示。

该参数卷展栏主要控制灯光的聚光区及衰减区，其中各选项的含义介绍如下。

显示光锥：启用或禁用圆锥体的显示。

泛光化：启用该选项后，灯光在所有方向上投影灯光，但是投影和阴影只发生在其衰减圆锥体内。

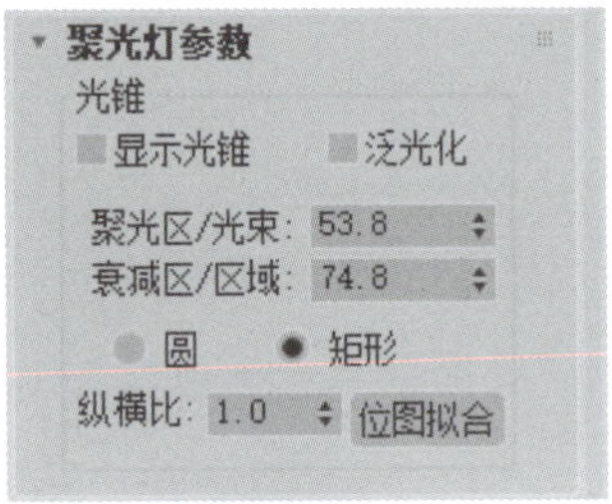

图 9-19

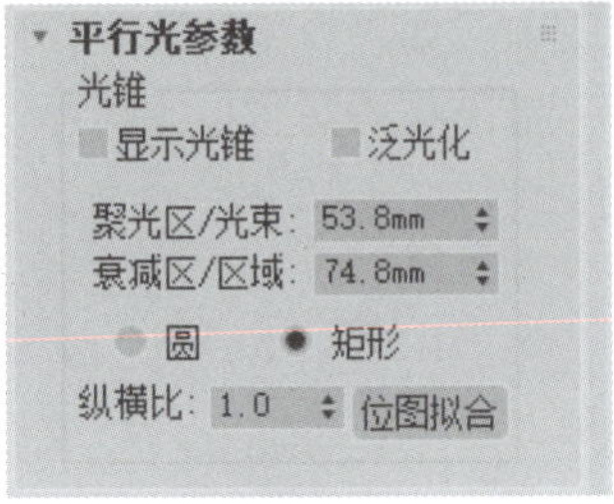

图 9-20

聚光区 / 光束：调整灯光圆锥体的角度。

衰减区 / 区域：调整灯光衰减区的角度。

圆 / 矩形：确定聚光区和衰减区的形状。如果想要一个标准圆形的灯光，应选择圆；如果想要一个矩形的光束（如灯光通过窗户或门投影），应选择矩形。

纵横比：设置矩形光束的纵横比。

位图拟合：如果灯光的投影纵横比为矩形，应该设置纵横比以匹配特定的位图。当灯光用作投影灯时，该选项非常有用。

9.3.3 光域网

光域网是灯光的一种物理性质，确定光在空气中发散的方式。不同的灯光在空气中的发散方式是不一样的，比如手电筒，它会发出一个光束；还有壁灯、台灯等，它们发散出的光又是另外一种形状。

在 3ds Max 中，也可以将光域网理解为灯光贴图。如果给灯光指定一个光域网文件，就可以产生与现实生活相同的发散效果，使场景渲染出的灯光效果更为真实，层次更明显，效果更好，如图 9-21 所示。

使用光域网的前提是灯光分布（类型）为“光度学 Web”，在“分布（光度学 Web）”卷展栏中单击“选择光度学文件”按钮，会打开“打开光域 Web 文件”对话框，从中选择合适的光域网文件即可，如图 9-22 所示。

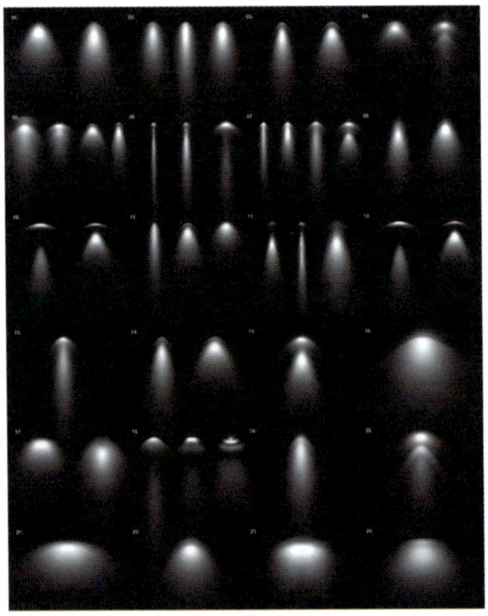

图 9-21

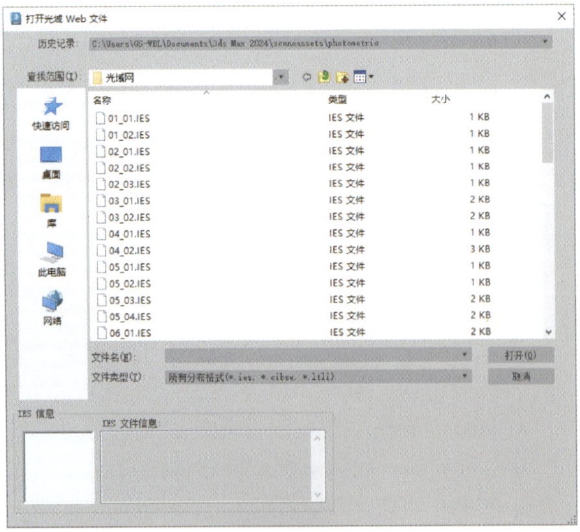

图 9-22

进阶案例：模拟清晨太阳光光源效果

下面利用目标平行光来模拟清晨的太阳光光源效果，具体操作步骤介绍如下。

Step01：打开素材场景，如图 9-23 所示。

Step02：渲染摄影机视口，当前场景效果如图 9-24 所示。

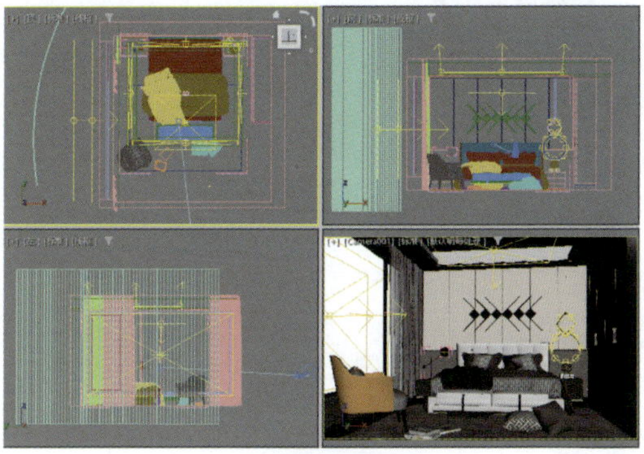

图 9-23

图 9-24

Step03：在“标准”灯光创建面板中单击“目标平行光”命令，在视口中创建一盏目标平行光，并调整光源和目标点位置，如图 9-25 所示。

Step04：进入修改面板，在“常规参数”卷展栏中开启阴影，设置阴影类型为 VRay 阴影，然后在“平行光参数”卷展栏中设置聚光区和衰减区参数，如图 9-26 所示。

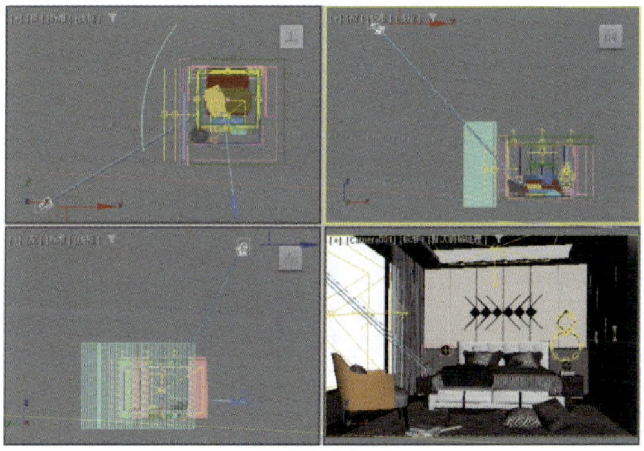

图 9-25

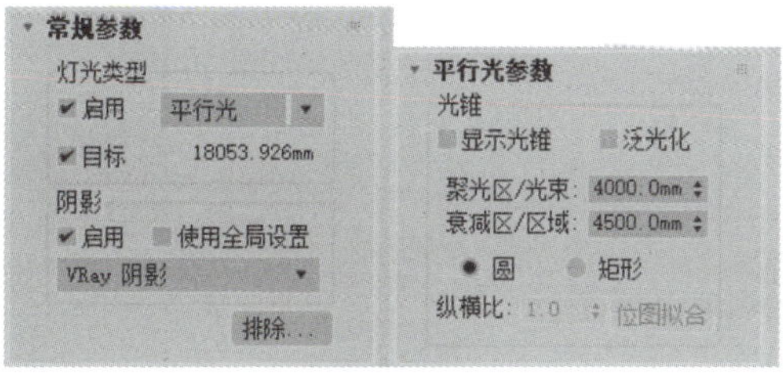

图 9-26

Step05：渲染摄影机视口，会发现目标平行光投到室内的光线被室外模型遮挡，如图 9-27 所示。

Step06：在“常规参数”卷展栏中单击“排除”按钮，打开“排除 / 包含”对话框，在左侧列表中选择室外模型，然后单击“添加”按钮 »，如图 9-28 所示。然后单击“确定”按钮关闭对话框。

Step07：在“强度 / 颜色 / 衰减”卷展栏中设置灯光强度和颜色，如图 9-29、图 9-30 所示。

Step08：渲染摄影机视口，光源效果如图 9-31 所示。

Step09：在“VRay 阴影参数”卷展栏中勾选“区域阴影”复选框，再设置 U/V/W 大小，如图 9-32 所示。

Step10：再次渲染摄影机视口，最终效果如图 9-33 所示。

图 9-27

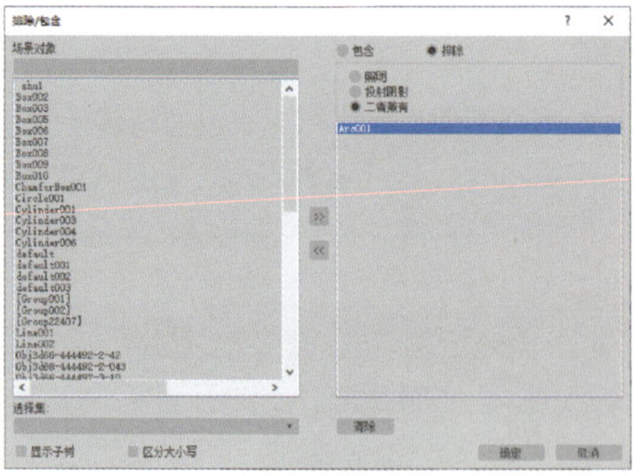

图 9-28

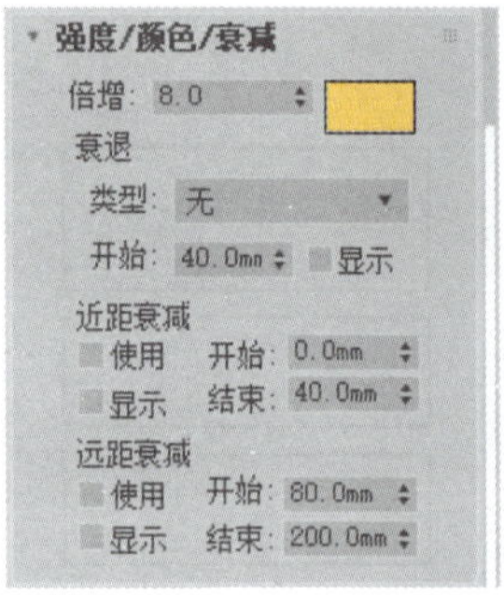

图 9-29

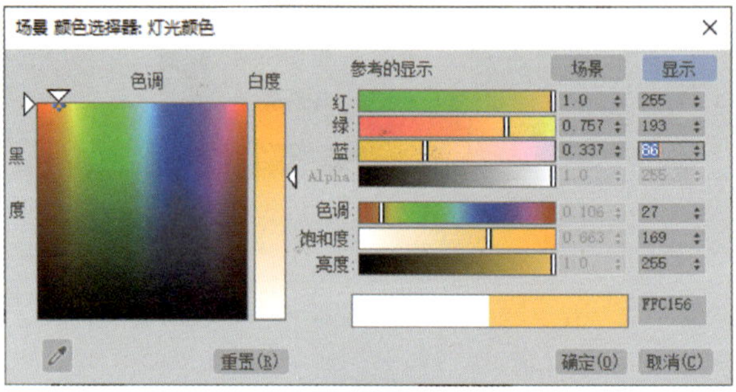

图 9-30

图 9-31

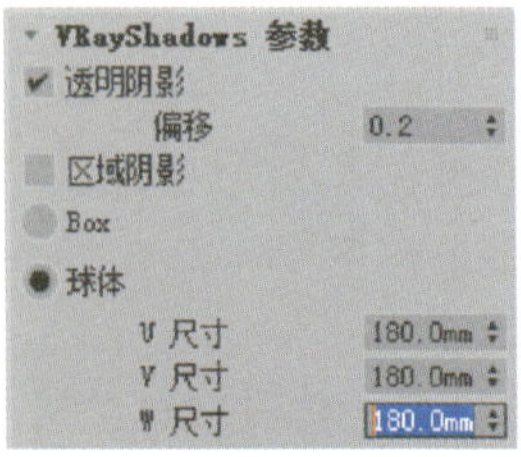

图 9-32

图 9-33

9.4 VRay 光源系统

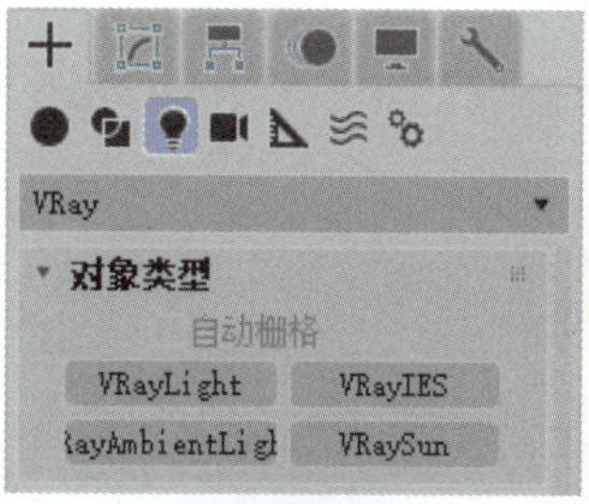

图 9-34

VRay 渲染器除了支持 3ds Max 默认灯光类型之外，还提供了一种 VRay 渲染器专属的灯光类型：VRayLight、VRayIES 和 VRaySun，如图 9-34 所示。VR 灯光可以模拟出任何灯光环境，使用起来比 3ds Max 默认灯光更为简便，达到的效果也更加逼真。

9.4.1 VRayLight（VRay 灯光）

VRay 灯光是 VRay 渲染器自带的灯光之一，使用频率非常高。默认的光源形状为具有光源指向的矩形光源，其灯光参数控制面板如图 9-35 所示。

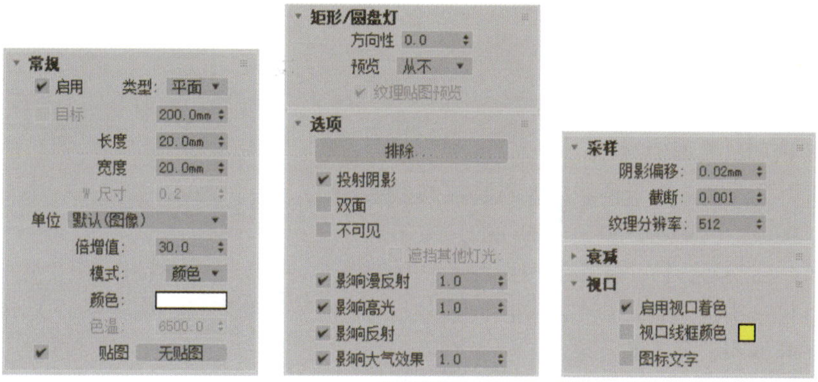

图 9-35

上述参数面板中，各卷展栏的常用选项含义介绍如下。

（1）“常规”卷展栏

- 启用：灯光的开关。勾选此复选框，灯光才被开启。
- 类型：有 5 种灯光类型可以选择，分别是平面、穹顶、球体、网格以及圆盘，如图 9-36 所示。

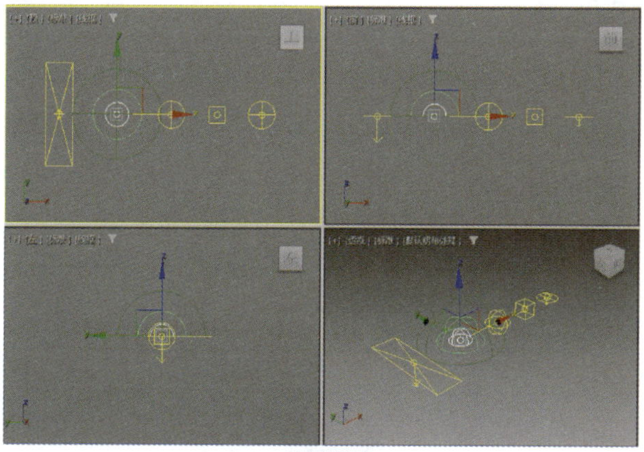

图 9-36

- 长度 / 宽度：面光源的长度和宽度。
- 单位：VRay 的默认单位，以灯光的亮度和颜色来控制灯光的光照强度。
- 倍增值：用于控制光照的强弱。如图 9-37、图 9-38 所示分别为不同倍增值的效果。

图 9-37

图 9-38

- 颜色：光源发光的颜色。
- 贴图：为灯光添加纹理贴图。

（2）“选项”卷展栏

- “排除”按钮：用来排除灯光对物体的影响。
- 投射阴影：控制是否对物体的光照产生阴影。
- 双面：控制是否在面光源的两面都产生灯光效果。
- 不可见：用于控制是否在渲染的时候显示 VRay 灯光的形状。如图 9-39、图 9-40 所示分别为灯光可见和不可见的效果。

图 9-39

图 9-40

- 影响漫反射：控制灯光是否影响材质属性的漫反射。
- 影响高光：控制灯光是否影响材质属性的高光。
- 影响反射：控制灯光是否影响材质属性的反射。
- 影响大气效果：用于控制灯光是否对场景中的大气效果（如雾、霾、体积光等）产生影响。

（3）“采样”卷展栏

- 阴影偏移：控制物体与阴影偏移距离。
- 截断：控制灯光中止的数值，一般情况下不用修改该参数。

知识链接

其他部分的选项，读者可以自己做测试，通过测试就会更深刻地理解它们的用途。测试是学习 VRay 最有效的方法，只有不断地测试，才能真正理解每个参数的含义，这样才能做出逼真的效果。所以读者在学习 VRay 的时候，应避免死记硬背，要从原理层次去理解参数，这才是学习 VRay 的方法。

9.4.2 VRayIES（VRay 光域网）

VrayIES 是 VRay 渲染器提供用于添加 IES 光域网的文件的光源。选择了光域网文件（*.IES），那么在渲染过程中光源的照明就会按照选择的光域网文件中的信息来表现，就可以做出普通照明无法做到的散射、多层反射、日光灯等效果。

“VRay 光域网参数”卷展栏如图 9-41、图 9-42 所示，其中参数含义与 VRay 灯光和 VRay 阳光类似。

参数卷展栏中常用选项的含义介绍如下。

- 启用：此选项用于控制是否开启灯光。
- Ies 文件：载入光域网文件的通道。
- 颜色：控制灯光产生的颜色。
- 强度值：控制灯光的照射强度。

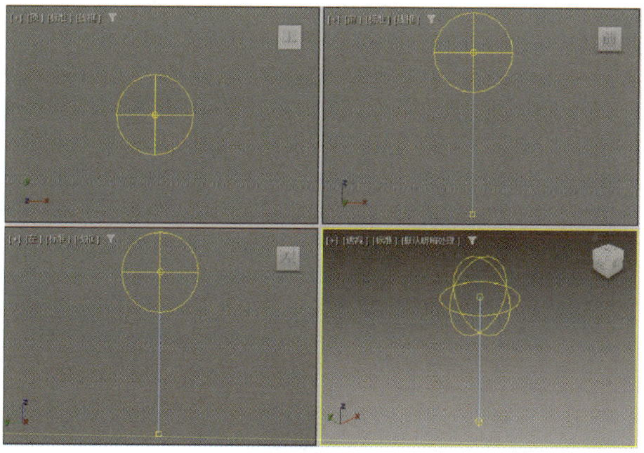

图 9-41

图 9-42

9.4.3 VRaySun（VRay 太阳）

VR 太阳光是 VRay 渲染器用于模拟太阳光的，它通常和 VR 天空配合使用，如图 9-43 所示。其卷展栏如图 9-44 所示。

参数卷展栏中常用选项的含义介绍如下。

- 启用：此选项用于控制阳光的开关。
- 不可见：用于控制在渲染时是否显示 VRay 阳光的形状。
- 浑浊度：控制空气中的清洁度，影响太阳和天空的颜色倾向。当数值较小时，空气晴朗干净，颜色倾向为蓝色；当数值较大时，空气浑浊，颜色倾向为黄色甚至橘黄色。
- 臭氧：表示空气中的氧气含量。较小的值阳光会发黄，较大的值阳光会发蓝。

第9章

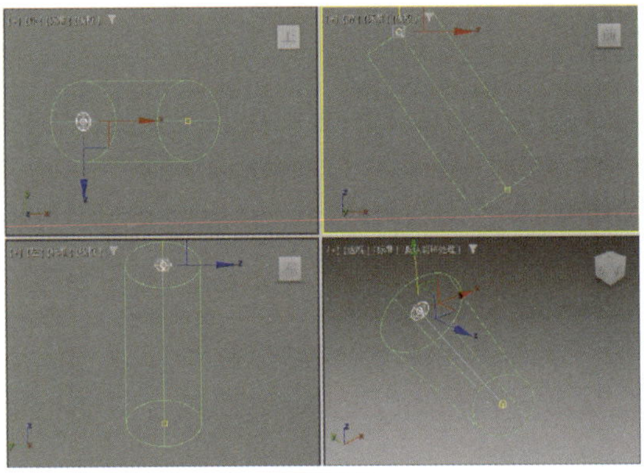

图 9-43

图 9-44

- 强度倍增值：用于控制阳光的强度。数值越大灯光越亮，数值越小灯光越暗。
- 尺寸倍增值：控制太阳的大小，主要表现在控制投影的模糊程度。数值越大，太阳越大，产生的阴影越虚。
- 过滤颜色：用于自定义太阳光的颜色。
- 颜色模式：通过“过滤”“直接指定”“覆盖”这 3 种模式来控制太阳光颜色。
- 排除：将物体排除于阳光照射范围之外。
- 影响漫反射：太阳光对场景中物体漫反射部分是否有影响。
- 影响高光：太阳光是否对场景中的物体高光部分有影响。
- 影响大气效果：用于控制灯光是否对场景中的大气效果产生影响。
- 投射大气阴影：太阳光是否会在大气中投射阴影。

操作提示

在创建 VRay 太阳光时，将强度倍增值控制在 0.01 ~ 0.1 可以得到比较好的光照效果。

进阶案例：模拟灯带光源效果

下面利用 VRay 平面光源来模拟灯带光源效果，具体操作步骤介绍如下。

Step01：打开素材场景，如图 9-45 所示。

Step02：渲染摄影机视口，当前场景光源效果如图 9-46 所示。

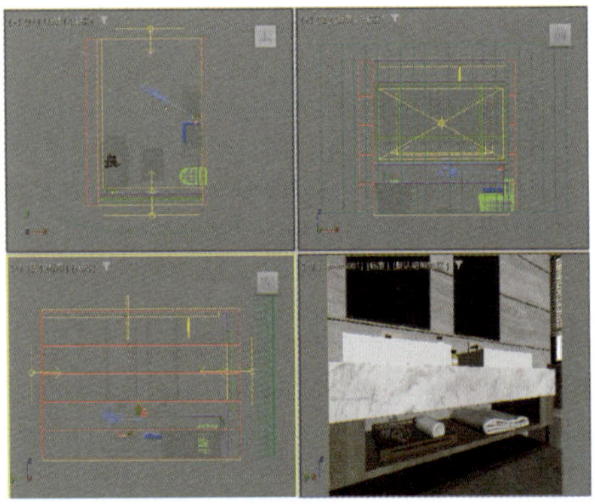

图 9-45

图 9-46

Step03：在 VRay 光源创建面板单击“VRayLight”命令，在顶视图中洗手池位置创建一盏 VRay 平面光源，并调整位置，如图 9-47 所示。

Step04：在“常规”卷展栏中设置灯光尺寸及倍增，在“选项”卷展栏中勾选“不可见”复选框，再取消勾选“影响反射”复选框，如图 9-48 所示。

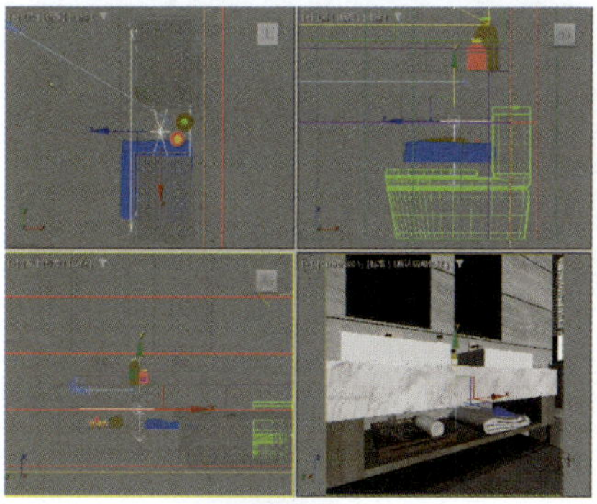

图 9-47

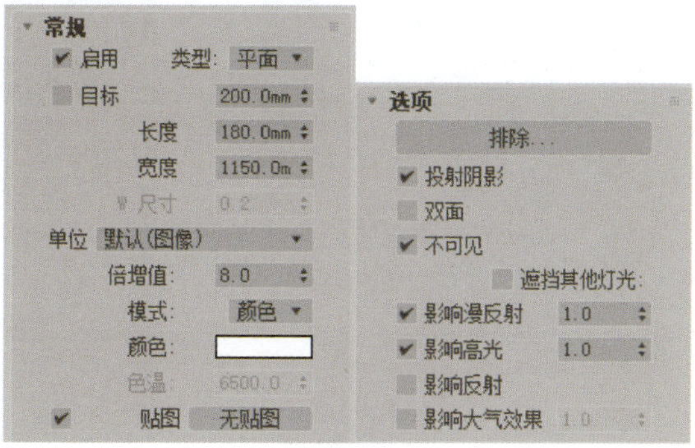

图 9-48

Step05：渲染摄影机视口，光源效果如图 9-49 所示。

Step06：在“常规”卷展栏设置灯光颜色，如图 9-50 所示。

图 9-49

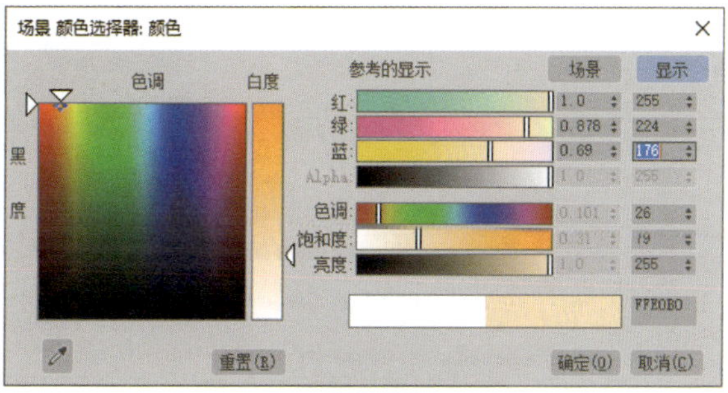

图 9-50

Step07：渲染摄影机视口，光源效果如图 9-51 所示。

Step08：在左视图中按住 Shift 键向下复制灯光对象，调整灯光长度，如图 9-52 所示。

图 9-51

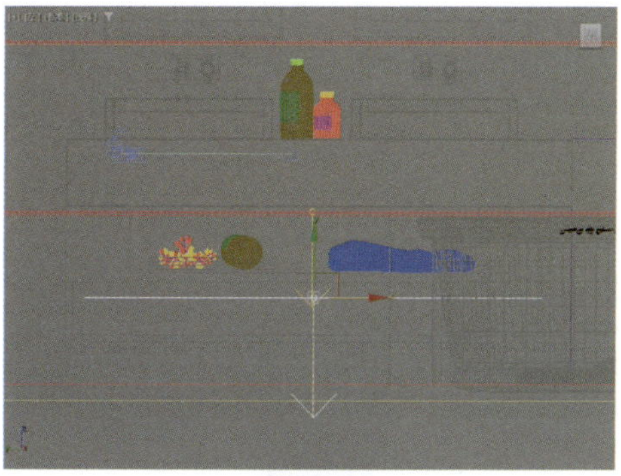

图 9-52

Step09：在左视图中继续复制灯光对象，调整长度、宽度和倍增，并移动至镜子后面，如图 9-53、图 9-54 所示。

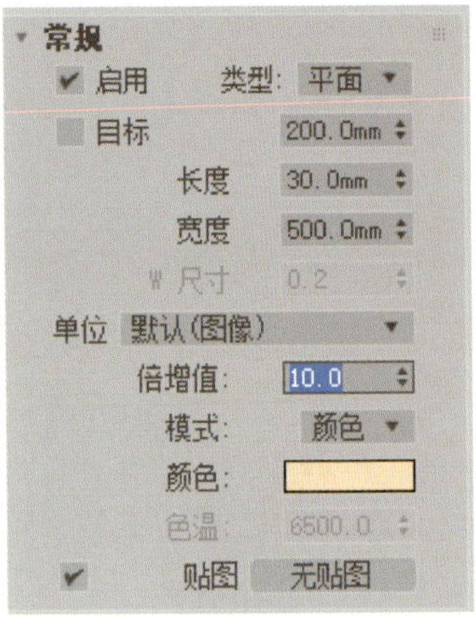

图 9-53

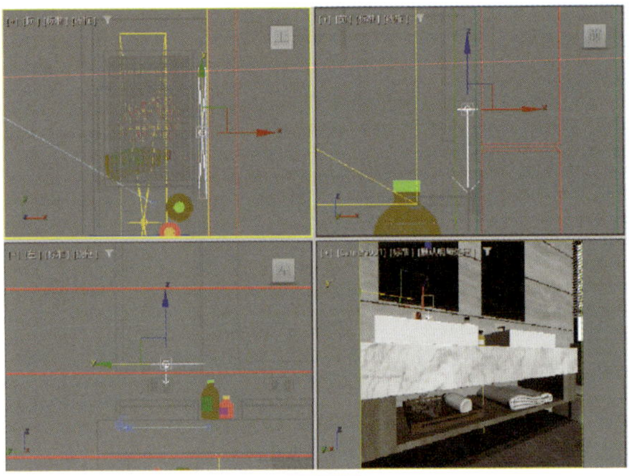

图 9-54

Step10：旋转并复制灯光对象，调整灯光尺寸及位置，如图 9-55、图 9-56 所示。

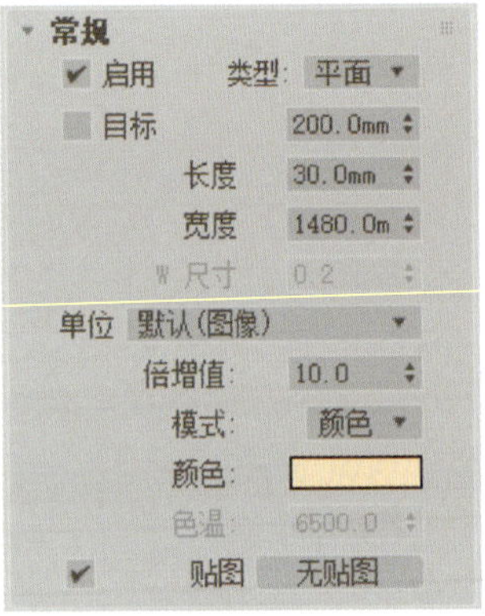

图 9-55

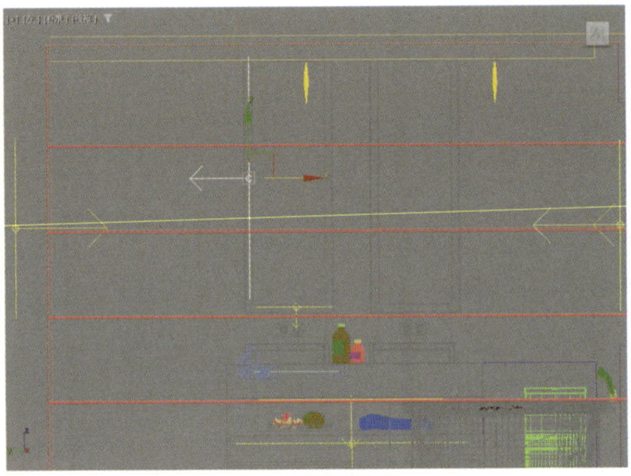

图 9-56

Step11：继续在左视图中复制灯光对象，如图 9-57 所示。

Step12：渲染摄影机视口，最终效果如图 9-58 所示。

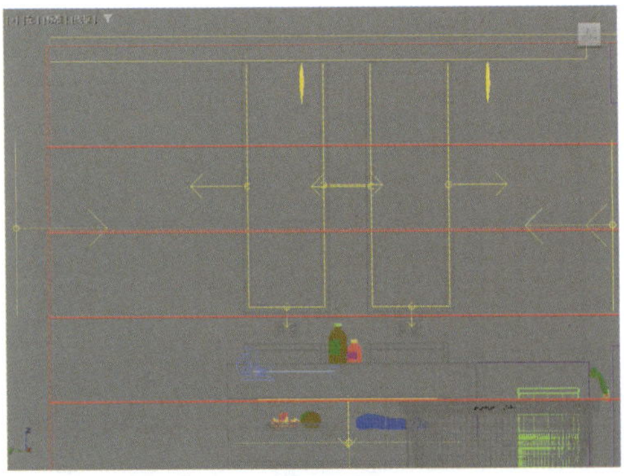

图 9-57

图 9-58

综合实战：为客厅场景创建光源

下面将利用本章所学的灯光知识，为客厅场景创建合适的光源对象，具体操作步骤介绍如下。

Step01： 打开素材场景文件，如图 9-59 所示。

Step02： 渲染摄影机视口，当前光源效果如图 9-60 所示。

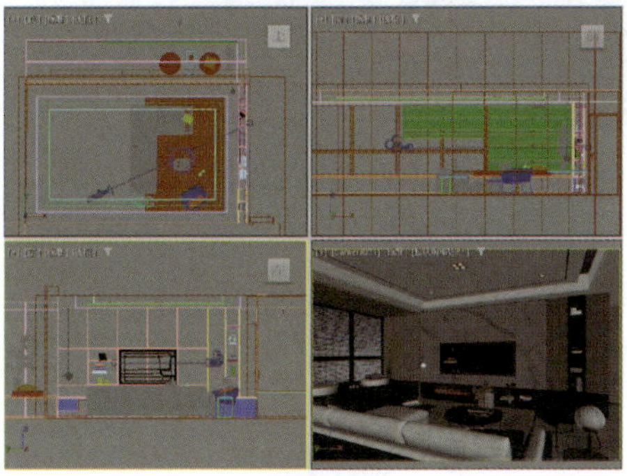

图 9-59

图 9-60

Step03： 在 VRay 光源面板单击 VRayLight 按钮，在前视图创建一盏平面光源，设置灯光尺寸、倍增、颜色等参数，再移动光源至窗外位置用于模拟天光，如图 9-61、图 9-62 所示。

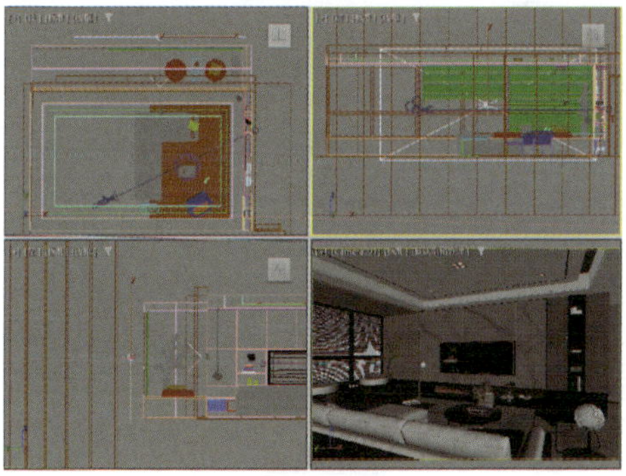

图 9-61

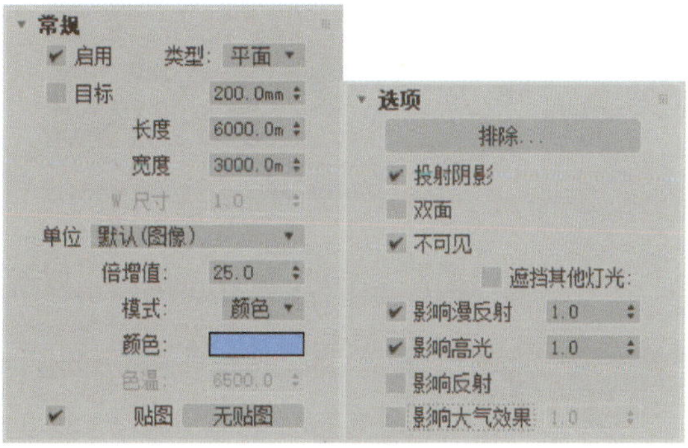

图 9-62

Step04： 灯光颜色参数如图 9-63 所示。

Step05： 渲染摄影机视口，效果如图 9-64 所示。

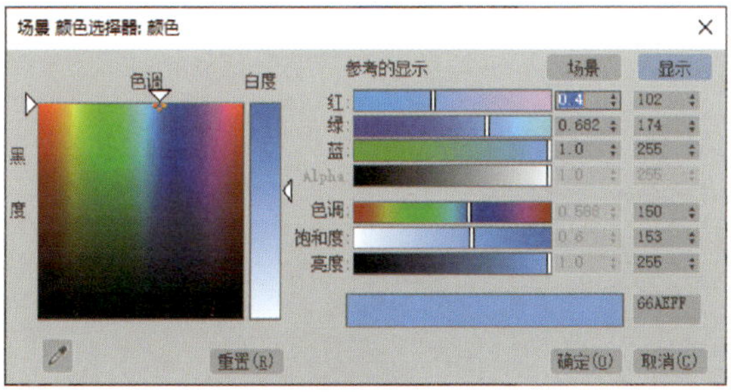

图 9-63

图 9-64

Step06： 在前视图中按住 Shift 键复制天光光源，并重新调整对象倍增值和颜色，如图 9-65、图 9-66 所示。

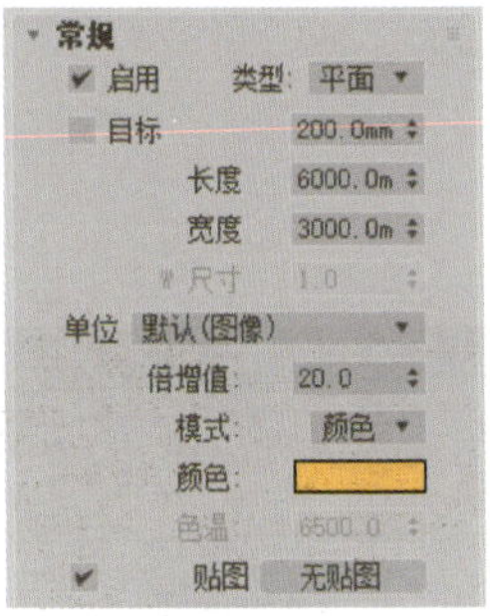

图 9-65

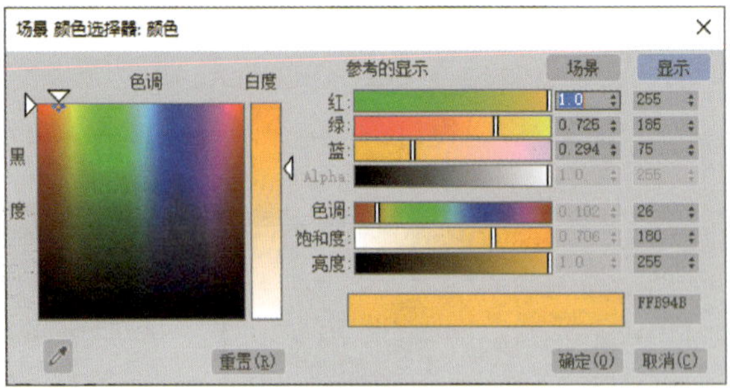

图 9-66

Step07： 再渲染摄影机视口，天光效果如图 9-67 所示。

Step08： 单击 VRayLight 按钮，在顶视图创建平面光源，并调整位置至置物架处，如图 9-68 所示。

图 9-67

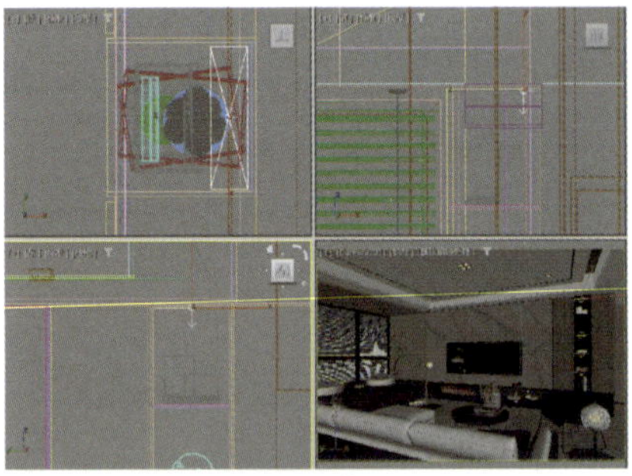

图 9-68

Step09： 设置光源尺寸、倍增和颜色，如图 9-69、图 9-70 所示。

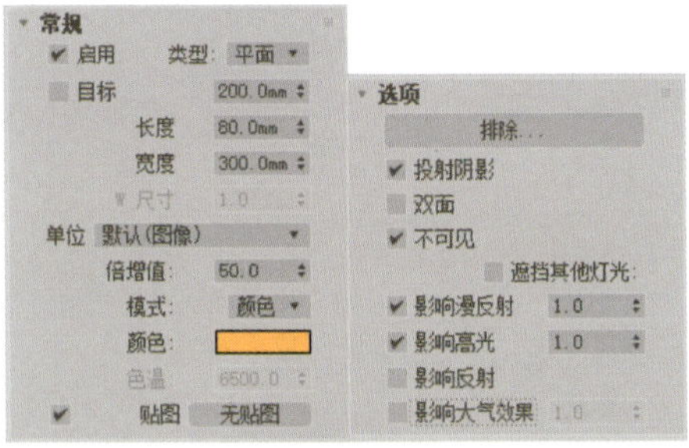

图 9-69

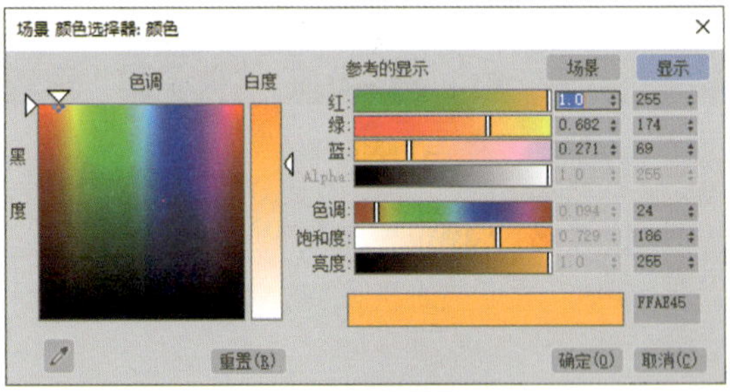

图 9-70

Step10： 在左视图中向下实例复制光源对象，并调整位置，如图 9-71 所示。

Step11： 渲染摄影机视口，效果如图 9-72 所示。

Step12： 复制光源，并调整尺寸及位置，其余参数不变，如图 9-73 所示。

Step13： 渲染摄影机视口，如图 9-74 所示。

Step14： 继续复制灯带光源，重新设置光源尺寸、倍增值，并调整位置，旋转角度，如图 9-75、图 9-76 所示。

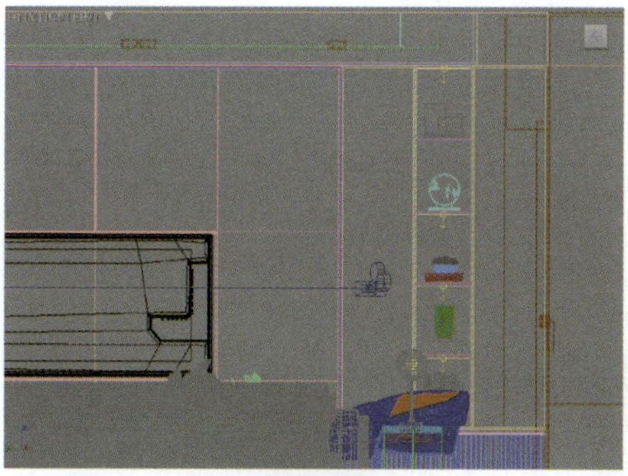

图 9-71

图 9-72

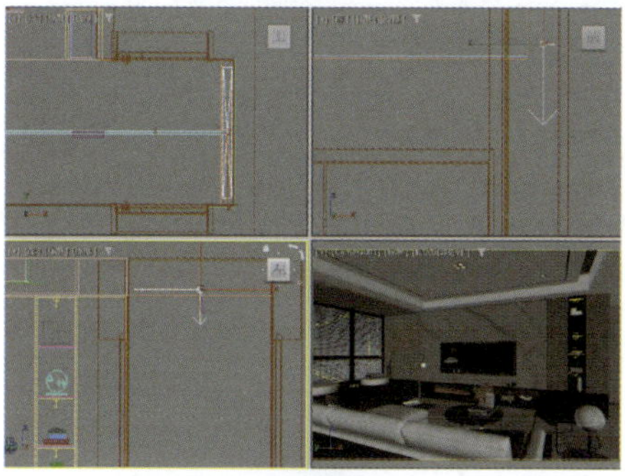

图 9-73

图 9-74

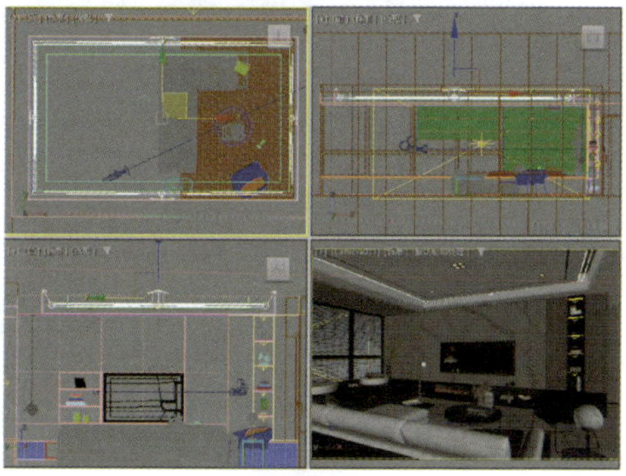

图 9-75

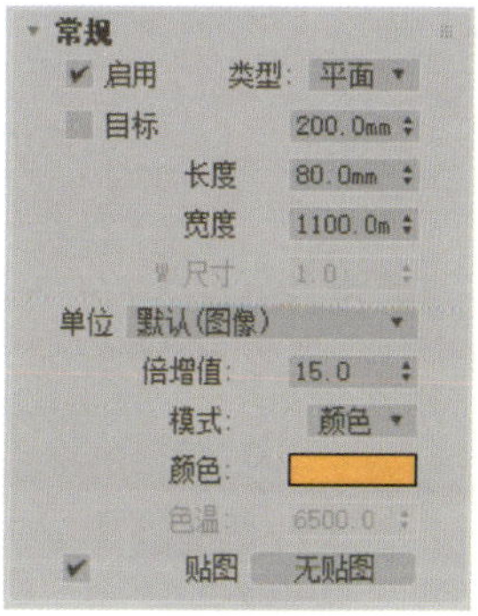

图 9-76

Step15： 渲染摄影机视口，效果如图 9-77 所示。

Step16： 继续单击 VRayLight 按钮，创建一盏 VRay 球体光源，移动至吊灯灯罩内，如图 9-78 所示。

图 9-77

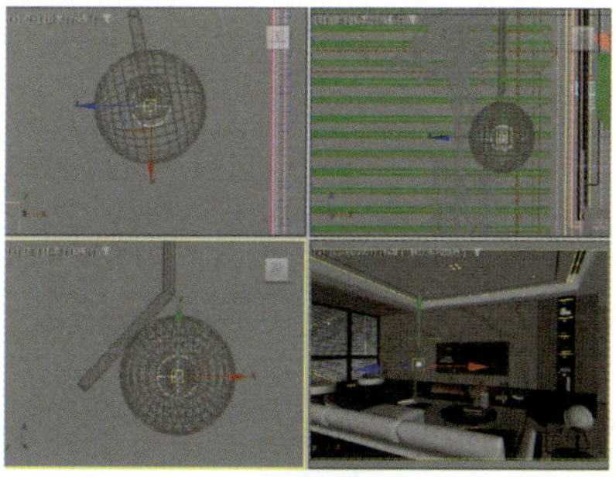

图 9-78

Step17：在参数面板中设置球体光源半径、倍增及颜色，如图 9-79、图 9-80 所示。

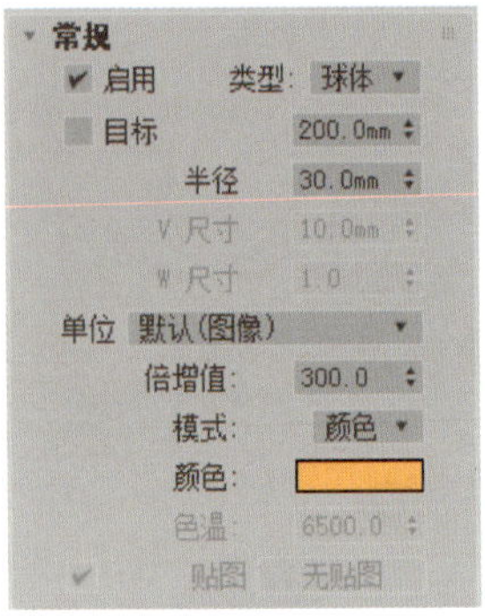

图 9-79

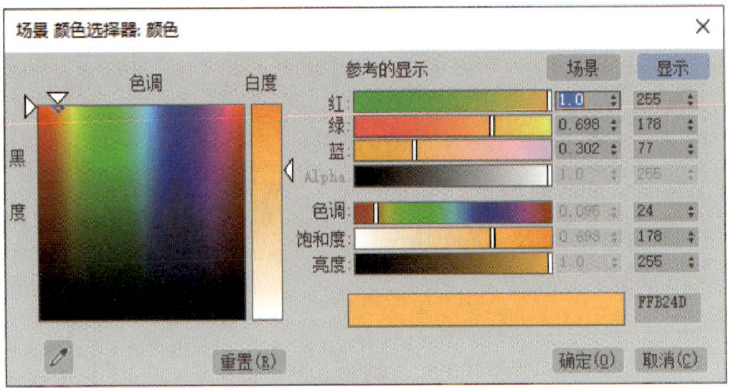

图 9-80

Step18：再复制光源对象至台灯灯罩内，渲染摄影机视口，效果如图 9-81 所示。

Step19：在创建面板单击 VRayIES，在前视图创建光源，在参数面板中取消勾选“目标”复选框，并调整至筒灯下方，如图 9-82 所示。

Step20：为光源添加 IES 文件，再设置图形类型及强度值，如图 9-83 所示。

Step21：实例复制光源对象，如图 9-84 所示。

图 9-81

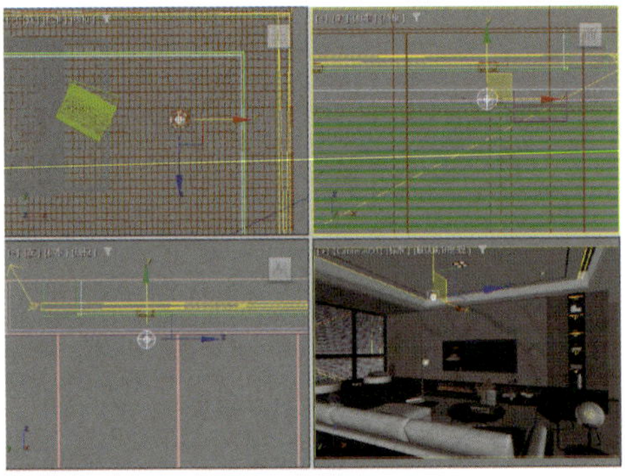

图 9-82

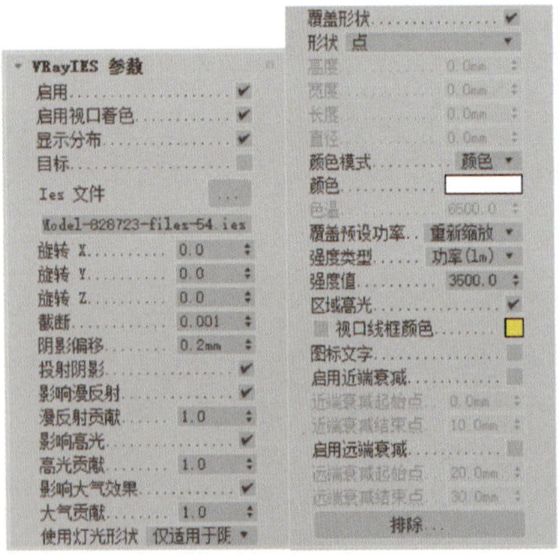

图 9-83

图 9-84

Step22：渲染摄影机视口，效果如图 9-85 所示。

Step23：最后在顶视图中沙发区域创建一盏 VRay 平面光源作为补光，调整其位置，如图 9-86 所示。

图 9-85

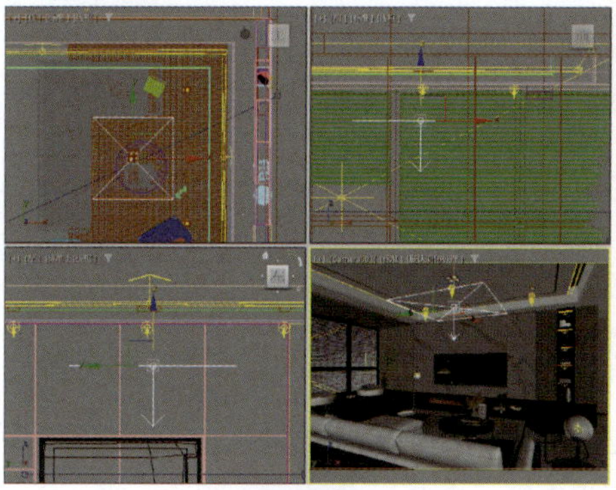

图 9-86

Step24：在参数面板设置光源尺寸及倍增值等参数，如图 9-87 所示。

Step25：再次渲染摄影机视口，最终光源效果如图 9-88 所示。

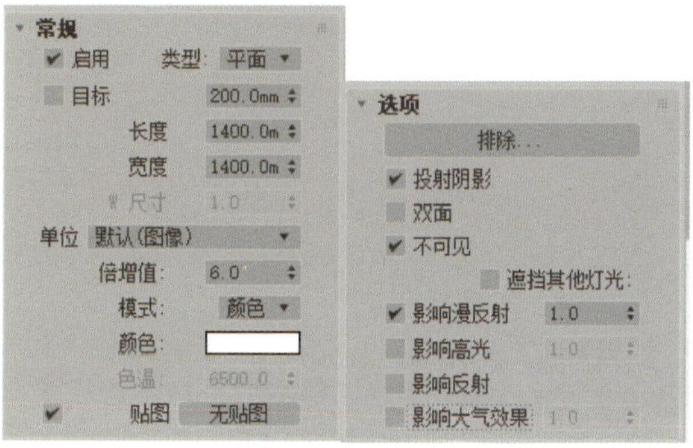

图 9-87

图 9-88

第 10 章 摄影机技术

摄影机的应用是效果图制作过程中非常重要的环节，通过为场景创建摄影机可以调整作品画面的角度、景深等各种效果。3ds Max 中的摄影机与现实世界中的摄影机十分相似，其位置、摄影角度、焦距等都可以随意调整，不仅方便观看场景中各部分的细节，还可以利用摄影机的移动创建浏览动画。

本章主要向读者介绍标准摄影机和 VRay 摄影机的基础知识及应用，通过本章学习可以掌握摄影机在效果图制作中的操作技巧。

10.1 摄影机简介

在学习摄影机的参数设置与应用之前，首先需要了解一下摄影机的相关知识。

10.1.1 摄影机与构图

无论是摄影还是设计作品的效果图创作，构图都是非常重要的，构图的合理与否直接会影响整个作品的冲击力和情感，如图 10-1、图 10-2 所示为构图表现较为优秀的作品。

图 10-1

图 10-2

在输出静态图像时，需要注意摄影机的透视校正问题；输出动态视频动画时，则要注意推、拉、摇、移等摄影机的表现手段。除此之外，构图还会受到“图像纵横比”的影响，该参数会影响图像输出的长宽比例。

10.1.2 摄影机参数

真实世界中的摄影机是使用镜头将环境反射的灯光聚焦到具有灯光敏感性曲面的焦点平面，3ds Max 中摄影机相关的参数主要是焦距和视野。

（1）焦距

焦距是指镜头和灯光敏感性曲面的焦点平面间的距离。焦距影响成像对象在图片上的清晰度。焦距越小，图片中包含的场景越多；焦距越大，图片中包含的场景越少，但会显示远距离成像对象的更多细节。

（2）视野

视野控制摄影机可见场景的数量，以水平线度数进行测量。视野与镜头的焦距直接相关，例如 35mm 的镜头显示水平线约为 54°，焦距越大则视野越窄，焦距越小则视野越宽。

10.2 3ds Max 标准摄影机

摄影机可以从特定的观察点来表现场景，模拟真实世界中的静止图像、运动图像或视频，并能够制作某些特殊的效果，如景深和运动模糊等。3ds Max 共提供了物理、目标和自由 3 种摄影机类型。

10.2.1 物理摄影机

物理摄影机可模拟用户可能熟悉的真实摄影机设置，例如快门速度、光圈、景深和曝光。借助增强的控件和额外的视口内反馈，让创建逼真的图像和动画变得更加容易。其参数面板包括“基本”“物理摄影机”“曝光”“散景（景深）”“透视控制”“镜头扭曲”等 7 个卷展栏，如图 10-3 所示。下面介绍常用的几个参数卷展栏。

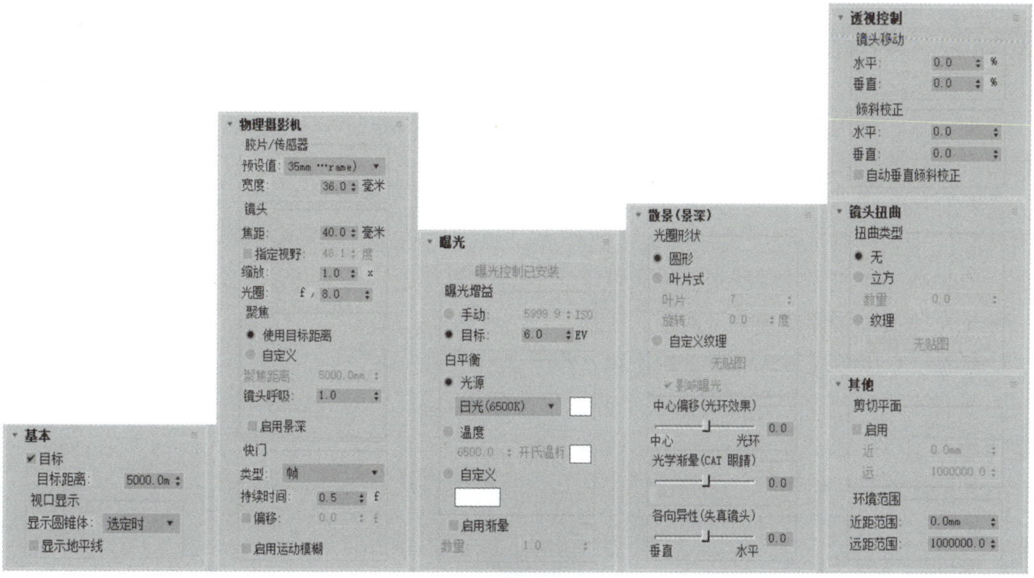

图 10-3

（1）“基本”卷展栏

- 目标：启用该选项后，摄影机包括目标对象，并与目标摄影机的行为相似。
- 目标距离：设置目标与焦平面之间的距离，会影响聚焦、景深等。
- 显示圆锥体：在显示摄影机圆锥体时选择“选定时”“始终”或“从不”。
- 显示地平线：启用该选项后，地平线在摄影机视口中显示为水平线。

（2）“物理摄影机”卷展栏

- 预设值：选择胶片模型或电荷耦合传感器。每个设置都有其默认宽度值，“自定义”选项用于选择任意宽度。
- 宽度：可以手动调整帧的宽度。
- 焦距：设置镜头的焦距，默认值为 40mm。
- 指定视野：启用该选项时，可以设置新的视野值。默认的视野值取决于所选的胶片 / 传感器预设值。
- 缩放：在不更改摄影机位置的情况下缩放镜头。
- 光圈：将光圈设置为光圈数或“F 制光圈”。此值将影响曝光和景深。光圈值越低，光圈越大并且景深越窄。
- 使用目标距离：使用“目标距离”作为焦距。
- 自定义：使用不同于“目标距离”的焦距。
- 镜头呼吸：通过将镜头向焦距方向移动或远离焦距方向来调整视野。镜头呼吸值为 0.0 表示禁用此效果。默认值为 10。
- 启用景深：启用该选项时，摄影机在不等于焦距的距离上生成模糊效果。景深效果的强度基于光圈设置。
- 快门类型：选择测量快门速度使用的单位。帧（默认设置），通常用于计算机图形；分或分秒，通常用于静态摄影；度，通常用于电影摄影。
- 持续时间：根据所选的单位类型设置快门速度。该值可能影响曝光、景深和运动模糊。
- 偏移：启用该选项时，指定相对于每帧的开始时间的快门打开时间，更改此值会影响运动模糊。
- 启用运动模糊：启用该选项后，摄影机可以生成运动模糊效果。

（3）“曝光”卷展栏

- 曝光控制已安装：单击以使物理摄影机曝光控制处于活动状态。
- 手动：通过 ISO 值设置曝光增益。当此选项处于活动状态时，通过此值、快门速度和光圈设置计算曝光。该数值越高，曝光时间越长。
- 目标：设置与 3 个摄影曝光值的组合相对应的单个曝光值设置。每次增加或降低 EV 值，相应地也会分别减少或增加有效的曝光，如快门速度值中所做的更改表示的一样。因此，值越高，生成的图像越暗；值越低，生成的图像越亮。默认设置为 6.0。
- 光源：按照标准光源设置色彩平衡。
- 温度：以色温形式设置色彩平衡，以开尔文度表示。
- 自定义：用于设置任意色彩平衡。单击色样以打开“颜色选择器”，可以从中设置希望使用的颜色。
- 启用渐晕：启用时，渲染模拟出现在胶片平面边缘的变暗效果。
- 数量：增加此数量以增加渐晕效果。

（4）“散景（景深）”卷展栏

- 圆形：散景效果基于圆形光圈。

叶片式：散景效果使用带有边的光圈。使用“叶片”值设置每个模糊圈的边数，使用“旋转”值设置每个模糊圈旋转的角度。

自定义纹理：使用贴图来替换每种模糊圈。如果贴图为填充黑色背景的白色圈，则等效于标准模糊圈。将纹理映射到与镜头纵横比相匹配的矩形：会忽略纹理的初始纵横比。

影响曝光：启用时，自定义纹理将影响场景的曝光。

中心偏移（光环效果）：使光圈透明度向中心（负值）或边（正值）偏移。正值会增加焦区域的模糊量，而负值会减小模糊量。

光学渐晕（CAT 眼睛）：通过模拟猫眼效果使帧呈现渐晕效果。

各向异性（失真镜头）：通过垂直（负值）或水平（正值）拉伸光圈模拟失真镜头。

10.2.2　目标摄影机

目标摄影机用于观察目标点附近的场景内容，它有摄影机、目标两部分，可以很容易地单独进行控制调整，并分别设置动画。其参数面板包括“参数”卷展栏、“景深参数”和“运动模糊参数”卷展栏 3 种，“景深参数”卷展栏和“运动模糊参数”卷展栏参数类似，这里仅对“参数”卷展栏和“景深参数”卷展栏进行介绍，如图 10-4 所示。

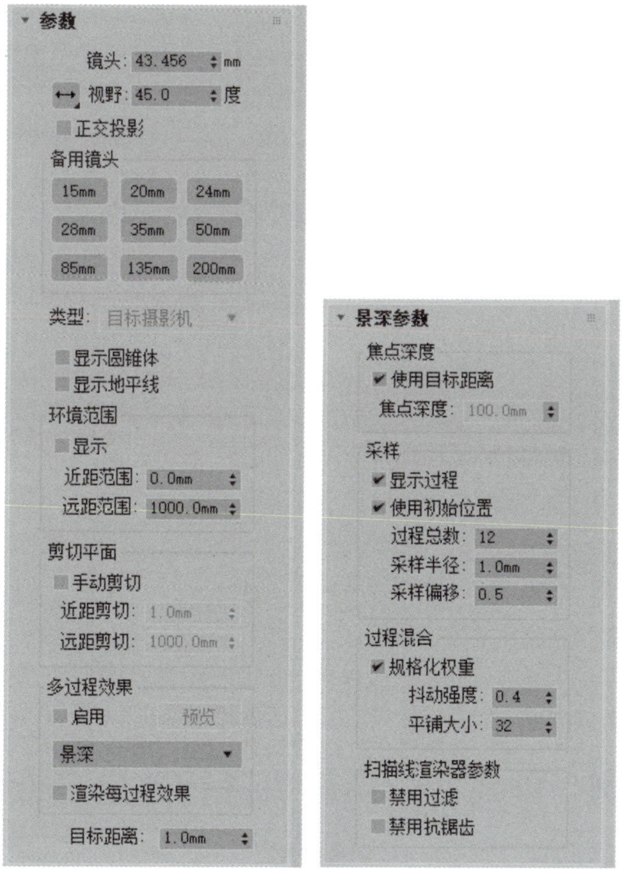

图 10-4

（1）“参数”卷展栏

镜头：以毫米为单位设置摄影机的焦距。

- 视野：用于决定摄影机查看区域的宽度，可以通过水平、垂直或对角线这 3 种方式测量应用。该参数与“镜头”参数是关联的。
- 正交投影：启用该选项后，摄影机视图为用户视图；关闭该选项后，摄影机视图为标准的透视图。
- 备用镜头：该选项组用于选择各种常用预置镜头。
- 类型：切换摄影机的类型，包含目标摄影机和自由摄影机两种。
- 显示圆锥体：显示摄影机视野定义的锥形光线。
- 显示地平线：在摄影机中的地平线上显示一条深灰色的线条。
- 近距 / 远距范围：设置大气效果的近距范围和远距范围。
- 手动剪切：启用该选项可以定义剪切的平面。
- 近距 / 远距剪切：设置近距和远距平面。
- 多过程效果：该选项组中的参数主要用来设置摄影机的景深和运动模糊效果。默认选择“景深”，当选择“运动模糊”时，下方会切换成“运动模糊参数”卷展栏。
- 目标距离：当使用目标摄影机时，设置摄影机与其目标之间的距离。

（2）“景深参数”卷展栏

- 使用目标距离：启用该选项后，系统会将摄影机的目标距离用作每个过程偏移摄影机的点。
- 焦点深度：当关闭“使用目标距离”选项，该选项可以用来设置摄影机的偏移深度。
- 显示过程：启用该选项后，“渲染帧窗口”对话框中将显示多个渲染通道。
- 使用初始位置：启用该选项后，第一个渲染过程将位于摄影机的初始位置。
- 过程总数：设置生成景深效果的过程数。增大该值可以提高效果的真实度，但是会增加渲染时间。
- 采样半径：设置生成的模糊半径。数值越大，模糊越明显。
- 采样偏移：设置模糊靠近或远离“采样半径”的权重。增加该值将增加景深模糊的数量级，从而得到更加均匀的景深效果。
- 规格化权重：启用该选项后可以产生平滑的效果。
- 抖动强度：设置应用于渲染通道的抖动程度。
- 平铺大小：设置图案的大小。
- 禁用过滤：启用该选项后，系统将禁用过滤的整个过程。
- 禁用抗锯齿：启用该选项后，可以禁用抗锯齿功能。

10.2.3 自由摄影机

自由摄影机在摄影机指向的方向查看区域，与目标摄影机非常相似。不同的是自由摄影机比目标摄影机少了一个目标点，自由摄影机由单个图标表示，可以更轻松地设置摄影机动画。自由摄影机的参数面板与目标摄影机的参数面板相同，这里就不再赘述。

进阶案例：创建多个摄影机进行批量渲染

具体操作步骤介绍如下。

Step01： 打开素材场景，可以看到当前场景中已经创建好了一架摄影机，如图 10-5 所示。

Step02： 在“标准”摄影机面板单击“目标”按钮，创建一架摄影机，设置镜头为 35mm，并调整角度及位置，如图 10-6 所示。

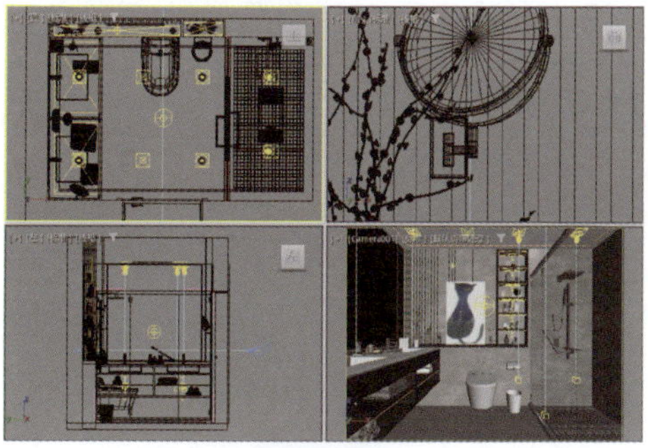

图 10-5

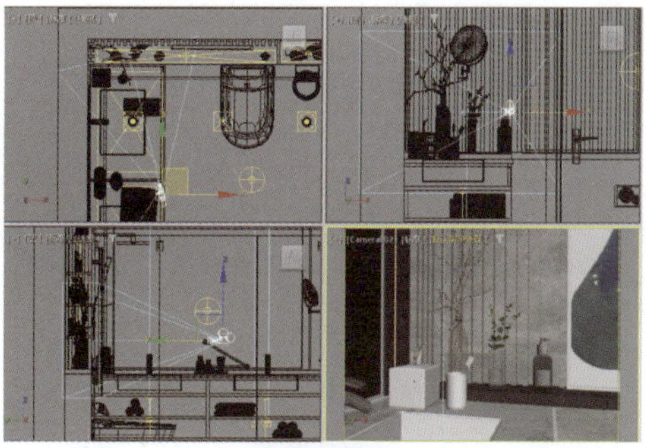

图 10-6

Step03： 继续创建一架摄影机，调整摄影机位置及角度，如图 10-7 所示。

Step04： 最大化摄影机视口，会看到玻璃隔断以及把手都在视野中，如图 10-8 所示。

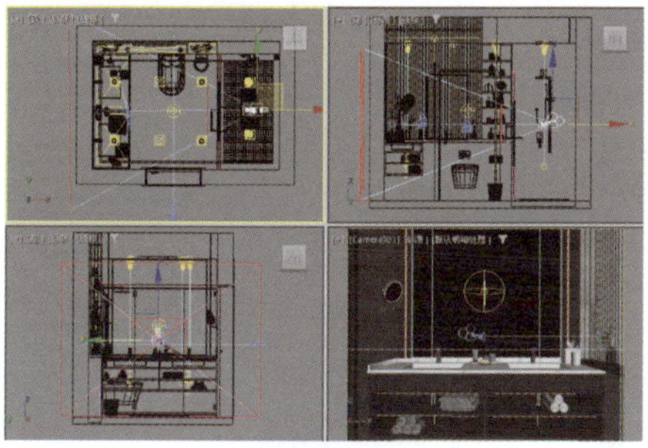

图 10-7

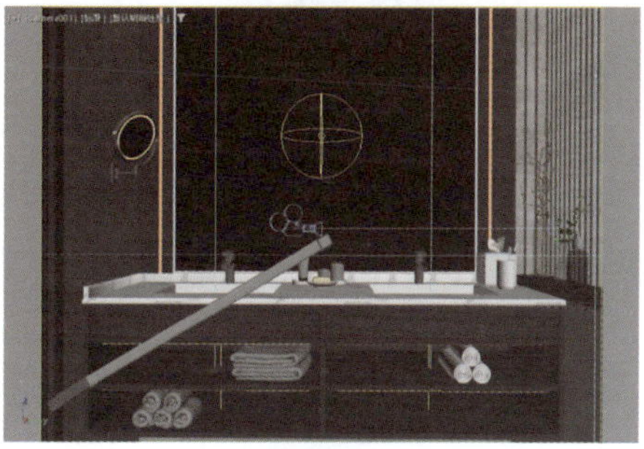

图 10-8

Step05： 在“参数”面板勾选“手动剪切”复选框，并设置近距剪切和远距剪切，如图 10-9 所示。

Step06： 设置后的视口场景如图 10-10 所示。

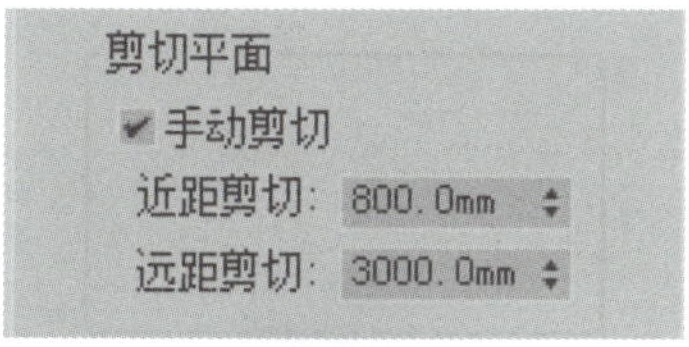

图 10-9

图 10-10

Step07： 执行“渲染 > 批处理渲染”命令，打开“批处理渲染”对话框，如图 10-11 所示。

Step08： 单击“添加”按钮添加摄影机，然后选择 Camera001，如图 10-12 所示。

Step09： 单击“输出路径”选择按钮，打开“渲染输出文件”对话框，输入文件名并指定存储类型和存储路径，如图 10-13 所示。

Step10： 单击“保存”按钮会弹出“PNG 配置”对话框，保持默认设置，如图 10-14 所示。单击“确定”按钮即可完成设置。

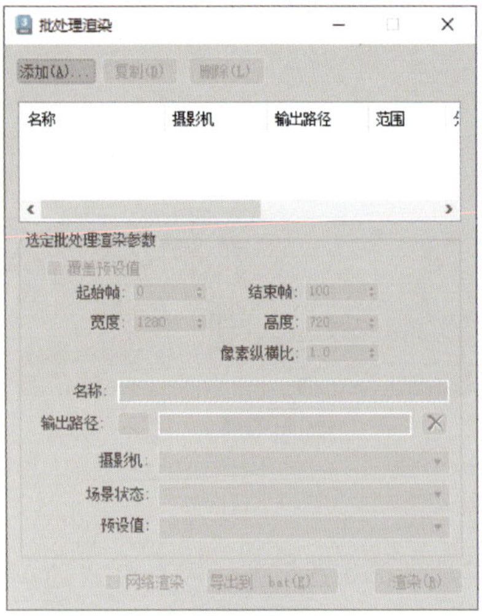

图 10-11

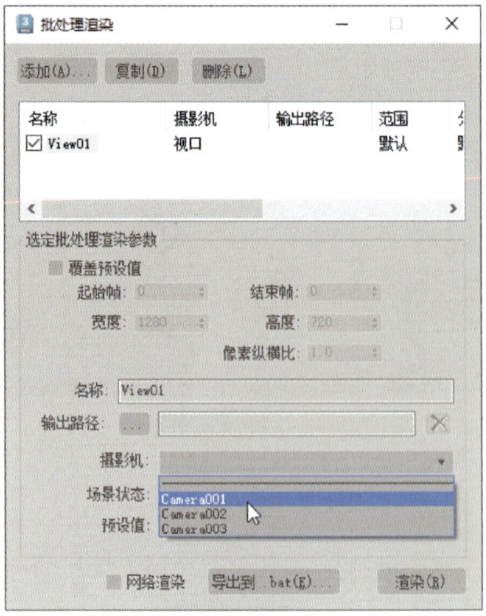

图 10-12

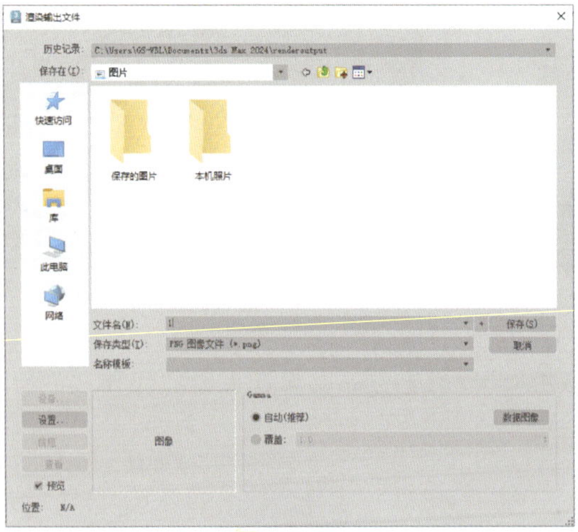

图 10-13

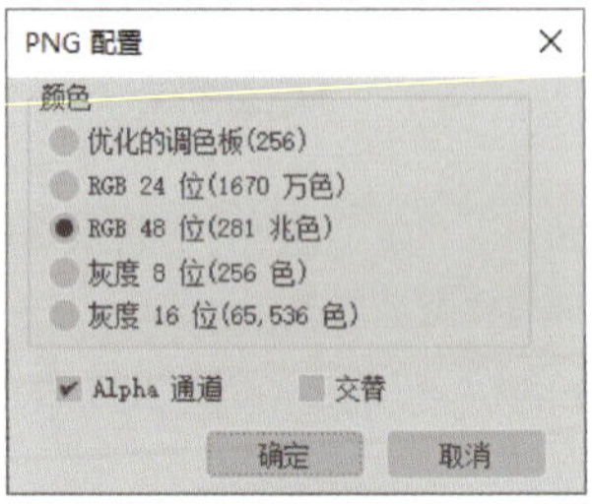

图 10-14

Step11： 照此方法再添加另外两个摄影机并设置渲染输出路径，如图 10-15 所示。

Step12： 单击“渲染”按钮，系统即开始进行批量渲染，渲染效果如图 10-16 ～图 10-18 所示。

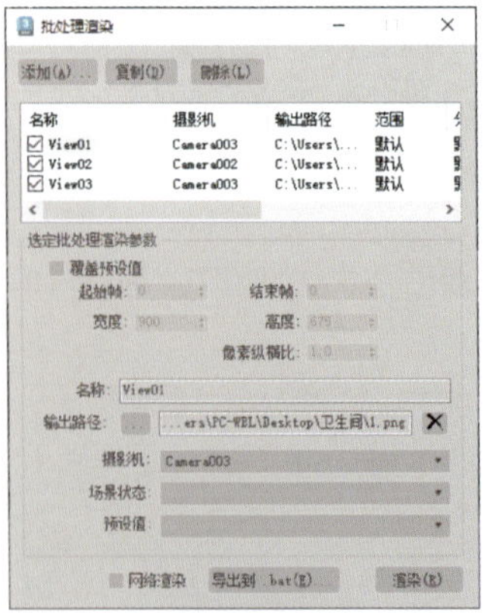

图 10-15

图 10-16

图 10-17

图 10-18

10.3 VRay 摄影机

VRay 摄影机是安装了 VRay 渲染器后新增加的一种摄影机类型，包括 VRay 穹顶摄影机和 VRay 物理摄影机两种。

10.3.1 VRayDomeCamera（VRay 穹顶摄影机）

VRay 穹顶摄影机主要用于渲染半球圆顶的效果，通过“翻转 X 轴”“翻转 Y 轴”和“视野”选项来设置摄影机参数，其参数面板如图 10-19 所示。

- 翻转 X 轴：使渲染图像在 X 坐标轴上翻转。
- 翻转 Y 轴：使渲染图像在 Y 坐标轴上翻转。
- 视野：设置摄影机的视觉大小。

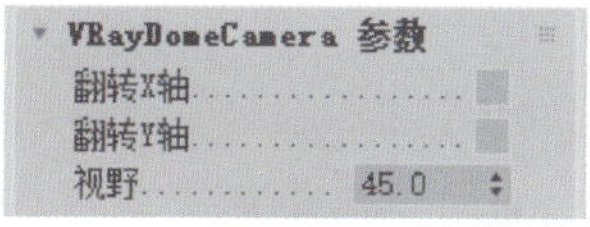

图 10-19

知识链接

VRay 穹顶摄影机是垂直角度的摄影机，摄影机和目标点永远呈直线形式，不能移动，比较适合渲染平面图，在效果图制作中很少用到。

10.3.2 VRayPhysicalCamera（VRay 物理摄影机）

与 3ds Max 自带的摄影机相比，VRay 物理摄影机可以模拟真实成像，更轻松地调节透视关系，单靠摄影机就能很好地控制曝光。简单地讲，如果发现灯光不够亮，直接修改 VRay 摄影机的部分参数就能提高画面质量，而不用重新修改灯光的亮度。其参数面板如图 10-20 所示。

下面具体介绍主要卷展栏中各选项的含义。

（1）“基本 & 显示”卷展栏

- 目标：VRay 物理摄影机内置静止相机、电影相机、视频相机 3 种类型，用户可以在这里进行选择。
- 目标距离：摄影机到目标点的距离，默认情况下不启用此选项。
- 对焦距离：控制摄影机的焦长。

（2）“传感器 & 镜头”卷展栏

- 视野：镜头所能覆盖的范围。一个摄影机镜头能涵盖多大范围的景物，通常以角度来表示，这个角度就是视角 FOV。

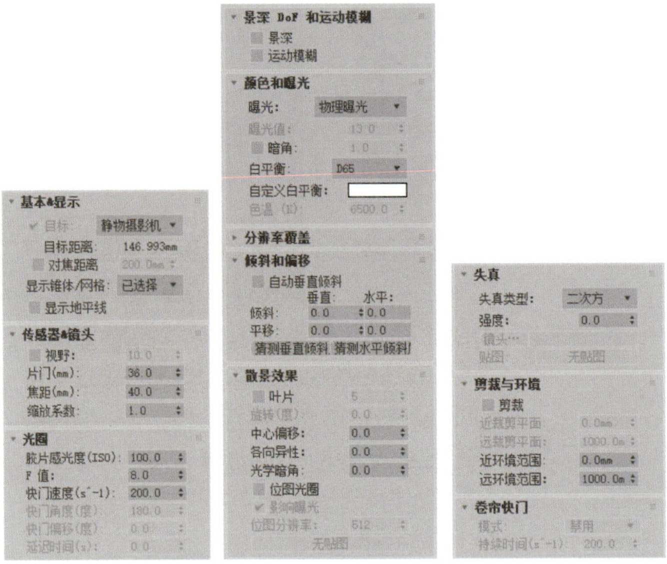

图 10-20

- 片门：也叫薄膜口，控制相机看到的景色范围，值越大，看到的景越多，一般默认即可。
- 焦距：指镜头长度，控制摄影机的焦距，焦距越小，摄影机的可视范围就越大，一般设为 35。
- 缩放系数：控制相机视图的缩放。值越大，相机视图拉得越近，看到的内容越少。

（3）“光圈”卷展栏

- 胶片感光度（ISO）：不同的胶片感光系数对光的敏感度是不一样的，数值越高胶片感光度就越高，颗粒越粗，最后的图像就会越亮，反之图像就会越暗。
- F 值：控制渲染图最终亮度，值越小越亮，同时与景深有关系，大光圈景深小，小光圈景深大。数值一般控制在 5 ～ 8。
- 快门速度：控制进光时间，数值越小，进光时间越长，渲染图片越亮。
- 快门角度：只有选择电影摄影机类型此项才激活，用于控制图片的明暗。
- 快门偏移：只有选择电影摄影机类型此项才激活，用于控制快门角度的偏移。
- 延迟时间：只有选择视频摄影机类型此项才激活，用于控制图片的明暗。

（4）“景深 DoF 和运动模糊”卷展栏

- 景深：选择该项就可以开启物理摄影机的景深效果。
- 运动模糊：选择该项就可以开启物理摄影机的运动模糊效果。快门速度可以控制运动模糊的强度。

（5）“颜色和曝光”卷展栏

- 曝光：选择该项后自动控制相机曝光。
- 曝光值：用于控制场景的亮度，类似于实际摄影中的曝光调整。
- 暗角：模拟真实摄影机的渐晕效果。
- 白平衡：控制渲染图片的色偏。
- 自定义白平衡：自定义图像颜色色偏。
- 色温：衡量发光物体的颜色。

（6）“散景效果”卷展栏

- 叶片：控制散景产生的小圆圈的边，默认为 5。

- 旋转：散景小圆圈的旋转角度。
- 中心偏差：散景偏移原物体的距离。
- 各向异性：控制散景的各向异性，值越大散景的小圆圈拉得越长，变成椭圆。

综合实战：利用物理摄影机渲染场景

下面将为书房添加物理摄影机，并对其场景进行渲染，具体操作步骤如下。

Step01：打开素材场景，该场景中已经创建一架目标摄影机，如图 10-21 所示。

Step02：渲染摄影机视口，效果如图 10-22 所示。

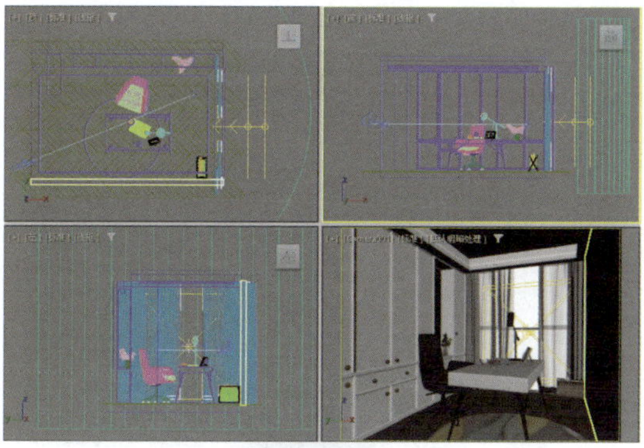

图 10-21

图 10-22

Step03：在原位置创建一架 VRay 物理摄影机，并调整位置及角度，如图 10-23 所示。

Step04：激活摄影机视口，按 C 键会弹出“选择摄影机”对话框，这里选择 VRayCam001，如图 10-24 所示。

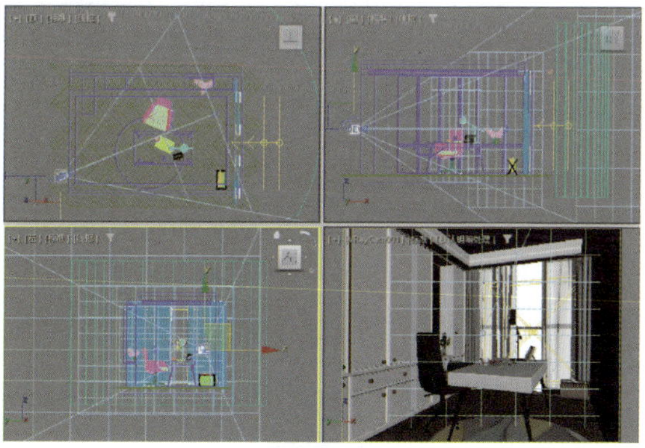

图 10-23

图 10-24

Step05：切换后的摄影机视口如图 10-25 所示。

Step06：在参数面板的“传感器 & 镜头”卷展栏中设置“片门”为 50mm，如图 10-26 所示。

Step07：设置后的摄影机视口如图 10-27 所示。

Step08：渲染摄影机视口，效果如图 10-28 所示。更换摄影机后的场景效果中一片黑。

Step09：在“光圈”卷展栏中重新设置“胶片感光度”和“快门速度”参数，如图 10-29 所示。

Step10：再次渲染摄影机视口，效果如图 10-30 所示。

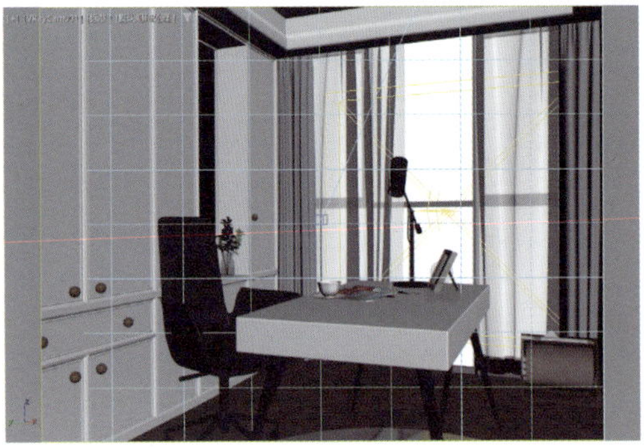

图 10-25

图 10-26

图 10-27

图 10-28

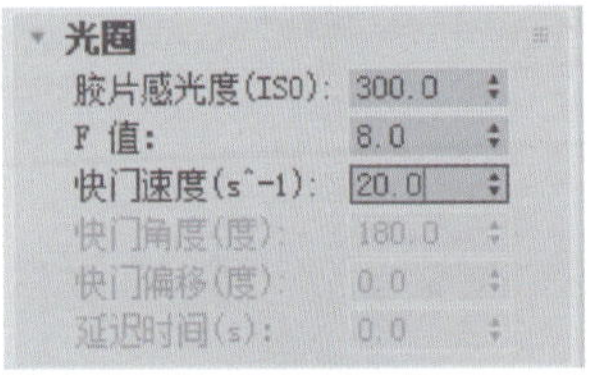

图 10-29

图 10-30

Step11： 在“光圈”卷展栏中设置“F 值”为 5，如图 10-31 所示。

Step12： 再渲染摄影机视口，最终效果如图 10-32 所示。

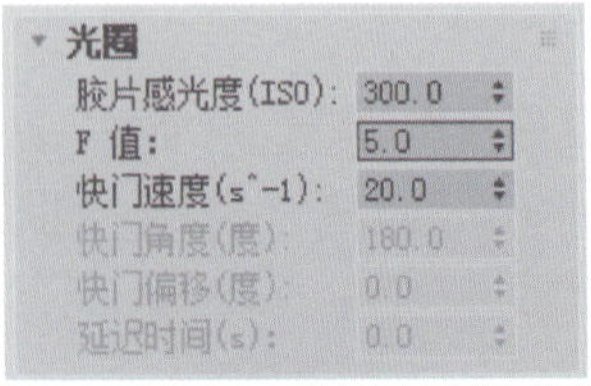

图 10-31

图 10-32

第 11 章 综合案例

客厅的设计是整个居室的亮点，客厅效果图的制作也是室内设计效果图制作过程中最常遇到的，该区域的效果能够很好地表达出作品的设计风格、色彩搭配、软装搭配等。

本章从客厅场景模型的创建开始一直到效果图的输出都做了详细的介绍，通过本章的学习，读者能够进一步了解效果图的制作过程、场景灯光的创建、各种常用材质的参数设置以及渲染参数设置。

11.1 创建场景模型

场景模型的创建是效果图制作的第一步，包括建筑模型的创建、家具模型的创建、成品模型的合并等操作。

11.1.1 创建客厅主体模型

本小节将根据平面图创建场景主体模型，具体操作步骤介绍如下。

Step01：打开场景素材文件，在主工具栏右键单击“捕捉开关”按钮，打开“栅格和捕捉设置”面板，在“捕捉”选项卡勾选“顶点”复选框，然后在“选项”选项卡勾选“捕捉到冻结对象”复选框，如图 11-1、图 11-2 所示。设置完毕后关闭面板。

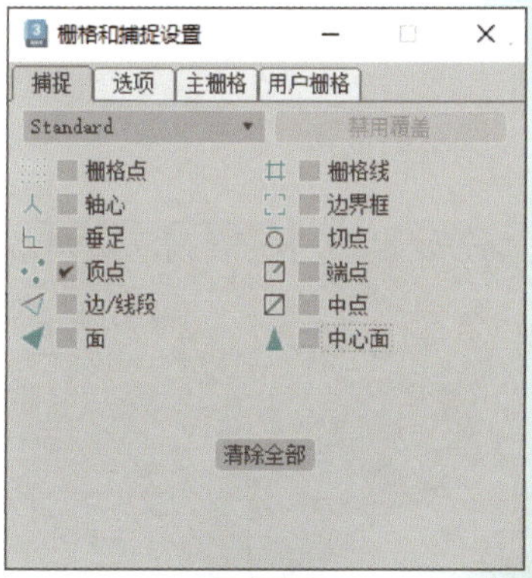

图 11-1

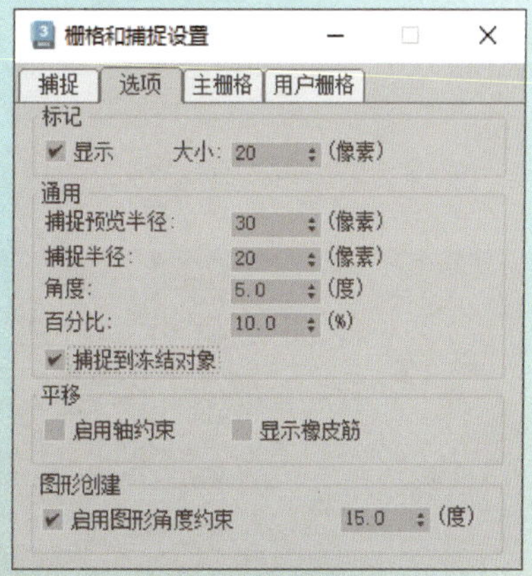

图 11-2

Step02：单击开启“捕捉开关”，接着在“样条线”创建面板中单击“线”按钮，在顶视图中捕捉客厅轮廓绘制样条线，如图 11-3 所示。

Step03： 选择样条线，在修改器列表中选择添加“挤出”修改器，设置挤出“数量”为 2750mm，如图 11-4 所示。

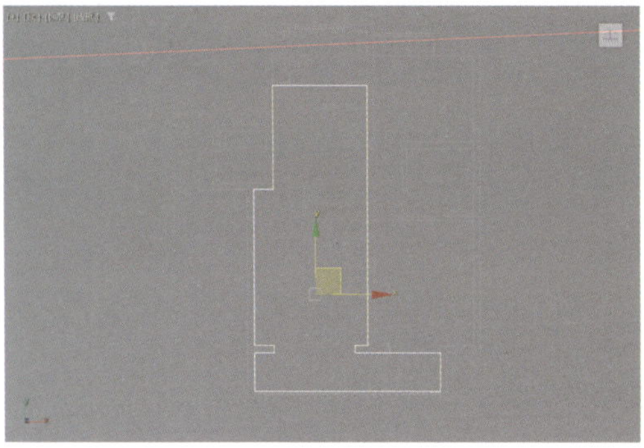
图 11-3

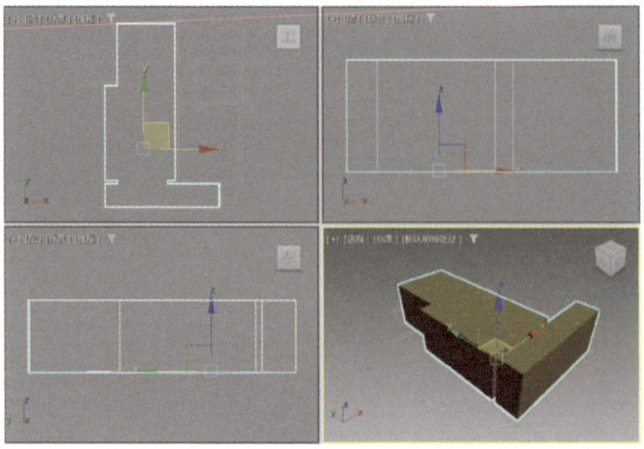
图 11-4

Step04： 单击鼠标右键，在弹出的快捷菜单中选择“转换为 > 转换为可编辑多变形”命令，将对象转换为可编辑多边形，激活“边”子层级，选择如图 11-5 所示的边线。

Step05： 在“编辑边”卷展栏中单击“连接”设置按钮，设置“连接边分段”为 2，如图 11-6 所示。

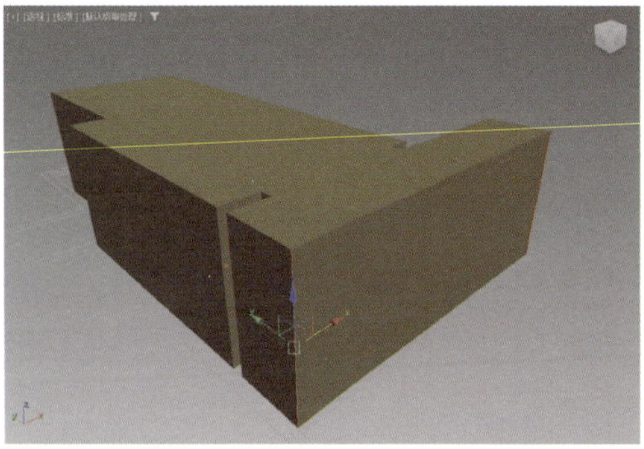
图 11-5

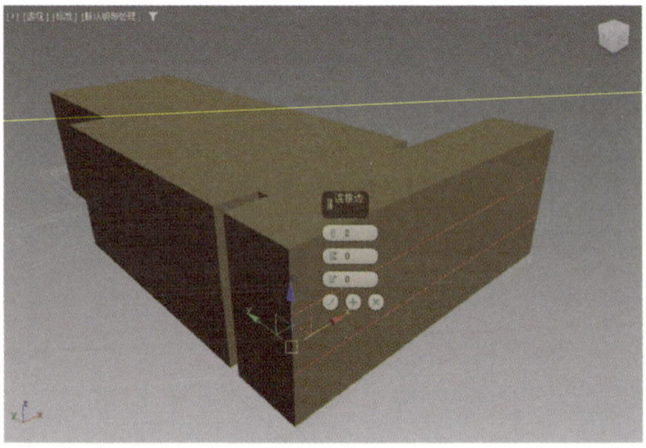
图 11-6

Step06： 依次选择边线，分别在状态栏中设置 Z 轴高度为 300mm 和 2400mm，如图 11-7 所示。

Step07： 激活“多边形”子层级，选择如图 11-8 所示的面。

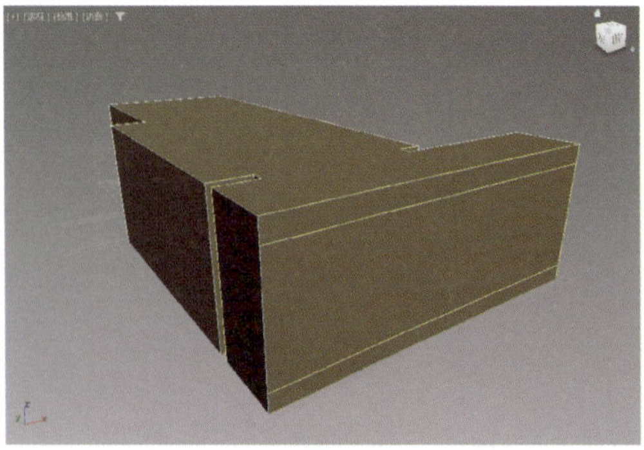
图 11-7

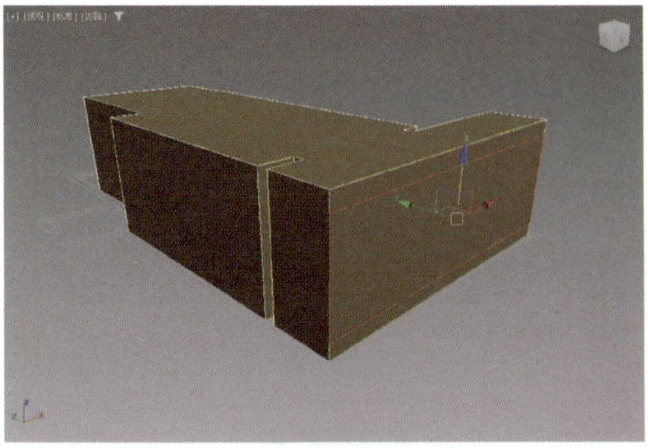
图 11-8

Step08：在“编辑多边形”卷展栏单击“挤出”设置按钮，设置挤出“高度”为300mm，如图 11-9 所示。

Step09：再按 Delete 键删除该面，制作出窗洞，如图 11-10 所示。

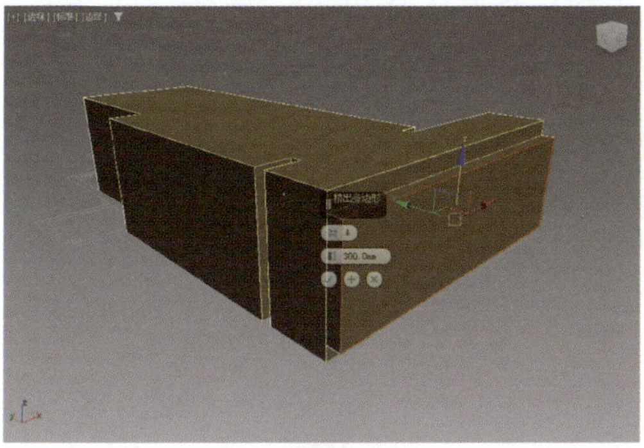

图 11-9

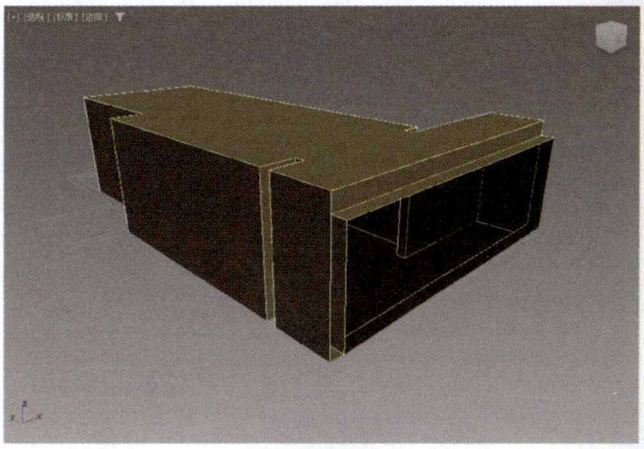

图 11-10

Step10：转到模型另一侧，激活“边”子层级，选择模型上下两条边线，单击“连接”按钮，设置两条边线，如图 11-11 所示。

Step11：调整好两条连接线的位置，再次选择两条连接线，单击“连接”按钮，添加一条水平连接线，如图 11-12 所示。

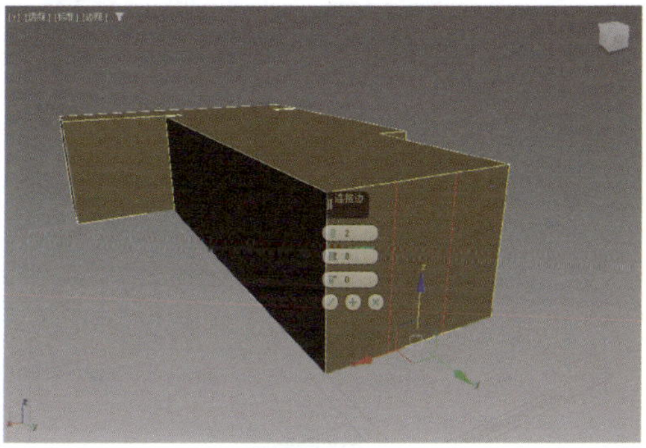

图 11-11

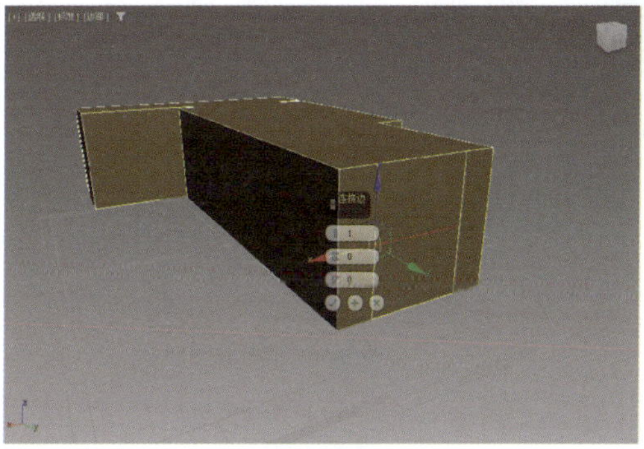

图 11-12

Step12：设置边线 Z 轴高度为 2200mm，如图 11-13 所示。

Step13：激活“多边形”子层级，按照 Step07 ～ 09 的操作制作出门洞，如图 11-14 所示。

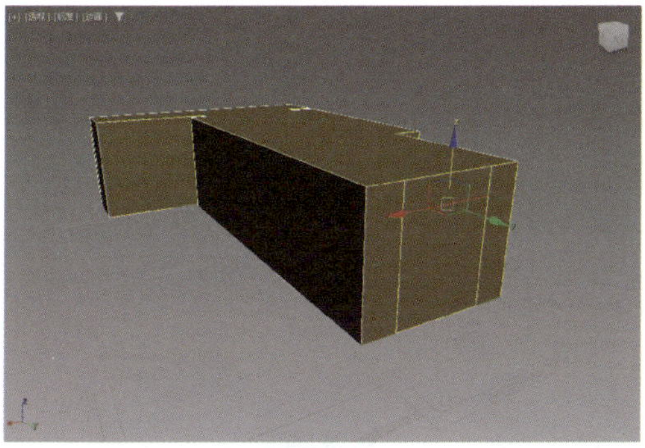

图 11-13

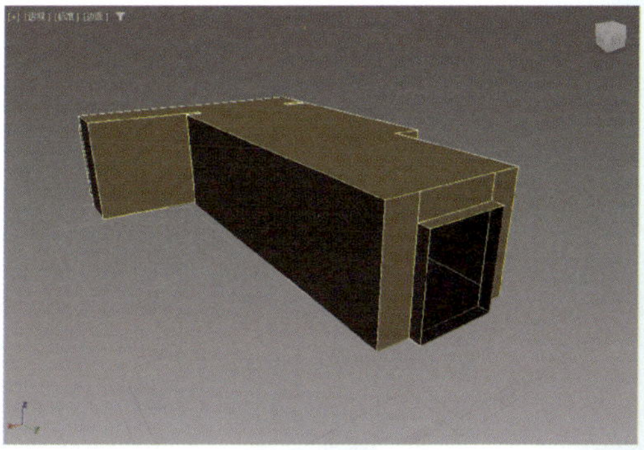

图 11-14

第11章

Step14： 单击“长方体”按钮，在顶视图捕捉阳台门洞轮廓创建尺寸为240mm×3000mm×-350mm的长方体，如图11-15所示。

Step15： 再选择可编辑多边形，在“编辑几何体”卷展栏中单击“附加”按钮，接着在视图中单击拾取新创建的长方体，使其成为一个整体，如图11-16所示。

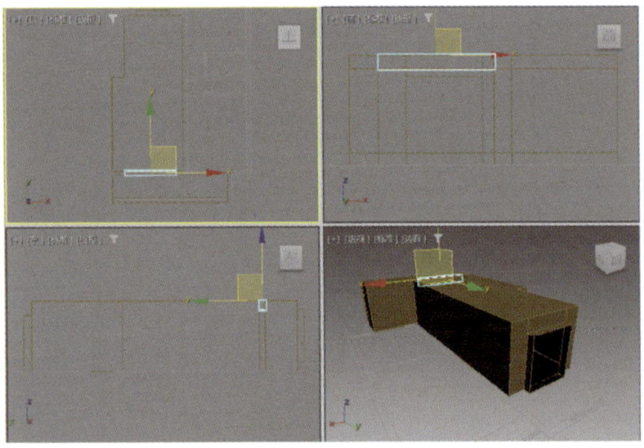

图 11-15

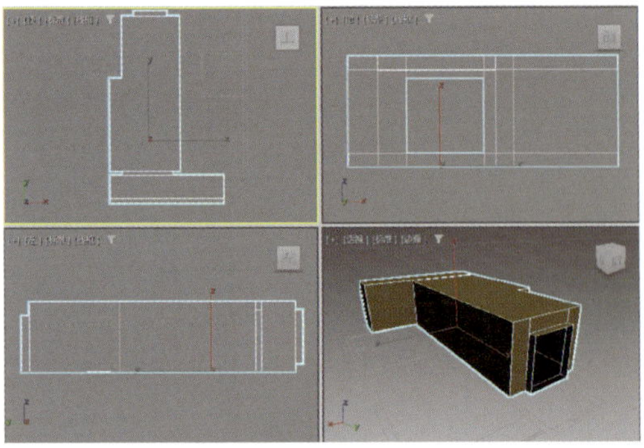

图 11-16

Step16： 单击“矩形”按钮，在顶视图捕捉客厅区域绘制一个矩形，如图11-17所示。

Step17： 将其转换为可编辑样条线，激活“样条线”子层级，在“几何体”卷展栏中设置“轮廓”值为400mm，创建新的轮廓，如图11-18所示。

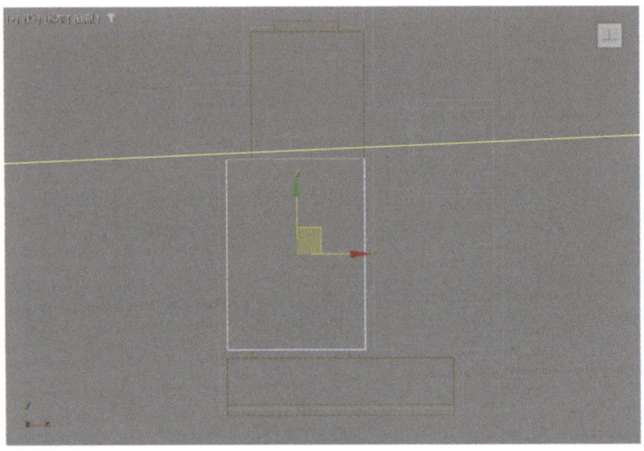

图 11-17

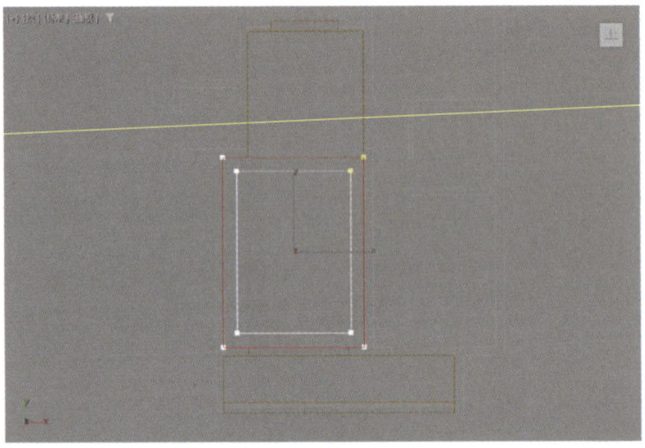

图 11-18

Step18： 再激活“顶点”子层级，选择顶点并沿Y轴移动位置，如图11-19所示。

Step19： 为可编辑样条线添加“挤出”修改器，设置挤出“数量”值为200mm，并调整对象位置，如图11-20所示。

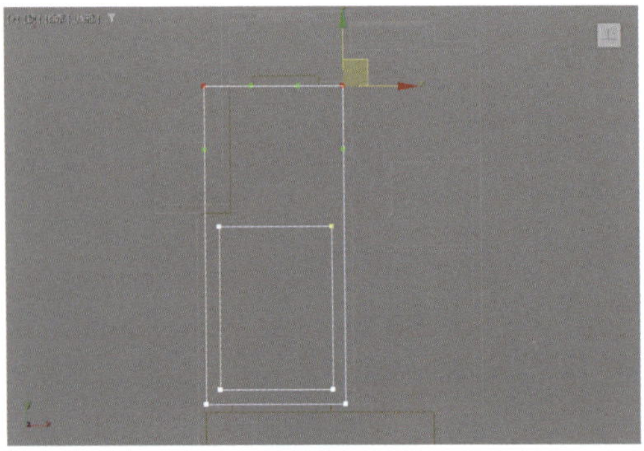

图 11-19

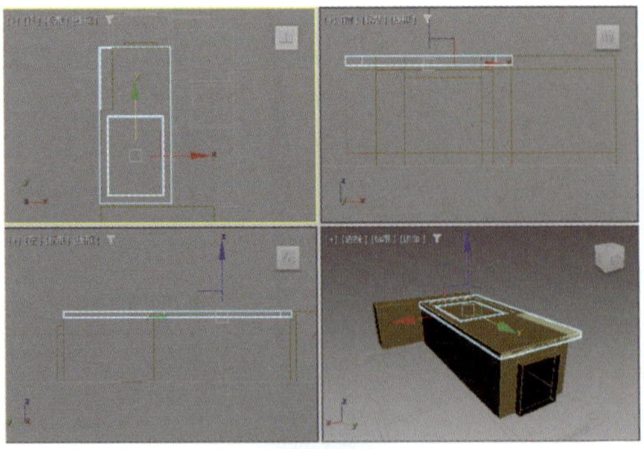

图 11-20

Step20：再次选择主体模型，激活“多边形”子层级，按 Ctrl+A 组合键全选多边形，并单击鼠标右键，在弹出的快捷菜单中选择“翻转法线”命令，使模型的面翻转，如图 11-21 所示。

Step21：返回“可编辑多边形”层级，在“编辑多边形”卷展栏单击“附加”按钮，单击拾取新创建的顶部模型，使其成为一个整体，如图 11-22 所示。

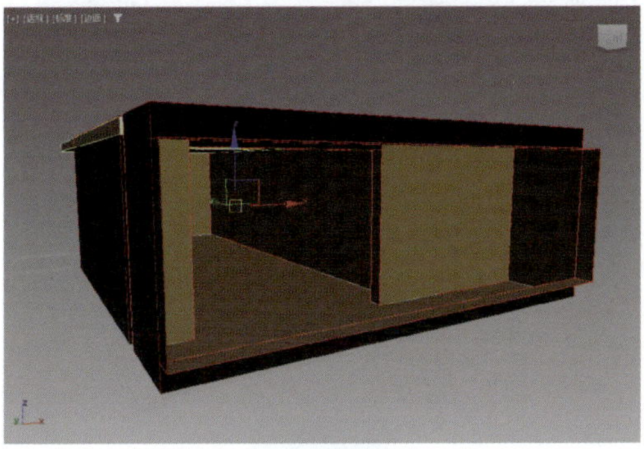

图 11-21

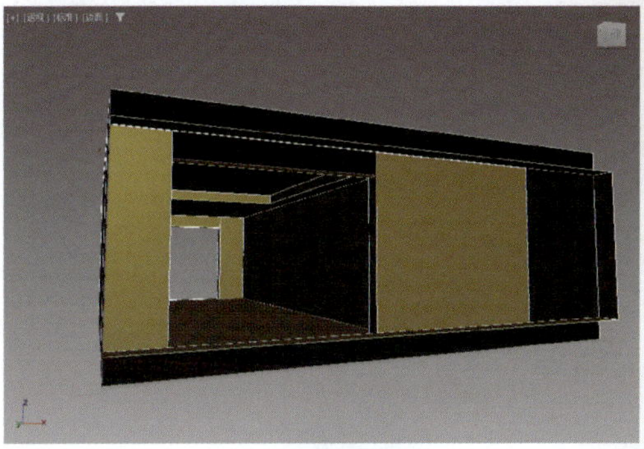

图 11-22

11.1.2 创建置物架模型

本小节将为客厅场景创建置物架模型，具体操作步骤介绍如下。

Step01：创建置物架模型。单击“切角圆柱体”按钮，创建一个半径为 7.5mm、高度为 2000mm 的切角圆柱体，再设置圆角、高度分段、圆角分段及边数，如图 11-23、图 11-24 所示。

Step02：将对象转换为可编辑多边形，激活“顶点”子层级，在前视图选择分段的顶点向上移动，调整位置，如图 11-25 所示。

Step03：再激活“多边形”子层级，选择如图 11-26 所示的多边形。

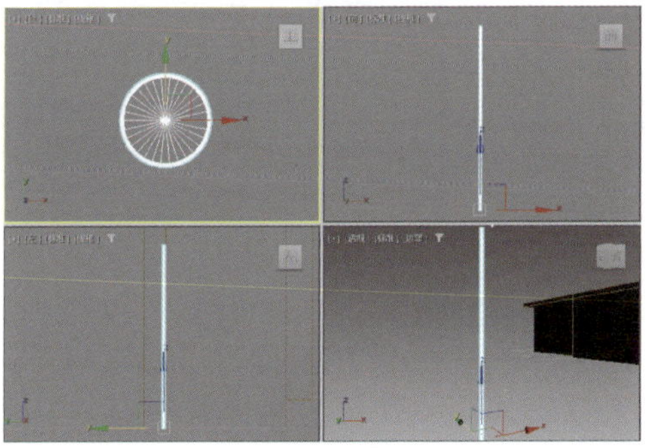

图 11-23

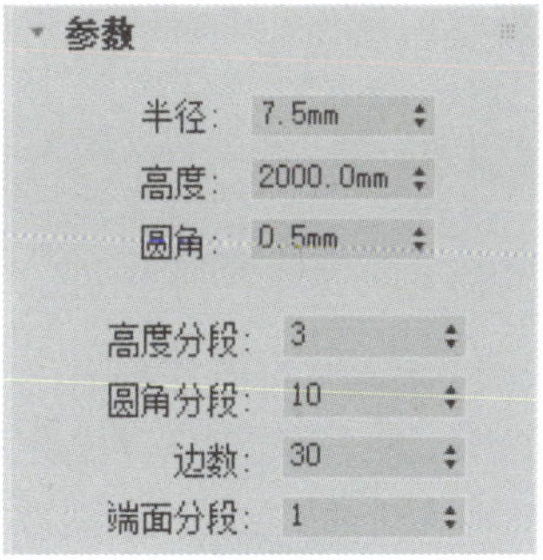

图 11-24

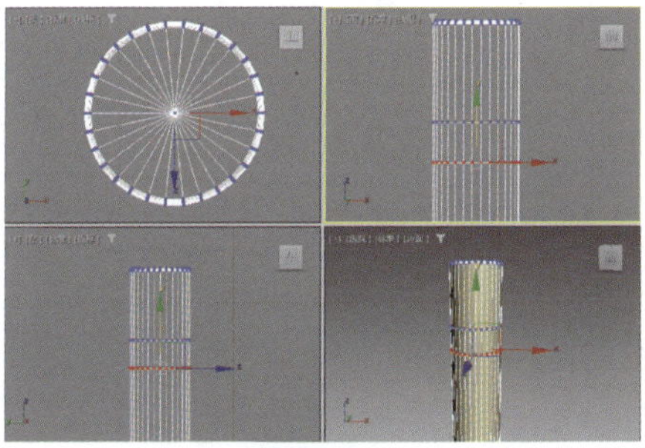

图 11-25

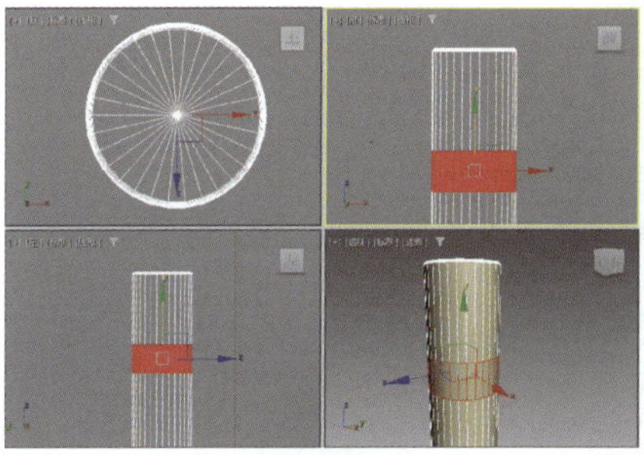

图 11-26

第11章

Step04： 在“编辑多边形”卷展栏单击“挤出”设置按钮，选择“局部法线”方式，挤出“高度”为 -1mm，如图 11-27 所示。

Step05： 激活“边”子层级，双击选择如图 11-28 所示的四圈边线。

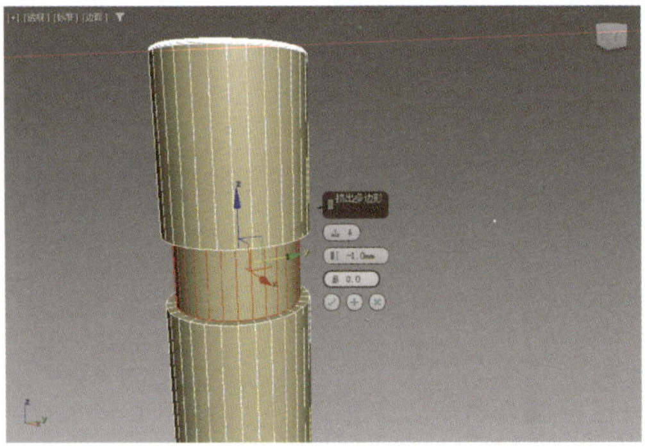

图 11-27

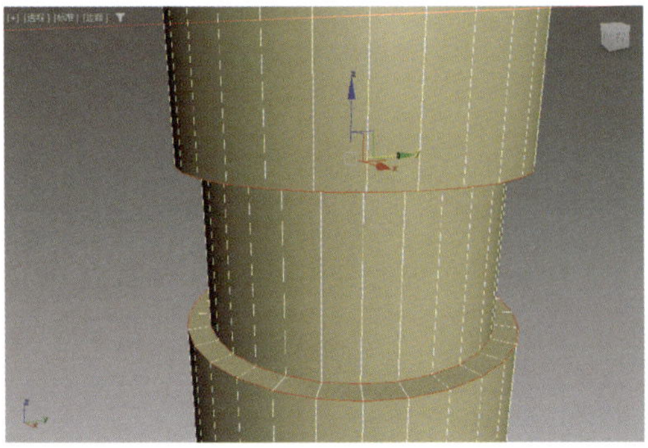

图 11-28

Step06： 单击“切角”设置按钮，设置“边切角量”为 0.2mm，“连接边分段”为 5，如图 11-29 所示。

Step07： 设置完毕后退出堆栈，单击“切角圆柱体”按钮，创建一个半径为 13mm、高度为 600mm 的切角圆柱体，如图 11-30 所示。

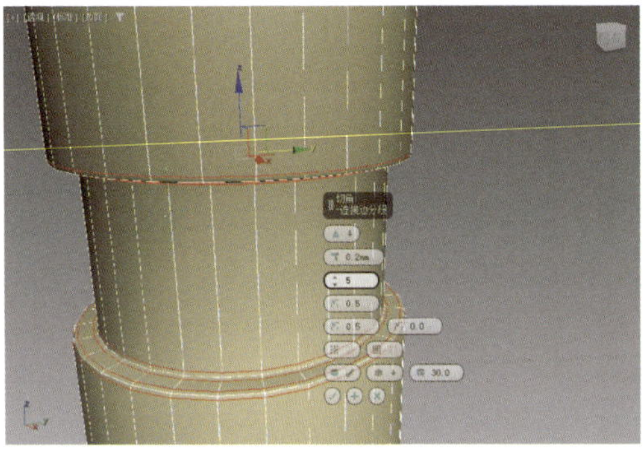

图 11-29

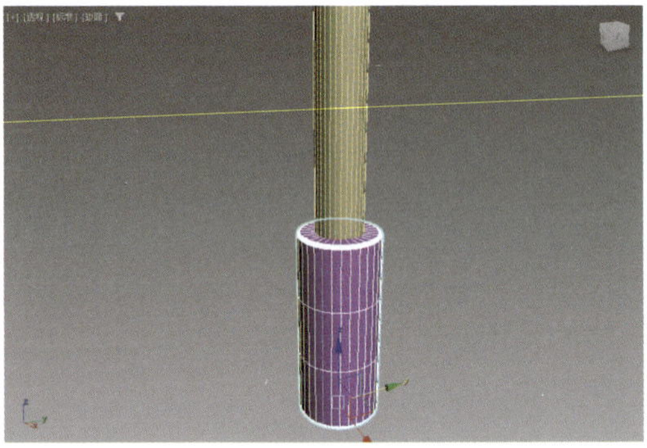

图 11-30

Step08： 再创建半径为 30mm、高度为 5mm 的切角圆柱体，圆角参数同上，如图 11-31 所示。

Step09： 将三个模型创建成组，切换到顶视图，按 Ctrl+V 组合键实例复制对象，分别沿 X 轴和 Y 轴复制对象，间距分别为 300mm 和 900mm，如图 11-32 所示。

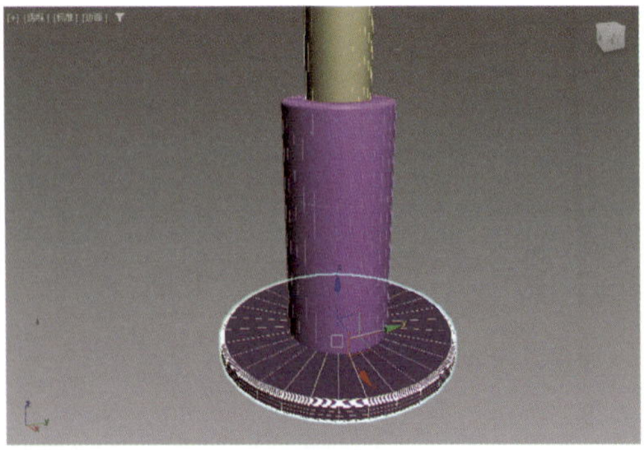

图 11-31

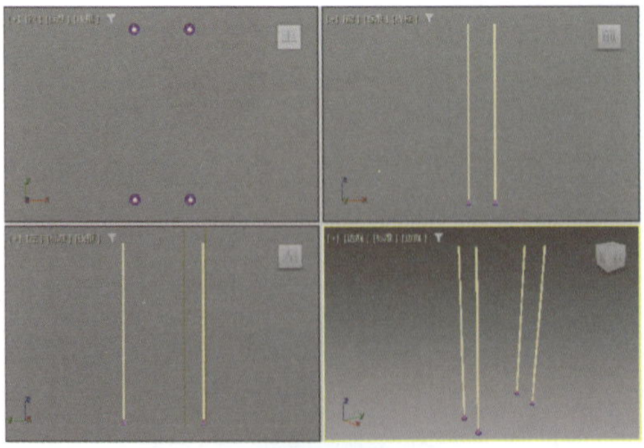

图 11-32

Step10：单击“切角圆柱体”按钮，在左视图创建半径为 10mm、高度为 330mm、高度分段为 5 的切角圆柱体，圆角参数同上，如图 11-33 所示。

Step11：将其转换为可编辑多边形，激活“顶点”子层级，在前视图中选择顶点并调整位置，如图 11-34 所示。

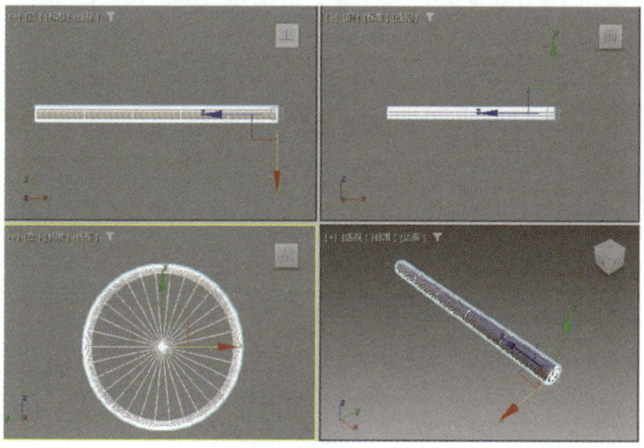

图 11-33

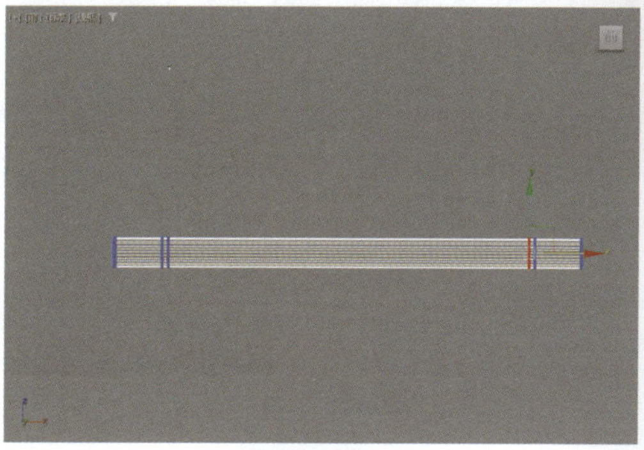

图 11-34

Step12：激活“多边形”子层级，选择如图 11-35 所示的多边形。

Step13：在“编辑多边形”卷展栏单击“挤出”设置按钮，选择“局部法线”类型，挤出“高度”为 -3.5mm，如图 11-36 所示。

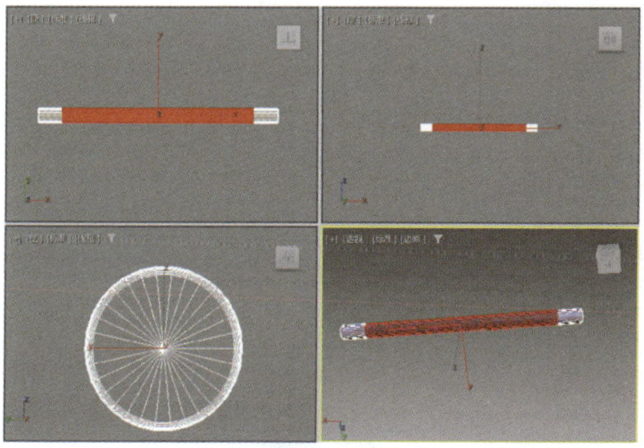

图 11-35

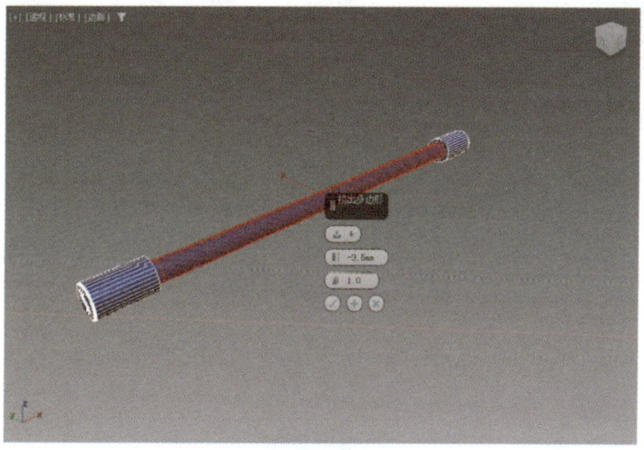

图 11-36

Step14：再选择最内部的多边形，挤出 1.5mm，如图 11-37 所示。

Step15：激活“边”子层级，选择如图 11-38 所示的四圈边线。

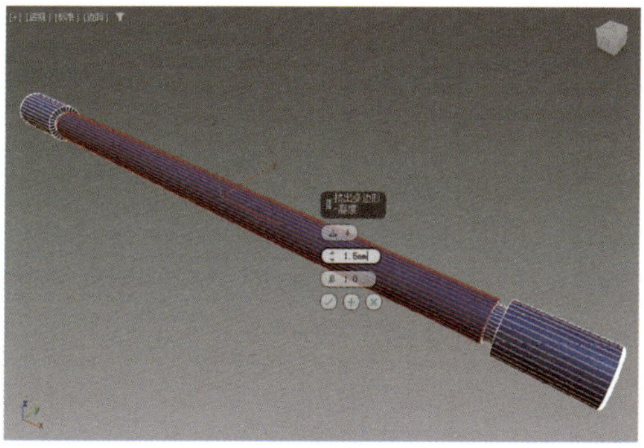

图 11-37

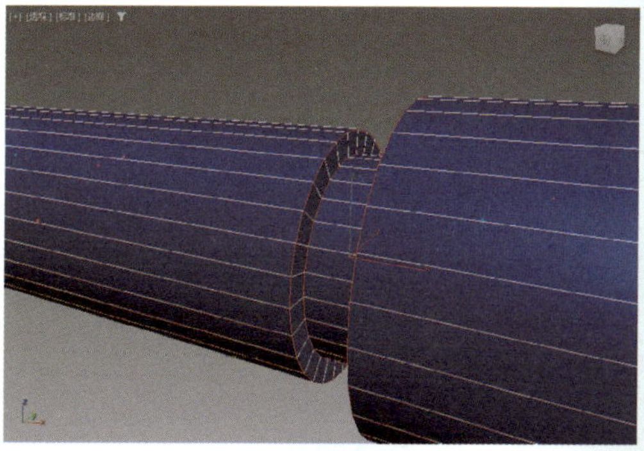

图 11-38

Step16：单击“切角”设置按钮，设置“边切角量”为 0.5mm，“连接边分段”为 5，如图 11-39 所示。同样为另一侧的边线进行切角处理。

Step17：将创建好的支架模型对齐并复制，如图 11-40 所示。

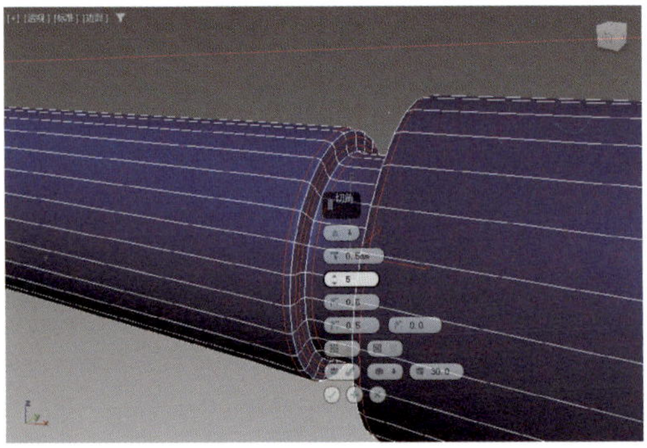

图 11-39

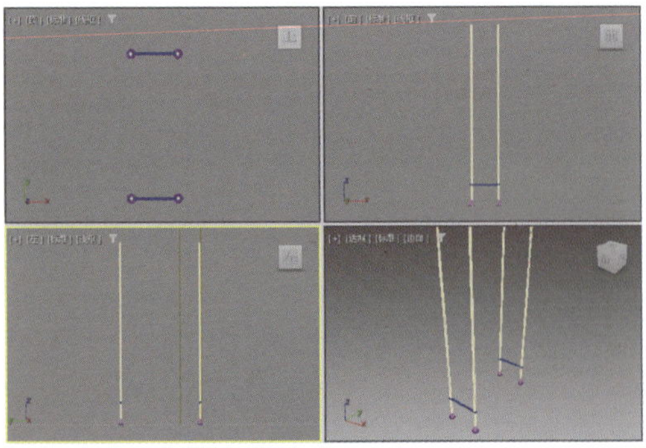

图 11-40

Step18：单击“切角长方体”按钮，创建一个长 1000mm、宽 255mm、高 20mm 的切角长方体，再设置其他参数，调整对象位置，完成一层隔板的制作，如图 11-41、图 11-42 所示。

图 11-41

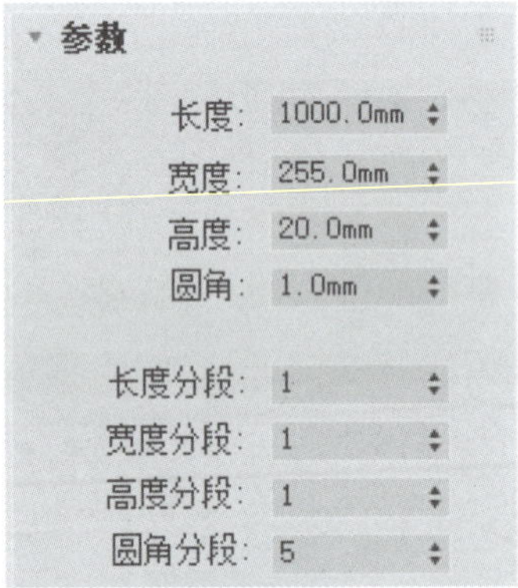

图 11-42

Step19：选择一层隔板，按住 Shift 键沿 Z 轴向上实例复制，完成置物架模型的制作，如图 11-43 所示。

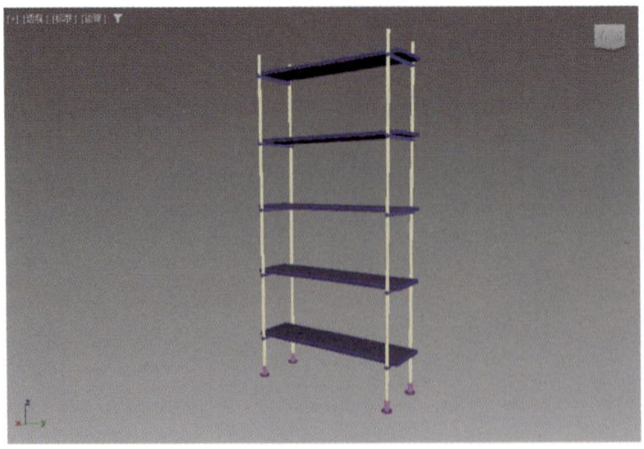

图 11-43

11.1.3 为场景合并模型

接下来为场景合并窗户、窗帘、沙发、茶几、灯具、装饰品等成品模型，使场景更为完整，具体操作步骤介绍如下。

Step01： 执行“文件 > 导入 > 合并”命令，打开“合并文件”对话框，选择要合并进场景的窗户模型，如图 11-44 所示。

Step02： 单击“打开”按钮，系统会弹出“合并”对话框，在列表中选择对象，如图 11-45 所示。

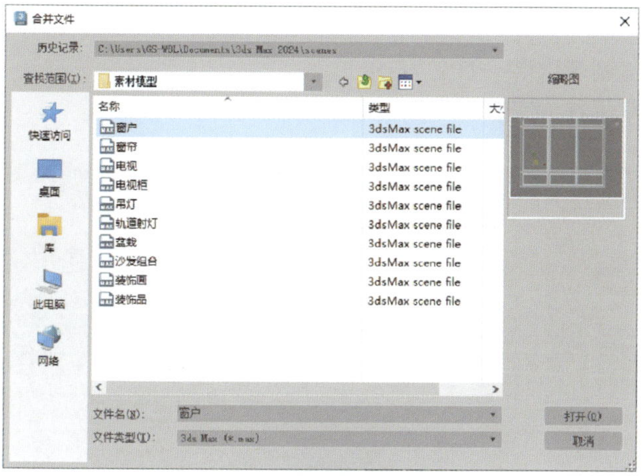

图 11-44

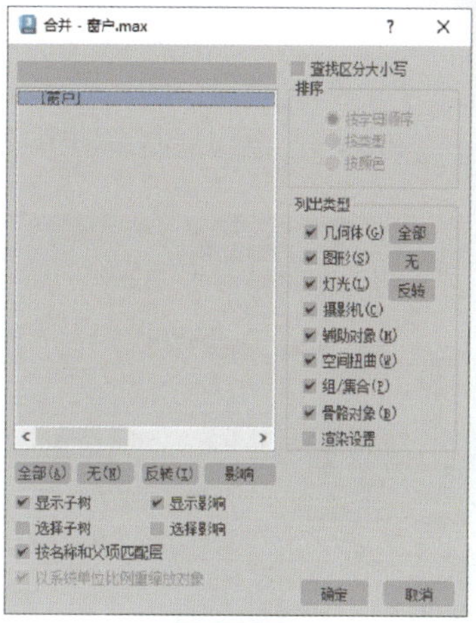

图 11-45

Step03： 单击“确定”按钮即可将窗户模型合并到当前，调整窗户模型的位置，如图 11-46 所示。合并到场景中的窗户模型与窗洞尺寸不符，需要适当调整。

Step04： 选择窗户模型，打开修改器堆栈，激活“顶点”子层级，在前视图中调整顶点位置，如图 11-47 所示。

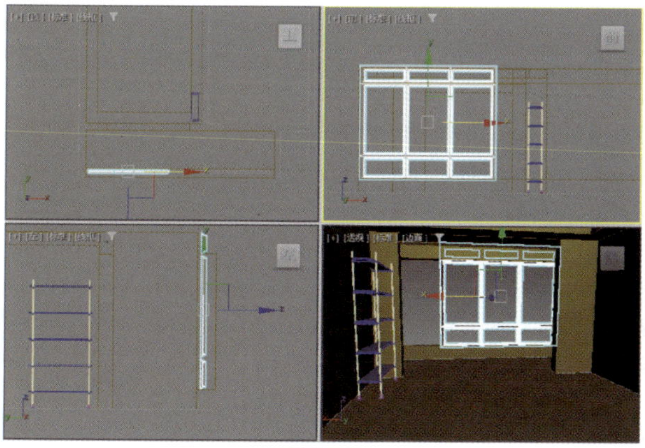

图 11-46

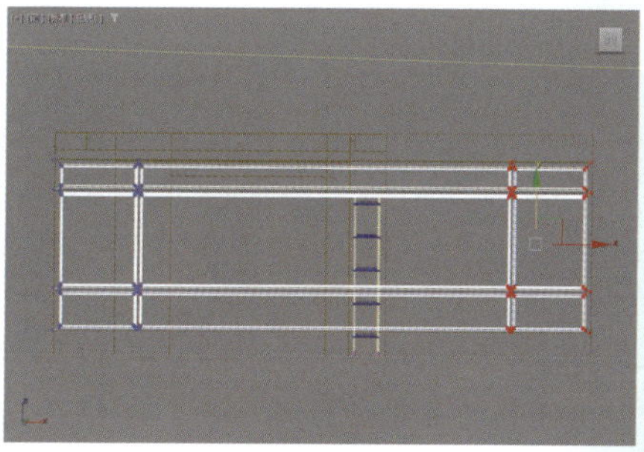

图 11-47

Step05： 激活“多边形”子层级，选择如图 11-48 所示的多边形。

Step06： 按住 Shift 键移动多边形，会弹出“克隆部分网格”面板，这里选择“克隆到元素”选项，如图 11-49 所示。

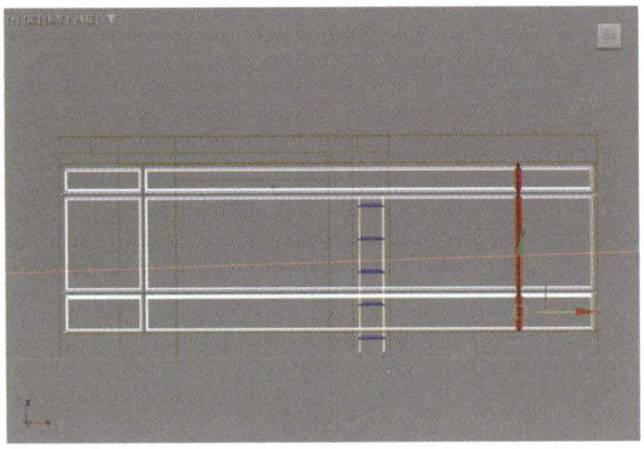

图 11-48

图 11-49

Step07： 单击“确定”按钮即可复制多边形，如图 11-50 所示。

Step08： 再次复制多边形并调整其位置，完成窗户模型的调整，如图 11-51 所示。

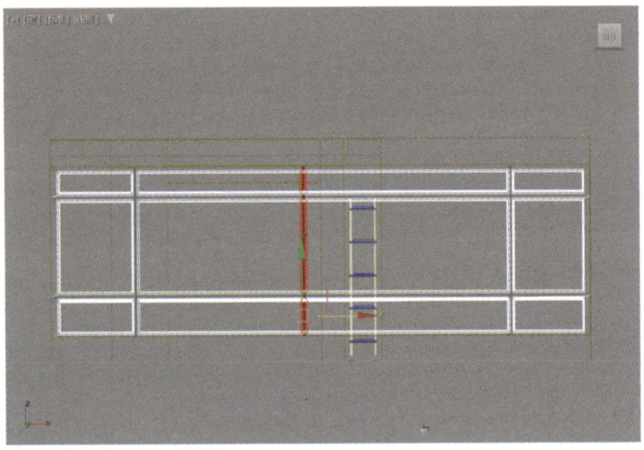

图 11-50

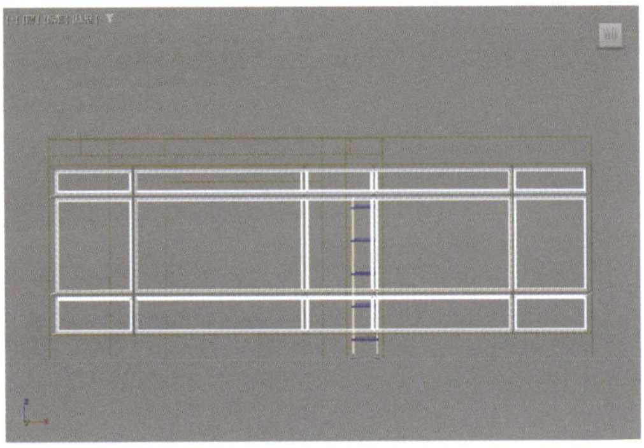

图 11-51

Step09： 再次执行“合并”命令，合并窗帘模型到当前场景，如图 11-52 所示。

Step10： 选择窗帘模型，执行“组 > 打开”命令，打开组对象，选择一侧的窗帘、吊环等模型，如图 11-53 所示。

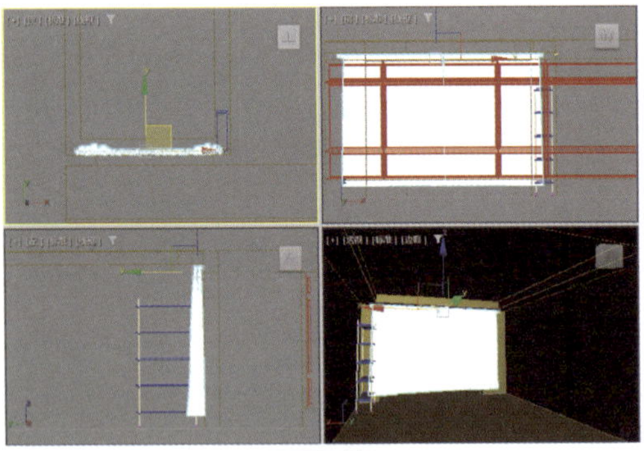

图 11-52

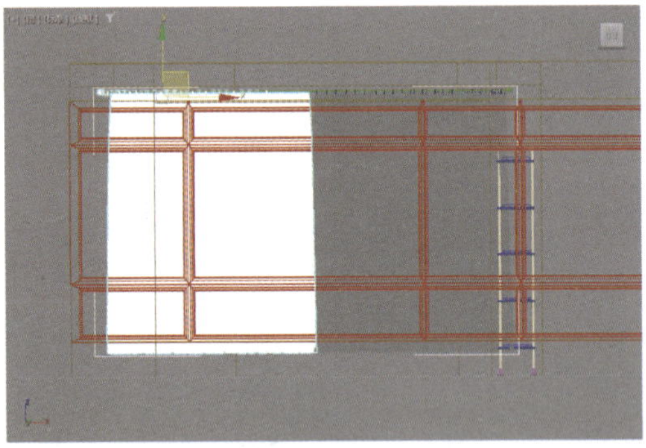

图 11-53

Step11： 移动对象位置，如图 11-54 所示。

Step12： 再选择窗帘杆模型，打开修改器堆栈，激活“顶点”子层级，选择顶点并移动位置，如图 11-55 所示。同样再调整另一个窗帘杆的顶点。

Step13： 调整纱帘模型的位置，激活“移动并缩放”工具缩放窗帘高度，如图 11-56 所示。设置完毕后执行“组 > 关闭”命令，关闭组对象。

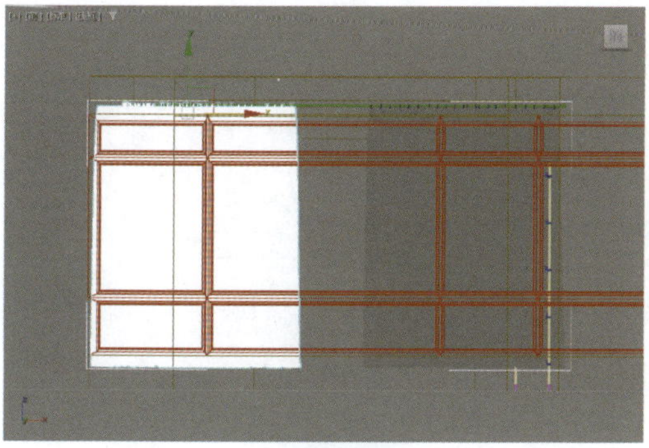

图 11-54

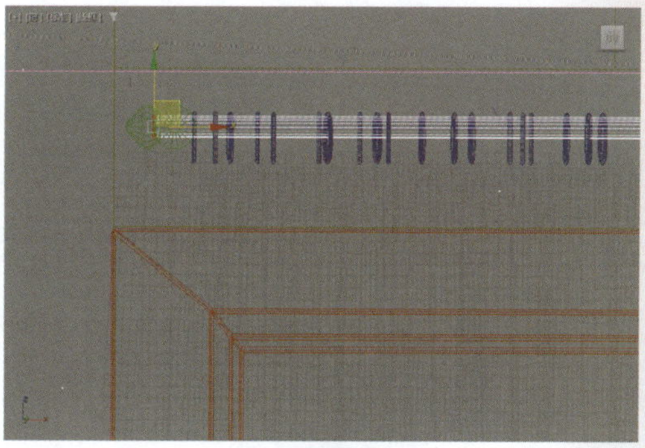

图 11-55

Step14：将吊灯、沙发、电视柜、茶几、装饰画、绿植等模型合并到当前场景，并合理调整位置，如图 11-57 所示。

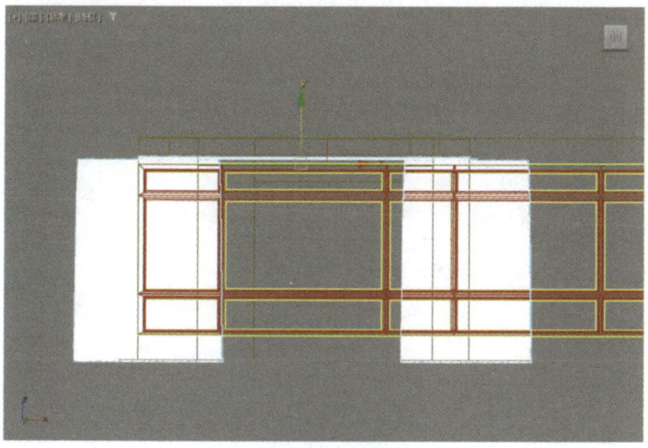

图 11-56

图 11-57

Step15：为场景添加目标摄影机，调整好摄影机角度，完成客厅场景模型的创建。

11.2 制作场景材质

本节将为读者介绍场景中重要的几种材质的创建方法，如地板、皮革、金属等。

11.2.1 制作木材质

场景中的电视柜、茶几、书柜、置物架等都使用了木材质，地面则采用了木地板，本小节将介绍木纹理及木地板材质的制作。

Step01：制作木纹理 1 材质。选择一个空白材质球，设置材质类型为 VRayMtl，在“贴图”卷展栏中为凹凸通道和漫反射通道添加位图贴图，并设置凹凸值，如图 11-58 所示。

Step02：进入漫反射通道的位图贴图参数面板，在“裁剪 / 放置”选项组中选择裁剪图像，并设置 U、V、W、H 的参数，如图 11-59 所示。

Step03：凹凸通道和漫反射通道添加的位图如图 11-60、图 11-61 所示。

Step04：在“基础参数”卷展栏设置反射颜色、光泽度、菲涅耳折射率等参数，如图 11-62 所示。

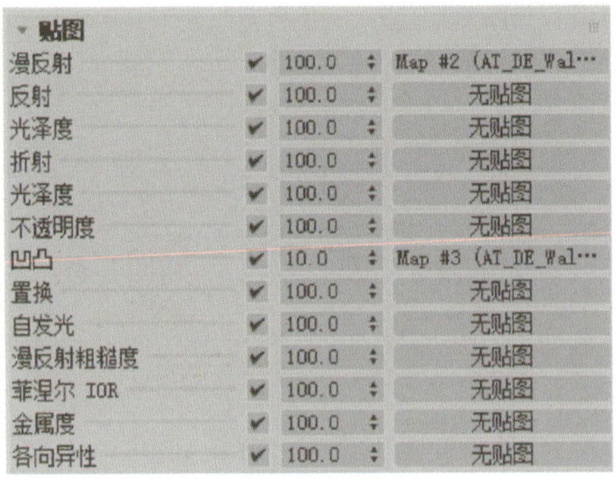

图 11-58

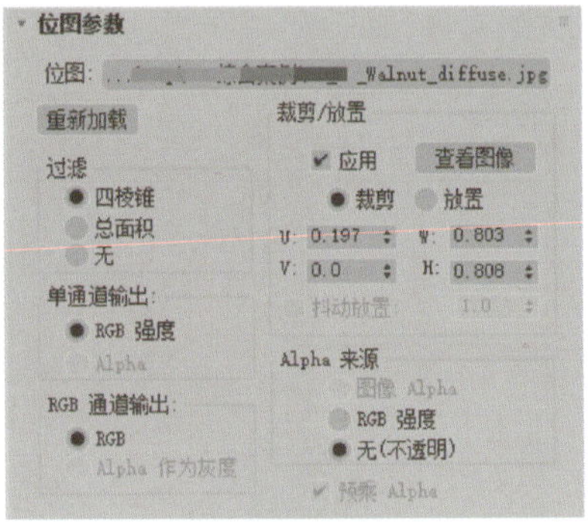

图 11-59

图 11-60

图 11-61

Step05：反射颜色的参数如图 11-63 所示。

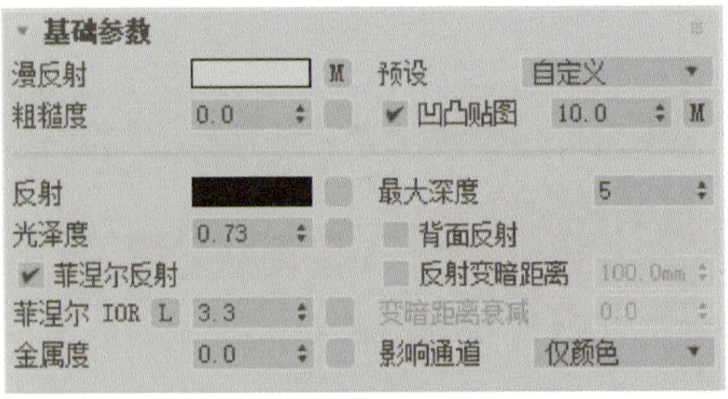

图 11-62

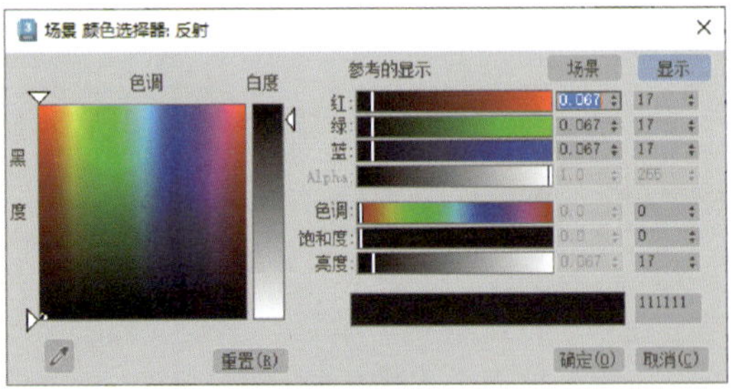

图 11-63

Step06：设置好的木纹理材质预览效果如图 11-64 所示。

Step07：制作木纹理 2 材质。选择一个空白材质球，设置材质类型为 VRayMtl，在“贴图”卷展栏中为漫反射通道、反射通道、光泽度通道添加位图贴图，并设置强度值，如图 11-65 所示。

Step08：漫反射通道与反射通道的位图贴图相同，如图 11-66 所示。

Step09：光泽度通道的位图贴图如图 11-67 所示。

图 11-64

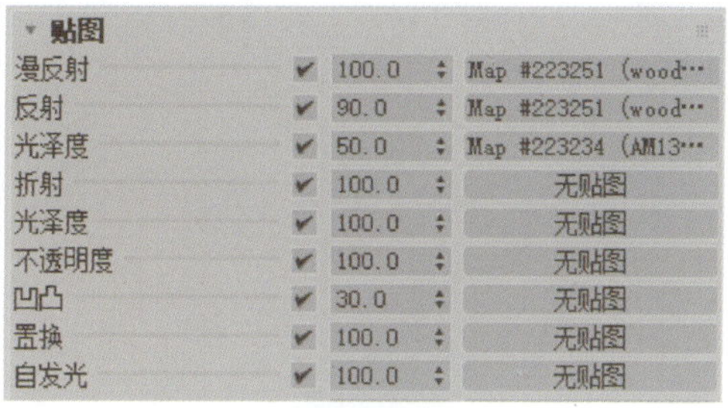

图 11-65

图 11-66

图 11-67

Step10： 返回“基础参数”卷展栏，设置反射光泽度、菲涅尔 IOR，如图 11-68 所示。

Step11： 设置好的木纹理材质预览效果如图 11-69 所示。

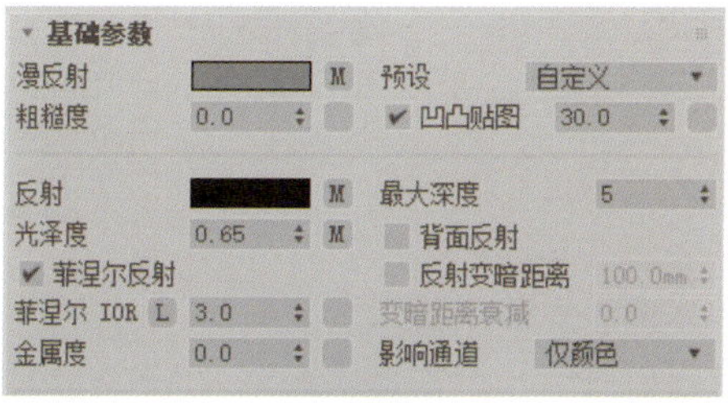

图 11-68

图 11-69

Step12： 制作木地板材质。选择一个空白材质球，设置材质类型为 VRayMtl，在“贴图”卷展栏中为凹凸通道、漫反射通道、反射通道、光泽度通道添加相同的位图贴图，并设置强度值，如图 11-70 所示。

Step13： 位图贴图如图 11-71 所示。

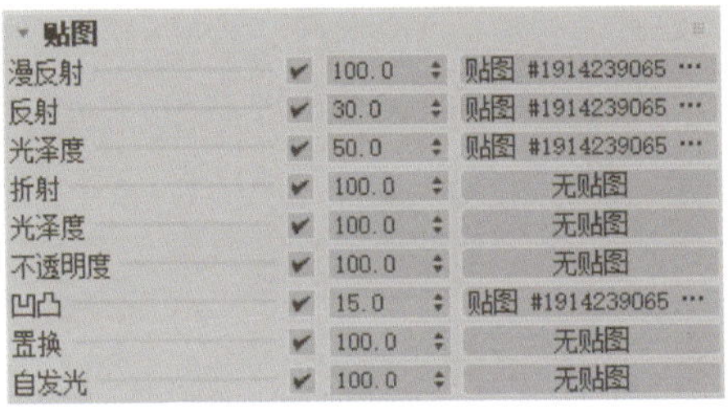

图 11-70

图 11-71

Step14： 返回“基础参数”卷展栏，设置反射光泽度，如图 11-72 所示。

Step15： 制作好的木地板材质预览效果如图 11-73 所示。

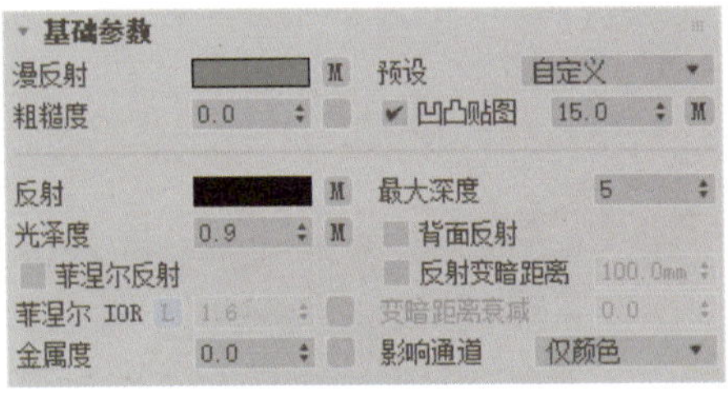

图 11-72

图 11-73

11.2.2 制作金属材质

本小节将介绍场景中金属材质的制作，具体操作步骤介绍如下。

Step01： 制作黑色金属材质。选择一个空白材质球，设置材质类型为 VRayMtl，在“贴图”卷展栏中为凹凸通道、漫反射通道和反射通道添加相同的位图贴图，并设置强度值，如图 11-74 所示。

Step02： 位图贴图如图 11-75 所示。

图 11-74

图 11-75

Step03： 在“基础参数”卷展栏设置反射光泽度，如图 11-76 所示。

Step04： 制作好的黑色金属材质预览效果如图 11-77 所示。

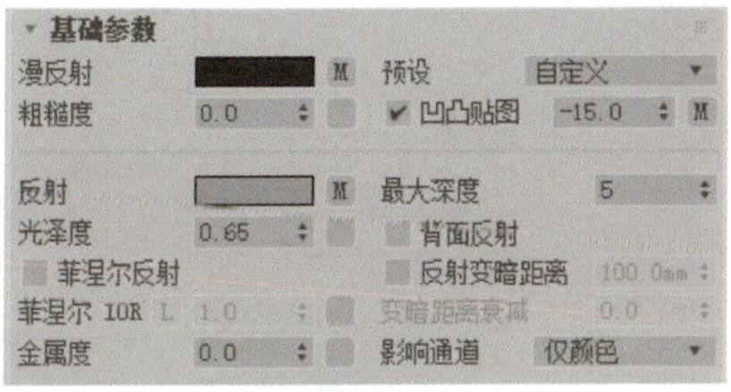

图 11-76

图 11-77

Step05： 制作铜材质。选择一个空白材质球，设置材质类型为 VRayMtl，设置漫反射颜色和反射颜色，再设置反射光泽度，如图 11-78 所示。

Step06： 漫反射颜色和反射颜色的参数如图 11-79 所示。

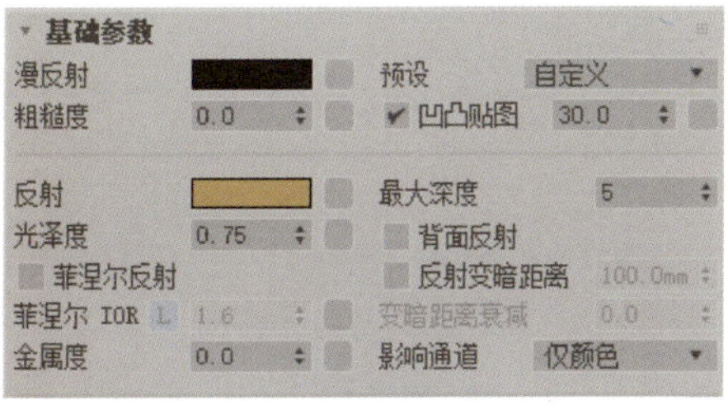

图 11-78

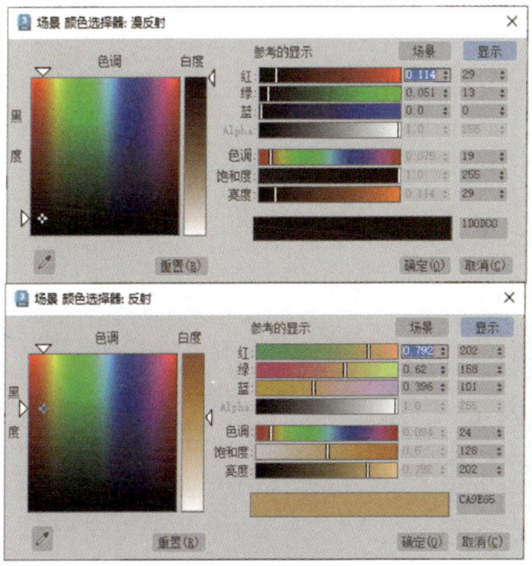

图 11-79

Step07: 制作好的铜材质预览效果如图 11-80 所示。

图 11-80

11.2.3 制作沙发材质

接下来介绍沙发材质的制作，包括皮革材质和鹿皮绒材质，具体操作步骤介绍如下。

Step01: 制作皮革材质。选择一个空白材质球，设置材质类型为 VRayMtl，为漫反射通道添加颜色校正贴图，为凹凸通道、光泽度通道添加位图贴图，并设置强度，如图 11-81 所示。

Step02: 从凹凸通道复制位图贴图，再进入颜色校正贴图参数面板，粘贴贴图，如图 11-82 所示。

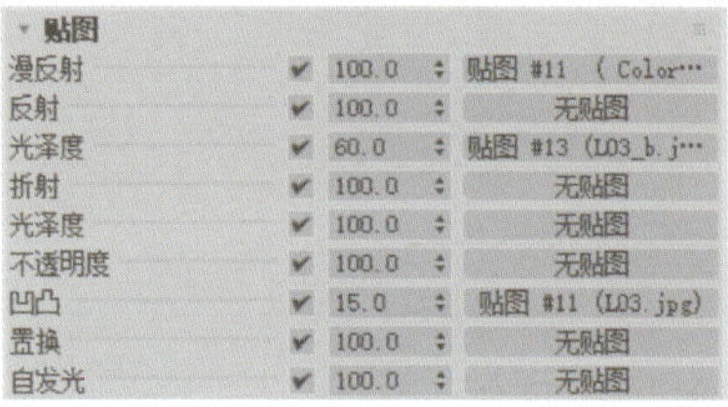

图 11-81

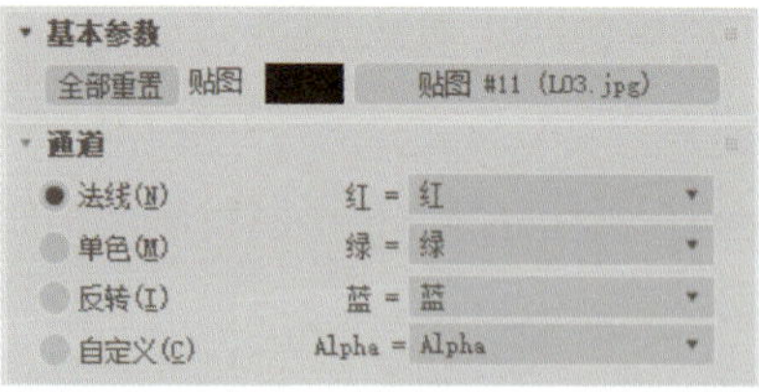

图 11-82

Step03: 然后在“颜色”卷展栏设置色调和饱和度，如图 11-83 所示。

Step04: 在“亮度”卷展栏选择“高级”选项，设置 RGB 对比度，如图 11-84 所示。

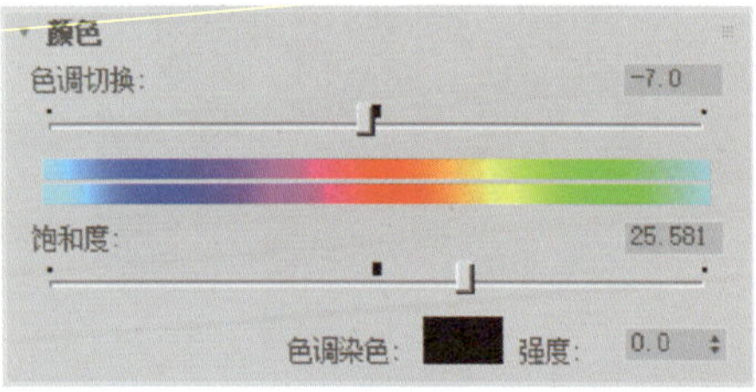

图 11-83

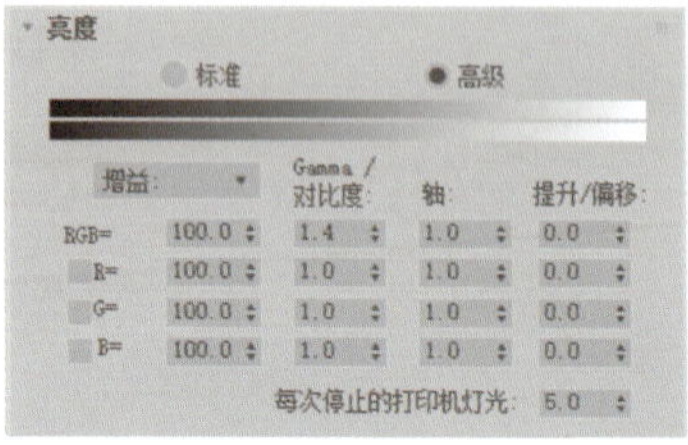

图 11-84

Step05: 两个位图贴图如图 11-85、图 11-86 所示。

图 11-85

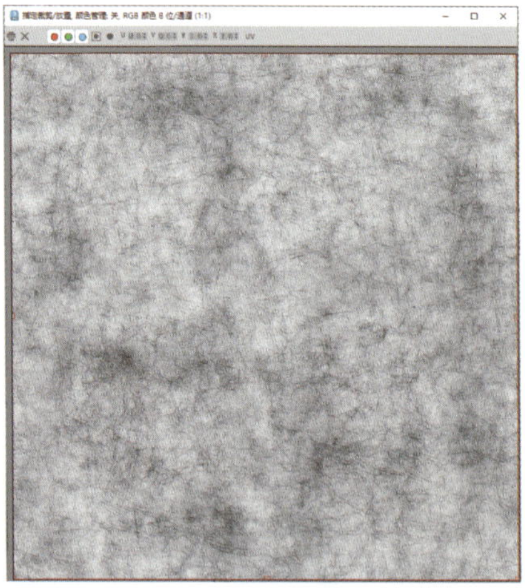

图 11-86

Step06：返回“基础参数”卷展栏，设置反射颜色、反射光泽度，如图 11-87 所示。

Step07：反射颜色的参数如图 11-88 所示。

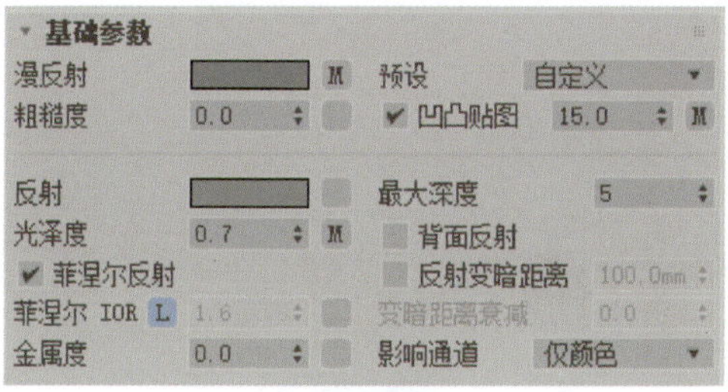

图 11-87

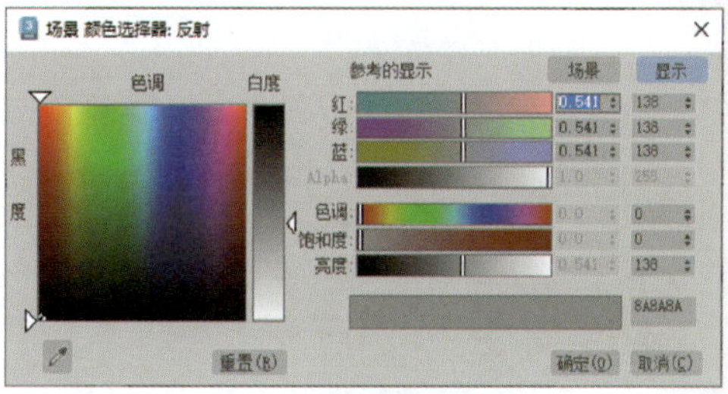

图 11-88

Step08：设置好的皮革材质预览效果如图 11-89 所示。

Step09：制作鹿皮绒材质。选择一个空白材质球。在“贴图”卷展栏中为凹凸通道添加位图贴图，为漫反射通道添加混合贴图，并设置凹凸强度，如图 11-90 所示。

图 11-89

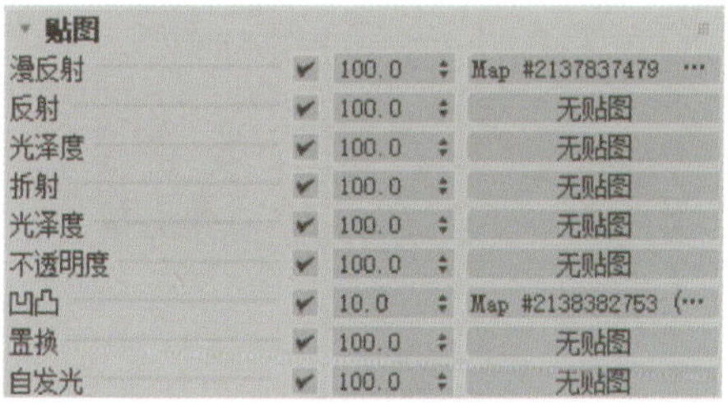

图 11-90

Step10：凹凸通道的贴图如图 11-91 所示。

Step11：进入漫反射通道的混合贴图参数面板，为颜色 1 通道添加合成贴图，为混合量通道添加衰减贴图，设置颜色 2，并设置转换区域参数，如图 11-92 所示。

图 11-91

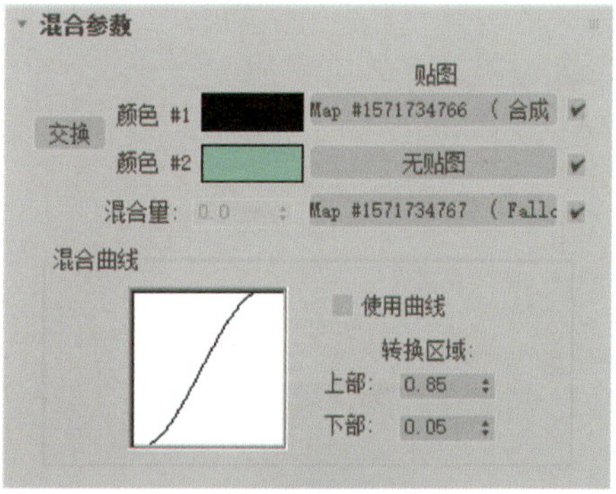

图 11-92

Step12：颜色 2 参数如图 11-93 所示。

Step13：进入颜色 1 的合成贴图参数面板，为层 1 添加 VRay 颜色贴图，设置混合模式为“叠加”，如图 11-94 所示。

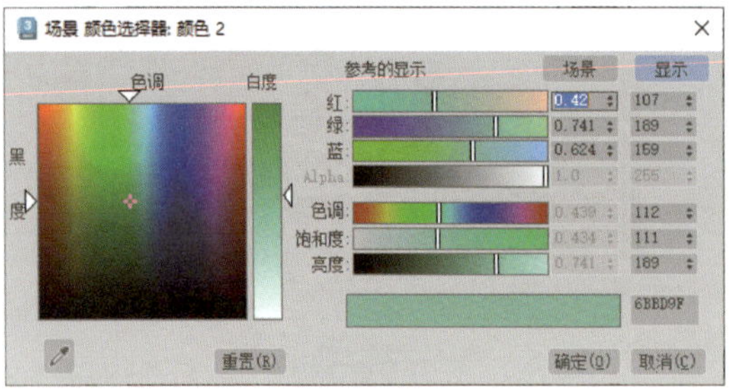

图 11-93

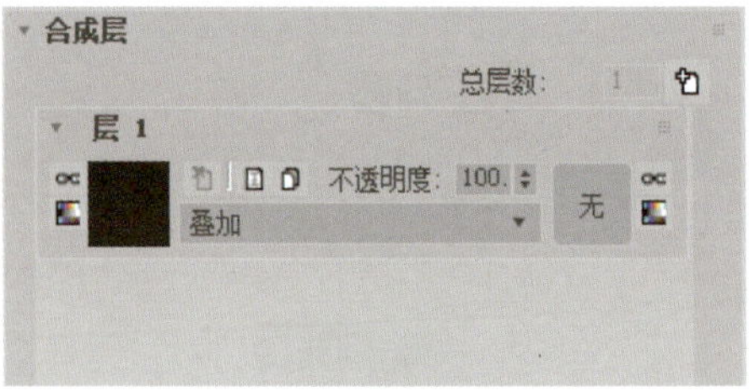

图 11-94

Step14：进入 VRay 颜色贴图参数面板，设置红、绿、蓝参数，如图 11-95 所示。

Step15：返回上级的混合参数贴图面板，再进入衰减贴图参数面板，为颜色 2 通道添加位图贴图，如图 11-96 所示。

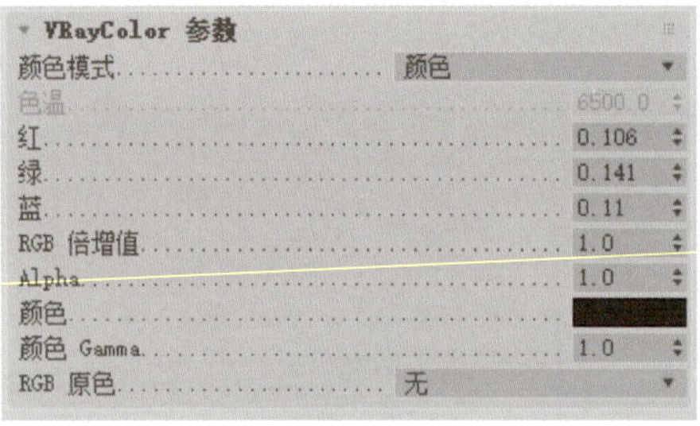

图 11-95

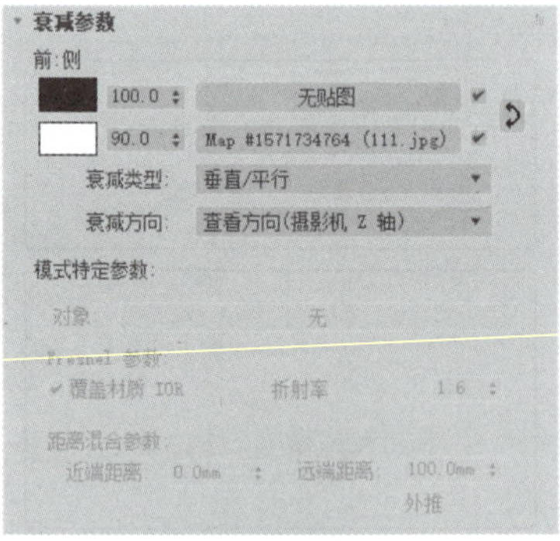

图 11-96

Step16：在“混合曲线”卷展栏中调整曲线，如图 11-97 所示。

Step17：颜色 2 通道的位图贴图如图 11-98 所示。

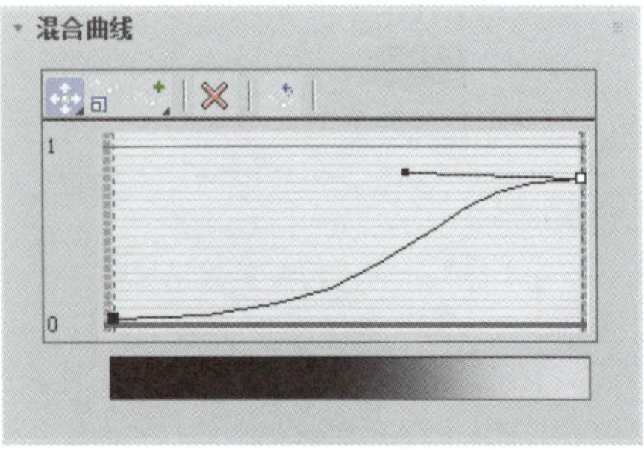

图 11-97

图 11-98

Step18： 设置好的材质预览效果如图 11-99 所示。

图 11-99

11.3 构建场景光源

接下来为本场景创建合适的光源，包括室外光源和室内光源。为了表现日光场景效果，这里以室外光源作为场景的主要光源。

11.3.1 创建室外光源

室外光源包括天光、太阳光，除此之外还需要创建一些补光来增加光源亮度，具体操作步骤介绍如下。

Step01： 创建室外环境。单击“弧”按钮，在顶视图绘制一条弧线，如图 11-100 所示。

Step02： 接着为弧线添加“挤出”修改器，设置挤出“数量”为 3200mm，如图 11-101 所示。再为对象添加“法线”修改器，保持默认参数。

图 11-100

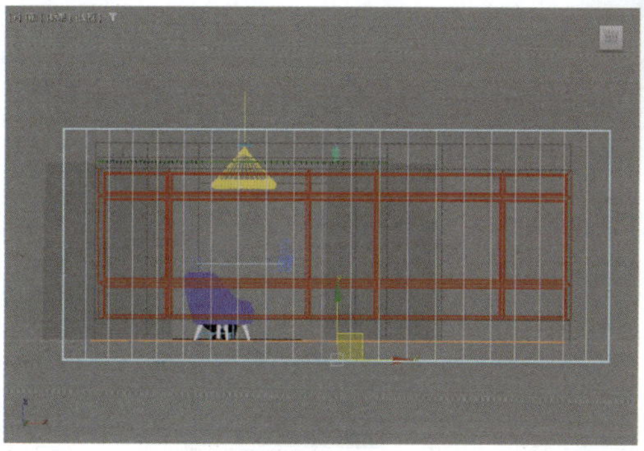

图 11-101

Step03： 按 M 键打开材质编辑器，选择一个空白材质球，设置材质类型为 VRay 灯光材质，设置灯光颜色及强度，并添加颜色校正贴图，如图 11-102 所示。

Step04： 灯光颜色参数如图 11-103 所示。

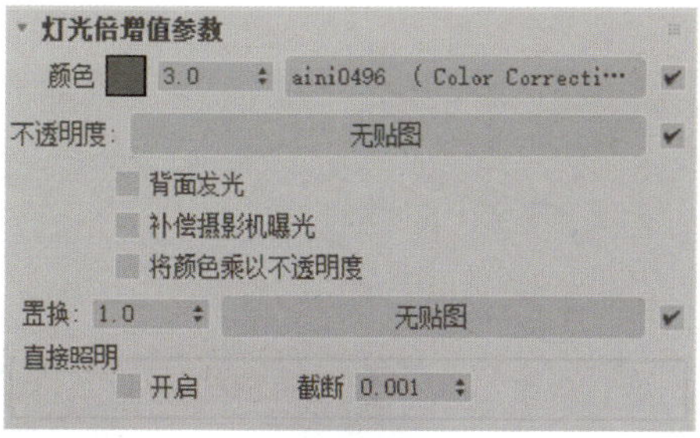

图 11-102

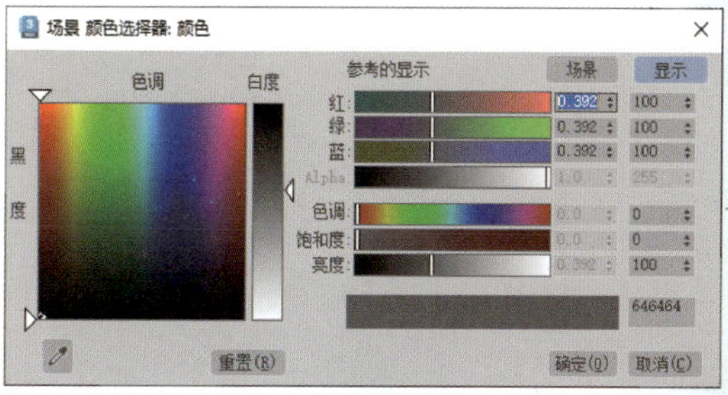

图 11-103

Step05： 进入颜色校正贴图参数面板，为其添加位图贴图，在“颜色”卷展栏中设置饱和度，在“亮度”卷展栏中选择“高级”模式，设置 RGB 对比度，如图 11-104 所示。

Step06：制作好的材质球如图 11-105 所示。

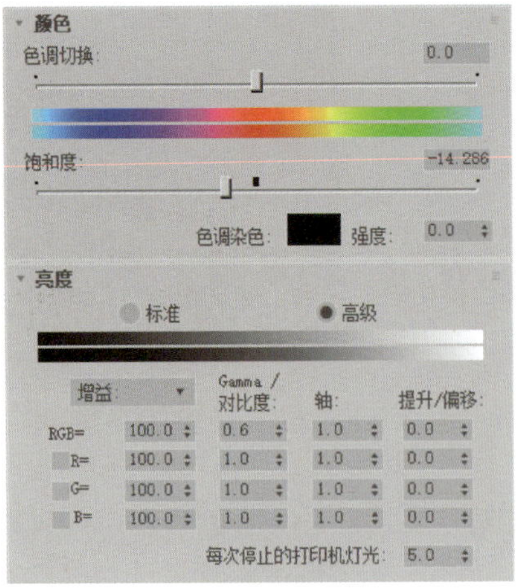

图 11-104

图 11-105

Step07：将材质指定给对象，再为对象添加 UVW 贴图，设置贴图类型为“长方体”并设置贴图尺寸，如图 11-106 所示。

Step08：在视口中可以看到室外贴图效果，如图 11-107 所示。

图 11-106

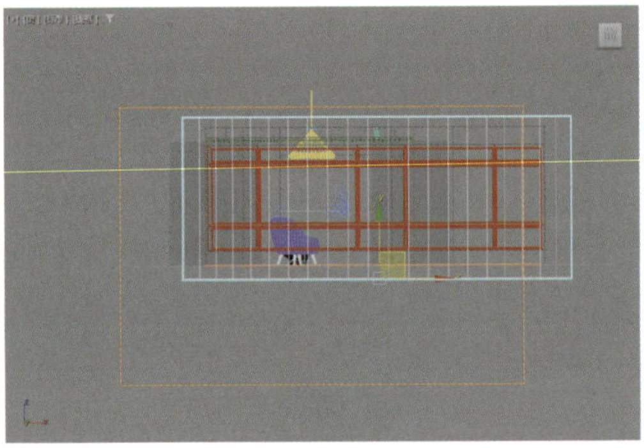

图 11-107

Step09：单击选择 UVW 贴图，在视口中调整贴图位置，如图 11-108 所示。

Step10：单击 VRaySUN 按钮，在场景中创建一盏 VRay 太阳光源，调整光源位置及角度，如图 11-109 所示。

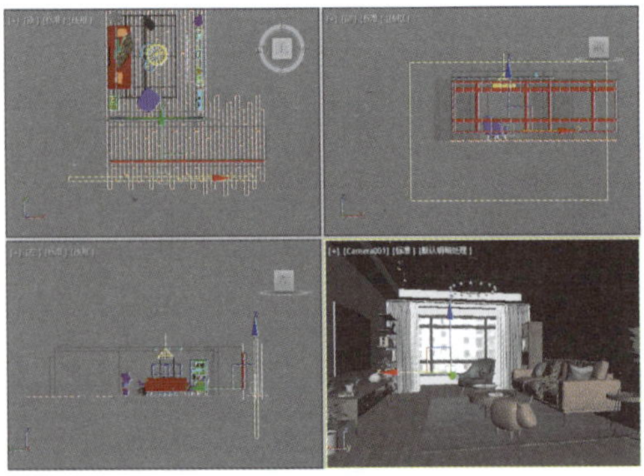

图 11-108

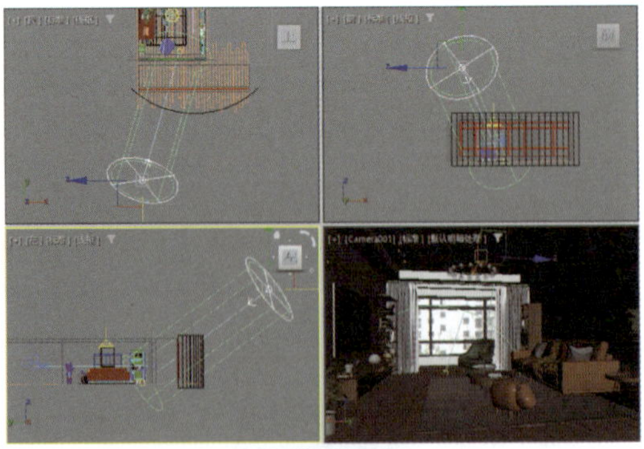

图 11-109

Step11： 在“VRay 太阳参数”卷展栏中设置浑浊度、强度倍增、大小倍增以及阴影细分参数，如图 11-110 所示。

Step12： 单击 VRayLight 按钮，在前视图创建一盏平面灯光，并调整光源至阳台外的位置，如图 11-111 所示。

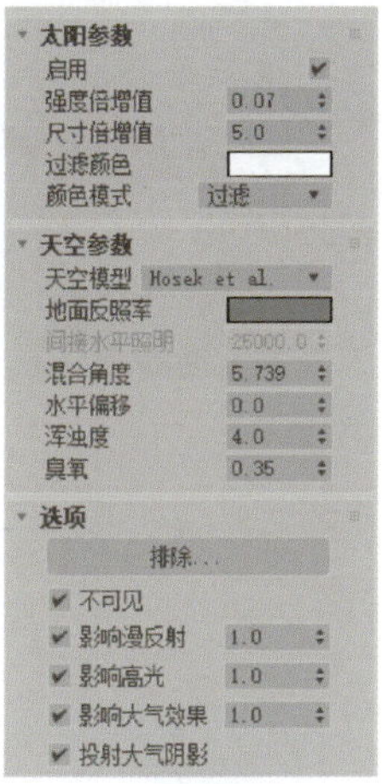

图 11-110

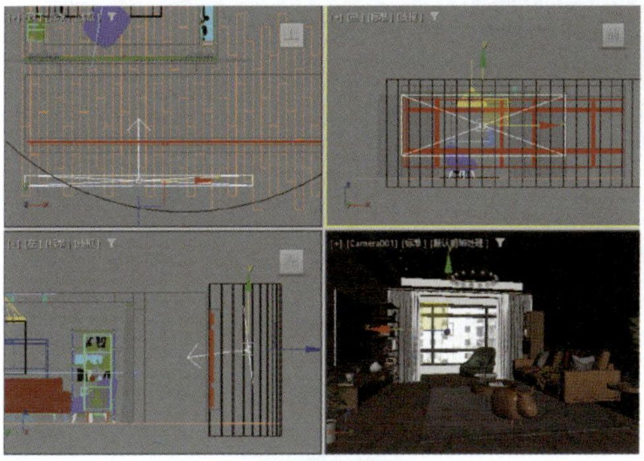
图 11-111

Step13： 在参数面板中设置灯光倍增、颜色等参数，如图 11-112 所示。

Step14： 灯光颜色的参数如图 11-113 所示。

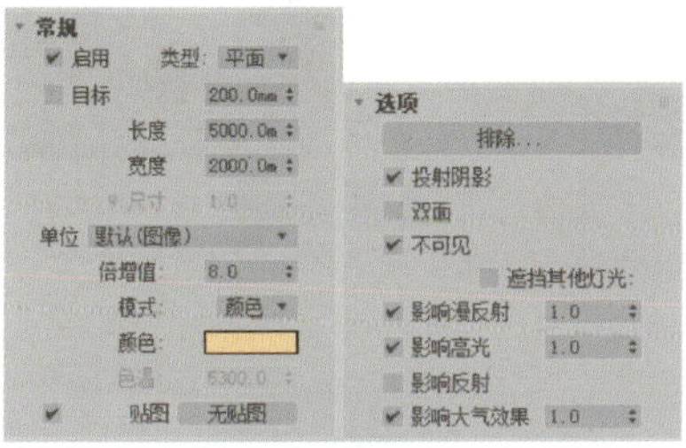

图 11-112

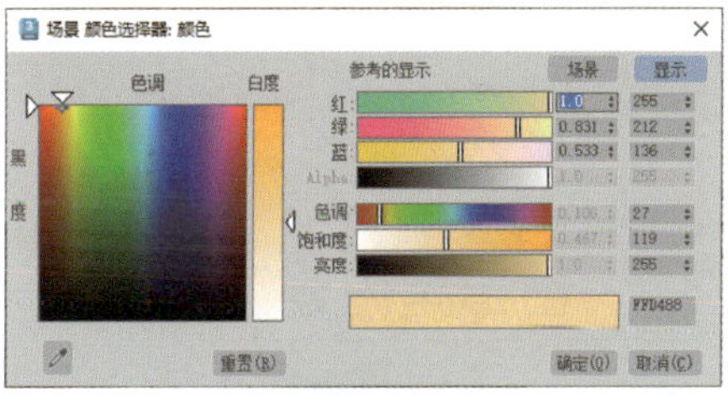

图 11-113

Step15： 继续创建 VRayLight 平面灯光，在左视图中调整灯光位置及角度，如图 11-114 所示。

Step16： 在参数面板中设置灯光倍增、颜色等参数，如图 11-115、图 11-116 所示。

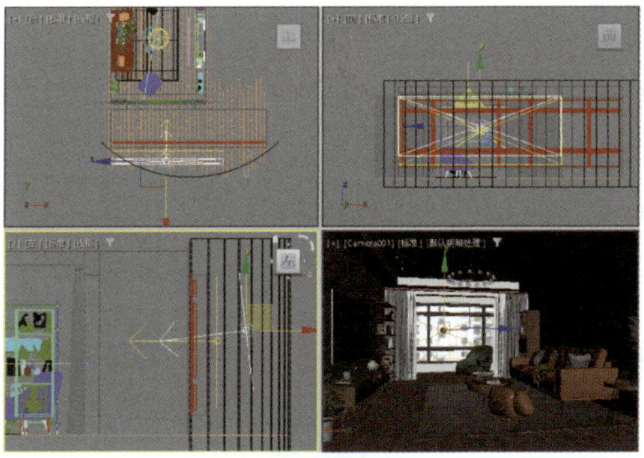
图 11-114

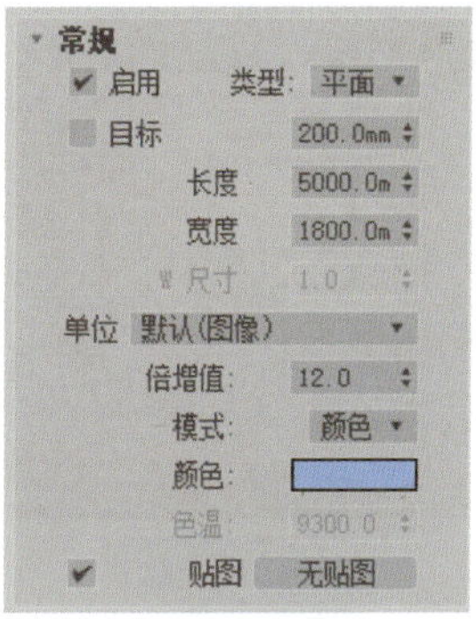

图 11-115

第11章

Step17： 在阳台内创建一盏 VRayLight 平面灯光，调整光源角度及位置，如图 11-117 所示。

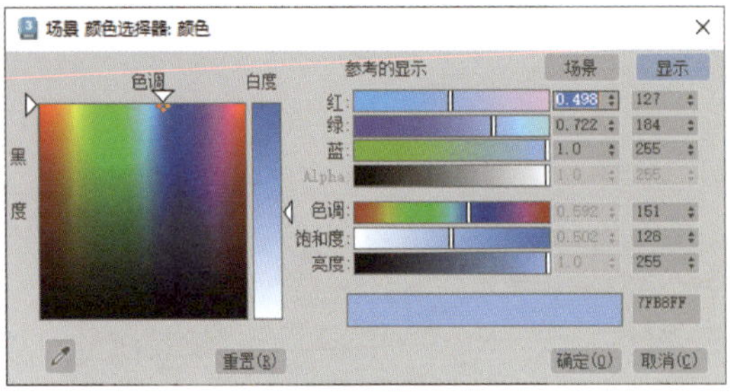

图 11-116

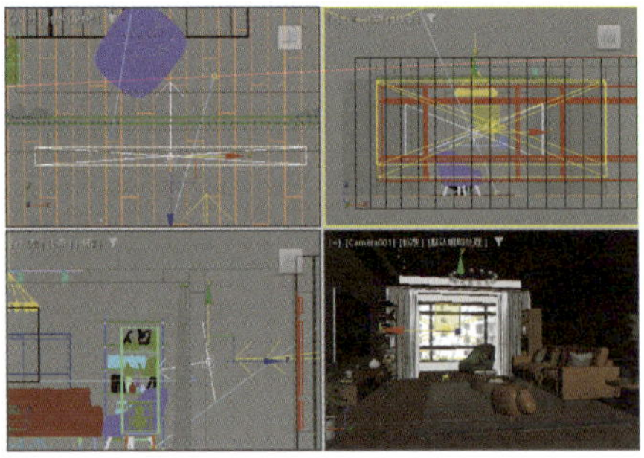
图 11-117

Step18： 光源参数的设置如图 11-118 所示。

Step19： 接着在参数方向创建两个 VRayLight 平面灯光作为背面补光，灯光参数同上，如图 11-119 所示。

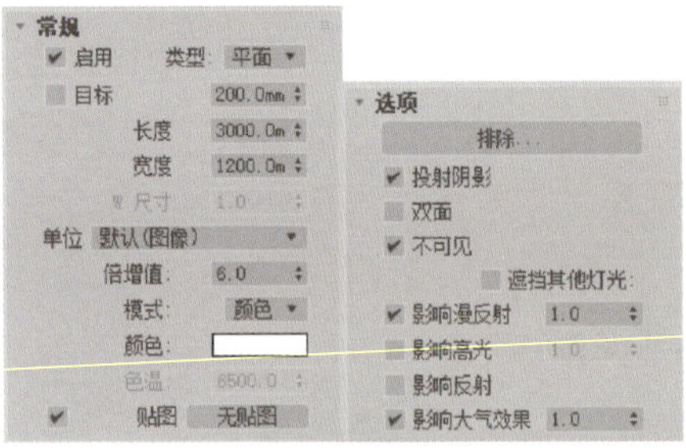

图 11-118

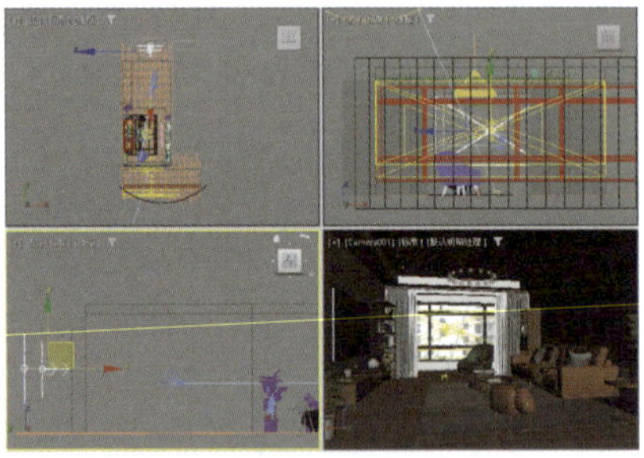
图 11-119

11.3.2　创建室内光源

接下来为室内的吊灯、射灯等灯光创建光源，具体操作步骤介绍如下。

Step01： 单击 VRayLight 按钮，创建 VRay 球体灯光并进行实例复制，将其放置到吊灯灯泡内，如图 11-120 所示。

Step02： 灯光半径、倍增、颜色等参数的设置如图 11-121 所示。

图 11-120

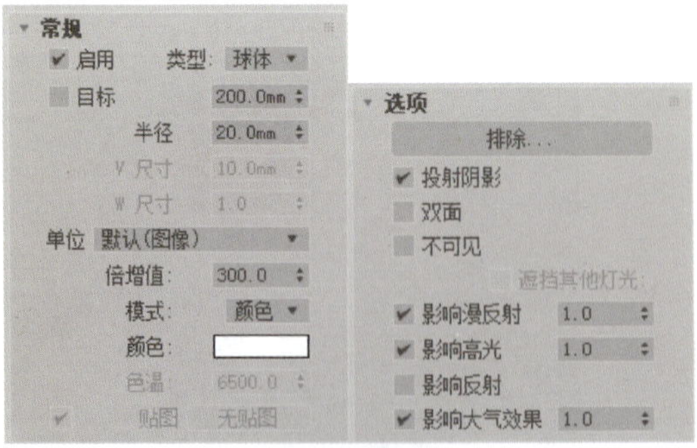

图 11-121

Step03：在吊灯下方创建一盏 VRayLight 平面灯光作为吊灯的补光，如图 11-122 所示。

Step04：灯光参数如图 11-123 所示。

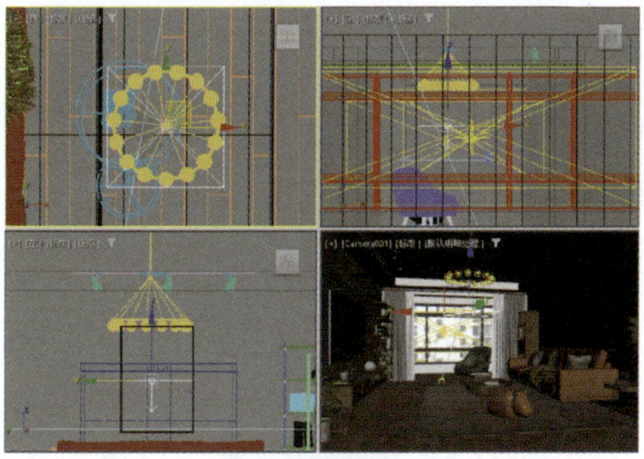

图 11-122

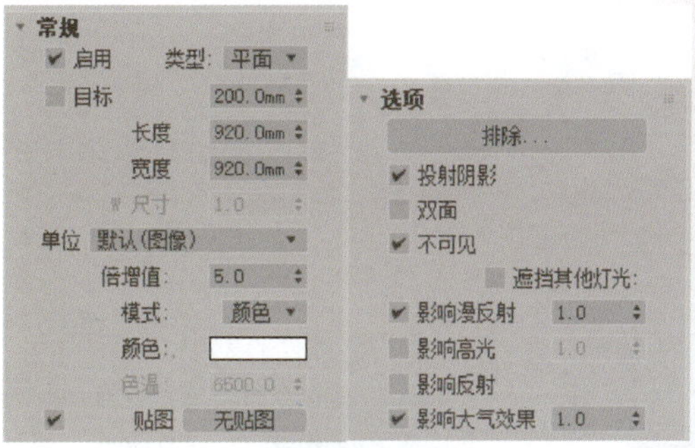

图 11-123

Step05：在“光度学”创建面板单击“目标灯光”按钮，在左视图创建一盏目标点灯光，调整灯光及目标点的位置、角度，如图 11-124 所示。

Step06：设置阴影类型为“VRay 阴影”，再设置灯光颜色及强度，如图 11-125 所示。

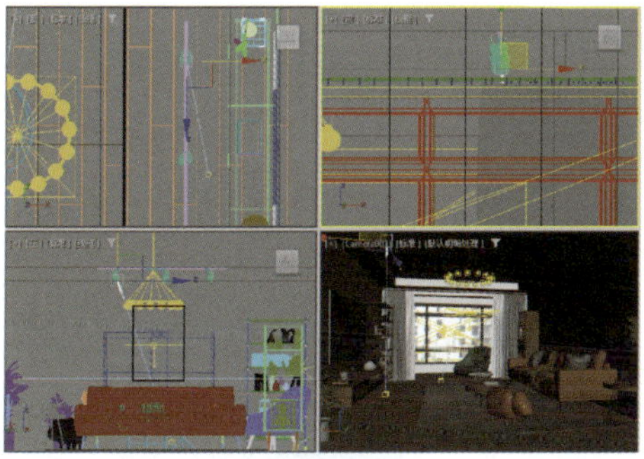

图 11-124

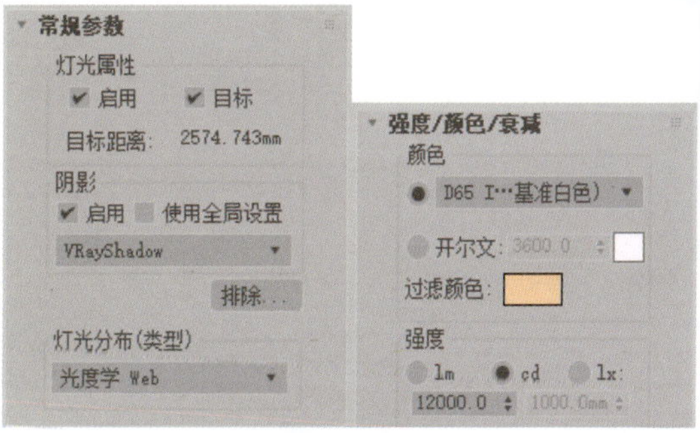

图 11-125

Step07：实例复制灯光，调整位置及目标点角度，如图 11-126 所示。

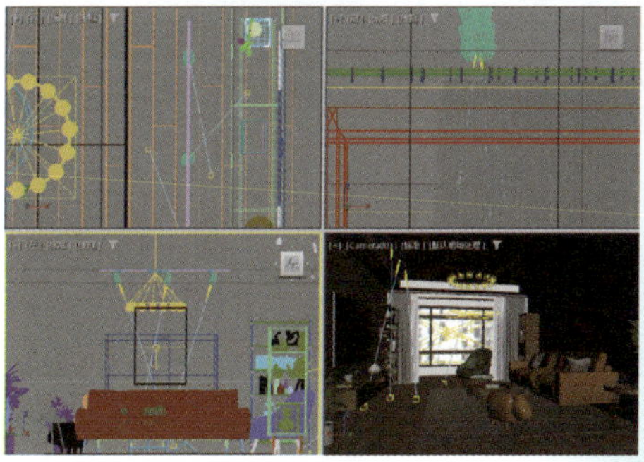

图 11-126

11.4 渲染出图

当场景中的模型、材质以及光源全部创建完毕以后，就可以进行渲染参数的设置，依次进行测试渲染和中高品质效果图的渲染。

11.4.1 测试渲染

测试渲染的作用在于快速检测整个场景中材质以及光源的表现效果，如果发现有问题可以及时进行调整，具体操作步骤介绍如下。

Step01：打开“渲染设置”面板，在“公用参数”卷展栏中设置选择自定义输出大小

800×600，如图 11-127 所示。

Step02： 在“帧缓存”卷展栏取消勾选“启用内置帧缓存”复选框，如图 11-128 所示。

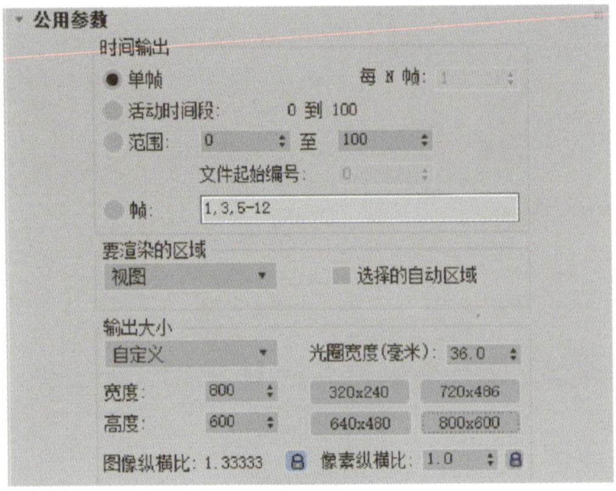

图 11-127

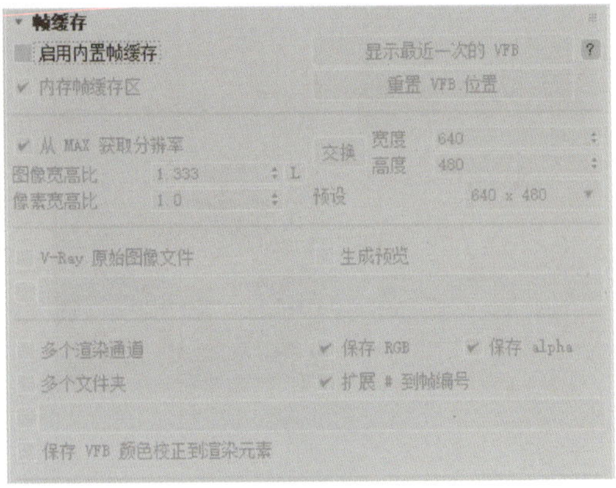

图 11-128

Step03： 在“全局开关”卷展栏中设置灯光采样类型为“全光求值”，取消勾选“最大射线强度”复选框，如图 11-129 所示。

Step04： 在“图像采样器（抗锯齿）”卷展栏中设置采样器类型为“小块式”，在“图像过滤器”卷展栏中设置过滤器类型为“区域”，如图 11-130 所示。

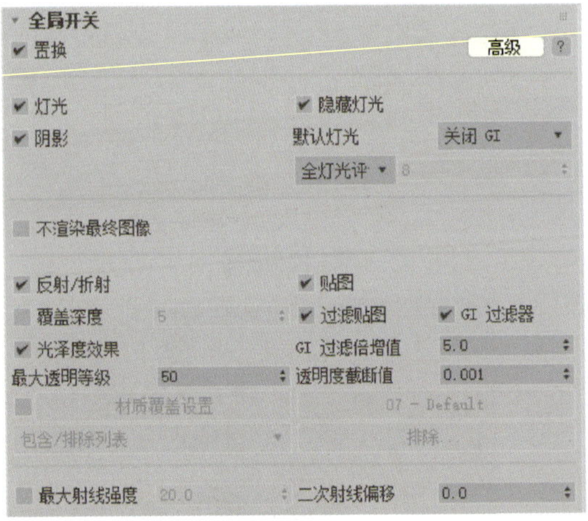

图 11-129

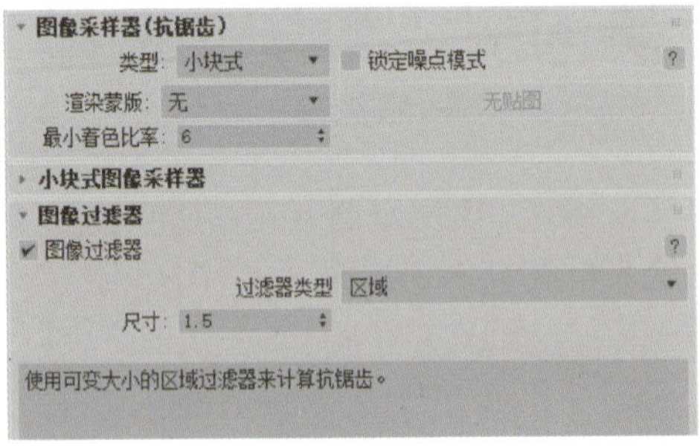

图 11-130

Step05： 在“颜色映射”卷展栏中设置曝光方式为“指数”，如图 11-131 所示。

Step06： 在“全局照明”卷展栏中设置首次引擎为“Brute force”，次级引擎为“灯光缓存”，如图 11-132 所示。

图 11-131

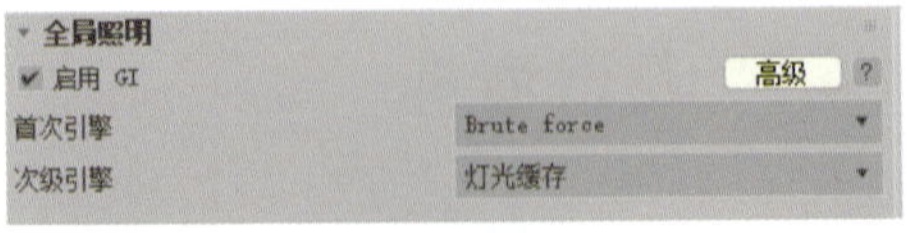

图 11-132

Step07：在“灯光缓存”卷展栏中设置细分值，如图 11-133 所示。

Step08：渲染摄影机视口，测试效果如图 11-134 所示。

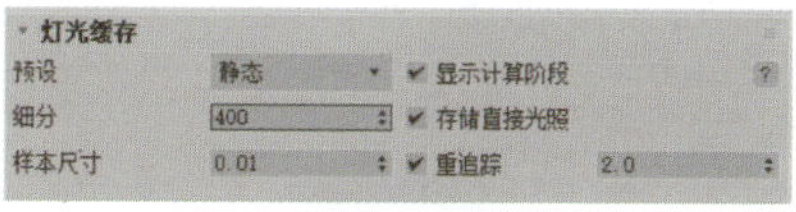

图 11-133

图 11-134

11.4.2 渲染并输出高品质效果图

最终效果的渲染参数并非一成不变，需要根据测试效果进行适当调整，具体操作步骤介绍如下。

Step01：打开“渲染设置”面板，在“公用参数”卷展栏中锁定“图像纵横比”，并设置输出大小为 1500×1125，如图 11-135 所示。

Step02：接着在“图像过滤器”卷展栏中设置过滤器类型为 Catmull-Rom，如图 11-136 所示。

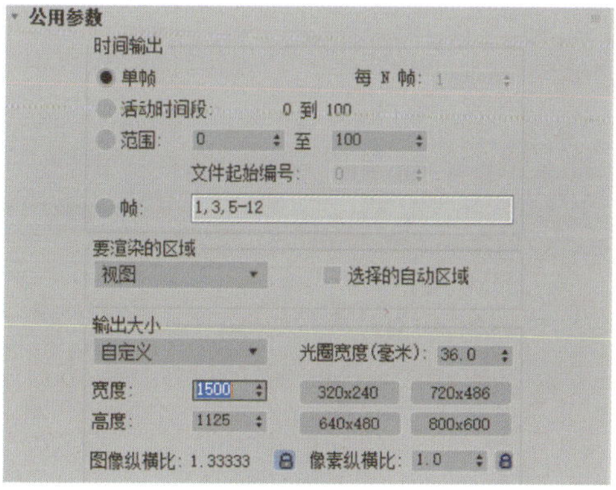

图 11-135

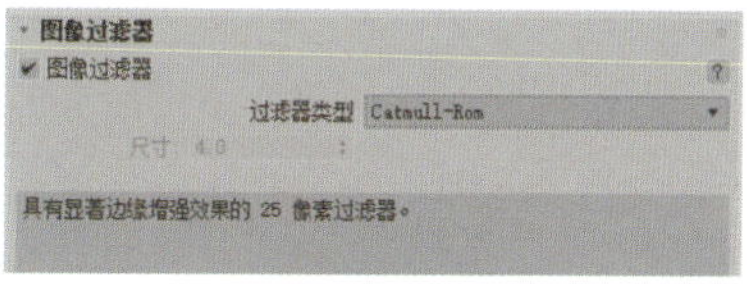

图 11-136

Step03：在“颜色映射”卷展栏中设置“亮度倍增值”参数，如图 11-137 所示。

Step04：在“灯光缓存”卷展栏中设置细分值为 1000，如图 11-138 所示。

图 11-137

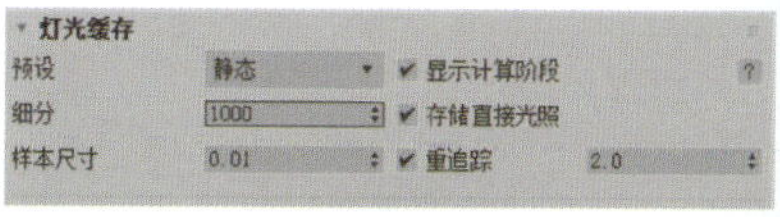

图 11-138

第 11 章

Step05：渲染摄影机视口，最终效果如图 11-139 所示。

图 11-139